庄内稲作の歴史社会学

――手記と語りの記録――

細谷　昂　著

御茶の水書房

はじめに――この本の主題とねらい

山形県庄内地方は、日本有数の稲作地帯である。その庄内に、『農村通信』という農業雑誌がある。その二〇一五年六月号に、「庄内は稲田の海」と題して、発行人の佐藤豊が「田植の済んだ田んぼは、まさに稲田の海であり、夕日に輝く庄内平野は、すばらしい。そして秋には、稲穂の海に変わるのである」と書いている。この本は、その庄内の稲作をテーマに据えているが、しかし農業技術の書ではない。そうではなくて、何時、どんな人々が、どんな努力と工夫を積み重ねて、この庄内稲作を作り上げてきたのか、を主題にしている。庄内稲作を担う人々の思いと行動であり、その意味では歴史社会学というのが適切であろう。しかし今、TPP交渉などのなかで、日本の稲作は危機的な状況にあるといわなければならない。右と同じ『農村通信』二〇一五年六月号に、農政ジャーナリストの中村靖彦が、「増え続ける世界の人口の中で日本だけがいつまでも食糧を買い続けられる保障はありません。……歴史を振り返りながら、日本の食のこと、その提供を支える農のことを、真剣に考えてみることが必要だと思います」との記事を寄せている。

しかも、稲作と、それを担ってきた農家と農村、つまり農民の家と村は、日本の社会と文化の基層を形作って来たということができるのではないか。戦前一九三〇（昭和五）年の統計では、日本の総世帯数の四四・二％が農家となっている。総人口に対する農家人口の割合は、戦後一九四六（昭和二一）年の統計になるが、四六・八％とほぼ半数近い(1)。その人々が、とくに一九六〇（昭和三五）年以降の日本経済の「高度成長」のなかで、急速に都市に流出した。だから都市人口といっても実は農家、農村育ちの人が大きい比率を占めているのである。父母世代、祖父母世代となればもっと多いだろう。人々の生活習慣、行為様式は生まれ育った環境によって形成される。そうだとすると、日本人の大多数の生活習慣や行為様式は実は農家、農村で形成されたのである。今筆者が日本の社会、文化の基層は農村にあるといったのは、このような意味においてである。

ここまで書いてきて、庄内地方に生まれ育ち活動した在野の農政評論家故佐藤繁実が「村の合議制は、民主主義の本来の要素を含むものだ」と語ってくれたことを思いだした。[2] そのことの意味は、一例として、この本でも度々言及するであろう各家への水の配分についての協議、契約、共同のことを参照して頂けば分かるはずである。そこでは「堰守」といわれるその地域の最高責任者でも、個人的専断は許されない。といって形式的平等ではない。それぞれに家が必要とする水の量は違う。それに即して、水不足の時でもなんとかぎりぎり各家が必要とする水を配分する。実質平等であり、各家の経営を決して解体させせないように尊重する民主主義である。また、集団栽培を実施するに当たって、異論があれば合意ができるまで繰り返し寄合を開く。男性経営主だけでなく、女性を含む複数の家のメンバーに出席を求めて全体協議会を開催する、等々。日本人の「話し合い」のルールの基層は、そういうところにあったのではないだろうか。組織のトップが「責任を持って」断を下すという、新自由主義を気取っているのかどうか分からないが、近年の一部日本人の行為様式とはそれは異質なのである。

この本で描かれているのは水稲作の例だが、むろん農家、農村といっても庄内のような水稲単作の地域だけではない。畑作もあれば果樹作もある。畜産もある。それぞれに特質があるだろう。しかし、これらの地域であっても、稲作を全く、あるいはほとんどしていないところはむしろ少ないだろう。その稲作が危機的状況にあるということは、日本の農家、農村が危機的状況にあるということである。それは、右に述べたような理由で、日本の社会と文化の基層が脅かされていることに他ならない。農家、農村を失って、都市だけになってしまった日本社会、日本文化はどうなるのか。安ければ輸入すれば良いということにはならない。そう考えると、筆者の手許にある庄内の農家の皆さんが提供して下さった手記などの文書資料や、ノートの中に保存されている語りの記録は、まことに貴重な文化遺産ともいえると思う。

この本では、それらの文書資料や語りの記録を、できるだけ筆者の解釈や整理を施さずに、そのまま記載することに努めたい。そのような書き方が、あるいはかえって読みにくい、分かりにくいなどの結果になるかもしれないが、しかし筆者としては、元々の手記、語りをできるだけそのまま活かしたいのである。

（1）農林省統計調査部編『日本の農業』農林統計協会、一九六一年、五二、七〇ページ。

（2）一九七〇年七月時点の筆者の調査ノートによる。

庄内稲作の歴史社会学——手記と語りの記録——

目次

目次

庄内稲作の歴史社会学

――手記と語りの記録――

第一章　庄内稲作の家、村以前

庄内稲作の始まり

庄内地方で何時から稲作が行われるようになったか、という問題は、おそらく考古学の対象であろう。しかも、それはそれで順次研究の進展があるにちがいない。筆者の能力では、とうていそこまで遡ることはできない。そこで、手許にある庄内地方の地域史、市史や町村史を繙いてみると、例えば、一九八七年刊行の『酒田市史　改訂版』上は、一九八五（昭和六〇）年に山形県教育委員会と酒田市教育委員会が実施した東平田地区の「生石2遺跡」発掘調査では「籾圧痕土器のほか、十数粒の稲籾も検出された」(1)と記している。弥生時代の遺跡である。また、古代の事例としては、「発掘調査の結果、……酒田市新田目b遺跡」から「水田遺構が検出された」が、発掘された遺構は「日向川および荒瀬川が形成した細粒グライ土壌の氾濫原に立地して」おり、「上幅一・八メートル、深さ六十センチメートル、の大溝、幅二・四メートルの道路状遺構、幅三十～四十センチメートル、高さ十センチメートル前後の畦畔」からなっており、「水田の規模は、長軸が東へ三十五度傾き、幅十二間×長さ二十七・五間前後と想定された」という(2)。つまり、沖積地に水路を掘り、畦畔を立てて湛水した一反一畝、つまり一一アール程度の水田だったのである。

これは、後に第二章第二節で**図表2-6**に掲げる近世江戸時代初期の一竿（筆）当りの平均的な水田面積と較べると、むしろ大きい方である。しかも江戸時代には、その田地を中畔で区切って集約的な管理を行う、農業総合研究所の研究者達のいう「畝歩農法」が行われていたのであり(3)、むろんこの時代はそのようなことはないであろうから、これがそのまま実際の田地として使われていたとすれば、かなり大きいというべきである。沖積地のほぼ平坦なところに造成された水田だったということはあろうが、しかし当時の土木技術では水張りが均平でなく、ある部分は幼い稲が水面から露出したり、ある部分は水を冠る等のこともあったであろう。そのような粗放な稲作だったと思われる。

（1）酒田市史編纂委員会編『酒田市史　改訂版』上、酒田市、一九八七年、四七ページ。
（2）酒田市史編纂委員会編、前掲書、一二五ページ。
（3）豊原研究会編『豊原村——人と土地の歴史——』東京大学出版会、一九七八年、一一四ページ。

一条八幡神社文書

このような考古学の対象の時代については、筆者は独自の検討を行うことはできない。だからこの本の研究は、資料が「文書」として残されている時代からになるが、この問題に関連して筆者が見ることができた最も古い文書は、旧飽海郡一條村大字市条（後八幡町、現酒田市）に鎮座する一條八幡神社の「末代之日記」と「荒瀬郷　一条八幡宮祭禮日記」(1)である。後者の末尾には、「本ハ永享二年庚戌為□此外ニ殊ノ外舊候間、長享三年己酉四月十五日ニ書寫畢」(2)とあるから、まず前者「末代之日記」が永享二（一四三〇）年に書かれ、それが古くなったので、「祭禮日記」が長享三（一四八九）年に筆写されたものと見ることができる。したがって、これらの文書は、一五世紀、中世室町時代のものである。後者の長享本を見ると、冒頭この八幡神社の由来を記した上で、「……神田ハ十万八千苅《カリ》、以レ之《コレヲ》十二月《ツキノ》祭祀《サイシ》祭礼《サイレイ》、宮大夫其下六供社人《ミヤタユウソノシタロックシャ》已下《イケ》ニ配分《ハイフンシ》レ之ヲ、其後《ソノノチ》、地頭政所代々移転《チトウマントコロタイタイイテンスル》間タ、依《ヨテ》二神領横妨《リヤウワウハウスルニ》一、謂《トモ》レ闕《カクルト》二社領ハ一、宮大夫以下六供社人《ミヤタユウイケロククシャ》不レ代《カワラ》也」(3)と記されており、ここで『飽海郡誌』巻一に記載の「一町　三千坪、之ヲ千束苅ノ地ト云」との「数百年来襲用」されてきた面積把握を援用するなら、一条八幡の「神田」は、最大で一〇八町歩ほどという

図表 1-1　一条八幡祭礼日記の役負担者

役負担者	役田（苅）	負　担　役
美濃殿	5,800	大瓶櫃 8 升、酒 2 具と大瓶 2 ツ、3 盃、簾 4 枚、筵 4 枚、ウトメ開豆、花米紙 1 帳、舞殿柱 3 本、肴、サス 1 懸、エツリ 3 枚、紙 1 帖、散米の米、餅のシラケ俵 1 ツ
大夫殿	6,000	餅 12 枚、餅米 1 俵 3 升、簾 5 枚、筵 5 枚、アカシナリ、柱 3 本、酒大瓶 3 ツ、ニ身 2 連、昆布 1 把、ヒラヤ米
戸ノ内殿	6,800	餅 49 枚、花米、簾 5 枚、筵 8 枚、コモ 5 枚、ウトメ開豆、粽チマキ 300、酒大瓶 1 ツ、昆布 1 把、ローソク 1 本、大豆ユテ 1 把、赤飯、鮭 6 尺、ナマス、セキノマナイタ、ニシ昆布アツモノ、アカシノ油、畠 400 地
カンノ子殿	200	モチ 8 寸、御桶大瓶 2 ツ
式部殿	200	
下野殿	200	
安田殿		至徳元年荒付ヲ田畠ニ起シ、セキヲ掘リ寄進ス
山添殿	800	
須田殿		散供の米、紙 1 帖、酒、鮭 2 尺、ナマス、開豆、ニシ、コフアツモノ、赤飯
賀藤殿	3,000	
留守殿	1,200	代 100 文、紙 1 帖、御斗 3 年に一度
杉沼殿	1,600	
和泉殿	2,100	
小泉殿		大瓶 1 ツ、畠 200 地
砂越殿		代 150 文、紙 1 帖、水引 3 年に一度
政所	3,300	代 100 文、大瓶 3 ツ、鮭 3 尺、ニシ、昆布、大根 3 献
六供供僧	1,400	嘉慶 3 年ニ起ス
丸藤四郎	400	散供ノ米、小俵米、酒大瓶 1 具、タマカメ足桶 1 具、肴ハウトメ開豆、紙 1 帖
ショウジ藤五郎	2,100	
フルガウ四郎太郎	3,000	
弥藤五郎	3,000	畠 500 地
十郎二郎	1,200	
不明	700	
	1,000	小俵米 1 ツ、酒大瓶 5 ツ、白酒大瓶 2 ツ、玉カメ足桶 1 ツ
合計	44,000	畠 1,100 地、代 350 文

注：井川一良『八幡町史』上、八幡町史編纂委員会、1981 年、126 ページ、から引用。ただし、フルガウ四郎太郎の役田 3,000 苅が欠落しているように思われるので、補足した。

広大なものだったようである[4]。しかし「横妨」によって「闕くる」ところがあったとも記されており、後に庄内藩という上級権力が確立して、土地の所持権が確認されていた時代と異なって、実力次第で奪い奪われの極めて不安定なものだったことが分かる。

この「祭禮日記」に記載されている役負担者についての、庄内の地域史家井川一良による整理表を**図表1-1**に掲げる。これで見ると、役負担者は名前の不明なものを含めて二四名おり、その内一六名には、美濃殿、大夫殿、安田殿、小泉殿、和泉殿、戸の内殿など「殿」がついているが、他に丸藤四郎、ショウジ藤五郎、フルガウ四郎太郎、弥藤五郎、十郎二郎など「殿」のついていないものもいることが分かる。井川は「殿」のついている人物を「小領主」と呼び、ついていないものを「在家農民」と見ている。それともう一点、井川は、小泉殿（上小泉村）、砂越殿（砂越村）、留守殿（新田目村）、賀藤殿（下安田村）、安田殿（上安田村）、フルガウ四郎太郎（古川村）など後の村名と照合できるものと、照合できないものがあると指摘している。[5] そして、これらの地名を地図の上に落としてみると、砂越殿を例外として「旧荒瀬川の自然堤防上に広く分布」しており、「現市条八幡神社を扇の要として、末広がりになって」いるという。それは、山地から一条八幡がある辺りに流れ下ってくる水が、かれらが耕作する田地の水源になっていたからであり、そのために一条八幡が水の神様として信仰を集めていたものと見ることができるであろう。

(1) 筆者はこれらの文書を、祢宜の小野信幸氏のご好意で拝見し写真撮影を許して頂いたが、また、八幡町史編纂委員会編『八幡町史資料編八』、一九九七年、に収録されている。後者には、編集委員の井川一良の解説があり、以下の記述に当たって参考にした。また、引用ページ数は、後者による。なお、「一条」あるいは「市条」という表記については、八幡町史編纂委員会編、前掲書、五ページ、を参照されたい。また、誉田慶恩・森芳三・横山昭男編『角川日本地名大辞典6　山形県』一九六一年、をも参照。
(2) 八幡町史編纂委員会編、前掲書、五七ページ。
(3) 八幡町史編纂委員会編、前掲書、四八ページ。
(4) 山形県飽海郡役所『飽海郡誌』巻之一、大正一二（一九二三）年（復刻本、『飽海郡誌』上、名著出版、一九七三年）、一八〇ページ。ただし『飽海郡史』に記載されたこの面積把握は、「数百年来襲用」といっても、実際は近世江戸時代の認識であったろうから、中世長享年間の文書でいわれている面積は、単位面積からの刈束数はもっと少なかったと考えれば、社領はもっと面積が大きかったとも考えられよう。なお、後の庄内藩の「田法」でも、「田地壱反……此所〆稲百束刈也」とされている（鶴岡市史編纂委員会編『鶴岡市史資料編　荘内史料集15　荘内史要覧』一九六ページ）。

（5）井川一良『八幡町史』上巻、八幡町史編纂委員会、一九八一年、一二一〜一二三ページ。

小領主による開発と稲作集団の三重構造

さて、この「祭禮日記」の内容に立ち入ってみると、「二月ノ御祭之事」と書き起された項に、興味ある記事があるので、次に抜き書きしてみよう。

中比、安田殿ト云シ奉公者《フキャウシャ》ノ時《トキ》、大クノ荒付《アレフ》ヲ田畠《タハタケ》ニヲコシ、社《シャ》ノ後《ウシロ》ヲセキニホリ、末代ノ寄進《キシン》ニ付《ツケ》申候、此ノセキノタツ事ハ、至徳元年《シトククワン子ン》四月八日ニホリ候、田畠《タハタケ》巳下郡中《コオリチウ》ノ人夫《ニンフ》ヲモッテ掘《ホ》ラレ候也（1）

つまり、安田殿と呼ばれた小領主が多くの荒れ地を田畑に起こし、神社の後に堰を掘って、末代の寄進にした。その堰を掘ったのは、至徳元（一三八四）年であり、郡中の農民を動員して掘ったというのである。他方、「末代之日記」のこれに対応する個所には、次のように記されている。

……奉行そへおもち候時の身うちニ、けとうたろうのさはくりニよて、こふりちうのにふをたのミ、はたけおおこし、あれふ計あるへく所を、けんとうたろう、この所をきしん申候も、けんとうたあとかはからいニよて、この所をきしん申ニ、せきをおこし、くろもこのけんとふたろうかはからりにて、しんてんニつき候、このせきハまひをほるへかく候へ共、うしろをうまふせきにほり申て候、至徳元年四月八日みつのゑ猿年、しりて《このせきは》ほり申候（2）

かなり分かりにくいが、ここで注目したいのは、安田殿と呼ばれた小領主には「けんとうたろう」という「身うちのもの」があって、その「さはくり（差配か）」、「はからり（計らいか）」によって、郡中の「にふ（人夫か）」を動員して、堰を起し、田畑を開発して寄進した、ということである。つまり安田殿という小領主には、その身辺に「身内のもの」つまり近親者がいて、おそらくは非血縁の農民を人夫として駆使して、水路の開発や田畑の開墾に当たらせたのである。この頃の庄内の稲作集団は、中心になる小領主、その近親者、おそらくは従属的性格の非血縁の農民という、三重構造をなしていたのである。祭礼の役負担をするほどに上昇した在家農民も同様であったろう。

井川は、安田殿とともに、宮大夫殿と戸ノ内殿についての「祭禮日記」の記事にも注目している。つまり、「宮大夫が神社祭礼のためにあてている土地は、土地名と苅高がはっきりしている所で六か所に散在し、多い所で一、〇〇〇苅（約一町歩）、場所苅高不明の所で三か所あり、全部で九か所、六、〇〇〇苅（六町歩）となっている。宮大夫殿は祭礼のため六、〇〇〇苅を提供しているのだから、全体では少なくとも一〇町歩以上の土地を十数か所に散在して持つ小領主であったろう」という。そして、これらの土地を全て自作することは不可能なので、「屋敷のまわりの土地を名子や下人を使って耕作させ、遠隔の地は貸付けて耕作させ（在家農民）ていた」と見ている。

また「戸ノ内殿は八か所の七、九〇〇苅と畠四〇〇地を祭礼のために寄進している」。このうち散在する五か所は面積が大きいので、「戸ノ内殿の屋敷内にある名子、下人が耕作する形ではなく、散在した田地に居屋敷をもって住む譜代下人か、在家農民が耕作したと考えられる」という。(3)

ここでわれわれが注目したいのは、先に見たように、これらの小領主の所在地が後の村の場所にあったにもかかわらず、かれらの土地がその周囲にまとまってあるのではなく、あちこちに散在していたという点である。後に村になるのと同じ場所に居住していたのは、庄内地方の中心部が大河川の沖積平野からなっており、地下水位の高い湿地が多いので、どこにでも住めるというわけではなく、河川の自然堤防など微高地に居所を定める必要があったからだと思われる。しかし、後の村のように、その周囲にその地に住む人々の耕作地がまとまって存在していたわけではないのである。それは、右に見たように、あちこちに水の便を見て従属民を人夫として駆使して水路を掘り、水田を起すという当時の開発の仕方によったであろう。そのために、遠隔にある田を耕作する下人や在家農民は、居住条件は悪いが、耕作の便のためにその田地の側に小屋を建てるなどして住んでいたのではないか。だから耕作農民の居住地も、かれらが服属する小領主や役負担するほどに上昇した在家農民が居住する村に集住するのではなく、田地が散在するのに合わせて散在していたと考えられるのである。

(1) 八幡町史編纂委員会編『八幡町史　資料編八』、一九九五年、八幡町教育委員会、五〇～五一ページ。
(2) 八幡町史編纂委員会編『八幡町史　資料編八』、三四～三五ページ。
(3) 井川一良、前掲書、一二三～一二五ページ。

在家農民と小領主

ここで、在家農民と小領主についての井川一良の説明を見ておくことにしよう。まず在家農民については、「在家農民の特色は、フルガウの四郎太郎に特徴的にあらわれてい」るという。つまり祭禮日記に「和泉殿ノ分ニアリフルガウノ四郎太郎ツクリツクヱ田三千苅」と記載されているが、これは「フルガウ（現酒田市古川）に住み、フルガウのツクエ田三、〇〇〇苅（現在も古川の字ツクエ田は約三町歩）は、小領主小泉殿の支配下にある在家農民四郎太郎の耕作にかかり、祭りの役は四郎太郎が納めているという意味」である。「四郎太郎は、小泉殿の隷属農で、田を持っていなかったが、新しい土地の開発で耕作しているうちに、耕作権を得て、小領主小泉殿から次第に自立しつつあった過程を示している」。「在家農民は『田なしの在家』から『田在家』に進化しつつあった」のである。他方、やはり「殿」のついていない弥藤五郎という人物について、「古四王免千二百苅、畠五百地弥藤五郎造り」とあり、また十郎二郎について、「十郎二郎カツクリ、一本柳ニ七百苅在也」と記載されており、かれらについては、小領主の名前が記されていない。つまりかれらは「小領主から完全に独立している」と見られるというのである。

なお、「在家農民は中世東北農村に一般的にみられたもので、特殊なものではない」という。これに対し、「小領主は、かつて一村を中心に館を築き、周りを堀で囲い、内には名子や下人等の隷属農を持ち、屋敷のまわりの田畠を経営し、遠方の田畠は、かの地の下人や、屋敷内の下人を使って耕作させていた。しかし室町時代の末になると、このような状態から、フルガウの四郎太郎のような半自立の過渡的な過程を経て、弥藤五郎・十郎二郎のように、在家農民の自立がみられるようになるのである」。そして、「これら在家農民の進化と小領主の分解をうながしたものは、水利の整備による未開地の開墾の進行」だという。井川一良は、このような傾向が広まるにつれて、「小領主の間では、在家農民をも把握して、より規模の大きな封建領主になろうとする動きが生じて」きて、「血縁をもとにして結びついていた惣領制は次第にくずれ、地縁的な封建領主制に編成されようとする農村の基盤が着々と進行しつつあったのである」と述べている。(1)

この後、戦国時代のこの辺りの争乱については、井川一良の詳細な解説があるので、それに譲ることにしたいが、(2)ただ当時の農民のあり方とも関連するので、朝日山城主池田氏と観音寺城主来次《きすぎ》氏の家臣団についての井川の解説を左に引用しておこう。当時庄内にあった小城主や館主は、後に上杉氏によって天正一八(一五九〇)年から文禄四(一五九五)年に実施された「太閤検地」に対して反乱を起こして敗北し、あるいは上杉氏に従うことになるが、その家臣団は帰農して農民身分になるのである。

池田氏の家臣団朝日山五〇人衆の「主体は、自ら手作地を経営し、一方で名子、下人を従える北境・金生沢・寺内を中心とする周辺村落の肝煎乙人百姓であった。さしあたって、在家農民とよんでおこう。これらの農民は、小領主池田盛周に軍役を負担したのであろう[3]」。

来次氏家臣団は、経営規模二〜四、〇〇〇苅の土地を数か村に散在して持ち、自分の館の他に他村にも下人、名子等の隷属農を従えて屋敷を持ち、自己の耕地を耕作させ、村落の主要構成員をなしていたものと思われ、四か村検地帳にみられる二一名の三〜四倍の地侍を従えていた[4]。

要するに、これが「兵農分離」以前の武装した上層農民の姿であり、城主自体がそうであるように、あちこちに散在した土地を所持し、その土地に住む従属農民の労働力によって経営していたのである。このことが、一定の土地を区画して村とし、村の土地を書き上げて村請制によって年貢を徴収しようとした検地に反対した理由だったのである。この点についての井川の記述によると、「数か村に散在した土地をもち、隠田をもち、散在した各地に名子・下人等の隷属農民を抱えた有力在家農民、乙人《おとな》、その地域の乙人の頂点に立つ城主にとって、隠田の摘発、名子・下人の独立をうながす直接生産者の直接把握等をもたらす太閤検地は、自己の生活基盤を根底からくつがえされるものであり、その危機を身にしみて感じていた[5]」からである。

(1) 井川一良、前掲書、一二六〜一二九ページ。
(2) 井川一良、前掲書、一三〇ページ以下。
(3) 井川一良、前掲書、一六四ページ。
(4) 井川一良、前掲書、一六七〜一六八ページ。
(5) 井川一良、前掲書、一七二ページ。

第二章　庄内稲作の江戸時代

第一節　検地帳と宗旨人別帳

庄内地方における初期検地と中世末以来の土豪の存在

前章で述べたように、庄内を支配した上杉氏が実施した検地に対しては地付の小領主や武装した農民達の反乱があったが、この時に実施したはずの検地帳は、井川一良によると、庄内地方には残っていないという。(1)その後、上杉氏は関ヶ原で敗れた後、庄内の支配を離れて越後に去るが、観音寺城主来次《きすぎ》氏はそれに従って越後に下って上杉氏の家臣となる道を選んだようである。しかし、その家臣達の多くは庄内に残って帰農する。その後、庄内を支配した最上氏が実施した慶長一六（一六一一）年の検地帳は、庄内地方に多く見られるが、その中で、後に飽海郡八幡町（現酒田市）となった村々に残された検地帳についての井川一良の分析をみると、例えば観音寺村の検地帳は名請人として「中世末以来の土豪を中心として記載」されており、そのことは、「具体例をあげると、来次氏の家臣と思われる武士的な名前をもった掃部・外記・薩摩・対馬・内匠・主計・縫殿助・尾張・中務守などがみられることからもわかる」(2)という。また、南神田村の検地帳に名請人として記載されている「刑部左衛門は、朝日山城主池田刑部左衛門と考えて間違いない」とされ、この人物は「当村の村肝煎をつとめる土豪」であり、その他に「常禅寺村、泥沢村の検地帳にもその名がみられ、泥沢村の兼帯肝煎をして」おり、「古川村に住し禄一〇〇石を食んだとあるから、古川村周辺に散在して土地を保有する土豪であった」と考えられる。また、「戸内・大夫」という名もみられるが、これらは、「室町時代の『一条八幡祭礼日記』にみられる五、〇〇〇苅ほどの土地を保有した土豪である[3]」。また、「常禅寺村に本拠をもつ農民」について、井川一良は、「大きく三つに分類される」という。その一つは「村内の本百姓」で、「田畑を保有し、居屋敷の税を納めることが重要な条件となる」。「これらの農民は、常禅寺村以外にも多くの出作地を持っていると思われる」。「その二は水呑で、室町末から近世初頭にかけて、本百姓下の隷属農から進化したものである」。「その三は名子・下人で、耕作地を保有せず、本百姓に隷属している農民である。そのため、検地帳にその名は記載されていない。本百姓の家のへや住み小百姓として、本百姓の土地を耕し生活していた[4]」。

(1) 八幡町史編纂委員会編『八幡町史』上巻、一九八一年、八幡町史編纂委員会、一五九ページ。
(2) 八幡町史編纂委員会編、前掲書、二一四ページ。
(3) 八幡町史編纂委員会編、前掲書、二二〇ページ。
(4) 八幡町史編纂委員会編、前掲書、二二三〜二二四ページ。

酒井氏支配下の検地帳と宗門人別帳

このように、最上氏の検地は、中世以来の旧勢力に融和的であったといえよう。しかし最上氏が改易された後、元和八（一六二二）年に庄内に入部したのは、信州松代城主酒井忠勝であった。酒井は徳川の股肱の臣であり、まさに「天下の藩屏[1]」として庄内にやってきたのである。そして、入部後直ちに、元和九（一六二三）年、領内の一斉検地を実施する。その後も、寛文九（一六六九）年以降数度の一斉検地を実施するが、これらの酒井氏の検地は、「村切」によって一定範囲の土地を村の土地と定め、その土地に住み耕作する農民を「名請人」として検地帳に書き上げて、村の連帯責任で年貢の納入義務を負わせるという、「村請」制を厳格に実施するものであった。そのために、中世以来の、各地に土地を散在して持つ旧勢力の出作地保有は困難になり、一村内に限定されて、その勢力を失う、ないし弱められることになった。[2] ただし、実測を伴う検地は元和検地だけで、その後は明治の地租改正まで実測は行われなかった。つまり、寛文九年以降の検地帳ないし水帳は、元和検地で調べられた田畑屋敷等の土地の品等、面積をそのまま書き写し、その所持者を確認して記載しただけである。

しかしともかく、そこには酒井家支配下の公的文書によって、「名請人」として稲作を担った農民の名前が確認できる。その他、農民の名前を確認できる文書としては、よく知られている宗旨人別帳があり、むろん酒井家の支配下でもこれは作成された。筆者がよく調査にお訪ねした平田郷牧曽根村（明治の市町村制下では飽海郡北平田村大字牧曽根、現酒田市牧曽根）にも、さまざまな村文書とともに、これらの支配・行政のための文書が残されていた。そこで、この牧曽根村の検地帳と宗旨人別帳とから、そこに記載されている名前を拾って、連続するものを並べてみたのが、**図表2-1**である。筆者の問題意識は、後の時代のように、農民が安定した「家」と「村」を形成して稲作を担って行くようになるのはいつのことか、という点にあった。検地帳系統の文書としては元和一〇（一六二四）年以降、寛文九（一六六九）年、宝暦一〇（一七六〇）年、享和元（一八〇一）年、慶応三（一八六七）年の各年次であり、宗旨人別帳としては、やや時代が下がるが、文化一三（一八一六）年、安政六（一八五九）年、である。酒井家入部以降、幕末までほぼ江戸時代を通覧できるといえよう。ただしこの方法は、襲名あるいは屋号の慣行が成立してはじめて有効になるが、この点については本文中で述べることにする。なお、明治期に入ってからは、固有名詞は省略して、人数（戸数）のみとした。

(1) 大瀬欣哉・斎藤正一・榎本宗次『鶴岡市史』上巻、鶴岡市役所、一九六二年、二一九ページ。

図表 2-1　牧曽根村各時期水帳、宗旨人別帳等記載の人数と連続人名

元和 10 (1624)	寛文 9 (1669)	宝暦 10 (1760)	享和 1 (1801)	文化 13 (1816)	安政 6 (1859)	慶応 3 (1867)	明治 3 (1870)	昭和 15 (1940)	平成 18 (2006)	備考
62 人	38 人	55 人	64 人	50 人	53 人	62 人	52 戸	55 戸	57 戸	
右ヱ門三郎	右ヱ門三郎									
勘十郎		× 勘十郎								
喜助	喜助	喜助	喜助	喜助	喜助	喜助				
喜右ヱ門		× 喜右ヱ門	喜右ヱ門	喜右ヱ門	喜右ヱ門	喜右ヱ門				
作兵ヱ		× 作兵ヱ	作兵ヱ	作兵ヱ	作兵ヱ	作兵ヱ				
治郎左衛門				治郎左衛門	治郎左衛門	治郎左衛門				
新右ヱ門	× 新右ヱ門									
甚右衛門	× 甚右衛門									
甚左衛門	× 甚左衛門	甚左衛門	甚左衛門	甚右ヱ門	甚左衛門	甚左衛門				
惣左衛門	× 惣左衛門	惣左衛門	惣左衛門	惣左衛門	惣左衛門	惣左衛門				
孫三	× 孫三									
弥右ヱ門	× 弥右ヱ門	× 弥右ヱ門	弥右ヱ門	弥右ヱ門	弥右ヱ門	弥右ヱ門				
弥左衛門	弥左衛門	弥左衛門	弥左衛門	弥左衛門	弥惣左衛門	弥左衛門				
(連続しない 50 人を省略)	嘉右ヱ門	嘉右ヱ門	嘉右ヱ門	嘉右ヱ門	嘉右ヱ門	嘉右ヱ門				
	甚右ヱ門									
	忠右ヱ門	忠右ヱ門	忠右ヱ門	忠右ヱ門	忠右ヱ門	忠右ヱ門				(昭和 62 年頃離村)
	彦左衛門	彦左衛門			彦左衛門	彦左衛門				
	兵右ヱ門	× 兵右ヱ門	兵右ヱ門	兵右ヱ門	兵右ヱ門	兵右ヱ門				
	弥助	弥助	弥助	弥助	弥助	弥助				
	与右ヱ門	× 与右ヱ門	与右ヱ門	与五郎	与五郎	与五郎				(与右ヱ門改名)
	(連続しない 24 人を省略)	嘉左衛門	嘉左衛門	嘉左衛門	嘉左衛門	嘉左衛門				
		佐五兵ヱ	佐五兵ヱ	佐五兵ヱ	佐五兵ヱ	佐五兵ヱ				
		三右ヱ門	三右ヱ門	三右ヱ門	三右ヱ門	三右ヱ門				(離村年不明)
		七左ヱ門	七左ヱ門	七左ヱ門	七左ヱ門	七左ヱ門				
		庄兵ヱ	庄兵ヱ	庄兵ヱ	庄兵ヱ	庄兵ヱ				
		甚五右ヱ門	甚五右ヱ門	甚五右ヱ門	甚五右ヱ門	甚五右ヱ門				
		甚五兵ヱ	甚五兵ヱ	甚五兵ヱ	甚五兵ヱ	甚五兵ヱ				(離村年不明)
		甚七	甚七	甚七	甚七	甚七				(平成 18 年離村)
		多郎兵ヱ	多郎兵ヱ	多郎兵ヱ	多郎兵ヱ	多郎兵ヱ				
		長右ヱ門	長右ヱ門	長右ヱ門	長右ヱ門	長右ヱ門				(昭和 10 年頃離村)
		長四郎	長四郎	長四郎	長四郎	長四郎				
		長治郎	長治郎	長次郎	長治郎	長治郎				(離村年不明)
		傳三郎	傳三郎	傳三郎	傳三郎	傳三郎				
		八郎兵ヱ	八郎兵ヱ	八郎兵ヱ	八郎兵ヱ	八郎兵ヱ				
		彦兵ヱ	彦兵ヱ	彦兵ヱ	彦兵ヱ	彦兵ヱ				

兵左衛門	兵左衛門	兵左衛門	兵左衛門	兵左衛門				(離村年不明)
孫十郎	孫十郎	孫十郎	孫十郎	孫十郎				(平成17年離村)
弥治右ヱ門	弥治右ヱ門	弥治右ヱ門	弥治右ヱ門	弥治右ヱ門				
弥八郎	弥八郎	弥八郎	弥八郎	弥八郎				
与治右ヱ門	与治右ヱ門	与治右ヱ門	与治右ヱ門	与治右ヱ門				
(入作13人と寛文・享和に連続しない8人を除く)	助右ヱ門	助右ヱ門		助右ヱ門				
	嘉兵ヱ	嘉兵ヱ	嘉兵ヱ	嘉兵ヱ				
	勘助	勘助		勘助				
	喜作	喜作	喜作	喜作				(昭和57年離村)
	久三郎	久三郎	久三郎	久三郎				(昭和49年離村)
	治三郎	治三郎	治三郎	治三郎				(昭和35年離村)
	治郎吉	治郎吉	治郎吉	治郎吉				(昭和6年離村)
	惣右ヱ門	惣右ヱ門	惣右ヱ門	惣右ヱ門				
	傳治郎	傳治郎	傳治郎	傳治郎				
	傳助	傳助	傳助	傳助				
	彦三郎	彦三郎	彦三郎	彦三郎				
	弥五兵ヱ	弥五兵ヱ	弥五兵ヱ	弥五兵ヱ				
	弥治兵ヱ		弥治兵ヱ	弥治兵ヱ				
	弥惣兵ヱ	弥惣兵ヱ	弥惣兵ヱ	弥惣兵ヱ				
	弥兵ヱ	弥兵ヱ	弥兵ヱ	弥兵ヱ				
	与助	与助	与助	与助				
	与平治	与平治	与平治	与平治				(大正6年離村)
	(入作15人を省略)	(1人暮しの弥次三郎娘を省略。甚右衛門を甚左衛門と見、長次郎を長治郎と見て配置した)	三四郎	三四郎				
			与作	与作				
			(弥惣左ヱ門は弥左ヱ門と見て配置、甚五右ヱ門は虫喰いで読めないが、寺から推定、筆頭者名不明1人を除いてある)	(入作7人と、子供の名前で名請しているなど名義だけの2人を省略)				

注1：「元和拾年　庄内河北遊佐之郡平田之郷牧曽根村御検地帳」、「寛文九年　羽州庄内飽海郡之内平田郷牧曽根村水帳」、「宝暦十年　羽州庄内飽海郡平田郷漆曽根組牧曽根村反別同人寄帳」、「享和元年　平田郷牧曽根村反別高同人寄帳」、「文化十三年　牧曽根村宗旨人別御改帳」、「安政六年　平田郷漆曽根組牧曽根村宗旨人別御改帳」、「慶応三年　平田郷漆曽根組牧曽根村同人為寄帳」による。
ただし、明治期以降は「明治三年　牧曽根村戸籍并宗旨人別御改帳」、「昭和十五年　部落会名簿」、また、平成18年は聴取りによったが、家号および人名を省略して、人数（戸数）のみとした。離村年は聴取りによる。

注2：元和と寛文の間の欄、あるいは宝暦との間の欄の×記は所持地の連続がなく、名前だけの一致と見られるもの。しかし逆に、名前は異なるが所持地が一致する事例があるが、それはこの表には表現されていない。

(2) 井川一良によると、「領主が村を一つの単位として行政施策を実施しようとする時、土豪や有力本百姓の様に周囲数か村にわたって広大な土地を保有することによって生ずる村域を越えた出入り作関係は大きな障害となった。出入り作関係をともなう土豪の存在を、大名の領国内に認めることはできなかった」。そこで、「庄内藩で、この村切りが元和・寛文の両検地を通じて実施された」という(八幡町史編纂委員会編、前掲書、二四七〜二四八ページ)。

第二節　庄内稲作と家、村の形成

牧曽根村における名前の連続と不連続

図表2–1を一見して明らかなのは、江戸時代初期、一七世紀前期の元和の頃から連続している名前はごく少ないことである。名前と名前の間に×印をつけたのは、名前は同じだが、所持地を対照して見るとまったく別なので、経営としては別であって、名前の一致は偶然といわざるをえない事例である。元和から寛文、宝暦の頃まで、つまり一七世紀の頃は、まだ庄内農民に襲名ないし屋号の慣行は一般化しておらず、代が変わると名前は変わることが多かったようである。しかし逆に、名前は違うが経営としては連続していると見られる事例もあったが、それは、この表では表現されていない。

まず元和一〇(一六二四)年の検地帳で目を引くのは、人数が六二人と、名請人の数が多いことである。その中には、田畑合わせて五反未満というような、ごく零細なものがかなりある。このことは他村の元和検地でも見られたようで、やや地域は離れるがその頃は庄内藩領として元和検地が行われた旧飽海郡松山町(現酒田市)の『松山町史』上巻には、「実に零細な耕地保有者をも名請人として取り立て、本百姓として位置づけているのは、年貢に限らない多くの貢租

（夫役をも含めて）負担者の創出の意図を見せている」[1]としているが、たしかに、新たに庄内に入った酒井家ができるだけ多くの貢租負担者を把握しようとして、ごく零細層までを書き出したということは充分に考えられることであろう。しかしこれらの「零細層」とは、どのような存在だったのか。これらの人々の名請地を見ると、田一枚だけ、畠一枚だけというような事例も多い。面積でいうと、田であれ畑であれ一反に満たないものが一五人もいる。一反以上二反未満が一二人、これらが独立の経営として成り立っていたとは考えにくい。先に井川一良の研究によって慶長の最上検地の頃までは、土豪や有力在家農民などが、従属民を駆使して田畑を開き経営を行っていたことを知ったが、それから一〇数年後の牧曽根村でも、同様な従属民の労働力による経営が行われていたということは充分に考えられるであろう。ここに書き上げられている零細名請人はそのような、従属民だったのではないか。そして、そこに書き上げられている零細な田畑は、その生産物が従属民の「給米」部分となる、いわゆる「下人小作地」[2]だったのではないだろうか。本来ならば、従属民をその経営の中に包摂している大規模層の所持地とされるべき土地を、無理に名請人を増やそうとして従属民までをも名請人として書き上げ、その「下人小作地」までをその名請地として書き出したのではなかろうか。そうだとすると、この元和検地において、名請人が六二人と、以後の検地帳と較べて不自然に多いのもうなずけるといえよう。

そのことによるのか、次に行われた寛文九（一六六九）年の検地では、名請け人が三八人と、激減している。そして、元和の頃二七人もいた二反未満の零細層は一一人と少数となり、大規模層の所持面積が増えている。おそらく、元和検地では名請人とされていた従属民は書き出されなくなり、その「下人小作地」がその従属民を抱えていた者の所持地として書き上げられたからであろう。つまり、検地帳に書き出されるかどうかは別として、元和から寛文の頃の庄内には、まだ従属民の労働力によって経営される大規模経営が存在したということである。

（1）松山町編『松山町史』上巻、松山町、一九八七年、一〇八ページ。
（2）大場正巳『本間家の俵田渡口米制の実証分析――地代形態の推転――』御茶の水書房、一九八五年、一二九ページ。

「農民古風説」

この頃の庄内農民の生活と稲作はどのようだったのであろうか。このことを示す文書資料は管見にして多くを知らないが、近代に入って大正期に刊行された『飽海郡誌』の中に、「農民古風説」という文献が収録されていた。「やつがれ既に五十に至り祖母祖父の物語をも聞き覚へ殊に此の頃あまねく老農に尋問て古風のあらましを書記す」と前書きされた文献である。『飽海郡誌』の解説によると、筆者は不明だが「天和貞享の頃ノ風俗ヲ延享二年筆記せるもの」という。天和貞享の頃といえば、一六八一〜一六八八年だから、右に見た寛文の検地帳の一〇から二〇年後に当たる。まず、農民生活の状況。

先つ家ハ丸木の柱を堀立て簀戸ニ鳴子を付け大工葺師も手間替りして今の如く作料も入らず本より板敷もあらねば囲爐裏のしめりて火の用心によし敷物ハわら莚にして京間田舎間の掟《オキテ》にたがハず菅莚ちがやハ珍客又は盆正月の料とし板二三枚打合せて御祓棚とし下は持佛堂ニ用ひ……曲物を入れ窓とし櫨子《レンシ》にて用をとゝのへ明り障子なければ打杭めんとう長大な簀も入らず。

愚案ニ……明障子ハもと堂上方のものにや郷中にてせいけんひらきなど唱ひしハ骨ふとく腰板高く下ニおとしさん有りて今の障子と別なり戸ハわり板ニ板ぶちばかり打付たるが近き頃までも有けるを見覚たり

われ鍋の火鉢さへ稀なれバまして火燵を知らず八ツ足と云ふ竹有て冬より春までぬれたる物を掛けてほしたり……。(1)

むろんこれは、『飽海郡誌』の編者によって「下級の境遇」とされているが、しかし「当時細民の生活率ネ斯クの如キモノトスレバ其以上ニ於ケル亦太タシキ懸隔ナカリシナランサレハ町家ニアリテモ寛永ノ頃鶴岡ニ初メテ礎石建築ヲ見(2)」たといわれている。要するに、現代風にいえば「掘っ建て小屋」である。

先に**図表2-1**でも参照した、平田郷牧曽根村の元和の検地帳では、書き上げられている六二人の中、屋敷地を名請けしているのは八人、八竿だけである。それが寛文になると、そのうちの二竿が分地されて四竿に増え、合計一〇竿、一〇人になっているが、新しい屋敷地の書き上げはない。このように元和から寛文にかけての検地帳には著しく屋敷地が少ないが、右のような「掘っ建て小屋」風の家屋が野菜などを植えてある土地の中に建っていたとしても、畠として書き上げられても不思議はないであろう。

次に稲作の状況。

……雪の中にこやしハ勿論山へ登りて薪をきり田は今の如く氷しがをこわさず蟇《カヘル》の子うみて後ち打立てハ陽気を受けて土も和らかに人は五十束苅馬は七十束苅つゝいそがバ回れと深く耕し浅く草ぎり卯花を早乙女花と唱へ咲初る頃田を植はじめ三番草ハ稲の花咲くころとり萬事おくれたる様なれとも兎角植てより百二十日程にあらざれバ苅取られず稲を久しく田に置てハつかれて不益のみ多し是を以て精働の上に勘が大事なり(3)。

往年の農業総合研究所の研究者大場正巳は、この同じ文章を引用しながら、次のように解説している。すなわち「天和貞享頃の『打ち立て』＝耕起はじめは、『蟇の子』（卵か）を生んだ後にはじめたものだといい、……この人力耕では四、五畝歩、馬耕では、六、七畝歩を耕起していた」ことを述べ、また代掻き作業には触れずに、直ちに卯の花の咲く頃には田植をするとしていることから、この頃は「耕起開始時期も遅く、あるいは砕土が代掻きを兼ねるなど整地も不十分で、……粗放な耕作と肥培管理のもとにおかれてきた」と。[4] つまり当時の庄内では、人力耕と併行して、原始的な馬耕も行われていたようである。なお、日本における犂耕について研究した清水浩は、「東北地方には明治以前に牛馬耕がなかったものと考えて誤りないようである」[5]と書いているが、これが一般的な認識だとすると、右の「農民古風説」の記事は、貴重な情報なのかもしれない。ただし、この記事でいわれている馬耕がどのような犂を使用したものかは、説明がなく分からない。大場は、「その犂はおそらく長床犂」[6]と見ているが、清水浩によると、長大な犂床をもつ長床犂は「使用中も安定がよく、操縦がいたって容易である」反面、「土壌抵抗が大きくなるので、深耕に適さないばかりか、運動性に欠けるので狭小な田区には使い難く、田区の四隅に鍬による手直しを要することになる」ので、「粗放的な低い生産段階の農法に対応した犂」であると述べている。[7]「農民古風説」に記されている馬耕の犂は、検地帳にかなり大きい田区が記載されているところから見て、そのような長床犂の一種だったのかもしれない。

(1) 山形県飽海郡役所編『飽海郡誌』巻之二、大正一二(一九二三)年(復刻本、『飽海郡誌』上、名著出版、一九七三年)、六～七ページ。
(2) 山形県飽海郡役所編、前掲復刻本、一三ページ。
(3) 山形県飽海郡役所編、前掲復刻本、七ページ。
(4) 大場正巳「豊原村と家の形成過程」、豊原研究会『豊原村』東京大学出版会、一九七八年、一一五～一一七ページ。
(5) 清水浩「牛馬耕の普及と耕耘技術の発達」、農業発達史調査会『日本農業発達史』改訂版1、中央公論社、一九七八年、二九三ページ。
(6) 大場正巳、前掲書、一一六ページ。
(7) 清水浩、前掲書、三七六ページ。

検地帳に見る家の形成

庄内藩領における検地は、先に述べたように、元和検地の後は実測がなされなかったので、寛文検地以降の検地帳は以下のような方法で作成されていた。すなわち、元和検地によって、実測され書き上げられていた土地について、そのまま、その順序で、品等、面積が記され、その検地時点での所持者名が記載されている。だから同じ土地について、その所持者名の変遷が分かる。筆者は前著において、そのような庄内藩領の検地帳の特徴を利用して、庄内農民における「家」の形成について検討した。[1] ここで、筆者のいう「家」の概念について説明しておくと、筆者は、農民の「家」を家族と経営との統一と規定している。つまり家族労働力による経営、あるいは経営を行っている家族である。そして、一子相続によって永代の存続を追求するところに日本の家の特質があると考えた。先に見た**図表2-1**で、一八世紀の宝暦期以降、幕末まで名前の継続するものが多くなるのは、そのような家が成立して、庄内稲作がそれによって安定的に担われるようになったからではないか、と考えたのである。それをどのようにして実証するか。庄内藩領の検地帳は、右に見たような特徴を持つから、その所持者名の変遷を追求することによって、土地の継承者が単独継承であるかどうかが分かる。単独継承ならば、日本の家の特徴である一子相続とみなすことができるのではないか。このような仮説に基づいて、先に**図表2-1**を作成するに当たって利用した平田郷牧曽根村（現酒田市）の検地帳を検討してみたわけである。ここでは、それを詳しく再説することは避け、若干の事例の紹介にとどめたい。

まず元和一〇（一六二四）年の検地帳と寛文九年の水帳の間の土地異動である。以下代表的な三つの例を紹介してみよう。(1)まず**図表2-2**である。この表で、左端の番号は、元和の検地帳で記載されている順に筆者が付けた土地の番号である。この番号は寛文以降の検地帳では分地によって数字は増えるが、順序は同じだからその所持者名を調べれば土地異動が分かるわけである。元和の検地帳で弥左衛門が所持している土地を左側に、その土地の寛文の所持者を右側

図表 2-2　元和期弥左衛門の土地は寛文の誰に継承されたのか

元和 10（1624）			寛文 9（1669）	
	弥左衛門		弥左衛門	
番号	品等	面積	番号	面積
201	上田	19.22	245	19.22
205	上田	0.17	249	0.17
213	上田	0.12	259	0.12
59	中田	3.22	67	3.22
207	中田	1.26	251	1.26
331	下田	9.10		
335	下田	15.06	429	15.06
355	中畠	2.22		
361	中畑	1.05		
427	中畑	1.10	539	1.10
256	下畠	1.02	456	1.02
計	田	50.25	計	41.15
	畠	6.09		2.12

注：「元和拾年　庄内河北遊佐之郡平田之郷牧曽根村御検地帳」および「寛文九年　羽𠮟庄内飽海郡之内平田郷牧曽根村水帳」による。

の欄に記した。これで見ると、元和の弥左衛門が所持していた土地の大部分が寛文の検地帳でも弥左衛門という名の人物が所持していることがわかる。番号331、355、361が右側で空欄になっているのは、だれか他の人の名義になっているからである。つまりこの三竿（後代の表現をとれば三筆）は、寛文期には他の人に所持されているわけである。合計を見ると、元和の弥左衛門は田畑合わせて一一竿（後代の表現を取れば筆）五反七畝余を所持しているが、寛文の弥左衛門は、その中八竿四反三畝余だけを所持していることが分かる。つまり三竿の土地の流出はあったが、八竿については元和の弥左衛門と同名の弥左衛門という人物によって所持されていたわけである。この事例では名前も同じだが、しかしそうでない場合もある。例えば、(2)**図表2-3**では元和一〇年の検地帳で甚五郎が所持する田畑居屋敷二六竿は、寛文九年の水帳では、そっくりそのまま甚右衛門の名義になっている。ただ、七竿は甚五郎とは別人の土地から流入して合計面積が増えている。この事例では名前は違うが、元和の甚五郎が所持していた一組の土地が、若干の増加はあったものの、甚右衛門によって所持されていたようである。居屋敷も甚右衛門の名義になっている。ところが、(3)**図表2-4**を見ると、元和の検地帳で二郎左衛門が所持していたのは田畑居屋敷を含めて四〇筆二町五反一畝余であるが、寛文の水帳では、そのほとんどの田畠が二分されて、一町一反八畝余は又右衛門の名義に、一町二反三畝余は彦左衛門の名義になっている。居屋敷も二畝余ずつ、折半されてこの二人の名義になっている。

これらは検地帳記載の土地異動であって、家族関係は分からない。しかし例えば第一の事例では、同名の人物の間に継承されているので、親子（あるいは祖父と孫、元和の検地帳から寛文の検地帳の間は四五年あるので）による継承と見てよいのではないか。また第二の事例では土地は同じだが名前が変わっており、これについては、甚五郎の土地がそ

図表 2-3　寛文水帳甚五郎の土地は誰に継承されたか

元和 10（1624）			寛文 9（1669）		
甚五郎			甚右衛門		
番号	品等	面積	番号	品等	面積
518	居屋敷	6.18	657		6.18
6	上田	1.18	7	上田	1.18
9	上田	3.08	10	上田	3.08
38	上田	2.13	41	上田	2.13
65	上田	41.27	74	上田	41.27
157	上田	89.00	183	上田	89.00
189	上田	1.18	228	上田	1.18
225	上田	10.24	272	上田	10.24
261	上田	19.02	319	上田	19.02
304	上田	6.07	376	上田	6.07
343	上田	11.10	442	上田	11.10
76	上田	0.20	87	上田	0.20
			227	上田	0.25
76	中田	0.20	87	中田	0.20
204	中田	3.14	248	中田	3.14
285	中田	14.20	351	中田	14.20
308	中田	8.21	381	中田	8.21
			398	中田	4.02
314	中田	4.00	390	中田	4.00
338	下田	5.26	433	下田	5.26
			664	下田	0.24
			665	下田	0.28
			419	下下田	0.08
			674	下下田	1.20
470	上畠	8.13	591	上畠	8.13
498	上畠	2.00	627	上畠	2.00
510	上畠	1.02	646	上畠	1.02
442	中畠	6.20	559	中畠	6.20
465	中畠	2.16	584	中畠	2.16
485	中畠	2.12	608	中畠	2.12
			484	中畠	1.24
365	下畠	1.12	465	下畠	1.12
492	下畠	0.24	619	下畠	0.24
計	田	225.08	計	田	233.25
	畠	25.09		畠	27.03
	居屋敷	6.18		居屋敷	6.18

注：「元和拾年　庄内河北遊佐之郡平田之郷牧曽根村御検地帳」および「寛文九年　羽刕庄内飽海郡之内平田郷牧曽根村水帳」による。

図表 2-4　元和検地二郎左衛門の土地は誰に継承されたか

元和 10（1624）			寛文 9（1669）					
二郎左衛門			又右衛門		彦左衛門		弥左衛門	
番号	品等	面積	番号	面積	番号	面積	番号	面積
1	上田	1.10	1	0.20	2	0.20		
12	上田	4.20	13				12	4.20
41	上田	9.10	46	2.10	47	7.00		
64	上田	3.26	72	1.28	73	1.28		
72	中田	5.10	81	2.20	82	2.20		
80	中田	7.00	93	3.15	94	3.15		
92	上田	0.28	109	0.14	110	0.14		
97	上田	11.10	116	5.20	117	5.20		
152	下田	7.10	175	3.20	176	3.20		
153	中田	37.15	177	18.22	178	18.23		
159	上田	14.17	185	7.08	186	7.09		
166	上田	2.20	194	1.10	195	1.10		
168	上田	0.16	197	0.08	198	0.08		
172	上田	0.08	202	0.08				
184	上田	1.06	220	0.18	221	0.18		
208	下田	1.25	252	0.27	253	0.28		
229	上田	3.03	276	1.16	277	1.17		
247	上田	13.24	297	6.27	298	6.27		
248	中田	6.12	299	3.06	300	3.06		
251	下田	1.22	303	0.26	304	0.26		
253	下田	4.27	306	2.14	307	2.13		
255	下田	4.10	309	2.05	310	2.05		
262	中田	7.26	320	3.28	321	3.28		
265	上田	14.07	324	7.03	325	7.04		
279	中田	20.00	343	10.00	344	10.00		
283	上田	16.10	348	8.05	349	8.05		
287	上田	7.00	353	3.15	354	3.15		
302	中田	10.15	374	5.07	375	5.08		
309	中田	2.08	382	1.04	383	1.04		
353	中田	6.10	452	3.05	453	3.05		
369	下畠	1.12	470	0.21	471	0.21		
374	上畠	1.12	479	0.21	480	0.21		
376	中畠	0.20	482	0.10	483	0.10		
379	上畠	1.18	486	0.24	487	0.24		
387	上畠	1.00	495	0.15	496	0.15		
489	上畠	5.00	614	2.15	615	2.15		
503	下畠	1.10	634	0.20	635	0.20		
506	中畠	2.10	639	1.05	640	1.05		
508	上畠	3.06	642	1.18	643	1.18		
514	居屋敷	5.00	652	2.15	653	2.15		
	田	228.15	田	109.19	田	114.06	田	4.20
	畠	17.28	畠	8.29	畠	8.29	畠	
	居屋敷	5.00	居屋敷	2.15	居屋敷	2.15	居屋敷	

注：「元和拾年　庄内河北遊佐之郡平田之郷牧曽根村御検地帳」および「寛文九年　羽劦庄内飽海郡之内平田郷牧曽根村水帳」による。

のままのセットでまったく他人の甚右衛門に経営されているということも、むろんありえないことではない。しかし、常識的には、この甚五郎と甚右衛門とは、例えば親子であって、その間の継承と考える方が可能性としては大きいと考えられよう。第三の事例については、ほとんど正確に、居屋敷まで含めて、折半して関係のない他人に譲渡するとは考えにくいので、寛文の又右衛門と彦左衛門は元和の二郎左衛門の子か孫で、兄弟が分割相続したものと見なすことができるのではなかろうか。その他、ある人物の所持地が、数人にばらばらに継承されている事例もあった。このような場合は、元の名義人の経営が解体して、その土地が複数の人物に流出したものと考えた。

このように元和検地と寛文検地の検地帳ないし水帳の検討を行った結果、筆者は「元和から寛文にかけての、つまり一七世紀の牧曽根においては、所持地の単独継承と見られる事例と、かなり均等な分割継承と見られる事例が混在していた。むろん検地帳ないし水帳系統の文書による土地異動の点検による推定だから、家族関係についてはまったく不明なので、それらが、相続と言えるかどうかは分からないが、しかし……推定を加えるならば単独相続と均等分割相続の混在と見ることができるように思う[2]」との結論を与えている。同様な検討をさらに、宝暦の同人寄帳まで続けてみたところ、「寛文期一六六九年以降、宝暦期一七六〇年に至る一〇〇年の間に均等分割相続は姿を潜め、単独継承が一般化した」ことが分かった。

しかしこの時期はまだ名前は代によって変わることが多かった。つまり「寛文から宝暦に至る頃は、『家』の永代存続のために単独継承を行うようになっており、その意味で『家』の形成に向かっている」と見られるが、「しかし家の名前つまり屋号はまだ確立していない段階[3]」と判断されたのである。先の事例紹介で、弥左衛門の名前が元和の検地帳にも寛文の水帳にも登場していたが、この名前には、実は武士の系譜を継ぐという伝承があった。そのためか、一般の農民は代によって名前が異なる個人の名前だったが、弥左衛門は襲名をしていたのであろう。これは先祖の名前への誇りからする襲名であって、農民一般の家名すなわち屋号の成立とはやや異なるものだったのではなかろうか。家の名前としての屋号の確立は、もっと後、とくに草分けあるいは武士の後裔というような伝承はない一般の農民が代々同じ名前を称するようになった時からと見るべきであろう。牧曽根村の検地帳系統の文書の検討では、宝暦期以降、とくに「享和以降、つまり一九世紀に入ると牧曽根村の戸数は五〇軒ほどで安定し、その名前もほとんど継続するようになっていた。……この頃になると、牧曽根村において家名つまり屋号が定着していることは明らか」なのである[4]。

(1) 細谷昂『家と村の社会学――東北水稲作地方の事例研究――』御茶の水書房、二〇一二年、四四八ページ以下。
(2) 細谷昂、前掲書、四四〇~四四一ページ。
(3) 細谷昂、前掲書、四五九ページ。
(4) 細谷昂、前掲書、五一〇ページ。

「彦右衛門記録」が語る家の形成

以上のように、牧曽根村の検地帳等の文書の分析によって、家の名、つまり屋号の確立はやや遅れるものの、家族によって担われ、一子相続によって永代の存続を追求する「家」が実態として形成されるのは寛文期から宝暦期の間と見られたが、しかしそこで確定された時間幅はほとんど一〇〇年にわたり、しかも、この間の家によって担われた稲作の姿はまったく見ることができなかった。そこで、この時間幅をもっと縮められないかという問題と、家が担う稲作の実態を知るために、ここで目を転じて、旧東田川郡余目町大字西野(現庄内町)の「伊藤氏記録」を取り上げることにしよう。この文書は、「余目町史資料」として余目町教育委員会から刊行されているので、それによることにするが、しかし「伊藤家記録」とは刊行者がつけた文献名で、この記録の時代に「伊藤家」と称されていたわけではない。文書自体には、記述者自身の名前は「彦右衛門」と記されており、ここでは「彦右衛門記録」と呼ぶことにしよう。なお、この文書によった検討は、すでに、大場正巳がおこなっており、[1]筆者もこの先行研究に学びながら、家の形成過程を示すものとして、前著『家と村の社会学――東北水稲作地方の事例研究――』において、検討した。[2]ここでは、この前著の要点を拾い上げる形で、家の形成過程とその背後にあった庄内稲作の進展について見ることにしたい。

まず彦右衛門の稲作の概況を**図表2-5**によって見ると、初め寛文一二（一六七二）年の頃から貞享三（一六八六）年の頃までは、稲の総苅束数が七、〇〇〇束から四、〇〇〇束程度で推移しており、これを『飽海郡誌』巻一に記載の「一町　三千坪、これを千束苅ノ地ト云」との「数百年来襲用」してきた面積把握[3]でいえば、七町歩ほどになることになるが、しかしこの西野村は開村二年目の新田村であり、よほどの好条件でなければそれだけの収量を上げることは困難と考えられ、おそらくは一〇町歩程もあったことであろう。それだけの面積の田を「下人四人ニテ作」、「五人ニテ作」などと、四～五人の下人の労働力で耕作していたのである。つまり先に牧曽根村の検地帳から推定した従属民の労働力を駆使した大規模経営が、ここ西野村でも寛文、延宝、天和期（一六六一～一六八四年）頃までは行われていたのである。そこで行われていた稲作は「農民古風説」において「天和貞享の頃（一六八一～八八年）」として報告されていたような粗放な農法で営まれていたであろう。

ところがこのような彦右衛門の稲作は、貞享期に入ると「むし付き」とか「水まし」などによって破綻し、貞享四年には「御年貢は一切出シ兼札かい皆済」せざるをえないことになる。ここで「札かい」とは、そのころすでに庄内藩領で展開していた米札制度の「札」のことであり、現物の米で年貢を納めることができないので、米札を買って納入したという意味である。この年「家来共酒田ごふしんに雇越　壱人ニて壱分つつ取参候」などと、町に出て賃稼をさせたりもしている。そして彦右衛門は、元禄元年に「道下」という田の三分の一を「俵田ニ入荷作」することになる。この

稲刈束数の推移（寛文 12～正徳 3 年）

割余り	北田	畑返し	その他	〆	計	備　　考
	580			5664	5554	中作
632	550			7023	7019	悪作
	590			5087	5012	悪作、下人四人ニて作
				4250	4305	悪作、五人ニて作
				4484	4492	悪作、五人にて作
				4460	4491	中作、四人ニて作
				4397	4359	中作、四人ニて作
				4093	4093	中作、四人ニて作
			中せき 193	4195	3750	中作、四人ニて作
				4358	4048	悪作ニて米不仕候、四人ニて
562				4142	4129	悪作、四人ニて。北田七拾共に売り申候
580				4763	4761	作物吉年也、四人ニて作
600				4880	4891	五人ニて作
505			彦左衛門田 393	5335	5290	中作、四人半作
552				5652	5173	むし付作、五人半ニて作
				3676		水まし青たいニ罷也…御年貢は一切出シ兼札かい納皆済仕候　家来共酒田御ふしん…
				2429		道下三ヶ一俵田ニ入荷作申候　世中中作西ノ村ハ作よし
						沼向田東の方屋敷半分共ニうりかり金済　本の家売申候而家替申候作能御座候
						作よし
						巳の年売申候東ノ屋敷清大夫所ゟ本直ニ所望致あいを作本金済申候
448				3067	3067	飯米下男三人惣人数十一人 田作ハ水まし不申所ハ作よし水かむり申候分悪作也
				2640		殊外いねかい落申年也
437				2497	2509	勘十郎置始ル　いね壱束ニ付弐升壱合位仕候
513				3087	3087	飯米置候覚男女下五人、人数十一人　かひハ落申候年也
446				2696	2696	
521				2984	2985	かひ落申候年也
460				2805	2812	勘十郎、源三郎、兵四郎
402				2330	2353	兵次郎、源三郎、勘十郎　前年ゟ六百七拾余りかひ落申候
593			土手下 5	3175	2775	源三郎、兵四郎、勘十郎　稲ハかひかり候へ共水つきいね故米ハ不仕候
482		28	三助田 25、本田 43	2876	2871	悪作ニて村中御年貢難儀仕候　うんか年ゟ皆迷惑仕候我等ハ無尽取皆済ス
373		35	上切田 31	2657	2537	惣而悪作ニて村中難儀仕年也　稲壱束ニて米壱升一二合
609		83	かもん田 301、野中 138	3756	3710	勘十郎八俵等給米の記事　稲壱束ニ付弐升八合位仕候
				2925		勘十郎、徳三郎、板戸八兵エ　秋いねかひ落申候いね壱束ニて弐升壱合位仕
419		87		2640	2279	門田丹左衛門、板戸清三郎、勘十郎置　壱束ニ付壱升六合取むし付悪作年
364		16		2621	2523	丹右エ門、七兵エ、勘十郎
478		67	下のぼり田 18	2809	2808	新堀八兵エ、丹右エ門、勘十郎
578		93		3310	3310	板戸佐兵エ、勘十郎、落目石四郎　いね畑物共ニ実入り能年也
222		42		1889	1971	勘十郎、藤四郎、助次郎　勘十郎久ゞ煩居候悪作何年ニも無かひ落申候年也
391		18	藤左衛門田 146	2720	2536	九兵エ、廿六木円十郎、板戸弥五二郎
						（記録はここで終わる）

類)』余目町、1979 年、9 ページ以下。

数字はそのまま記載した。

が、「道下北」および「道下南」の記載がないので、「宮下北前」および「宮下南前」の苅束数を

のまま記載した。しかしこの年は、彦右衛門の〆と合計数が大幅に合わない。

図表 2-5　西野村彦右エ門記録における

	わせ田	土手下	東田	中せき	三枚田	二枚田	道上	家浦	道下北	道下南	沼向
寛文 12（1672）	553						980	400	2362		679
延宝元（1673）	612	510	25	201	58	40	1018	400	2315		658
延宝 2（1674）	601			230	30		921	450	2190		
延宝 3（1675）	590		25	200		48	812	360	2270		
延宝 4（1676）	600	530	21	160	47	44	730	400	1960		
延宝 5（1677）	737		32	180	62	45	1050		2385		
延宝 6（1678）	680			190	55	41	1013		2380		
延宝 7（1679）	612		40	201	61		989		2190		
延宝 8（1680）			35	201	42		998		2281		
天和元（1681）	652		31		60		1002	112	2191		
天和 2（1682）	550		30		50		752		2185		
天和 3（1683）	518						1002	450	2211		
貞享元（1684）	510			190	51		989	400	2151		
貞享 2（1685）	465		35	198	62		1002	400	2230		
貞享 3（1686）	459		23	160	60		1028		2251		640
貞享 4（1687）											
元禄元（1688）											
元禄 2（1689）											
元禄 3（1690）											
元禄 4（1691）											
元禄 5（1692）											
元禄 6（1693）	571		34						1086	928	
元禄 7（1694）											
元禄 8（1695）	440		38						844	750	
元禄 9（1696）	586		46						999	943	
元禄 10（1697）	448		35						895	872	
元禄 11（1698）	470		45						1095	854	
元禄 12（1699）	490		49						964	849	
元禄 13（1700）	402		47						810	692	
元禄 14（1701）	540		48			51			＊979	＊559	
元禄 15（1702）	478								＊1002	＊813	
元禄 16（1703）	418		40						＊748	＊892	
宝永元（1704）	571								1061	947	
宝永 2（1705）											
宝永 3（1706）	120		36						841	776	
宝永 4（1707）	411		37						987	708	
宝永 5（1708）	501		39						900	805	
宝永 6（1709）	534		50						1135	920	
宝永 7（1710）	392		30						678	607	
正徳元（1711）	450								916	715	
正徳 2（1712）											
正徳 3（1713）											

注 1：「西野伊藤氏記録」、余目町教育委員会編『余目町史　資料編　第 1 号（日記・家記
注 2：上記資料より、毎年の稲苅束数と奉公人の氏名等一部のみを摘記した。
注 3：記録されている各年ごとの苅束数の合計と、〆の数字とは必ずしも合わないが、〆の
注 4：元禄 14、15、16 年には「宮下北前」および「宮下南前」の苅束数が記載されている
「道下北」および「道下南」の欄に記載した（＊の個所）。
注 5：「かひ落」の「かひ」とは、稲の束数の意という（前掲「西野伊藤氏記録」11 ページ）。
注 6：延宝 8 年に、「中せき」の記載が 2 回なされており、何かの間違いと思われるが、そ

「俵田ニ入荷作」とは、大場正巳によると、「ひょうだにいれにないさく」と読み、年季で売譲ったという意味という。(4)さらに、翌元禄二年には、「沼向田東の方」と「屋敷半分」を売って「かり金済」とするのである。そのため、「家替」をしている。この頃、元禄二年から五年の四年間は毎年の収穫高の記載もなく、まさに危機的な状況だったのであろう。それが、元禄六（一六九三）年からは再び収穫高の記載が復活する。しかし以後の収穫高は二～三、〇〇〇苅にとどまる。つまり復活した彦右衛門の経営面積は三～四町歩程度に縮小するのである。この程度の面積ならばおそらく家族員の労働力を中心に経営することが可能であったろう。

そしてもう一点注目しておきたいのは、この頃、つまり元禄八（一六九五）年に、「勘十郎置始ル」とあり、その後元禄九年に「男女下五人」という記事もあるが、これを最後に下人の記事は姿を消す。そして、元禄一二（一六九九）年から「勘十郎、源三郎、兵四郎」と固有名詞付きの人物の記事が連続するようになる。しかもかれらは「置く」といわれており、さらに「板戸八兵エ」、「門田丹左衛門、板戸清三郎」などその居住村が記されるようになる。勘十郎など、村名が記されていないのは、おそらく彦右衛門と同じ西野村の住民だからであろう。この記載方法の変化は極めて重要であると筆者は考える。つまり彦右衛門が使っていたのは、固有名詞のつかない、そして単に人数だけだった「下人、家来」から、それぞれの村に住む農民になったと見られるからである。ここでいう農民とは、村名が記載されているところから見て、それぞれの村の構成員、つまり検地帳に記され、名請地を持つ農民なのであろう。むろん、彦右衛門の経営に働きに来るのだから、経営規模の小さい、したがって「水呑」(5)だったかもしれないが、「下人、家来」など一人前と認められない従属民ではなかったのだと思う。そして、先の図表には表れていないが、宝永八（一七一一）年の記事に、「若せ」という言葉が一度だけだが出てくる。ちなみに、本間家の宝暦三（一七五三）年の「萬覚帳」の中に「西野村差引」として、「一　米八俵　若性共済口」という記載が見られ、またそれに続く「払方」として「一　米三拾

三俵　若性給米八人　一　米四俵　下女給米」とある。またこの西野村の本間家手作地に関する宝暦五（一七五五）年の「俵田指引帳」にも、「一　弐拾六俵　代家若セ下女給米九人」との記録もあり[6]、西野村の本間家手作地では、少なくとも男子については宝暦の頃から「若セ」という呼称が行われていたと見ることができる。これらの「若セ」あるいは「若性」とは、後の言葉でいえば「若勢」（わかぜ）のことと見てよいであろう。この頃、つまり元禄期の頃、経営解体の危機から立ち直った彦右衛門は、それまでの従属民を駆使する一〇町歩ほどにも達する大規模経営から、三～四町歩程度に経営を縮小し、したがっておそらくは家族員の労働力を中心に営むようになったのであろうが、しかし家族員だけで不足する分は、若勢を給米によって雇傭するように変わったと見られるのである。つまり家族経営という意味での「家」の形成である。記事から見ると、下人がいた最後は元禄九年であり、「勘十郎置き始ル」のが元禄八年だから、この二年間あたりが従属民による経営から家族労働力と若勢による経営への交代期だったように見える。これら若勢も、給米を得ているところから見て、それぞれに小さいながら「家」をもち、彦右衛門家で働いて得た給米をそれぞれの家に持ち帰って、家の経済に寄与していたのであろう。

それでは、かつての下人たちはどうなったのか。ここで想到するのは、寛文一二（一六七二）年の河村瑞軒の西回り航路の整備である。それ以来、酒田を中心とする庄内の商品経済が大きく発展し、『酒田市史』の記述によると、「明暦二（一六五六）年の酒田の家数は合わせて一、二七七軒であった。それがわずか二十七年後の天和三（一六八三）年には二、二五一軒に増加している。全町の増加率は明暦二年の一〇〇に対して、天和三年には一七六・三である。……酒田町組は一九三強でほとんど二倍に達している」という。「これは寛文十二年の西回り航路の整備で、酒田湊が基点湊になったことによるもので、これにより酒田湊が全国経済のなかにくみこまれ、飛躍的発展をとげたことを物語る」[7]のである。下人達の行き先は、このような酒田を中心とする町場だったのではないか。その後を埋めたのが、小さいながら今や家を持つにいたった「若勢」層だったのである。

(1) 大場正巳『本間家の俵田渡口米制の実証分析――地代形態の推転――』御茶の水書房、一九八五年、九七ページ以下。
(2) 細谷昂、前掲書、四六八～四九六ページ。
(3) 山形県飽海郡役所『飽海郡誌』巻之一、大正一二（一九二三）年（復刻本、『飽海郡誌』上、名著出版、一九七三年）、一八〇ページ。
(4) 大場正巳、前掲書、九八ページ以下。
(5)『余目町史』の著者によると「百姓と水呑の区分は村によって異なっていたと思われるが、……西小野方村の寛政十年の宗門人別帳」から判断すると、「一石以上の高持を百姓、それ以下を水呑と区別していたことになる。安倍親任の『田制』にも、持高壱石以上ヲ百姓ト称、壱石未満ヲ水呑百姓ト唱来レリ、と記されている」という（余目町編『余目町史』上巻、余目町、一九八五年、七八三～七八四ページ）。ここで重要なのは、庄内における「百姓」、「水呑」の区別が家格など身分的格差によるのでなく、持高による区別だったことである。つまり「水呑」といっても、従属民ではなかったと思われる。
(6) 本間家所蔵資料編纂委員会編『本間家文書』第二巻、農業総合研究所、一九六三年、一三三～一三四ページ。また、柏倉亮吉・山崎吉雄編『本間家所蔵資料集』第四集中巻「小作・経営」、山形県、一九五八年、五ページ以下。これに言及した論文としては、長井政太郎・工藤定雄「東北地方に於ける土地所有の実態と地主の成立について」、東京大学出版会、一九五四年、二二一～二二三ページ。また、大場正巳『本間家の俵田渡口米制の実証分析――地代形態の推転――』御茶の水書房、一九八五年、九二ページ。
(7) 酒田市史編纂委員会編『酒田市史　改訂版』上巻、酒田市、一九八七年、四六一ページ。

集約的農法の形成

彦右衛門記録には、断片的ながら、稲作作業についての記述も見られる。とくに、規模を縮小して家族経営になった、あるいはなりつつあると見られる元禄期頃からそのような記載が始まる点が特徴的である。そのような記述として最も早いのは、元禄二年の「こい割余りへ　十度一日に引く」など肥引きの記事であり、また元禄七年にも「二月廿二日ゟ田打始」との記事があるが、この後元禄八年、「勘十郎置始ル」年から、農作業についての記事が詳しくなる。ということは、まったくの推測になるが、規模を縮小して家族経営になって、彦右衛門が自ら田に立つようになるのは、この頃からだったのではないか。以下、始めの数年分だけ、農作業関係の記事を抜粋してみよう。

元禄八きのと亥年

四月廿八日ゟ田植始ル　節句前仕廻

八月八日九日頃ニ取始仕候　おくいね八月廿八九日頃ニ取始仕候

一 ひかん廿六日入稲取始ハ八月廿一日仕候

一 九月廿七日ニいねかり仕廻[1]

元禄九年ひのへ子年

二月十四日迄土こへ（堆肥の意か）引申候

一 二月廿六日ゟ田打立申候　家ノ下廿一人ニて打　わせ田十一人

東風吹三月二日たねまき　五月九日ゟ田植申候　十一日仕廻申候　苗悪敷不足也

一 稲九月十日ゟかり始廿四日かり仕廻[2]

元禄十年丑

一 田ハ王二月中旬ゟ打立前年田われ申ニ付春田かたし

一 田植丑ノ四月十七日ゟ十九日迄ニ植仕廻十七日九人ニて道下十四枚残ル

十八日ニ六人ニて割余り昼迄植候　昼ゟ道下十四枚植わせ田八枚残し植ル　残十九日ニ仕廻　一　廿一日ゟ東
風吹　七日之内吹植干ニ道下仕候

一　ひかん八月八日ゟ入候　一　おくいね八月十五日取始ス　わせは八月三日ニ　十八日ゟわせかり始

一　八月卅日ゟおくいねかり始候　九月十三日かり仕廻申候[3]

元禄十壱寅年

一　雪ハふり申候へ共春はやく雪消二月十七日ゟ田打立申候　田やわらか成

一　三月十二三日たねまき申候

一　四月十六日ゟ田植申候　道下さうとめ十二人苗取六人　割余わせ田さうとめ七人なへ取四人やとい助共ニ六人残
ゆいニて仕廻申候

一　九月十一日ニおくかり始候　いね見付能候へ共かひ落申候年也

一　道下へこい引申覚弐百廿三そり　割余りニ五十九そり入る[4]

元禄十二年つちのと卯

一　宮下十六人ニて打仕廻　一　苗代打くろ共ニ三人　一　割余り五人ニて打

一　わせ田五人ニて打惣而田やわらか成年也　一　五月十日ゟ田植立申候

一　くろハ弐人ニてぬる　一　わせだ割余り八人ニて植　道下十壱人ニて植申候

一　苗まき候へ而四十日ニて植申候

一　七月廿五六日ゟ取始候　一　いねほ前年ゟ不足也　然共てり照候而見事也
一　八月廿六日ニいね取始申候　おく
一　王九月七日ニいねかり仕廻申候
一　九月廿五日いね上ケ仕廻(5)

元禄十三年かのへ辰
一　二月九日ニ田打始候
一　道下十八人打　廿人こ切　九人くろぬり　十七人半かへす　十壱人ニてうへ申候　一　たね三月十日まき四月弐二日田植立
一　割余り六人田打四人ニてくろぬる　五人ニてかへす　七人半ニて返ス　わせ田わり余共ニ七人ニてうへ申候　苗不足年候へ共沢山ニて植申候
一　わせ田ハ五人ニて打六人ニてこ切壱人半ニてかへす残馬かきニ仕候(6)

ところどころ意味の不分明なところがあるが、「仕廻」とはしまいの意味だろうか。「取始」とのみあるのは、草取りの開始だろうか。「王」と記されているのは閏のことではないかと思う。「いね上ケ」とは、稲揚げのことだろう。ここでは、先に「農民古風説」で見た原始的な馬耕は廃れ、田打は人力であり、馬は代掻きに用いられている。また元禄一五（一七〇二）年には「馬こえ割余り百そり引」とあり(7)、厩肥が使われていたことが分かる。馬耕の廃止は、おそらく、耕起の後「小切り」を行い、「畔塗り」にも労力を割くなど、丁寧な集約的農法になっていることに対応しているので

図表 2-6　牧曽根村元和検地帳における一竿当り田畠面積および元禄畑返、正徳畑返の一竿当り面積

面積（畝）	田		畠		元禄畑返		正徳畑返	
	竿数	%	竿数	%	竿数	%	竿数	%
80～	1	0.3						
50～	2	0.6						
40～	4	1.1						
30～	10	2.8						
20～	20	5.7						
15～	16	4.5	1	0.9				
10～	44	12.5	3	2.7				
5～	82	23.2	9	8.0				
3～	52	14.7	27	23.9				
1～	91	25.8	63	55.8	5	17.9	3	13.6
0.20～	12	3.4	4	3.5	2	7.1	6	27.3
0.10～	17	4.8	5	4.4	11	39.3	7	31.8
～0.10	2	0.6	1	0.9	10	35.7	6	27.3
計	353	100.0	113	100.0	28	100.0	22	100.0

注：牧曽根村元和検地帳における一竿当り田畠面積は「元和拾年　庄内河北遊佐之郡平田之郷牧曽根村御検地帳」による。また元禄畑返および正徳畑返は「享和元年平田郷漆曽根組牧曽根村御水帳四冊之写」による。

はないか。

関連して、農業総合研究所の研究者達による「豊原村」の研究を参照すると、そこでは近世江戸時代に特徴的な庄内稲作を「畝歩農法」と規定している。つまり、先に見た「農民古風説」にあったような「耕起時期も遅く、あるいは砕土が代掻きを兼ねるなど整地も不十分で……粗放な耕作と肥培管理のもとにおかれてきた」江戸時代初期の稲作から、「鍬耕を中心とし、中畔を構築してそれを肥培管理、収穫の全過程に活用」するようになって、そのための耕地条件として所有の単位としてはかなり大規模な圃場のなかに中畔を立て一畝歩程度に区切って、「多くの労働時間を費やして『畔削り』、『畔塗り』作業」を行う集約的な農法に転化したと見て、それを「畝歩農法」と名付けているのである。そして、この転化の時期を「元禄畑返帳」によって見ている。[8] ちなみに、牧曽根村の元和検地帳に書き上げられた一竿当りの田畑面積を、**図表2-6**に掲げておくが、これで見ると、元和の頃にはかなりの大面積の田地があることが分かる。最頻値は、一畝歩以上三畝歩未満にあるが、三畝歩以上ないし五畝歩以上の田もかなりあって、一反歩以上の大面積も少なくない。最大のものとしては、八反歩以上が一枚、五反歩以上が二枚ある。当時の土木技術で造成された、このような大面積の田に、均等に水が張れたのであろうか、あるところでは苗が水面から露出し、あるところでは水没するなどの状況が見られたのではなかろうか。にもかかわらず、「農民古風説」に見たような近世初期の馬耕のためには、このような大面積の田が適合していたのかもしれない。ところが同じ**図表2-6**に掲げた、牧曽根村における元禄畠返と正徳畠返の一竿当たり面積を見ると、一竿当たりの面積は一畝歩前後以下と、顕著に小さくなっている。むろん畠返であるから、傾斜地が多くしたがって一竿当たりの面積が小さいということもあろうが、しかしすべて一畝歩前後以下ということにはそれなりの理由があるのではなかろうか。

右に見てきた西野村でも、ちょうどこの頃、つまり元禄年間頃に田打後の「小切」、そして「畔塗り」などに労力を割くようになっており、右に掲げたのよりやや後になるが、宝永七（一七一〇）年には、「田植方々五月始ゟ植立候へ共去年水旱ニ付殊之外田われ水持悪敷くわしろの分はくろぬり申兼候付水持悪し　就夫田植そろい不申候　苗うすく罷成候故」[9]などと、田の畔の「干割れ」や「水持ち」に細かに気を配っているのである。田植には「ゆい」が行われ、「さうとめ」、「苗取り」など、ほとんど後の田植と同じ風景が見られる。このようにして見ると、西野村においても、元禄頃に、江戸時代的な集約的農法が形成されて、そのことが「畝歩農法」に転化させ、馬耕を廃するようになったのではなかろうか。つまり、ここで見たような元禄期頃から普及した集約的農法にはむしろ規模の小さい田地の方が適合的であるため、田区は小さくなり、したがって馬耕は廃されたという変化があったように思われるのである。

先に牧曽根村の検地帳によって、一子相続によって永代の存続を追求する「家」が実態として形成されるのは寛文から宝暦の間と見た。そこで確定されたほとんど一〇〇年にわたる時間幅のうち、以上見てきた彦右衛門記録によって、庄内藩領においては元禄期の頃に、規模の大小の差はあれ、「家」が形成されたと判断することができるように思う。

その背景には、河村瑞軒の西回り航路の整備があると見たが、これを「家」の形成の外的要因とするならば、内的要因として稲作の集約的農法の成立があったということができるであろう。

(1) 余目町教育委員会編『余目町史　資料編　第一号（日記・家記類）』余目町、一九七九年、一七〜一八ページ。
(2) 余目町教育委員会編、前掲書、一八〜一九ページ。
(3) 余目町教育委員会編、前掲書、二一〜二二ページ。
(4) 余目町教育委員会編、前掲書、二三〜二六ページ。
(5) 余目町教育委員会編、前掲書、二六〜二八ページ。
(6) 余目町教育委員会編、前掲書、二九ページ。
(7) 余目町教育委員会編、前掲書、三六ページ。
(8) 豊原研究会編『豊原村――人と土地の歴史――』東京大学出版会、一一三〜一一六ページ。
(9) 余目町教育委員会編、前掲書、七三ページ。

彦右衛門記録における村

家ができれば、その生産と生活を支える村が形成される。彦右衛門記録にも、その様子が記載されているので、次にこの頃の西野における村について見たいが、このことについても筆者の前著において藩権力との関係における「村」の設定を中心に記述しているので[1]、ここではとくに農民の生産と生活に直接関わる記載に絞って見ておくことにしよう。

元禄九年ひのへ子年
一　土手前堰水戸入目相段（談）覚　元禄九年ひの子《ママ》十一月廿九日肝煎新左エ門殿ニて水番九番割定入目も左之通り出ス

壱番（彦左エ門二 彦四郎一）　弐番（彦左エ門二 太郎左エ門一）　三番（庄助 利左エ門）
四番（彦左エ門田 吉右エ門）　五番土手前（五人衆 ほり田）　六番（庄助 利左エ門）
七番（与右エ門）　八番（征右エ門 □右エ門）　九番（庄助 利左エ門）
但彦左エ門六升出ス　彦四郎四升出ス　四分六分と定り申候
右拾五人と割定土手切通し水戸入候而此入目ハ右ハ亥ノ年水戸すへ（据）候へ共　其入目代金米戸ゝかり五わり之利足ニ而
四郎兵エ所へ子ノ年済申候壱番分
米壱斗五勺ツヽ九番ニ割出し申候　其外弐升三合水戸余り木ノ代□左エ門出
残木うり申候付彦左エ門六升彦四郎四升と出残人ゝ等分出し申し候[2]

この記録は、いろいろと分からないところが多い。「水番」というと水引の当番のようだが、しかし季節は冬も近い一一月末の「相談」だから、水に関わる工事のことだろうと思う。土手を切って「水戸」つまり水の取入れ口を九箇所作ったというのである。この「水戸入」および「水戸すへ」には「入り目」つまり費用を要し、「木」を使っているようなので、かなりしっかりした拵えであったように見える。ここに記されている一五人は、この九箇所の「水戸」から水を引くことになる水田の所持者であろうか。先に見たように、この時代になると、水利には十分な配慮を加えるようになっているのである。拵えたのは前年の亥の年だが、その「入り目」の「代金米」は、「戸ゝ」つまりそれぞれに借

刈り取り」毎年の記録

刈り取った人名
源右衛門（彦右衛門貸す）、利左衛門、孫左衛門、太郎左衛門
新右エ門　文右エ門　藤三郎　甚五郎
（人名記載なし）
御蔵、文作、長右衛門、作助
市左エ門　小右エ門　甚左エ門　久作
妙楽院、四郎兵衛、与左衛門、彦右衛門
彦右衛門、甚助、万四郎、与時兵衛、文右衛門、新右衛門、与三右衛門、里左衛門、明楽院、清一郎、甚内の 11 人

27、31、35、37、52、55、59、68、76、83、92 ページ）、により作成。

り「五割の利足」を付けて、一番の水戸の分については今年子の年に四郎兵衛に返済したということのようである。水田地帯である庄内において、水の問題は決定的に重要であるが、しかも個人で自由にできる問題ではなく、水掛りを共にする村中で協議し契約する必要があり、そのために村は決定的に重要な役割を果しているのである。

村といえば除草について、宝永七年に、「田ノ壱番草六月七日ゟ取始め弐番草七月十二日迄ニ漸取切申候……村並ニ草取申候」などの記事もあり、「村並み」を気にしながら除草を行っていることが分かる。つまり、除草を「村並み」に行わないと他の家の田に迷惑を掛けるので、お互いの作業を気にかけながら「壱番草」、「弐番草」を取っているわけである。ここにも、西野村の稲作が緻密な集約的農法になっており、その背景に村があるこ

図表 2-7　「かや谷地

年次	干支	記載事項
元禄 11（1698）年	戊寅	屋かや刈り始め
12（1699）	己卯	屋かや谷地……かり申候
13（1700）	庚辰	屋かや谷地４人ニてかり申し候
14（1701）	辛巳	屋かや谷地４人にて、内壱人前は御蔵かや
15（1702）	壬午	かや谷地かり申相談……刈申候
16（1703）	癸未	（記載なし）
宝永 1（1704）	甲申	（記載なし）
2（1705）	乙酉	４人、１人前 4000 余
3（1706）	丙戌	村中相談、11 人ずつ３年で残りなく当たる筈、亥の年から 11 人にすること決定
4（1707）	丁亥	村中相談で寅の年より１年に４軒ずつ、去年戌年迄９年で皆残らず刈った筈。当年から１年に村３分の１ずつと決定して刈り始め。亥子丑で皆刈ることになる筈。
5（1708）	戊子	（記載なし）
6（1709）	己丑	源右衛門から 11 人に分け刈り。内兄請取候 源右衛門所より人数多いので割当の時の分が済むよう断り置く
7（1710）	庚寅	２回り目この年始まり
8（1711）	辛卯	11 人で刈る。２回り目去年寅年始まり。
正徳 2（1712）	壬辰	屋かやの取り始めは元禄 11 寅の年。戌年迄９年間は４人ずつ。最初の年は孫左衛門、利左衛門、太郎左衛門、源右衛門に彦右衛門貸す 宝永３（ひのと亥？）に村中相談、丁亥の年より 11 人ずつ籤で、その３年目丑年つまり元禄 11 年から 12 年目（宝永６年）は源右衛門から 11 人刈った。２回り目は半ば迄終了、この正徳２辰の年またまた源右衛門寄合屋敷に当たる。やはり 11 人。この年迄かや刈りは 15 年になる。

注：西野伊藤氏記録（余目町教育委員会編『余目町史資料』第１号、余目町、1979 年、24、

とが分かる。[3]

図表2-7は、「屋かや刈り」の記録である。「屋かや」だから、おそらく家の屋根を葺くかやであろう。村の共同の「かや谷地」があって、そこを順番に刈っているわけである。生活面での村の共同といえよう。この記事を追跡して見ると、以下のように読めるように思う。元禄一一（戊）年から宝永三（丙戌）年まで四人ずつ分け刈りして、全員が一回りしたことになる。そこで、宝永三年に改めての「村中相談」になったようで、三年で「無残」当るようにするには、まず亥の年に一一人になるはず。つまり、翌宝永四（丁亥）年の記事によると、これまで「村中相談」によって「寅の年」（元禄一一年）から「壱年ニ四軒ツヽ」分け刈りして「去年戌年迄九年」で「村中無残」刈り終わったので、「当年ゟ始」めて「壱年ニ村三ケ一ツヽ」刈っても「可然」と相談がまと

まって分け刈りが始まったが、そうすれば「亥子丑」の三ヶ年で「皆かり申筈」というわけである。そして、宝永七（一七一〇）（庚寅）年からまた次の一回転が始まったようで、三分の一の一一人の刈り取った人の名前が記されている。宝永八年も一一人である。ここまでは明確である。

ところが二回転目の途中、第三年目正徳二年に何ごとかもめたのであろうか。記述が複雑になる。まず「屋かや谷地取始」の元禄一一年（寅）のことに遡った記述が行われている。戊年（宝永三年）までの九回は四人ずつ刈ることになっており、最初の寅の年の秋には孫左衛門、利左衛門、太郎左衛門と、それから源右衛門屋敷が刈った。源右衛門には、彦右衛門が貸した。宝永三年に村中で相談して丁亥（宝永四年）の秋より一一人ずつ三年ごとに籤で刈ることになった。その三年目丑の年つまり元禄一一年から一二年目（宝永六年）には、源右衛門のところから一一人に分けて刈った。二廻り目は半ばまで済んだ。そうしたら正徳二年秋にまた源右衛門に当たった、やはり一一人に分けた。この年までかや刈りは一五年になる。(4)

この正徳二年の記事に宝永三年がひのと亥の年のように読めるところがあるが、しかし実はひのと亥は宝永四年であり、相談したのが宝永三年で、宝永四年から一一人で刈ることを始めた、と解読すれば理解できるといいえよう。もめ事が何かも書いてないので分からない。おそらく源右衛門の名がたびたび登場するところから見て、また、宝永六年に源右衛門のところから出たかや刈りの人数が「またまた」多いので「重ねて」割当通りに済むように断っておいた、などの記事からして、しばしば源右衛門が問題を起していたように見える。なかで、「内兄請取申候」という意味は分からないが、この「兄」とは源右衛門の「あに」つまり後継者なのかどうか。ともあれそのような状況にあったところに、「またまた源右エ門寄合屋敷ニ」当たったという誤解からもめたのではないか。それを元禄一一年から説き起してちゃんと平等に行き渡っていると説明したのが、この文章の意味なのではなかろうか。

この「かや谷地わけかり」の記録で注目すべきは、まず第一に、始め一年に四人ずつと協定して実際に九年間刈ってみて、その経験から一年に村の三分の一が刈っても大丈夫と判断して、一一人が三年ごとに刈ることに協定を改訂していることである。現代風の表現を取るならば、自然の生態を考慮して資源の枯渇がないかどうかを判断した上で、村の取り決めを改訂しているのである。第二に、その「村中寄合」の協定を籤というすべての人に公平かつ明白な方法によって決めていることである。肝煎など、村の有力者が私的な利益を追求する態度などみじんも見られない。この段階の西野村について、先に見たように、「家」という言葉が使えるとすれば、「村」を構成するそれぞれの家は平等であって、村の運営は各家に平等でなければならないのである。第三に、それでも何か疑念が生じた場合には、文字を書くことができる「古老」が、これまでの経過を書き記してみせて問題の解決をはかっていることである。この記録によれば、この年、彦右衛門はすでに五七歳になっていたはずである。しかも字が書ける。江戸時代の庄内農村に、武士の教育機関とは別に、稀とはいえすでに「寺子屋」が成立していたようであるが、[5] その教育がこのように村の運営に実際に役立っていたのである。

(1) 細谷昂、前掲書、五二三～五三〇ページ。
(2) 余目町教育委員会編、前掲書、二〇ページ。
(3) 余目町教育委員会編。前掲書、七五ページ。
(4) 余目町教育委員会編、前掲書、二四、二七、三一、三五、三七、五二、五五、五九、六八、七六、八三、九一ページ。しかし、このように、連年各自の家で屋かやが使われるとは考えにくい。あるいは、各家で自分の割当に従って刈ったかやは町場に売りに出したのでもあろうか。
(5) 山形県飽海郡役所編『飽海郡誌』巻之二、大正一二（一九二三）年（復刻本、『飽海郡誌』上、名著出版、一九七三年）、四六～五〇ページ。

第三節　庄内稲作と藩農政

庄内藩農政と集約的農法

そのような農民の家の経営は、農民自身の工夫と努力によって営まれていたであろうし、また経営主としての家長から後継者への家業伝授によって受け継がれていったのであろう。しかしそこには、さまざまな面で庄内藩の農政が関わりをもっていたように思われる。庄内市史編纂会編の『庄内藩農政史料』には、藩政初期からの農業に関する通達、法令が収録されており、むろんそれがすべてをつくしているとはいえないが、かなり詳細な史料集なので、少なくともその時々の農政上何が問題であったか、を知ることができる。例えば、

寛文八（一六六八）年

覚

一、御田地打かへす最中に御座候、無二申迄一候得共村々油断不レ仕様ニ被レ仰、手代衆御廻し、遅引致候ハヽ、肝煎ニ急度申付候様ニ可レ被レ成候……少之所も御田地打かき遅々不レ申様ニ申付候へよし可レ被二仰付一候

……（後略）……

三月五日

惣御代官中(1)

寛文八（一六六八）年　戊申

覚

…（前略）…

一、手代衆、面々請取之郷中江廻り、田地不二仕付一所候ハヽ、逗留いたし、然と仕付させ…（後略）…。

申五月十七日

惣代官中[2]

寛文九（一六六九）年　己酉

一、当十一日より農具支度いたし、当作無二油断一心かけ可レ申事

一、当十一日より田之こやし持はこひ可レ申候、但、十五日・十六日・廿日休之事

…（後略）…

正月五日

惣御代官中[3]

寛文九（一六六九）年　己酉

郷中田不レ残植付申候哉、毎年之ことく其扱之手代郷回りいたし、自然差合旁々ニ而田不二植付一所候ハヽ、逗留いたしさまさま廻り申様ニ堅御申付可レ有候

…（以下略）…

酉ノ五月十二日

惣御代官中(4)

これらはいずれも藩政初期の寛文期のものだが、正月早々に農具の支度、肥料の運搬を指示し、三月には田地の打ち返し作業に遅れのないように「手代衆」を巡回させ、さらに五月には田植に遺漏ないようやはり「手代衆」に「郷回り」させている。ということは、近世初期この頃一七世紀初めには、農作業に遅れや遺漏などが少なくなかったということであろう。「田不二植付一所候ハヽ」などという記述をみると、かなり粗放な稲作がおこなわれていたことが分かる。

なお、ここで「手代」といわれているのは、庄内藩の郷村支配機構のうち、郷・通と称された庄内藩の八行政区画にそれぞれ二名ずつ置かれていた代官の下で、「年貢徴収、検見、農事督励、諸手当支給、海難吟味」などに当たっていた末端の役人であった(5)。なお、次の史料にあるように、延宝期になっても、「田畑不レ残仕付申候書付」を肝煎たちから提出させるよう、領内八組の代官に求めていることからも、このころの庄内藩領の農作の粗放さをうかがうことができるといえよう。

延宝七（一六七九）年　己未

各御扱下田畑不レ残仕付申候書付、大肝煎・小肝煎方より御取候而、以後其趣各御書付此方江毎年御出し候、京田与（組）よりハ最早書付出申ニ付、御家老中江茂書付出し候様ニ惣大夫殿・九右衛門殿江茂申談候…（以下略）…

未五月八日　忠兵衛

七兵衛

八組御代官衆中(6)

（1）鶴岡市史編纂会編『鶴岡市史史料編　庄内資料集13　庄内藩農政史料』上巻、鶴岡市、一九九九年、二五ページ。
（2）鶴岡市史編纂会編、前掲書、二八ページ。
（3）鶴岡市史編纂会編、前掲書、三〇ページ。
（4）鶴岡市史編纂会編、前掲書、三一ページ。
（5）鶴岡市史編纂会編、前掲書、解説、二九ページ。
（6）鶴岡市史編纂会編、前掲書、四〇ページ。

灌排水

次の史料は宝永期、つまり前節で集約的農法に入ったと見た元禄期のやや後である。

宝永三（一七〇六）年　丙戌

覚

去年中旱損ニ付被二仰出一候通、御田地入レ念耕作仕、植付候節より御代官衆組々江罷出用水懸り見届可レ申候、自然与水不足之所ハ格別、其外他組・他郷を不レ論、用水一面ニ懸渡候様可レ被二申付一候、若水掛之儀ニ付我意を以近辺之御田地為レ及二旱損一候者、村々肝煎・役人共吟味之上曲事可二申付一候、尤用水堰年々遂吟味水懸能様可レ仕候、此段物御郡中江レ被二申渡一候

戌四月十四日[1]

水稲作にとって水は死活の問題であるが、このように宝永期に入っても、前年の「旱損」を踏まえて、「御代官衆」

が見回って、用水が「一面ニ懸渡候様」と指示している。元禄期には集約的農法に入っているとはいっても、人によってはまだ充分そのような農法を身に付けていず、藩の役人が懸命に普及に力を入れている時期だったのであろう。もし自分勝手な用水で近辺の田地に被害を及ぼさせたような場合には、「村々肝煎・役人共吟味之上、曲事可二申付一候」などといわれていることは、当時はなお水に関する村の共同も充分ではなく、藩の指示が必要な段階だったのかもしれない。なお、『上郷の歴史』は、「荘内藩初期の寛永（一六二四～一六四四年）の頃には、百姓は農作業は下手だし、人も少なくて、田のあちこちを放置したりしたので、秋になって年貢は滞り、役人たちは家々を廻って夜中でも摺臼を引かせて年貢米をつくらせた」と書いているが[2]、これは、江戸時代初期の庄内の農法の粗放さに対して、年貢米を完済させるために農作業を集約化させようとする藩政の側の対応を示しているといえよう。その具体的な表現が、右に紹介したようなこと細かな藩の指示だったのであろう。

安永五（一七七六）年　乙申

用水の儀他郷・他村之無二差別一一統掛渡、旱魃之節者大堰守田面を見廻り、分散通水をも申付候儀古来ゟ定式ニ候条、弥堅ク可二相守一候、若御百姓共大堰守差図をもとき、内々我儘言掛之上打合等出候而不レ得レ止事申出候者、一方非分暦《歴》然ニ而重キ御呵ニ至申義ニ候……（以下略）……[3]

この安永五年の史料では、大堰守が重要な役割を果すよう指示されている。先に引用した彦右衛門はこの大堰守を元禄二年に三五歳にして藩から仰せつかっており、それだけの能力の持ち主だったのである。末端の水利は前節で見たように、村の「相談」に任されていたようであるが、これで見ると、郷や村を越えた大きな水利の統制は、藩の指示により、大堰守という藩任命の役職によって行われていたのである。

このように、水稲作に対する庄内藩の政策は、それぞれ季節ごとに必要な作業を詳細かつ厳格に指示し、なお粗放であった近世初期の庄内の農作に統一的な形を与えようとしている。前著で見た彦右衛門の経営が示していた元禄から宝永の頃の集約的な近世農法が一般化されるについては、むろん農民自身の工夫と努力があったであろうが、そこには右のような庄内藩の農政も関わっていたと見てよいのではなかろうか。

寛政八（一七九六）年

……前略……農業之日割、組々最寄次第村々役人者不レ及レ申、年寄候農人共当年之順気候相考、何月幾日頃ゟ畔塗・田打、何日頃より田こきり・馬入、何月幾日ゟ植へしろ肥入、何月幾日頃ゟ一統田植初可レ申与申儀、村々役人并年寄農業功者之御百姓共へ相談之上、大小御百姓共江能々申合、右日割村役人共ゟ各江為二書出一末書いたし差出し可レ申候……（以下略）……。

正月十日　　又右衛門（代官・中村）
式右衛門（同・中台）[4]

右の「農業之日割」報告の指示は、集約化した庄内近世農法が一八世紀末の寛政期にはすでに一般化していたことを示すもののように思う。そこに記されている、畔塗り、田打ち、小切り、（おそらくは代掻きのための）馬入れ、肥入れ、田植開始などの作業手順は、前節で見た、元禄期に彦右衛門が記録していた段取りとほぼ一致するのである。この文書は、それらの作業が何月何日頃におこなわれるかを、村役人だけでなく「年寄候農人共」にその年の気候を想定して報告せよと指示したものであるが、さらに続けて、「村々役人并年寄農業功者之御百姓共へ相談之上、大小御百姓共能々申合」とされている点に注意したい。いささか想像をたくましくするなら、この文言からは、誰かの家で、肝煎などの村の主立ちと、後の時代ならば「篤農家」と呼ばれるであろうような「農業功者之御百姓」とが中心になって、その他に「大小御百姓」が呼び集められ、質問に答える相談をしている様が想像されるのではなかろうか。つまり、上からのお尋ねに対して、村寄合を開いて回答を協議している姿であり、この文書は、そのような「寄合」の慣行が村々に成立していることを「代官」という藩役人の側でも承知していたことを示すものといえよう。実は、農民達の集会などに対しては、例えば寛政期に「郷方ニ而小百姓共寄集評議等致候事ニ相聞候、左様被レ致間敷候[5]」と、藩はむしろ警戒して取り締まりの通達も出されているのであるが、肝煎などを中心とする右のような寄合は、むしろ奨励こそされても、取り締まりの対象ではなかったようである。この頃になると、庄内稲作の集約的農法は、経営主としての家長から後継者へという個別の家の伝承であるとともに、さらにそれを超えて村の家々に共通の意思として分けもたれ、伝承されていると見ることができよう。

(1) 鶴岡市史編纂会編、前掲書、五二ページ。
(2) 上郷の郷土史をつくる会『上郷の歴史』上郷自治振興会、一六一ページ。
(3) 鶴岡市史編纂会編、前掲書、一四三ページ。
(4) 鶴岡市史編纂会編、前掲書、二〇四ページ。
(5) 鶴岡市史編纂会編、前掲書、一九九九年、二〇七ページ。

品種・肥料

庄内藩の農政は作付品種にも強い関心を示しているが、とくに中期以降になると、次に掲げる史料のように、晩稲、中稲の作付を禁止して早稲を植えつけるようにとの通達がしばしばなされている。これは、冷涼な気候によって、凶作になることを警戒してのものであろうが、その他にも、庄内に適した品種の導入にも努力が払われていた。併せて左に紹介しておこう。

寛延二（一七四九）年

八組御代官へ

御郡中田方之儀ハ上穀ゟぬき穂之稲も植付不レ申様、先年別紙之通厳重被二仰達一候、…（中略）…然ル処近年早稲・晩稲取交植付候事ニ相聞候間、猶又今度改而申達候、以来晩稲并中出稲植付不レ申、一同早稲植付候様急度可レ被二申達一候…（後略）…。

寛延二巳年酉正月(1)

文政三（一八二〇）年

乍恐以口上書申上候

此度美濃米種籾御下し被二成下一候間種立候様被二仰付一、村方御百姓長兵衛与申者至而農業方心付候者ニ御座候間、右之者江申付候所、左之通、尤美濃御役人申上候者五月ゟ三十八日以前ニ種おろし候与申上候、此方迚も同様ニ御座候

一、ひかんの内種籾水ニつけ、土用水ニつけ不レ申候様土用前ニ上ケ、俵之儘ニて三、四日程干申候

一、種おろしの節、種俵ゟまけ、の《(ぬ)》るゆにてあた丶め、元の俵ニ入、糠之中江二、三日程ねせ、少々芽出し候節苗代江種おろし仕候、右ねせ様ハ寒暖を相考、夫々加減第一ニ仕候、右種おろしゟ三十七、八日ト申而植付ニ相成申候、

種宜年ハ三十三日ト申ニハ植付可レ申与申居候
右模様ヲ以種立可レ申趣申出候間、此段申上候　以上

由良組中水沢村
肝煎八兵衛

辰ノ二月
（由良組大庄屋）和田善右衛門殿[2]

右の文政三（一八二〇）年の史料の前には、美濃米の種子を入手したので、試作するようにとの郡代から代官への、書簡が収録されており、その申付けを下達された肝煎が、「村方御百姓長兵衛与申者至而農業方心付候者」なので申付けたところ、浸種に始まる種籾の催芽方法について左の通り答えたという返答が収録されている。次にこの史料を掲げるが、この長兵衛という「御百姓」も「農業功者」といわれるべき人物だったのであろう。

肥料についても、指示が多い。井川一良によると「近世における肥料の種類は、肥草・厩肥・人糞尿・魚粕・油粕等が記録にみられるが、最も多いのは肥草で厩肥、人糞尿はそれに次ぎ、魚粕・油粕等の金肥は一九世紀以後にみられるようになった」という[3]。左の天明八年の史料は肥料として人糞をいれることの奨励であるが、このように人糞は貴重品だったので、次の文化二九年の史料に見るように、その供給は商売になり、そのことを村役人が仲介して商売人に申し入れする手はずがととのえられたりもしている。しかし井川によると、「多くは酒田町内や在郷町の家と戸別に契約を結び、決めた期日に出向いて汲取ってくる相対契約が普通であった」のであり、白崎五右衛門に依託するという「この方法には問題が多く従来からの相対契約による汲み取りがおこなわれたため、天保一一年（一八四〇）庄内藩は、再度この趣旨を領内に通知した」という[4]。ともあれ酒田商人の利に対する敏さを示すエピソードではあろう。

天明八（一七八八）年

廻状を以申達候、然者年々豊凶ハ其年之順気ニ寄事ニ候得共、順気能候而も御田地不手入ニ而、糞も不足ニ候得ハ上作ハ不レ致候事、又不順気ニ而も手入宜敷、糞等沢山入候得ハ、大底作致候事故、当年ゟ草糞等高ニ応し不足無レ之様只今ゟ可レ被二申付一候、…（中略）…困窮ニ而肥等自力ニ及兼候者ハ、吟味之上可レ被二申出一候…（以下略）…

七月廿九日

山浜（大庄屋）七人(5)　伴兵衛

文化一一（一八一四）年

一、田畑肥ニ相用候酒田小便入用有レ之ものハ、村役人江申達、村役人より白崎五右衛門江申入候得者、望次第樽詰ニ而相廻候筈之事

一、運送之義ハ、望之村方江五右衛門より船ニ而積廻候筈故、船方より案内次第早速受取、明樽ハ翌日無二間違一右舟江可二相返一之事。

…（中略）…

一、代銭之儀弐斗入壱樽ニ付於二酒田一三拾文ツヽ、運送船路之遠近ニ而高下可レ有レ之、賃銭之義望之村方より可二申達一候

…（以下略）…

戊八月(6)

その他、油粕、小ぬかなども金肥として貴重だった。そのため、次の寛政八年と文化九年の史料のように「沖止」、「沖出止」つまり領内からの移出の禁止の措置が取られたりもしている。また文化八年の史料は、新田開発のため不足する肥料として飛島のいかわたを取り寄せて使用するという、珍しい試みである。

寛政八（一七九六）年

田畑肥漸不足いたし、郷方甚及㆓迷惑㆒候旨申出候ニ付、今度荏粕・菜種粕以来沖止申付候、尤荏・菜種是又今度沖止申付候、一切他領江売掛申間敷候…（以下略）…

辰二月(7)

文化九（一八一二）年

油粕・こぬか沖出停止之儀、安永九子年申渡置候所、年経候ニ付心得違之者も有㆑之哉、こぬか沖出致候趣相聞候、以来子年申渡候通堅停止申付候…（以下略）…

申六月(8)

文化八（一八一一）年

一、今度遊佐郷広野新田開発被㆓仰付㆒候ニ付、右場所肥し不足ニ付飛島烏賊猟之節塩からニも不㆓相成㆒海辺ニ捨候いか腹ヲ、島之者世話不㆑受、吹浦村市右衛門与申者手ニ而為㆓御取寄㆒被㆑遊候ニ付、…（以下略）…

文化八年未八月(9)

飛島三ヶ村
惣組頭印

三人印(10)

(1) 鶴岡市史編纂会編『鶴岡市史史料編　庄内資料集13　庄内藩農政史料』上巻、鶴岡市、一九九九年、一一一ページ。
(2) 鶴岡市史編纂会編、前掲書、三四四ページ。
(3) 八幡町史編纂委員会編『八幡町史』上巻、八幡町史編纂委員会、一九八一年、三四八ページ。
(4) 八幡町史編纂委員会編、前掲書、三五〇～三五一ページ。
(5) 鶴岡市史編纂会編、前掲書、一七二ページ。
(6) 鶴岡市史編纂会編、前掲書、三〇八～三〇九ページ。
(7) 鶴岡市史編纂会編、前掲書、二〇九ページ。
(8) 鶴岡市史編纂会編、前掲書、二九三ページ。
(9) 鶴岡市史編纂会編、前掲書、二八七ページ。

害虫駆除

稲作にとって、害虫も悩みの種だった。左の宝暦一三年の資料は、お呪いである。それを、宝暦期一八世紀半ばになっても、代官が大まじめで通達しているのだから、なかなか有効な駆除の方法もなかったのであろう。また次の安永三年の史料は、油菜を植えると田に虫がつくと旅人から聞いたので、試みに四、五年油菜の植付を停止するようにとの通達であるが、実際に効果があったのかどうか。ともあれ虫害には悩みが大きかったことが分かる。

宝暦一三（一七六三）年
稲江虫不レ付法
多擲擲咤波羅跋題那蛇婆提

右之十二字を清キ水江□壱升入、指ニ而二十壱へん書、何石も一ツニまぜまきて稲へ虫付事なし、…（中略）…
右稲法稲虫除書付御郡代中ゟ御渡被レ成候旨遣レ申候、依レ之村村限へ可レ被二申渡一候　以上

未二月十八日

（代官）氏家嘉右衛門
（同）中村又右衛門[1]

安永三（一七七四）年

近年村々ニ而油菜多植候様ニ相聞候、実ヲ取売候テ雑用ノ多足ニモ相成、一段ノ事ニ候、然処他処ニ而モ油菜植候所ニ而ハ田へ虫付、不作致し候付、御領主ヨリ油菜植候儀御停止被二仰付一、其年ヨリ虫付不レ申由旅人其物語リ致候趣粗相聞候、…（中略）…依レ之試ニ当年ヨリ四、五年モ油菜植候儀相止申候様ニ、大小御百姓共へ可二申付一旨大庄屋共へ申渡可レ有レ之候、尤右之趣御家老中へ相伺候上申達候　以上

（郡代）鈴木筑太夫
（同）中田七郎兵衛

八組御代官中[2]

明治に入って、井川一良が『八幡町史』に収録している山形県令三島通庸の明治一一年の通達では、左に掲げるように、鯨油や菜種油などを水田の田面に流して、そこに虫を払い落とすなどの方法を奨励している。しかしすでに天保一〇（一八三九）年に、困窮した農民が代官所に魚油の購入代金の拝借願いを出して許可されたとの文書もあるというの

で、この種の方法はすでに江戸時代末期には実施されていたのであろう。(3)

明治一一（一八七八）年

近来管内、各大小区田圃之中において、虫害を受け候向、往々有之哉に相聞以の外の儀に付、一同挙て除害に尽力致し…（中略）…

山形県令　三島通庸

…（中略）…

一、無羽蟲は即ち螟蛉の類

一、鯨油、壱反の田に三合乃至一升

先つ田面に充分水を湛ぎ、上下の水口を塞ぎ然後鯨油を滴し、水田壱般光りを帯るを度として止め、次に長く軟き竿を以て軽々に稲の損せざる様莖葉を撫蕩し其虫を振ひ落すべし

菜種油　同前

石脳油　同前

一、莨の煎汁を湛くもよしと云

一、人夫を以て之を鋏み取り、又は拾ひ取り焼き殺すを尤もよしとす

二、有羽蟲　即ち□の類螟蛉等の蛾と化せしもの

一、田畔に火を焚殺すべし

以上(4)

(1) 鶴岡市史編纂会編、前掲書、一二六ページ。

（2）鶴岡市史編纂会編、前掲書、一三七～一三八ページ。
（3）八幡町史編纂委員会編、前掲書、三五七～三六〇ページ。
（4）八幡町史編纂委員会編、前掲書、三五八ページ。

農休日

見てきたように、庄内藩の農政は、おそらくは他藩と同様に、基本的に労働集約的な農法によって収穫を増大させようとする方向を志向していたということができよう。そこに、農休日に対する規制も行われる。『庄内藩農政史料』の解説によると、「法令で休日を指示した最初のものは、万治三（一六六〇）年の『覚』で、喰物、衣服と共に休日を統制したものである」[1]。左にその概略を示すが、前述のように、この頃はまだ家族労働力を中心とする家の経営が形成される前で、「百姓召仕候者」といっても後の時代のような、給米によって雇傭される「若勢」や「めらし」ではなく、「下人」などといわれた従属的性格の労働力であったと思われる。この『農政史料』の解説は、この計算で行くと年間六〇日程の休みになるが、そのなかに「鎮守の祭とか早苗振などの村の慣行が配慮されていない」と指摘している[2]。が、それはこの頃の労働力の性格にもよるのではなかろうか。右の解説によると、「その後、江戸時代を通じて約二〇回ほど休日にかかわる法令が出される」という。そのうち、この『農政史料』のなかに収録されているものについて見ると、宝永七（一七一〇）年の「塚淵村五人組定証文」には閏月も含めて六七日、元文二（一七三七）年の「覚」には八一日、宝暦九（一七五九）年と文政元（一八一八）年の「五人組掟」には、七二日となっている[3]。おおよそ五日に一日程度の休日であり、藩政期の休日定めが農民に怠惰を戒め、勤労を命じるものになっていたことはむろんだが、しかし、労働日には日に四度の「たばこ休」を認めるなど、むしろ厳しい労働の中でも農民労働力の再生産が可能であるように配慮した定めになっていることに注意しなければならないであろう。とくに、左に紹介する、文化八年に「助川村役人旧記」を写したものとされている元文二（一七三七）年の「覚」が、「八幡祭礼」とか「田神祭」とか村の年中行事に即したものになっていることに興味がもたれる。この頃になると、庄内農業も家族労働力を中心とする「家」の経営になっていたはずであり、奉公人であっても親元の家と村をもつ若勢やめらしになっていたであろう。この「覚」の記述が、神社の祭礼や各種年中行事に即したものになっているのは、助川村という特定の場に関する定めであること、しかもその場が、すでに「村」として、農民たちの家々の共同の組織になっていたことの反映ではなかろうか。これに対して、次に掲げる宝暦九年の文書は「田川郡櫛引通九拾ヶ村御仕置五人組帳」記載の定めであり、また文政元年の文書は「庄内二郡五人組掟之条々」記載の休日であって、これらの記載がきわめて類似していること（報告者の手許にある文政二年「荘内二郡五人組掟帳」にもほとんど同じ「休日之儀」以下の記述がある）、しかも正月と七月の他は「朔日、八日、十五日、廿三日一ヶ月四日」などと、かなり一般的な記述になっているのは、広く妥当の範囲をもつ「五人組掟帳」の性格によるのであろう。ということは、ここに記された休日の定めはいわば基準であって、具体的に何時、どのような機会に休みにするかは、むしろ村々の「自治」に任されていたのかもしれない。

万治三（一六六〇）年

覚

一、百姓喰物の事、米斗喰不ㇾ申何成共所々有ㇾ之もの、人間の喰候草木能時分調置、或ハ米・麦・粟・稗へまぜ喰物致候ハヽ、勝手続ニも可ㇾ成候……

…（中略）…

一、百姓召仕候者、正月・盆の外為レ遊可間敷候事
一、正月ハ以上《ママ・十日》為レ遊可レ申事
一、盆ハ以上五日為レ遊可レ申事
一、常々休日は七日かせき八日目為レ遊可レ申事
一、八月ゟ霜月迄十日かせき十一日め為レ遊可レ申事
一、御年貢未進ハ三年ニ為レ納可レ申事
右之旨相背候ハヽ、急度曲事可レ被二仰付一候間、可二相守一者也
万治三年子六月十一日　　御会所ゟ④

元文二（一七三七）年

覚

一、十二日　正月元日ゟ七日迄十六日ゟ廿日迄
一、五日　二月朔日、九日、十五日、十六日此両日田神祝、廿四日
一、四日　三月三日節句、十一日、十九日、廿七日
一、四日　四月五日、八日釈迦誕生日、十六日、廿四日
一、四日　五月二日、五月節句、十三日、廿一日
一、四日　六月朔日祝日、九日、十五日、廿三日
一、十日　七月朔日、七日節句、十四日ゟ廿日迄、廿七日神送り

一、四日　八月朔日、八日、十五日八幡祭礼、廿三日
一、四日　九月朔日、九日節句、十七日、廿五日
一、四日　十月三日、十一日、十六日田神祝、廿四日
一、四日　十一月二日、十日、十六日太神宮縁日、廿四日
一、三日　十二月二日、十日、十八日、但、廿五日給取出代り日故無レ之
　　小以六十二日
一、《外二》三日　蓑作り手間《二月中》
一、一日　鎮守縁日《八月十日》
一、一日　四月中ノ申日
一、三日　田植休
一、六日　秋春せんたく手間
　　但　壱年給取ニハ洗濯手間無レ之候
一、一日　田植後虫送り
　　小以十五日
二口合　七十七日
一、閏正月立レ之　　八朔日ゟ都合七日休日
一、閏七月有レ之節ハ都合休日六日
一、平月之閏ハ休日四日

一、村堰掘候儀、所ニより休日同前ニ心得、日数をかゝり候由、ケ様之所ハ自今村役人丁場割いたし為レ掘可レ申事

一、働日之内たはこ休前々之通四度ニ可レ為レ仕候事

一、休日ニも前々之通朝夕之仕事可レ為レ仕候事

…（以下略）…

巳二月

（郡奉行）中村十郎右衛門

（代官）小黒平左衛門

（同）富田甚右衛門

立会（同）山崎坂之助

大庄屋

右は助川村役人旧記肝煎久右衛門写し差出候　未（文化八年）[5]二月

宝暦九（一七五九）年

五人組御仕置之条々

…（前略）…

一、休日之儀、正月元日ゟ七日迄、同十六日ゟ二十日迄日数十二日、七月ハ十四日ゟ廿日迄日数七日相休可レ申事

附　正月・七月右休日之外、平月四日之休日之外相休申間敷候、勿論右両月閏月有レ之節ハ平月之通四日之日

数斗相休可レ申事

一、月々休日之儀、正月・七月之外、朔日・八日・十五日・廿三日一ヶ月四日ツヽ相休可レ申事

　附　右休日之外三月三日・五月五日・七月七日・九月九日相休可レ申候、且又、六月朔日、八月朔日ハ四日之休之内ニ込可レ申事

一、年中ニ蓑作り手間二日、鎮守縁日一日、田植休一日、田植後虫送り一日、都合五日相休可レ申事

一、働日之内、たばこ休一日ニ四度宛為レ致可レ申事

附、惣而相定候休日之外、自分相休候儀為レ致申間敷候、大小之百姓・水呑并子弟・召使之者迄相背不レ申候様厳敷可二申付一候、若相背候者有レ之其分ニ致置脇ゟ相知候者、当人ハ勿論肝煎・組頭・長人百姓・五人組迄可レ為二落度一事

…（以下略）…

宝暦九年

(郡奉行・鈴木)田兵衛
(代官・長坂)治右衛門
(同・中島)三郎右衛門(6)

文政元年

庄内二郡五人組掟之条々

…（前略）…

一、休日の儀、正月元日ゟ七日迄、同十六日より廿日迄日数十二日、七月十四日より同廿日迄日数七日可二相休一

事

附、正月・七月右休日之外、平月四日之休日之外相休申間鋪候、勿論右両月閏月有レ之節ハ平月之通四日之日数斗可二相休一事

一、月々休日之儀、正月・七月之外、朔日・八日・十五日・廿三日、一ヶ月ニ四日宛相休可レ申事

附、右定休日之外、三月三日・五月五日・七月七日・九月九日相休可レ申事、且又六月朔日・八月朔日者四日休日之内ニ込可レ申事

一、年中蓑作手間二日・鎮守之縁日一日・田植休一日・田植後虫送一日都合五日相休可レ申事

一、働日之内多葉粉休一日ニ四度宛為レ致可レ申事

附、惣而相定候休日之外、自分ニ相休候儀為レ致申間敷候、大小之百姓・水呑并子弟・召使之もの迄も不二相背一之様厳敷可二申付一候、若相背候もの有レ之其分ニいたし置脇より相知候ハヽ、当人ハ勿論肝煎・長人百姓・五人組迄可レ為二落度一事

…（以下略）…

文政元年寅九月[7]

なお、これらの休日規定の対象として予想されていたのは、家族員よりも、若勢などと呼ばれた奉公人たちだったのではないかと思われる。とくに家長夫婦、後継者夫婦などからなる直系の家族員たちは、当然のこととして村の行事に参加するために休みを取り、その他の日は家の規制に従い家の仕事に懸命に従事していたのであろうが、しかし庄内の若勢は、先に見たように、奉公先の家の成員になるわけではない。むしろその親元の家の成員である。ところがそうな

ると、他家の家の協業に組込まれた若者が奉公先の家の規制に従う根拠は、自分の親元に渡される給米以外にはないということになろう。要するに、経済的事情の他の、心理的・道徳的動機は生じにくいのである。また、類似のことは家の後継者ではない息子たちなどが家の規制の下で働く場合にも生じてこよう。息子や娘であれば当然にその家の成員であるが、しかし後継者でない場合には家においては周辺的な成員であり、結婚、つまり嫁入りや婿入りによって家を出て行くことが予定されている成員として、若勢と同じような心理にもなりえたのである。こうしてしばしば、若勢や非後継の「子弟」たちの「押休み」、つまり藩あるいは村の「休日定」を破って勝手に休むという行為が行われることになる。筆者がしばしば参照してきた平田郷牧曽根村文書の中にも、「惣若勢」の名で、「此度拙者共不埒之休日仕」迷惑難渋を掛けたので、今後は休日の定めを「急度可相守……一札指出仍而如件」というような文書が少なからず残されているが、それはこのような事情を物語っているのであろう。

(1) 鶴岡市史編纂会編、前掲書、解説、五四ページ。
(2) 鶴岡市史編纂会編、前掲書、五四〜五五ページ。
(3) 鶴岡市史編纂会編、前掲書、五五ページ。
(4) 鶴岡市史編纂会編、前掲書、一八ページ
(5) 鶴岡市史編纂会編、前掲書、九二〜九三ページ。
(6) 鶴岡市史編纂会編、前掲書、一二三〜一二四ページ。
(7) 鶴岡市史編纂会編、前掲書、三三三〜三三四ページ。

第三章　明治農法の形成——乾田化とその波及効果

第一節　農民的関心としての乾田化

米量基準から面積基準へ

江戸時代から明治への転換に当たっては、周知のように、地租改正が大きな画期であった。庄内地方においては、地租改正の事業は「ワッパ騒動」などの農民闘争によって遅れていたが、県令三島通庸のもとで、明治八年末から九年五月にかけて「地引」（実地測量）が行われ、ようやく明治一〇（一八七七）年に各々の土地所有者に「地券」が公布されることになった。地租改正については多くの研究があり、詳細については省略するが、ここで注意しておきたいのは、それが、一筆毎の土地に一人の所有者を確認し、その個人をその土地の地租負担者として確定したという点である。そして、その土地は、土地の種類と面積とにおいて確認され、それが地価算出の根拠とされた。

これは近世江戸時代の年貢徴収方法とは異なる。庄内藩の場合、一例として先に見た牧曽根村の場合を参考にすると、検地帳（水帳）には、例えば「上田三畝八歩　嘉左衛門　中田弐拾歩　又右衛門……」などと一竿（一筆）毎の土地の品等、面積、名請人が列記され、帳面の末尾には、村のすべての名請人の所持地を合計した「上田　合十七町六畝十四歩　此分米弐百五拾五石九斗七升　中田　合八町九反六畝五歩　此分米百拾六石五斗弐合……」などと、土地の品等（上田、中田、下田、上畑、中畑、下畑、居屋敷）毎にその合計面積、その「分米《ぶまい》」（公定収穫高）が記されて、そして最末尾に、これらすべての土地の分米高総計（村高）が記されている。年貢は、この「村高」に一定の割合（これを「免」という、例えば牧曽根村の場合幕末期で五ツ八分、つまり五八％だったようである[1]）を乗じた額になるわけである。これは本年貢であり、実際はその他にさまざまな名目の附加税がつき、また作柄によって村からの申請が認められれば検見が行われ、差し引きされることもあった。『上郷の歴史』の記述によると、こうして村全体の年貢高が決まると、「村々では、村役人らが集まり、一軒一軒に割付ける今年度の負担をまとめた『御年貢割元極帳』をつくり」、これを土台に家々の本年貢とその他の附加税をまとめて、「その総額を記した『御年貢取立名寄帳』がつくられ、一軒一軒の割り付けが示され」たという。[2] 家ごとの本年貢は、検地の結果を家ごとに名寄せした「同人寄帳」に記載の各家の「高」を基準に割り振られたのであろうが、その他の附加税については、実態は複雑で詳細は分からない。が、いずれにしてもここで注意したいのは、第一に、土地の面積ではなく、その「分米高」（事前に公定された収穫高）によって貢租が決められていたこと、第二に、しかもそれが村単位で定められ、その村全体の額が個人に割り振られたこと、である。むろん庄内藩においても、次の史料に示すように、この「高」（分米高）は、「田法」によって土地の面積を基準として定められていた。

庄内藩「田法」

一、田地壱歩とハ一間四方也、是を一坪といふ。此所ゟ稲三把三分三厘三毛刈也。三歩之所ゟ刈合すれハ壱束と成也。

…（中略）…

田地壱反とハ壱畝を十合たる十畝歩也。即三百坪にして五間ニ六十間、又十間ニ三十間也。四角にすれハ凡十七間

三分五厘四方なり。此所ゟ稲百束刈也
上田　高壱石五斗　　中田高壱石三斗
下田　高壱石壱斗　　下下田九斗
……（中略）……
右之通之出来を不レ残年貢ニ取立候而ハ、百姓之農具飲食衣類等一切可レ調様無レ之によって、其土地之善悪、山海川谷地其外融通可二相成一品之有無之地を考て、其村々ニ免を立るなり。右之百石を十のものニ積り、其内五ツを免すを五ツ免之村といふ。扨此五ツ免之所ハ五ツを免《ゆ》ルす故に聞へたれども、六ツ取而四ツ免すを四ツ免とハ云ハず、六ツ免之村といふ。……（以下略）……

渡会久右衛門識　　　　（温海文書[3]）

また、庄内藩領においても土地の商品化が進み、中期以降成立した地主制の下では、土地の面積や、それによって算出されたはずの公定の「高」によってではなく、「俵《ひょう》田《だ》渡口米《わたりぐちまい》」高を基準に土地の売買、質入が行われていたようで、地主が取り入れた土地の「売譲証文」などには、この「俵田渡口米」高が記載されている。この点に関連して磯部俊彦は、地租改正について、庄内地方に即していえば、「旧来の『俵田預作』慣行の変容の画期を意味していた」としつつ、その「俵《ひょう》田《だ》預作《あずけさく》」慣行とは、「初期本百姓経営が自然的・経済的苦境にさいしてその経営地の一部を縁故をたどって『質入れ』し、年季あけのうえで再び『請返し』することを原型としていたように思われる」とし、「この慣行の特殊性は、農民が縁故に預けたその土地のうえでなお自ら働き、その土地の生産物のすべてを渡口米（俵田米、作徳米）として縁故に提供することをその骨子としている」と説明している。したがってそれは、「生産物の一部分を提供する、いわゆる小作関係であったのではない」。このような「俵田預作」慣行が崩れ始めるのは、一九世紀初頭であって、そのことの条件は「一方での『所定の米量』の『渡口米』としての固定と他方での水稲反収の漸進的な増大であったであろう」としている。[4]「渡口米」高はこのようなものとして成立し、生産力発展のなかでその土地の生産物の一部を表す小作料額として固定化しつつ、土地の質入れ、売買のなかで、その土地の大きさを示すものとして通用するようになっていったのであろう。江戸時代後期の「郷土史家」といわれる安倍親任は、「田地渡口米ト唱ルハ古来民間実地ノ上ノ定ニテ田地モ小作人モ相当ノ中位ニテ天然ニ生シタル割合ナレハ今更一村一場所申合ナトニテ勝手ニ改ル事ナラヌモノ也[5]」と書いている。これら証文には「『水帳』記載の田畑別、田品、反畝、分米高が必ず記されているが、しかしその反畝等が現実を反映せず、それらは、『水帳』上に、土地存在を示す単なる記号と化していた」ように見うけられ、「これに対して、渡口米高は何俵地として、唯一のほぼ確かな量的広がりを示すものであった[6]」。そのような土地の大きさの表示がなぜ成立したかについて大場正巳は、元和一〇（一六二四）年の庄内藩領最初の検地以来、再検地がなされないままきたことにより、「水帳記載の分米と渡口米高の間に大きな開差をみることになった」ためではないか、と推測している。[7]なお、この大場の研究については、「俵田渡口米高」をその土地からの収穫高とする大場の主張と、農民取り分を除く小作料とする通説を支持する本間勝喜の批判[8]が対立しているが、ここでの報告者の問題提起は「面積」基準か収穫または取得可能な「米量」基準かという点にあり、この論争に立ち入ることは避けておきたい。

以上見てきたように、年貢は、最終的には個人、というよりも個別の家、が納めるにしても、村単位に全体の高が決定され、村の責任で貢納されていたのであり、個別の家が年貢を皆済出来ない場合には、その土地は「村支配」になり、村の責任で耕作し年貢を納めなければならなかった。その意味で土地の所持自体が個人の私的所有としてあったのではなく、むしろ藩の領有の下で、村の集団保有ともいえるような性格をもっていたのであり、それを、「『一地一主』の私

的所有権」に切り替えたのが、地租改正だったのである。(9)

それとともにここで注目しておきたいのは、先に指摘しておいた第一点、つまり、検地帳にはともかくも土地の面積は記されているが、実際に年貢高を決める際に基準になるのはそれではなく、「分米」という、公定収穫高だったという点である。むろん、先に見た庄内藩の「田法」にあったように、田地の面積と収穫高との間に一定の関連はつけられていたのであるが、しかしおそらく、江戸時代においては田畑の形状も方形ではなく、また測量技術からしても面積はかなり不正確なので、むしろ土地を特定した上で(その特定のためにこそ地主が提出させた売譲証文にも検地帳ないし水帳上の品等、反畝等の記載を行なわせたのではないか)、その土地の収穫高をあらかじめ公定しておいて、それによって年貢を賦課する方が実態にかなっていたのではなかろうか。藩権力が土地の面積ではなく、「分米」を基準に年貢高を決定していたように、地主も、売譲りないし質入れされた土地を、その面積によってではなく、「俵田渡口米」高という、その土地から収穫または収取可能と見られる米量によって表示をおこなっていたわけである。藩政期の年貢も、また地主が取得する小作料も、現物の米によっていたこともそこに関わっていたのかもしれない。

以上要するに、地租改正は、このような近世江戸時代的な土地所有(保有)を、基本的に個人の一定面積の土地の私的所有として把握し直し、したがって租税の貢納義務をも、個人単位の、その土地の面積を基準とする租税額という、近代国家の原則に切り替えたのである。つまり、ここで筆者がいいたいのは、地租改正以降、土地所有者としての農民にとって、田や畑は一定の面積をもった土地になり、地価および地租が面積基準になるとともに、地租は金納になったということである。ただし、地主と小作人との間では、地租改正に当たって実測された面積ではなく、それぞれ特定の「民間実地ノ上ノ定」としてあった「俵田渡口米」高が通用していたようで、後に紹介する明治に入ってからの地主の「取立調帳」などにも面積ではなく、土地の字名のもとに「米壱表地」等という記載を見ることができる。

(1) 酒田市史編さん室編『酒田合併村史』第三巻、三一一ページ。「分米《ぶまい》」という読みは、山形県飽海郡役所編『飽海郡誌』巻之一、大正一二（一九二三）年（復刻本『飽海郡誌』上、名著出版、一九七三年）、一八〇ページ、による。
(2) 上郷の郷土史をつくる会編『上郷の歴史』上郷地区自治振興会、一九九三年、一五七ページ。
(3) 鶴岡市史編纂会編『庄内史資料編　荘内史料集15　荘内要覧』鶴岡市、一九八五年、一九六〜一九七ページ。
(4) 磯部俊彦「『豊原土地』編成の検討——小農的土地所有の変質過程——」、豊原研究会編『豊原村——人と土地の歴史——』東京大学出版会、一九七八年、七〇一〜七〇三ページ。
(5) 安倍親任『胡蝶の道草』、鶴岡市郷土資料館所蔵史料。安倍親任は、続けて、「仮令ハ川北辺地広ノ上田ニテ常ニ六七俵作ノ場所百刈ヲ小作人ニ渡置ニハ百刈ヨリ四俵半或ハ四俵宛ヲ取立　是ヲ立テアケト云此間ヨリ年貢諸役ヲ拂フナリ　其余ヲ小作人ノ作徳手間ト定是即四俵半又ハ四俵渡ノ場所也」と述べている。安倍親任は、江戸後期の郷土史家であり、その頃には地主制がすでに制度的に確立し、本文中で引用した磯辺の言葉のように、「生産力発展のなかでその土地の生産物の一部を表す小作料額として固定化」していたものであろう。
(6) 大場正巳『本間家の俵田渡口米制の実証分析——地代形態の推転——』御茶の水書房、一九八五年、七三ページ。
(7) 大場、前掲書、八四ページ、などを参照。
(8) 本間勝喜『庄内近世史の研究』第一巻、丸山印刷、一九八八年。
(9) 磯辺俊彦、前掲論文、七〇一ページ。

「下から」の乾田化への動向

さて、近世における庄内稲作は、前章で見たように、藩の農政も関わって周到な集約的農法として形成されて行くのであるが、しかしこの間不変に置かれていた基本的耕地条件は「湿田」であった。それは時に「水田《みずた》」とも呼ばれるが、一言でいえば用水路はつけられているが排水路をもたない「年間湛水田」のことである。豊原村の事例でみると、「基幹的送水堰から分流して各農家の保有地に配水する導水堰は各々一筆ごとの保有地に付設されていたとはいえ、その導水堰が袋小路状態になってい」て、「取り入れた用水はもちろん、降雨などの自然水による表面水を排除する排水堰を施設としては備えていない」田地である。しかし、「一筆ごとの保有地が用水配分の単位になっており、それぞれの保有地に導水堰が付設されており、各農家の保有地をこえた〝田越し潅漑〟は例外的であった」。ただし、当時の圃場は、前章で指摘したような「畝歩農法」に対応して、所有の単位としての一筆の中が「中畔」によってほぼ一畝歩程度に区切られており、この圃場の間は〝畔越し潅漑〟によって用水の調節が行われていたという。[1]

小川誠によると、このような湿田農法は、近世江戸時代には「主に東日本において行われ」、その理由としては「用水のもたらす肥料分あるいは肥料の流亡防止・耕起の容易・害虫の凍死、または乾田化した場合の用水不足等が主なもの」であった。これに対し「早くから二毛作の進んでいた西日本では、二毛作のための乾田化が行われ」、しかも「暗渠による排水が、元禄期にはすでに」行われていたという。[2] 東日本の例として庄内地方においても、江戸時代には湿田農法が一般的だったわけであるが、それは近世を通じて見られた草肥、厩肥などの自給肥料の段階に対応する「肥料節約的農法」の意味をもっていたと見ることができる。[3] むろん耕起は人力により、次に掲げる庄内農民の経験談のように冷たく、泥まみれになっての作業だったようである。

本田荒起　（四月中下旬）

昔であると荘内地方も皆湿田で泥深く春の田打ちには実際骨の折れたもので毎日吹く『ナカセ風』の為に飛ぶ泥は體に遠慮なくかゝつて泥まみれとなり夕方になると大概の人は目ばかり光って丁度泥人形の様で餘り見てよい姿ではなかった今尚山間部落に往くと少しは見られるこの味は余等も充分身に覚へがある今の青年諸君春の田打時に山間部落を視察して祖先の労苦を少し思ひやって呉れてはどうか…（以下略）…。[4]

田打畔付は春早く未だ残雪のある頃から開始された。水は冷く非常に苦労した。耐えられなくなると放尿して足に掛け一時を凌いだという事である。畔は両側から全部泥で塗り、田打は男一人一日百刈（約一反二畝より一反五畝に当る）のきめであった。田は冬期間も水が掛けられてあるので軟らかかったが、手はまめだらけになって非常に重労働であったので、三日働いて一日の休暇があった。…（以下略）…。[5]

このような湿田農法は、明治に入ってからもしばらくは続いた。そこから乾田化によって、「明治農法」が形成されるまでは、耕作農民、地主、それに明治政府の縣令、郡長など、関係者それぞれの努力と工夫があったようである。庄内において、何時頃から乾田化が試みられたかについては、管見にして分からない。しかし須々田黎吉の紹介によると、「遊佐地方」に高橋九左衛門という人物の頌徳碑があり、それには次のように記されているという。文政八（一八二五）年のことである。

……翁ノ中年家道衰へ、仙台ニ至リ農夫トナル。乾田耕鋤ノ法遥ニ収穫多キヲ見テ、以テ為国ヲ富マシ、家道ヲ挽回スルノ途之ニ過グルモノナシト。居ルコト三年漸ク其ノ技ヲ会得シ、帰リテ此法ヲ創ム。遠近之レヲ聞キ以テ狂トナシ、親戚亦之レヲ罵シモ、自信弥堅ク熱心大ニ努ム。三年ノ後其ノ成績順ニ顕ハレ、秋収多ク、米質極メテ良好ナルヲ見ル。……。[6]

右の小川誠論文には、**図表3-1**のような「明治中期乾田化実施例」との表が掲げられているが、[7]その冒頭に「山形県飽海郡高瀬村、一八六六（慶応二）同郡稲田村にまねて施行」と記され、続いて、「西田川郡京田村、一八八五（明

図表3-1　明治中期乾田化実施例

施行地		報告及び実施期	乾田化実施状況
山形県	飽海郡高瀬村	1866（慶応2）	同郡稲田村にまねて施行
〃	西田川郡京田村	1885（明18）	1町（翌年の8反も含む）
〃	東田川・飽海郡内	1891（明24）	福岡県より農業教師を招聘して施工
〃	西田川郡内	1890（明23）	〃
秋田県	平賀郡	1903（明36）	多し、40〜50年前より始む
〃	仙北郡	〃	1876（明9）の大旱魃より増加、特に谷地で顕著

………（以　下　略）………

注：小川誠「耕地面積の増大と耕地整理事業の胎動」、農業発達史調査会『日本農業発達史』改訂版1、中央公論社、1978年、262ページ（原文献は、留場・小野・会田「山形県農事試験場史」、『農業発達史調査会資料』67号（1892)、および、秋田県仙北郡役所『秋田県仙北郡農事調査報告』上巻、25ページ）。

一八）一町（翌年の八反も含む）」、「東田川郡・飽海郡内、一八九一（明二四）、西田川郡内、一八九〇（明二三）、福岡より農業教師を招聘して施行」とある。この記載の典拠になっている文献[8]は見ることができず、孫引きなのでより詳細には知ることはできないが、最初の幕末慶応二年の施行（試行？）が後の遊佐町の大字であること、また近在の「稲田村にまねて」（これも後の遊佐町の大字）とあることに注目すると、右の高橋九左衛門の系譜を引く乾田化が飽海郡遊佐町で早くから行われていたのかもしれない。

（1）陣内義人「旱田化と明治農法の形成」、豊原研究会編『豊原村――人と土地の歴史――』東京大学出版会、一九七八年、四九八〜四九九、五〇一ページ。
（2）小川誠「耕地面積の増大と耕地整理事業の胎動」、農業発達史調査会編『日本農業発達史』改訂版1、中央公論社、二四四ページ。
（3）陣内義人、前掲論文、四八七、五〇一ページ。
（4）佐藤金蔵『私の田圃日記』一九二八年、正法農業座談会、八六〜八七ページ。著者佐藤金蔵は明治一四（一八八一）年、飽海郡内郷村生れ、独学によって学び、関東、東北各地において農業の経験を積み、また本間農場において研究を行った人物である（佐藤金蔵『荘内に於ける稲作の研究』荘内農芸研究会、一九二四年、所収の「自序」による）。
（5）斉藤正一『栄村史』栄村史編纂委員会、一九五七年、二〇〇ページ。なお、この記述は栄村の大字「播磨の人々のお話によった」とされている。
（6）高橋九左衛門頌徳碑（須々田黎吉「明治農法の形成過程――山形縣庄内地方の稲作改良――」、農法研究会編『農法展開の論理』御茶の水書房、一九七五年、五一ページ）。
（7）小川誠、前掲論文、二六二ページ。

（8）留場他「山形県農事試験場史」。

「旱田熱心者」の遊佐地方「巡回記」

というのは、その同じ「遊佐地方」が、やがて明治二六（一八九三）年の夏に、さほど遠くない（二、三里程か）、豊原村（後の本楯村の大字）の「旱田熱心者」の「旱田巡回」の対象になっているからである。そこでまず、その「旱田熱心者」の手記「稲作検見旧遊佐地方旱田巡回記」について見ることにしよう。かなり長いので一部を紹介するにとどめざるをえないが、全文は、前掲の『豊原村——人と土地の歴史——』に収録されているので、参照頂ければ幸いである。

稲作検見旧遊佐地方旱田巡回記

今度社会ノ進ムニ従ヒ農吏モ又是ニ亜キ稲作ノ改良行ハレ之レヲ行フニ旱田ニ若クモノハ莫シト聞クヤ否ヤ迂生等従来ノ水田ヲ旱田ニ改メ克ク之ニ注意スルト雖モ何ニ因リテカ良結果ヲ得ルヲ得ス此ニ於テカ遊佐方面ノ数十年前ヨリ旱田トナシテ其収穫往古来ノ水田ヨリ広大ノ利益アルト聞クヤ即チ両三輩ト約シ本日是レ検見セントシテ午前七時蛙歩ヲ企テ大字本楯方面ニ至リタルニヤ側ニ村上嘉右エ門氏ノ旱田ヤ七八ノ歳モ重ヌルカト相見ヘシカ迂生等ノ新旱田ヨリ厚植ノ為メカ株少《ママ》ニシテ稲穂中斑点病ノ気味アリ稲モ最モ凶ニシテ敢テ称賛スルカ如キニ非ズ而シテ此処ヲ距ル僅カニシテ鈴木四方吉氏ノ旱田ニ行キミルニ歳ヲ経ル右同稲毛ニ至リテハ右ニ相違シ稲穂モ尋常ニ擢ンス我方面ニ於テハ頭首ト云ハンモ可ナルアラント見請ケタリ…（中略）…日向行《ママ》川ヲ渡船ス千代田村土門源四郎氏ヲ訪ヒ種々水田改良ノ其結果ヲ聞クニ実ニ利益ノ多々ナルヿヲ示サレタリ尚同氏ニ先達ヲ請ヒ農事教師伊佐治八郎先生ノ模範田ニ

行キ是ヲ見ルニ未タ一両年ノ旱田タルモ其出来ノ殊勝ナル我地方ノ及フ所ニ能ハサルヲ知リ唯ニ仰天スルアルノミ而シテ壱坪ニ伍拾六株植ニシテ一株七八本ノ植方ト聞ケリ…（中略）…後チ台村ニ行カントシテ将ニ達セントスルニ刈草干ニ遭ヒ是ニ対シ旱田改良ノ重ナル人ヲ訊フニ仙北新田村高橋九左衛門氏壮年ノ頃如何ナル事情ノ存シテカ仙台地方ニ行キ仙台人ヨリ旱田ノ能キヿヲ説キ明カサレ同氏帰宅後原来ノ水田ヲ旱田ニ改良シタリト是則チ遊佐地方ノ元祖ニシテ当台村ノ與惣兵衛氏ハ当時九左衛門氏ノ朋輩ニシテ同時干セリト承聞シ居レリ今ヲ距ル六十年以前ナリト此ニ於テカ台村與惣兵衛氏ニ参堂シ同氏ニ先ツ旱田ノ経年セルヲ問ヒシニ同氏ノ言ハク自家ニ昔時一人ノ躰弱ナル者アリ農叓ニ堪ル難ク仙台ニ行キ賣薬ヲ業トシ仙台人ニ我カ地方ノ稲作ヲ告ケ而シテ仙台人ヨリ該地ニ旱田ノ適当ナルコトヲ相語ラレ年二十五六ノ頃帰省ス始メト為セリ尚仙北新田村九左衛門氏ハ其朋友ナルモノ故是レニ図リ愈々改良ヲ加ヘサルモノトシテ年ヲ経ル八十年有余ナリト曩キノ刈草干ノ談話ト悉ク相異レリ而シテ同氏ニ請ヒ最高年ノ旱田ニ先達セシメタルニ其稲ノ出来タル黄色ヲ帯ヒ実ニ堅固ニシテ毫モ何ノ悪キト言ヘルハナク最ト美麗ナリ而シテ同氏ノ言ヘル壱坪ニ弐拾五株植ニシテ壱反歩百三拾五束位ハ刈得其米取リニ至リテハ壱束ニ付弐升七合若クハ弐升弐合位ナリト真ニ稲ノ優ナルニ紛レ空腹セルオ《ママ》モ打忘レ時午後三時漸ク携フル所ノ昼飯ヲ喫シ後チ仙北新田高橋九左衛門氏ニ行カントシテ共ニ々々徐歩乍ラ達シ先ツ案内ヲ請ヒシニ老母有リ老母ニ談スルニ尚旱田の祖ヲ尋問セシカ老母ノ言フ余カ舅何ノ故カ仙台ニ参リ仙台人ヨリ旱田ノ当地ニ適セルヿヲ聞キ後チ帰宅シテ爾来旱田ト為ス尚台村土門與惣兵《ママ》氏ハ余カ舅ノ懇意ノモノナルヲ以テ是ト共ニ協同シ益旱田ヲ拡張セリ此故ニ是等ハ旱田の祖ナリト想フニ與惣兵衛氏ノ言ト余リ相違ス克ク刈草干ノ言ト符合セリ而シテ尚老母ニ其経年セルヲ聞シニ其明瞭ナルヲ得サルモ老母九左衛門氏ヘ嫁セルハ歳拾九ノ頃ニシテ刀《ママ》今新干ノ模様ナリト猶老母ノ舅ハ八十歳ニシテ逝去シ今年ヲ去ル三十二年ナリト是ニ依テ之レヲ観ルニ伍拾年有余ト想像セラル後チ老母ニ請ヒ小児ノ先導ヲ以テ其旱田ニ行キ見ルニ肥料ノ不足ニ存シテカ

株少《ママ》ナレトモ其出来堅固ナル天晴見事ノ稲毛ト見請ケタリ…（以下略）…。

明治二十六年旧八月九日

大字豊原旱田熱心者
遊佐方面検見人　兵田鉄蔵　印
右同　茂木辰治郎　印
右同　伊藤浅吉　印(1)

ここで、おおよその粗筋をたどると、まずこの「旱田熱心者」たちはこの時すでに旱田を試みていたようで、そうだとすると明治二四、五年の頃のことだろうか。後に述べるように飽海郡が「上から」の動きとして伊佐治八郎を招聘したのは明治二四年だから、この乾田化試行はかなり早い。この「旱田熱心者」とは、三人のうちの二人が所有規模、耕作規模ともに三町以上の大規模自作層であり、一人のみが二町余の中規模小作層であるが、いずれも自ら耕作する農民であった(2)。かれらが「旱田ニ如クモノハ莫シ」との情報をどこから得たのかは、「社会ノ進ムニ従ヒ農事モ又是ニ亜キ」とあるのみで、具体的には記されていない。しかし「良結果」が得られないので、「数十年前」から乾田化して、収穫において「広大ノ利益」を得ていると聞いた遊佐地方に検見のため巡回に出たのである。途中、豊原と同じ村（行政村）の大字本楯の村上某の田は乾田化していて、七、八年ほども経っているようであったが、「敢テ称賛スル」ほどのものではなかった。しかし鈴木某の乾田は、年数はほぼ同じ程度だったが、「我ガ地方」では最高といってもいいような出来であった。これらの記述からすると明治二〇年代頃には飽海郡北部ではすでに耕作農民たちの努力と工夫によって、乾田化がさまざまに試みられていたことが分かる。ついで日向川を船で渡って、千代田村に至り、土門某の話を聞くと、旱田の利益が多いとのことであり、「農事教師伊佐治八郎」の「模範田」を見たが、年数は一両年にすぎないようだったが、その出来のすばらしさはとうてい「我地方」の及ぶところでないことを知り「唯ニ仰天」するのみであった。それから「台村」をめざしたが、途中刈草干をしている人に出会って、乾田改良を重ねている人を訊ねたところ、仙北新田村の高橋九左衛門氏が壮年の頃仙台地方に行った際に「旱田ノ能キ事ヲ説明サレ」て帰宅後従来の湿田を乾田化したのが「遊佐地方ノ元祖」であるとのことであった。ここ台村の與惣兵衛氏が九左衛門氏の友人で同時に旱田にしたと聞いている。今から六〇年前のことである。この証言が正しいとすると、六〇年前とは天保年間に当たり、先の頌徳碑に記された高橋九左衛門の事績が文政年間だとすると、年代はやや違う。次に三人は、この台村の與惣兵衛氏を訪ねて話を聞いたようである。同氏のいうのには、自分の家に身体の弱い人がいて、仙台領に行って売薬業をしていたが、そこで「旱田」のことを聞いて二五、六歳の頃帰省して乾田を始めた。仙北新田村の高橋九左衛門氏は友人なので相談した。年を経ること八〇年以上前のことだという。ここで「愈々改良ヲ加ヘサルモノトシテ」とある意味は分からないが、ともあれ八〇年前とするとこれは文化年間に当たり、年代は先の頌徳碑の九左衛門の事績とほぼ合うが、しかし話の内容は先の干草刈の話とは食い違う。が、ともあれその田を見せてもらうと、その稲は実に見事で「壱坪ニ弐拾五株植ニシテ壱反歩百三拾五束位ハ刈得其米取リニ至リテハ壱束ニ付弐升七合若クハ弐升弐合位ナリト」聞き、「空腹セルモ打忘レ」たと書いている。それから仙北新田の高橋九左衛門氏宅を訪ね、応対に出た「老母」に乾田の「祖」を尋ねると、自分の舅が、何故かは分からないが仙台に行って乾田のことを知って帰宅して後、乾田にした。土門與兵衛氏は懇意だったので、協同して乾田を拡張した。これが乾田の祖だと思うとのことである。この老母の舅は、今から三二年前に八〇歳で亡くなったとのことなので、「伍拾年有余」のことと思われる、と書いている。この年数計算はよく理解できないが。五〇年余前のこととすると、天保末から弘化の頃になる。

右の「巡回記」は、話が要領を得ないしまた人によって違うので、必ずしも明確でないが、飽海郡北部「遊佐地方」では、早く見て文化・文政期、遅くとも天保・弘化の頃には乾田化が試み始められていると見ることができそうに思われる。しかも注目したいのは、耕作農民の家族の一人がたまたま仙台に行った機会に「旱田の適当なること」を知って、帰省して始めた、という点である。これらの証言で語られている「仙台」とは、仙台藩領のどこであるかは分からない。先に引用した小川誠論文にも、徳川期あるいは明治期における仙台藩領の「排水事業」、「旱田化」についての記事はない[3]。高橋九左衛門が見た「仙台」の「旱田」とは、そもそも自然条件からして年間湛水田でなかったのかもしれない。それに対して、多くの東日本における と同様に庄内においても、「当時の技術で排水可能な田に人為的に冬期に湛水あるいは滙水することが良いと考え、及びその慣行が広く行われていた[4]」ので、そのような「我カ地方ノ稲作ヲ告ケ」たところ「旱田ノ適当ナルコトヲ相語ラレ」たのかもしれないと思う。庄内地方では、後に述べるように明治に入って「上から」の西南農法の導入が行われたが、それに先立って、ここに見るように耕作農民自身によって、東北の他藩の事例に学んで「旱田」が導入・試作されていることは、注目されてよいと思う。藩政期の人民統治についてはさまざまに語られているが、身体の弱い農民の家族員が「売薬ヲ業」とし、あるいは「家道衰へ」たために他藩領に行って、やがて帰省して乾田を始めるということが行われていたのである。なお藩政が続くなかで、農民レベルで藩の境界を越えた交流があり、その交流の中で「旱田」の効果に関する情報がもたらされているわけである。藩の役人あるいは地主等を介せずに、耕作農民レベルでの交流と情報交換が、庄内地方における乾田化施行の契機になっていることは重要であろう。

ただ特徴的なのは、馬耕についてはまったく触れられていないことである。ところが、清水浩が報告する『山形県農事調査』に、「東田川郡五七里村大字近江新田皆川右エ門ナルモノ先年関西地方ノ神社仏閣ヘノ参詣ノ途次田圃ニ馬耕セルヲ見人耕ニ比シ労力ヲ省クコト多キト耕起ノ深キトニ感シ」、帰村後明治二一（一八八八）年「始メテ自己所有ノ乾田ニ米国型一頭牽犂ヲ実施」したとの記事があるという。(5) ここでまず第一に注意しておきたいのは、東田川に明治二一年にすでに「乾田」があったということである。ただしそれが「乾田化」であったかどうかは分からない。そして第二に、「馬耕」が試行されたことである。この紹介が正しければ、「馬耕」は、庄内では近世初期の原始的なそれの後におそらくは途絶えていて、後に見る「上から」の「乾田馬耕導入」に先立ち、耕作農民自身が「関西地方」への旅行の途次に瞥見して学び、試行していることになる。ついでながら、ここでいわれている「神社仏閣ヘノ参詣」とは、いわゆる「お伊勢参り」であろう。「伊勢講」を結成するなどしての伊勢参りは、近世以降の農民にとって宗教行事であるとともに一生に一度ともいうべき大旅行であり、またしばしば道中記が残されていることからも知られるように、時の社会・経済に関する重要な情報源だったのである。

（1）豊原文書（全文は、豊原研究会編『豊原村——人と土地の歴史——』東京大学出版会、一九七八年、四六九～四七一ページ、に収録、但、写本が異なるのか詳細な点で相違あり。しかし基本的内容は同じである）。
（2）陣内義人、前掲論文、四七九、四八一ページ。
（3）小川誠、前掲論文、二三九ページ以下。
（4）小川誠、前掲論文、二四一ページ。
（5）清水浩「牛馬耕の普及と耕耘技術の発達」、農業発達史調査会編『日本農業発達史』改訂版1、中央公論社、一九七八年、四一四ページ。

地租改正後の田地の面積把握

先の「旱田熱心者」の「巡回記」でもう一点注目しておきたいのは、産米の収穫量が面積単位で認識されていることである。この明治二六年の手記では、土地の面積を「壱反歩」と表示して、その土地の収穫量を「百三拾五束位」と表現している。あるいは「壱坪ニ弐拾五株」と、植える苗の本数を一坪という面積単位で把握している。土地そのものを面積で把握する「地租改正」の方法が、改正実施後十余年の農民の意識のなかにどの程度反映していたかは分からない。が、ともかく単位面積当たりの収穫量、後の言葉でいう「反当収量」が「空腹セルモ打忘レ」るほどの重大事として認識されているのである。なお、関連して、『栄村史』に引用されている明治一七年の山形県主催農産物共進会に出品した同村播磨の斎藤安右衛門の「出品解説書」には、次のように記されているという。

　出品解説書（明治一七年山形県主催農産物共進会）
出品主　西田川郡播磨村四十一番地平民斎藤安右衛門
…（中略）…
地質及地価　地位ハ本村ノ二等ニシテ即壱反歩ニ付地価金四拾六円六拾四銭也
耕作ノ反別　早種四町八反三畝廿九歩　中種二反二畝歩　合計反別五町五畝廿九歩
収穫高　早種七拾石壱斗七升五合　代金弐百六拾六円六銭五厘　但壱反歩ニ付壱石四斗五升
　中種三石八升　代金拾壱円七拾銭四厘　但壱反ニ付壱石四斗
…（以下略）…(1)

ここには、同家の土地を「本村ノ二等ニシテ則壱反歩ニ付地価金四拾六円六拾四銭也」と、面積単位の地価金で報告し、その上で耕作反別を町反畝単位で述べ、さらに収穫高として反当収量で掲げている。斎藤家は、明治二〇年に所有規模三九町の地主だったが、同時にこの報告書にあるように五町歩を超える大規模経営を行っている自作地主であり、なお耕作農民的な意識の持ち主であったと考えられるが、その山形県に提出した報告書は、地租改正が刻印した面積単位の地価金とともに、みずからの収穫高をも面積単位で記載しており、地租改正後の農民が面積単位の把握に習熟してゆく過程を示しているといえるのではなかろうか。このことに筆者が注目するのは、あくまでも仮説にすぎないが、田地の面積単位の把握が、反当収量という客観的な統一的基準による耕作農民相互の生産力競争を可能にさせ、それが乾田化に始まる明治農法の形成、発展を促進する役割を果たしたのではないかと考えるからである。もちろん収穫量の大小は、いつの時代にも耕作農民の最大の関心事であったろう。しかし、例えば、かなり古いことになるが元禄前後の「彦右衛門記録」では、例えば「一　千弐束　道上、一　弐千弐百十一束　道下……作物吉年也」[2]などと、特定の田地の固有名を挙げて収穫量が例年より多いことを記し、豊作を記録していた。ここでは単位面積あたりの収穫量が記録されることはなかった。後の時代ならば「反当収量」は、もっとも普通の、天候、作の巧拙などによる豊凶の表示の仕方である。しかし、管見にして藩政期の庄内農民が単位面積当たりの収穫量を取り上げた記録を報告者は知らない。ここには、地租改正後の明治の農民意識が映し出されているといえば、うがち過ぎであろうか。

（1）斎藤正一『栄村史』、栄村史編纂委員会、一九五七年、一九八ページ。
（2）余目町教育委員会編『余目町史　資料編　第一号（日記・家記類）』一九七九年、一三ページ。

乾田化の実施と村の役割

さてその豊原で、文書上残されている最初の乾田化に関する村契約は、左に掲げる「契約證」である。この契約證の署名者のなかには、遊佐地方を巡回した「旱田熱心者」三名が含まれている。ところが筆者の手元にコピーがあるこの

「契約證」のほかに、もう一通、これを書き写した文書があったようで、『豊原村』の研究者達が引用しているのは、その書き写されたもう一通の方である。それには「写書主」茂木金蔵の添え書きがあるようで、それによると、この「契約證書」は、「明治廿五年水田ヲ始メテ旱田トナシタル時ニ認メタル証書」であること、大字豊原で水田を旱田としたのはこれが初めてだが、「最モ明治廿五年前伊藤浅吉ハ少々旱田セシモ其結果ナキモノ（ノ）如ク次ニ拙宅ニテモ少々試ミシモ側ラ水田ノ為メ悉皆乾燥スル能ハズ遂ニ明治廿五年始メテ旱田法ヲ行ヒ始ム」[1]とのことである。先に見た「旱田巡回記」に「旱田ニ若クモノハ莫シト聞クヤ否ヤ迂生等従来ノ水田ヲ旱田ニ改メ克ク之ニ注意スルト雖モ何ニ因リテカ良結果ヲ得ルヲ得ス」とあったのは、このことであろう。そこでこの明治二五年三月の「契約證」は、「側ラ水田」でないようにするためであろう、「大字豊原分字道ノ下」すべてと、しかのみならず「大字豊原字大坪堰係」すべてを「旱田」にするよう申し合わせている。そのため、署名者も、大字豊原の六名の他、大字本楯の四名が加わって合計一〇名となっている。つまり豊原という一村の構成員ではなく、水田が隣接している他村の構成員をも含めた、いわば属地的な申し合わせになっているのである。

契約證

今般稲作改良法ニ基キ大字豊原分字道ノ下悉皆而已ナラジ大字豊原字大坪堰係悉皆右所持之者協議ノ上左ノ通リ議決候事

第壹條　従来之水田ヲ旱田ニ改良シル事

第弐條　第壹条ノ目的ヲ達ンカ為メ向来五ケ年間如何ノ時機ニ遭遇シルト雖トモ水田ト為シヲ得サル事

第三條　五ケ年経過シ尚良結果ヲ得兼子水田セント欲シルモノハ其利非ヲ申述ヘ一同ノ協議ヲ経サレハ自己ノ意ニ

任ジ水田ト為シヲ得サル事
右之條々長ク確守可仕為其捺印仕契約致シタル証書依テ如件
明治二十五年三月三日
飽海郡本楯村大字豊原字柳田拾三番地
契約主　兵田鐵蔵　印
（署名一〇名、うち大字豊原六名、大字本楯四名、氏名略）[2]

この「契約證」の日付は明治二五年三月、右に見た「乾田熱心者」の遊佐地方巡回は明治二六年夏である。つまり順序からいうと、まず伊藤浅吉が「少々旱田」したが「結果ナキモノ（ノ）如ク」であった。次にこの「書写主」の茂木金蔵が「少々試ミ」たが「側ラ水田ノ為メ」うまく行かなかった。これらの年次は分からないが、「明治廿五年前」とあるので、おそらく明治二三、四年作のことであろう。そこで明治二五年の作が始まる前三月に「側ラ水田」という状況を克服するために乾田化の村契約をおこなったのであろう。そして村契約を行って乾田化を試行したその翌年、明治二六年の夏に「数十年前ヨリ旱田トナシ其収穫往古来ノ水田ヨリ広大ノ利益アルト聞」いた「遊佐方面」を巡回したのである。二五年の契約に基づく乾田化がかならずしも成功しなかったのであろうか、そのため乾田が有利であるということを再確認するために巡回したのであろうか。

まことに執拗としかいいようのない熱心さであるが、しかしそのように乾田化に執着したその情報源はどこにあったのであろうか。後にみるように飽海郡が郡会決議にもとづき、伊佐治八郎を招聘したのは、明治二四年四月のようである[3]。伊藤浅吉と茂木金蔵が「明治廿五年前」に試作したとすると、おそらくは明治二三、四年、そして「農事教師伊佐治八郎先生ノ模範田」を見てその出来ぶりに「仰天」したのが明治二六年だから、豊原の農民が初めて乾田についての情報を得て試作したのは郡会決議によって招聘された伊佐治八郎の模範田、あるいは指導によるものではないだろう。うまく行かなかったようではあるが、その前である。**図表3-1**に掲げた「実施例」の「山形県飽海郡高瀬村、一八六六（慶応二）・同郡稲田村にまねて施行」などが情報源だったかも知れない。つまり、郡会決議による招聘教師や地主の指導の前に自分たちの独自の情報、独自の工夫によって乾田化に取り組んでいるのである。豊原農民の工夫と努力はさらに続く。先ほどから参看している『豊原村——人と土地の歴史——』には、もう一つ、左のような明治三一年の「契約証書」という文書が収録されている。

明治三十一年

契約証書

証券謄本　　　大字豊原

契　約　書

一、今般農事之進歩ニ伴ヒ乾田ノ改良モ日ニ進ミ又農事ノ発達ニ随ヒ排水ノ便ヲ計リ元来湿地ノ場所ハ今ニ乾燥充分ナラサル為無形ノ地所ヘ新溝掘割又従来袋堰ト称ス来リシモ今度乾田施行シ来ルモ乾燥充分ナルニ差閊生スタルニ随テ良結果ヲ得ル事能ハス就テハ右堰尻無形ノ地所ヘ落堰ヲ掘割ル事ヲ大字豊原勧農会ノ決議ニ依リ村中ヘ協議致タルニ農家一同ノ同意ヲ得将来目的ヲ達センカ為左ノ新溝を掘鑿ス

以上八堰ニ対ス契約シタル事左之如ス

第一条　田区ノ改良法施行セラルル場合ハ地主ヘ返還スル事

但ス其後ト雖モ又拝借スルニ地主異議ナキモノトス

第二条　第二ノ御改正出来候節ハ地主へ返還スル事
第参条　土地変更ヲ来タス村内ノ得失ヲ計リ地主へ返還スル事
第四条　如何ナル御規則ノ達相成候モ公共ノ堰ニ編入セサル事
第五条　新溝ハ自己勝手ニ埋メ立シルモノアル節ハ違約金トシテ五円以上拾円以下ノ科料金ヲ出サシムル事
第六条　乾田ノ充分ナルニ随テ掘鑿ノ新溝不用ト認ムル件ハ其堰関係者ノ協議ヲ経テ進退シル事
第七条　元ノ水田ニ回復シル場合ハ村中一同ノ協議ヲ経テ進退シル事
第八条　新溝ニ拝借シタル地所ニ一坪ニ付米五合ノ割合ヲ以テ関係者ヨリ地損米ヲ地主へ納ムル事
第九条　自己勝手ニ水田ニ回復セサル事
第拾条　地損米取立期日ハ旧十一月朔日ヲ以テ定日トシル事
　但ス其日取纏メタルニ直ニ地主へ納ムル事
右条項永ク確守センカタメ左ニ連署捺印仍テ如件

後藤某（以下署名一八名略）(4)

この文書で述べていることは、これまで乾田化を進めてきたが、もともと湿地であったり「袋堰」になっているところもあって、乾燥が不十分で良い結果が得られないので、従来堰のないところに「落堰」つまり排水路を掘削することを、「農家一同」の同意を得て契約したというのである。その後に、第一条から第一〇条までの契約事項が書いてあるが、この中でいう「地主」とは、いわゆる地主制の地主ではない。土地所有者の意味であり、この契約書に署名している一九名は、すべて豊原の耕作農民であり農家である。「豊原には、部落内に大地主といわれる農家はいないし、また村外地主の所有地にその采配によって新溝が掘り割られていったわけではない。むしろ部落内の農家が協議し、その契約にそって部落勧農会が新溝掘削を施行していることは充分注目してよい[5]。新たに堰を掘削する土地は、従来からの堰とは違って、公共の水路ではなく、堰を掘ったその場所の所有者の土地であって、新しく何か変更があった場合のその土地の取り扱い、そして新溝に拝借した土地の所有者に支払う「地損米」を申し合わせているわけである。右の契約書の中に「大字豊原勧農会」という言葉が出てくるが、その会則を次に掲げておこう。

大字豊原勧農會々則

第壱条　本会ハ大字豊原勧農會ト名称ス

第弐条　本會ハ農業ノ改良ヲ重ンス各自其収穫得本村ノ徳益ヲ図ルヲ以テ目的トス

第三条　本會ハ大字豊原ヲ以テ一区域ト為ス何人ヲ問ハス本會ニ入会シルヿヲ得

　但ス区域外ノ者ハ此限ニアラス

第四条　本会ノ事務ヲ處理センカ為メ幹事若干名ヲ互撰ス其任期ハ満二ケ年ニシテ満期續撰シルヿヲ得

……（中略）……

第六条　第二条の目的ヲ達センカ為メ春秋二回是ヲ開キ其日限其場所及議題ハ幹事ニ於テ之ヲ定メ開会三日前会員へ通スルモノトス

　但ス時宜ニ依リ臨時会ヲ開クヿアルヘス

第七条　本会ニ要シル費用ハ總テ本会ノ負擔トス

明治廿八年旧十一月廿一日[6]

ここに見るように、豊原勧農会とは、明治二八年に結成され、「農業ノ改良ヲ重ンス各自其収穫得本村ノ徳益ヲ図ルヲ以テ目的トス」る組織であって、「大字豊原ヲ以テ一区域ト為ス何人ヲ問ハス本会ニ入会シルヿヲ得」とされている。右の新溝掘削を決議して村中の協議を提案したのは、この「勧農会」であり、時期的に見てもこの組織の目的である「農業ノ改良」とは乾田化のことであったと見ることが出来よう。明治二五年の乾田化の契約の後、しかし個人の努力では必ずしも所期の効果を上げることが出来なかった経験を踏まえて、今度は排水路を掘削することで、乾田化の徹底を図ろうというのである。この勧農会への参加者は、名簿がないので不明であるが、大字豊原の区域の人びとであり、おそらくはこれまでも乾田化を主導してきた「勧田熱心者」達を含めた、豊原の耕作農民達であろう。村外の「地主」等ではないのである。

さらに、である。豊原文書にはもう一つ、次のような文書がある。

稲作仕入金貸付方法

第壱条　仕入金ヲ貸附ント欲シルニハ本会々員ニシテ満二ケ年以上當地ニ居住ス戸主ノ任ヲ帯フルモノニアラサレハ一切貸附ケザル者トス

第二条　満二年以上居住ス戸主ノ任ヲ帯フルト雖地價金五百円以上所持ノモノヘハ貸附ケサルモノトス

第三条　地價金五百円以内ノモノニシテ本会ニ申出アルトキハ本会ニ於テ是ヲ斡旋シ田反別壱歩ニ付五拾銭ノ割合ヲ以テ月八分ノ利子ヲ申受ケ之ニ貸附クルモノトス

但ス返済期限ハ其年旧十一月限トス

第四条　借用証ハ幹事ニ於テ之ヲ斡旋ス貸主ヘ幹事ノ名義ニテ證書差出ス借人ヨリハ又幹事ノ名義ニテ證書取入レ

置クモノトス

第五条　該会員ニ對ス萬一苦情等生シタルトキハ会員一同其責ヲ負フモノトス

明治廿九年旧二月廿一日

後藤某他一九名氏名連記（略）

右之通相違無之候也

明治三一年

飽海郡本楯村大字豊原惣代人

仝郡仝村大字仝上字福舛田三十一番地

後藤市十郎⑦

時期的に見て、また、豊原文書が語るこれまでの経過から見て、この「稲作仕入金」とは、乾田に施す金肥購入のための資金であろう。当地つまり豊原に二年以上居住して「本会々員」である家の「戸主の任」にある人が貸付を申し出ることができるという規程である。「本会々員」とは、右に見た「豊原勧農会」の会員という意味であろう。勧農会の結成が明治二八年旧十一月、この仕入金貸附方法が翌二九年の旧二月だからちょうど時期が合う。そして、「幹事」がこの貸付けを斡旋し、貸主には幹事の名義で證書を提出し、借主からは幹事の名義で證書を受け取っておくとされている。この「幹事」とは、右の勧農会規程にあった会員の互選による幹事であろう。つまり、「大字豊原ヲ以テ一区域ト為ス」勧農会、つまり豊原の農家集団が「農業ノ改良」のために結成した組織が、責任主体となって、乾田化に伴って必要になる肥料資金借入れの斡旋をしているのである。「貸主」がだれであったかは分からない。しかしともかく豊原という大字つまり村が、乾田化に伴って必要になった肥料資金の借入れを斡旋し、その責任を負っていることは重要であろう。

この文書の続くページに、一九人の名前が列記してあり、続けて「右之通相違無之候也」とあって「大字豊原惣代人後藤市十郎」の署名がある。「稲作仕入金貸附方法」によって資金を借り入れ、そしておそらくは返済した人びとの名前が幹事の証明付で記録されているのであろう。明治三一年である。規程に従えば、この年の秋「旧十一月」であろうか。ところが、理解に苦しむのは、ここに記してある一九人のうち明治三一年の新溝掘削の「契約書」に署名してある名前と一致し、したがって豊原の住人と確認できるのは四人だけであり、他の一六人は署名と一致しない。だから豊原の住民ではないと推定されるが、しかし「大字豊原ヲ以テ一区域ト為ス」範囲の住民で組織した勧農会の会員でなければ「一切貸附ケザル」はずであった。むろん、ここに記されているのは、屋号ではなく姓名のようなので、若干の人は代替わりで名前が変わったということもあるのかもしれないが、それにしても一致しない名前が多い。勧農会会則の「但ス区域外ノ者ハ此限ニアラス」の意味がよくわからないのだが、「何人ヲ問ハス本會ニ入会シルヿヲ得」るのは、豊原の住民で、それ以外は何らかの条件を満たせば加入を認めたのであろうか。あるいはそうかもしれないと思うのは、記してある名前に肩書きがしてあって、「兵田某雇」とか「後藤某雇」と附記してある人が七人おり、その肩書きされている人名はすべて明治三一年の新溝掘削の「契約書」に署名してある名前と一致する。つまり豊原の住人なのである。これらの七人は、「雇」という記載からして、豊原の農家に働きに来ていた「若勢」の家なのではないか。むろん、次三男が多い若勢その人の名前ではなく、若勢が所属する家の「戸主ノ任ヲ帯」びている人の名前であろう。肩書きしてある七人の他の、豊原外と見られる九人は、どういう事情で資金借り入れができたのかは分からない。ただ、かれらの姓がすべて後藤、兵田、茂木、今野など豊原の住民と同じなので、本分家関係など縁故のある他村の家である可能性もあると思う。豊原にある家が、その責任の下に豊原の他の家の了解を得て会員に加えたのではなかろうか。

（1）陣内義人、前掲論文、四六七～四六八ページ。
（2）豊原文書（写書全文が、豊原研究会編『豊原村――人と土地の歴史――』東京大学出版会、一九七八年、四六七～四六八ページ、に収録。ただし書写主の附記あり）。
（3）清水浩、前掲論文、四一六ページ、しかしこの同じページに、明治二三年という記述もあるが、しかし、明四二年一一月刊行の『農務彙纂』にも「明治二四年」とある（『農務彙纂第五　地主と小作人』、農商務省農務局、一九九九年、二二八ページ）。
（4）豊原文書（全文が、豊原研究会編『豊原村――人と土地の歴史――』東京大学出版会、一九七八年、四七二～四七三ページ、に収録）。
（5）陣内義人、前掲論文、四七四ページ。
（6）豊原文書。
（7）豊原文書。

第二節　「上から」の「乾田馬耕」導入の動向

地主の各層

このように、幕末から明治初期においてすでに、乾田化に関する知識が農民レベルの交流と情報交換によってもたらされ、庄内地方における耕作農民の強い関心を呼び、個別の試行がなされ、その経験を踏まえて村寄合の契約が行われ、さらには自分たちの独自の事業として新溝の掘削さえが行われていたのである。これらをここでは、比喩的な表現ながら「下から」の乾田化の動きとしておこう。ところが、右の「早田熱心者」の「巡回記」には、「農事教師伊佐治八郎先生ノ模範田」の出来ぶりに「仰天」したことが記されている。ここには、実は「上から」ともいうべき乾田化の動きが関わっていたのである。そしてそこには地主各層の動向が関与している。そこで、やや迂遠になるが、庄内における地主の各層について、簡単にではあれ見ておくことにしたい。

先に曽見したように、庄内藩領においては「寛文延宝期（一六六一～一六八一）頃を境として農民層の分解は益々進展し、比較的大きな経営規模の地主手作経営が栄えた」が、延享期（一七四四～一七四八）頃には地主手作は「行き詰まり……地主が作人に田地を貸し立上米《たてあげまい》を取る地主小作関係がひろがりつつあった」[1]。本間家の「俵田渡口米」制について詳細な研究を行った大場正巳によると、本間家が最初に元文三（一七三八）年に西野村で取得した田地をおそらくは初めは「代家」を置いて「手作」していたのを、明和期（一七六四～一七七二）に入って、「預け作」に出すようになる[2]。これ以上の詳論はできないが、ともあれこのようにして、おおまかにいって江戸時代中期以降、庄内地方では売買あるいは質入れなどによって土地を取得した土地所有者が、その土地を、家族労働力による家の経営を行なっている農民に預け小作料を取るという、いわゆる地主制がひろがって行くのである[3]。

このような地主にも、しかし、さまざまな階層と性格のものがあった。それをかつて筆者は、地主第一層、第二層、第三層と区別したことがある。西田川郡の事例であるが、第一層は、加茂港（現鶴岡市加茂）の廻船問屋秋野家が典型であり、延享期（一七四四～一七四八）の頃三代茂右衛門が土地集積を開始し、最大規模は大正一三年の三六七町であるが、地租改正時にすでに三〇八町と、ほとんどを藩政期に集積し終わっていることが特徴的である[4]。このように、町方の商人出身で藩政期に所有土地の大部分を集積し、明治から大正にかけてピークに達し以後停滞ないし衰退に向かうのは、庄内の町方の巨大地主の典型的な歩みであり、酒田の本間家も同様であった。かれらを中心に、銀行などの金融機関が設立され、地域経済界の最頂点をかたちづくる。庄内地方には、地域経済界の頂点としてはこの他に旧藩主酒井家に連なる「御家禄派」があったが、ここでは省略しておこう。次に地主第二層は、かなりの規模の自作地経営をもつ在村地主である。その一例として、京田村豊田（現鶴岡市豊田）の土門家を挙げた。藩政期には有力本百姓としての地位にあったが、その地主としての基盤は地租改正時に築かれ、以後、昭和恐慌期から戦時体制に至るまで、土地集積を続ける。最大規模は、昭和一五年の八一町歩強であった。その土地集積の方法も、藩政期の秋野家のような質地取得は僅かで、大部分が買い入れだったようである。そしてこれら地主第一層と第二層との間には、小作地管理の支配人を務めたり、あるいは土地購入資金を借り入れるなど、密接な庇護と従属の関係があった。それからさらに一レベル下って、京田村林崎（現鶴岡市林崎）の佐藤家の事例を見ると、同家が土地の買い入れを行うのはさらに遅れて地租改正終了後、とくに昭和恐慌後であり、ついに地主化することなく、自作大経営として終わっている。その土地取り入れのための資金は当時の勧銀から田・畑・宅地を抵当に借りたといい、その保証は土門家がしてくれたという。最大規模は昭和一五年頃の一八町であり、このうち約四町歩は貸付に出していたが、これは小作料収取の目的よりは、むしろ一四町という巨大な自作地経営に必要な年雇労働力の確保のためと見ることができる。(5) なお、この佐藤家については、その居村林崎における集団栽培との関連で、第一一章において再説することにする。

(1) 大瀬欣哉・斎藤正一・榎本宗次編『鶴岡市史』上巻、鶴岡市役所、一九六二年、三〇三、三三四～三三五ページ。
(2) 大場正巳『本間家の俵田渡口米制の実証分析——地代形態の推転——』御茶の水書房、一九八五年、八八～九五ページ。
(3) 具体的事例については、拙著『家と村の社会学——東北稲作地方の事例研究——』御茶の水書房、二〇一二年、四六二～四六七、七〇三～七一七ページ、を参照されたい。
(4) 工藤定雄編『加茂港史』加茂郷土史編纂委員会、一九六六年、一〇九ページ。
(5) 菅野正・田原音和・細谷昂『稲作農業の展開と村落構造』御茶の水書房、一九七五年、五二～五四、一二一～一二二ページ。

「上から」の「乾田馬耕」導入の開始

ここで「上から」の動きと呼んだのは、明治政府の県令あるいは郡長、県当局という官僚の指導と、そこに地主の力がからんだ動向であるが、この「上からの」動きで特徴的なのは、乾田化のみならず、それに馬耕を組み合わせて普及を図った点である。まず、小山孫二郎によると、山形県勧業課が明治一六（一八八三）年、「馬耕試験を開始し、馬耕機械や馬を農家に貸付けて、一部の先進農家に好評を博した」といわれ、(1)また清水浩によると、「一八八四（明治一七）年第二代県令折田平内が、東田川郡を巡回の際、福岡県の馬耕法を推奨し、東田川・西田川・飽海三郡より佐藤多右衛門外二名を同県に派遣して農事を視察せしめたことに始まる」が、「その後、庄内のこの三郡では、期せずしてほとんど同年に、おのおの別の系統により、福岡県から農業教師を招聘し、牛馬耕の導入と湿田の乾田化をおこなった」といわれている。(2)ただし、この時派遣されたのは各郡二名の合計六名だったようで、『荘内日報』一九九一（平成三）年二月二日付の記事によると、読者から届けられた「一枚の写真」には七人が写っていて、その七人とは「本社の調べ」では西田川郡道形村の菅原豊蔵他六名の農民と東田川郡書記であり、写真の裏面には「表面七人ノ者明治十七年十二月県令ノ注意ヲ以九州地方ニ馬耕術修業トシテ出発セシモノナリ」と記されているという。(3)また、『三川町史』には、この時の依頼状であろう、この七名連名の、以下のような福岡県農学校長宛の文書が紹介されており、この時、各郡から二名ずつが派遣されたことは間違いないようである。

私共儀

耕夫及農馬拝借之儀ニ付願

今般当県下農事実況見聞且ツ耕鋤研究之為罷越候処馬耕之儀ハ私共地方エ適応ノモノト見認候ニ付馬耕実施修行仕度候間御校耕夫及農馬一週日之間御貸渡被成下度尤右費額之儀ハ被仰付次第上納可仕候間特別之御詮議ヲ以テ御聞届被成下度此段奉願候也

明治十七年十二月廿七日

山形県飽海郡山谷村十七番地平民農

斎藤庄左エ門
（以下氏名略）

福岡県農学校長　葦津磯夫殿(4)

（1）小山孫二郎「明治における地主の農事改良運動――庄内の平田安吉――」、農業発達史調査会編『日本農業発達史』改訂版5、一九七八年、六一八ページ。
（2）清水浩「牛馬耕の普及と耕耘技術の発達」、農業発達史調査会編『日本農業発達史』改訂版1、中央公論社、一九七八年、四一五ページ。
（3）『荘内日報』一九九一年二月二日、「庄内農民ら九州へ折口県令の『目玉農政』『一枚の写真』が証言」との見出しの記事。ただしここで「折口県令」といわれているのは、「折田県令」の誤りであろう。
（4）大瀬欣哉・斎藤正一・前田光彦・後藤義治『三川町史』三川町、一九七四年、三二九～三三〇ページ。

西田川郡興農会・勧農会と林遠里「勧農社」の系統

しかしその後の新技術導入の試みは「おのおの別の系統により」行われたようで、それぞれかなりの曲折を経ることになる。まず西田川郡では、小山孫二郎によると「当時の最も開明的な郡長の一人」であり「熱心な農事改良家」であった西田川郡長江夏喜蔵が、明治二二（一八八九）年「独断で福岡県から二名の実業教師を招聘した」が、郡会にも米穀改良組合にも費用がないという理由で拒否され、「空しく帰国させている」という。(1)この江夏郡長による実業教師の招聘は、官報所載の、島根県鹿足郡において「稲作改良ノ普及ヲ圖リ福岡県ヨリ實業教師四人ヲ雇入レ改良法ヲ傳習セシ云々」という記事に接して同郡役所に照会したところ、「福岡県ヨリ雇入教師ハ農事實業者ニシテ老農林遠里ノ稲作改良法ヲ傳習」したものという回答をえて、(2)西田川郡も林遠里の下から雇い入れたもののようである。ここで「米穀改良組合」といわれているのは、左に掲げる『山形縣西田川郡興農會誌』所収の沿革史（「西田川郡農事ノ発達ト西田川郡興農会」）によると、明治一六、一七年に開催された「共進会」において、庄内西田川郡の米が不評だったのに鑑み、産米改良つまり商品としての米の品質向上のために、明治二〇（一八八七）年に設立された組織であり、その趣旨からしても、地主中心の、農事改良という耕作農民的関心からは遠い存在だったように見える。

西田川郡農事ノ発達ト西田川郡興農会

…（前略）…明治十六年本縣ニ於テ共進會ヲ開催セラレ越テ仝十七年聯合共進會ヲ新潟ニ開催セラレシカ近縣ノ米ハ孰レモ優等ノ賞ヲ受ケタルモ獨リ本郡ハ概シテ米質粗悪乾燥不十分ナルヲ以テ其ノ賞格ニ入リタルモノ寥々タリキ之ヲ以テ有志者ハ米質改良ノ一日モ忽ニスベカラサルヲ感ジ本郡勧業諮問會ニ於テ第一着手ニ輸出米改良ヲ図ランガ為メ重要農業組合設置準則ニ因リ明治二十年米穀改良組合ヲ設ケ……

是ヨリ先キ明治十六年春平田安吉、工藤吉郎兵衛……ノ諸氏相謀リ農談會ヲ……開キ果樹蔬菜稲作桑蚕ノ事ヲ研究シ當業者ヲ覚醒スル處アリ明治二十二年ニ至リ仝會ハ勧農會ト改稱シ該會幹事及本郡役所勧業主任ヲ福岡県ニ派シ老農林遠里ニ就キ親シク其ノ意見ヲ諮ヒ且ツ該地方稲作ニ實況ヲ視察セシメタリ……明治二十三年ニ至リ林氏ノ門人ヲ教師ニ雇聘シ本郡内各方面ヲ分チ乾田ニ適スル地所ヲ撰ミ模範田ヲ二ケ所傳習田ヲ数ヶ所ニ設ケ生徒ヲ募集シ馬耕術其他稲作改良ニ関スル一切ノ件ヲ傳習セリ然レトモ事創始ニ屬シ肥料ノ種類及施肥量ノ適セサルト又田区ノ周囲皆水田ニシテ乾燥ノ不完全ナリシヨリ明治二十三年ヨリ二十六年ニ至ル四ヶ年ノ事業一二ヶ所ヲ除キ成績不良ニシテ一般農家ノ改良心ヲ阻喪セシメタリ……此間ニ勧業ニ熱心ナル郡長江夏喜蔵氏去リ平田安吉氏逝キ勧業ノ聲ハ微々トシテ聞コエサルニ至レリ……

…（中略）…

明治二十九年七月十四日縣令ヲ以テ農會規則ヲ定メラル丶ヤ……西田川郡農会ヲ創始シ……

…（中略）…

明治三十年ニハ日本全国擧テ虫害（浮塵子）ヲ蒙リ未曾有ノ凶作ヲ来シ……

…（中略）…

是ヨリ朝野擧ケテ斯業ノ改良発達ニ盡瘁スル所アリタリ翌三十一年十月本縣技師堀尾農學士ヲ聘シ講習会ヲ開キ大ニ斯業ノ発展ヲ促進スル所アリ當時相會スルモノ八十有三名ニシテ習得証ニ預カリシモノ五十六名ニ達セリ而シテ此ノ一團ノ青年ハ大ニ時運ノ趨勢ニ鑑ミ仝年十一月三日西田川郡舊議事堂ニ発起會ヲ開キ西田川郡私立農事講究會ナルモノヲ組織シ……之レ本会ノ起源トス

…（中略）…

越テ明治三十二年六月十二日本郡舊議事堂ニ總集会ヲ開キ西田川郡興農會ト改稱シ…（以下略）…。[3]

しかしこの沿革史によると、他方において明治一六（一八八三）年に町方地主であるにもかかわらず農事改良に深い関心を寄せていた平田安吉などによって開催された「農談会」が元になって、明治二二（一八八九）年に「勧農會」が組織されたようである。この「勧農会」は、次に掲げるその「趣旨書」によると、「農事の改良進歩」を目的に、「本郡ニ於テ地価三千圓以上ヲ有スル者及農事改良篤志ノ者」によって組織されたものであった。

勧農會趣旨書（明治二二年）

夫レ国家富源ヲ拓カント欲セハ農産ヲ振興スルニアリ農産ヲ振興セント欲セハ先米穀ヲ繁殖スルニ如クモノナシ…（中略）…抑我国ハ瑞穂国ノ美稱アリテ耕耘ノ業夙ニ開ケ培養ノ術亦尽セリト雖トモ其見聞ノ広カラザル或ハ旧株ヲ墨守シ改進ノ道ヲ謀ラス今日仍ホ遺利ヲ視ルモノ少シトセス此余輩ノ本会設立ヲ希望シテ止マサル所ナリ今本郡ニ於テ地価三千圓以上ヲ有スル者及農事改良篤志ノ者協同一致一ノ團体ヲ組織シ専ラ農産改良ヲ以テ目的トシ其團体を名ケテ勧農會ト称ス…（中略）…茲ニ此會ヲ起スト同時ニ本会ノ第一着事業トシテ實業教師ヲ雇聘シ本郡稲作ノ改良ヲ圖ラントス…（中略）…顧テ郡内ノ稲作ヲ通観スレハ其耕耘ノ業培養ノ術一モ改良ノ法ヲ採ラス唯舊慣ニ泥ミ死法是レ守ル為ニ収穫ノ少ナキ米質ノ粗悪ナル他ノ改良ニ従事セルモノト其径庭果シテ如何ソヤ…（中略）…嗚呼有志諸君ヨ愛郷諸君ヨ愛国ノ士ヨ速ニ此會ト共ニ第一着ノ事業ヲ協賛セラレ大ニ其富源ヲ開キ一郡一州ノ福祉ヲ増進セラレンヿヲ。[4]

地価金三千円以上といえば、面積にして「大体七町乃至一〇町以上程度の所有者」[5]であり、町方巨大地主というよりは、むしろ在村の耕作地主を想定した会員組織であったとみることができよう。この組織はその「第一着手」として「勧業担任郡書記及び豪農平田安吉」を、福岡の林遠里の下に派遣して稲作の実状視察を行ったという。[6]ここで、やや余談になるが、当時の「勧農會」に積極的に参加したのは、自由党員だった京田村豊田の在村地主土門兵三郎など当時の「進歩派」であったという点に注意しておこう。平田もその「流れを汲む」一人であった。[7]そして、右の沿革史によると、明治二三（一八九〇）年に、あらためて林遠里の門人を「教師」として招聘し、「乾田ニ適スル地所ヲ撰ミ模範田ヲ二ケ所伝習田ヲ数ヶ所ニ設ケ生徒ヲ募集シ馬耕術其他稲作改良ニ関スル一切ノ件ヲ傳習」したようである。しかし「肥料ノ種類及施肥量ノ適セサルト又田区ノ周囲皆水田ニシテ乾燥ノ不完全」だったために、明治二三年から二六年までの四年間の事業は一、二個所を除いて成績不良で、「一般農家ノ改良心ヲ阻喪」せしめた、という。ここで林遠里について詳説することは避けるが、ごく簡単に触れておくと、林の基本的考え方は、「天然の成育を第一とし、人工によってこれを補う」という点にあり、新進農学者であった酒匂常明や当時福岡県勧業試験場にあって塩水選を案出した横井時敬などと対立したが、「種籾土囲法」など独自の農法を、自らの設立にかかる「勧農社」において教授し多くの門人を育て全国に派遣して自説の普及に努めた人物である。西田川の「上から」の乾田化および馬耕の導入は、以上のように、それ自体かなり複雑な経緯をたどるが、林遠里の門人による模範田設置および伝習はかならずしも所期の成果を収めることができず、かえって「一般農家ノ改良心ヲ阻喪」させ「此間ニ勧業ニ熱心ナル郡長江夏喜蔵氏去リ平田安吉氏逝キ勧業ノ聲ハ微々トシテ聞コエサルニ至レリ」ということになる。それは、次に述べるように、福岡県試験場から招聘した飽海郡および東田川郡の成功と、対照的であった[8]。そのため、江夏郡長と平田安吉による取り組みの開始は明治二二年と早かったにもかかわらず、普及はむしろ他の郡より遅れることになってしまった。そこに、右に沿革史を見た「西田川郡興農會」の活躍が改めて開始されるのであるが、この点については後に紹介することにしよう。

(1) 小山孫二郎、前掲書、六一八ページ。
(2) 島根県鹿足郡役所宛照会文および西田川郡役所宛返信、角田二口佐藤東蔵家文書。
(3) 山形縣西田川郡興農會『西田川郡興農会誌』一九一四年?(鶴岡市立図書館蔵書)、一~八ページ。
(4) 角田二口佐藤東蔵家文書
(5) 小山孫二郎、前掲論文、六二二ページ。
(6) 清水浩、前掲論文、四二〇ページ。
(7) 小山孫二郎、前掲論文、六二二~六二三ページ。
(8) ともに福岡県にあって一方の「勧農社」の林遠里と他方の県農学校、試験場の酒匂常明、横井時敬との対立、そして庄内における前者の系統の失敗と、次に述べるように後者の系統の成功に関しては、筆者は論評する能力を持たない。とりあえず大西伍一『改訂

増補　日本老農伝』農山漁村文化協会、一九八五年、五四七～五五五ページを参照されたい。また、江上利雄「林遠里と勧農社」、農業発達史調査会編『日本農業発達史』改訂版2、一九七八年、六一五～六六三ページ、を参照。

東田川郡・飽海郡と福岡県勧業試験場の系統

他の郡について見ると、「西田川郡における乾田馬耕への取り組みに、思案中の東田川郡会」は、時の山形県知事の要請で農商務省から派遣された農事巡回教師志岐守秋から明治二三年夏と二四年春に稲作講話を受けるなどして、明治二四年に稲作教師の招聘を決議、農商務省に依頼して福岡県勧業試験場から島野嘉作の派遣を得て、郡内の指導を受けることになった。他方、「東田川郡長相良守典は郡内の地主を招集して稲作技術改良に乾田馬耕の必要性を説き」、地主たちも「それぞれ自分の所有地内に馬耕実習田を置き、（郡内九カ所）自らも伝習生となって島野に協力、馬耕奨励に努めた」。島野はその後明治三六年まで指導に当たり、「郡内一円の乾田化の実現を見て帰郷した」という。[1] この紹介は『余目町史』の記述であるが、同書にはまた、次のような余目における馬耕の初見の記事がある。

余目における馬耕の初見は、明治二一年、近江新田の皆川右エ門が東田川郡書記、勧業係の佐々木小一郎の指導を受けて、乾田に西洋犂を以て馬耕を始めた（八栄里村史）とあり、また同誌に大野の大沼作兵衛、世人馬耕の何たるかを知らざるに於いて、皆川右エ門と共に研究奨励に努める、とある。この記述より考えると、これは山形県が北海道、千葉県より馬耕教師を迎え、西洋犂を用いて馬耕を指導した県の馬耕奨励初期頃に郡書記がその技術を身に付け、農事熱心家の両名に馬耕を教えたものではなかろうか。大沼作兵衛の馬耕技術には一日の長があり、その後地域の馬耕普及に大きく貢献することになる。

またこの頃、小出新田の阿部亀治は、限られた水田での農業の生きる道を、余目の老農佐藤精三郎に教えを請い、乾田馬耕を勧められ、明治二〇年実地視察に出て、二一年には自作田の乾田に好結果を得ている。(2)

右の『余目町史』は、「八栄里村史」(この文献は、筆者は未見である)の「余目における馬耕の初見」の文章を引用して、「県の馬耕奨励初期頃に……その技術を身に付け」た郡書記が、郡内の農事熱心のものに「馬耕を教えたものではなかろうか」としている。また、「亀の尾」の作出で著名な東田川郡小出新田の阿部亀治は、東田川郡勧業委員を務めていた佐藤某により「乾田馬耕を勧められ、明治二〇年実地視察に出て、二一年には自作田の乾田に好結果を得ている」とも述べている。さらに『余目町史』の記述によると、馬耕犂は当時まだ地元では生産されず福岡から移入されていたが、その「売り上げは明治二五年で三〇〇枚、二六年で八〇〇枚、二七年五〇〇枚、二八年一、三四〇枚、二九年は三、六二四枚と激増」したと、その急速な普及ぶりを紹介しており、また各町村で開催された馬耕競犂会も盛況で「農家の若者の血を沸かせた」という。(3) これらの『余目町史』の記述で特徴的なのは、第一に県、郡という明治政府の行政機関と、その斡旋による教師の指導など、「上から」といっても地主よりもむしろ、「官」の行政指導によって導入されていること、第二に、おそらくはそれと関わって、乾田化だけではなく馬耕を同時に、というよりもむしろ馬耕を中心的な課題として導入を図っているように見えること、第三に、その馬耕の導入は、明治二〇年代始めとかなり早く、しかも急速に普及していること、である。

次に飽海郡においては、やはり郡会決議にもとづき、明治二四(一八九一)年、横井時敬の推薦により伊佐治八郎を招聘、「郡内六ヶ所に模範田を設置して馬耕の実施と米作改良のことに当たらしめた」という。(4) 伊佐治八郎とは、福岡県早良郡原村の農家であったが、福岡県農事試験場に勤務して「近代稲作農業に習熟」していた人物である。(5) この伊佐治八郎の招聘、指導に敏感に反応したのは、酒田の巨大地主本間家だったようである。農商務省農務局が「地方廳ニ於テ調査」した「事例ヲ蒐集シタルモノ」という「農務彙纂」に収録の「本間光輝氏ノ施設」なる報告を左に紹介するが、それによると、「明治二十三年西田川郡ニテ農業教師ヲ聘シタルヲ聞キ支配人中ヨリ二名ヲ同教師ニ就キテ……傳習セシメ」たが、さらに「明治二十四年本郡ニ於テ福岡県ノ老農伊佐氏ヲ実業教師トシテ聘セシ後、主トシテ仝氏ニ諮リ乾田耕作法ヲ一般小作人ニ普及セントシ」一族、代家、支配人を督励して「実地ニ就キ指導」したところ、明治三四、五年頃には「稍其目的ヲ達スルヲ得タリ」とされている。この言葉はかなり表現が微妙で、その意味は必ずしも充分には理解しにくいが、それはともかくとしてこの「本間光輝氏ノ施設」には、その後も「伊佐氏」について「傳習」等の記事が頻出する。先に見た「旱田熱心者」の手記「旧遊佐地方旱田巡回記」にあった「農事教師伊佐治八郎先生ノ模範田」を見て「仰天」したというのは、本間家が明治二四年に千代田村に設置した「模範田」だったのである。それにしてもここで注意しておきたいのは、本間家が伊佐治八郎から学ばせたのは、まずもって乾田農法であり、馬耕はその後だったという点である。豊原の「乾田熱心者」など一般の耕作農民の第一の関心もそこにあった。これはおそらく、乾田化による収量の増大こそが耕作農民の願いだったからであろう。巨大地主本間家の関心は、乾田化による収量の増大が小作料の集取を安定化させるという点にあったからであろうか。

　　本間光輝氏の施設

　第五　耕作法ノ指導奨励

一、明治二十二年始メテ試作田ヲ設ケ小作人ヲシテ之ヲ耕作セシメ爾来三ケ年継続シタリ

一、明治二十三年西田川郡ニテ農業技師ヲ聘シタルヲ聞キ支配人中ヨリ二名ヲ選ヒ同教師ニ就キテ其方法ヲ傳習セ

シメ翌年其方法ニヨリ試作セシメタリ

…（中略）…

一、明治二十四年本郡ニ於テ福岡県ノ老農伊佐氏ヲ実業教師トシテ聘セシ後、主トシテ仝氏ニ諮リ乾田耕作法ヲ一般小作人ニ普及セントシ一族及代家支配人ヲ督励シ或ハ小作人ヲ招集シ或ハ耕作ニ熟達セルモノヲ小作人間ニ箇派シ専ラ実地ニ就キ指導シ明治三十四五年頃ニ至リ稍其目的ヲ達スルヲ得タリ

一、明治二十五年一族本間光明氏ヲシテ改良苗代ヲ作ラシメ且ツ冷水田、水害地、旱損地、悪水懸ケノ四ヶ所ニ試作田ヲ設ケシム爾後継続シテ明治三十年新井田農場ヲ設クルニ及ヒ之レヲ罷メタリ

一、同年伊佐氏ニ依頼シ一族子弟ニ馬耕術ヲ傳習セシム

一、同年水田米、乾田米ノ貯蓄比較試験ヲ行フ

…（中略）…

一、同年初メテ鹽水撰種ヲ行ハシム

一、同年一族子弟ヲシテ伊佐氏ト同伴セシメ馬耕術ヲ東西田川郡ノ小作人及有志者ニ傳習セシム

一、同年農具ヲ福岡県ヨリ購入セシメ爾後毎年継続シ農事奨励ニ関スル賞品ハ多ク此ノ農具ヲ用ヰ以テ改良農具ノ普及ヲ計レリ

一、明治二十七年八月（三日間）代家、支配人、小作人及有志者ヲ招集シ伊佐氏及一族子弟中ノ馬耕ニ練達セルモノヲシテ馬耕術ヲ教授セシメ爾後三ケ年継続シタリ

一、明治二十四年本郡ニ於テ千代田村ニ模範田ヲ設ケ伊佐氏ヲシテ乾田耕作法ヲ指導セシメタル以来附近ノ農民競フテ耕作改良ヲ計リ明治二十七年ノ如キ其ノ成績他ニ秀テタルヲ以テ主トシテ水田地方ノ代家支配人其他有志者ヲ勧

誘シテ其實況ヲ視察セシム爾来数次同趣旨ニヨリ視察ヲ勧誘シタリ
一、明治二十八年代家支配人及小作人ニ農馬購入費ヲ貸附シ爾来継続シテ耕馬ノ増加ヲ計レリ
…（中略）…
一、同年一族及支配人ノ中二人ヲ福岡県ニ派シ農事ヲ視察セシム
一、明治二十九年郡ニ於テ伊佐実業教師ノ任ヲ解クニ及ヒ之ヲ自宅ニ聘シ農事指導ニ當ラシム
一、同年代家ヲ伊佐氏ノ自宅ニ派シ農事ヲ實習セシム
…（中略）…
一、明治三十年酒田片町ニ新井田農場ヲ設ケ農場主任ヲ置キ農夫傭入シ伊佐氏ノ指導ニヨリ改良耕作法ヲ試ミ傍ラ実習生ヲ養成シ又小作人ノ農事ヲ指導セシム
一、同年支配人及小作人二名ヲ伊佐氏ノ自宅ニ遣シ農事ヲ實習セシメ翌年歸国ニ際シ地方農婦ノ業ヲ改良セシメンカ為ニ其中ノ一人ヲシテ彼ノ地ヨリ妻ヲ娶ラシメ帰国後新井田農場ニ居住セシメ耕作ニ従事セシム
一、同年代家支配人ヲシテ各試作田（壱反歩以上）ヲ設ケシメ爾来漸ク擴張シテ普通小作人ノ農事ニ熱心ナル者ヲモ加入シ年々坪刈方法ニヨリ其収穫及米質ヲ検査シ成績順位ヲ定メ番付表ヲ作リテ試作者ニ配布シ優等者ニハ特ニ賞與ヲ行ヒ…（中略）…現今試作者の總数百四十餘名ニ及ヘリ
一、同年代家支配人及小作人ヲ招集シ馬耕競犁會ヲ開キテ馬耕術ノ進否ヲ験シ且乾田耕作法ノ一般ヲ試問シ合格者ニハ得業證ヲ與フ
…（中略）…
一、明治三十年信州金子ノ種子七十餘石ヲ普ク小作人ニ配布シタリ爾来米質佳良ナル小作米漸ク多キヲ致セリ

一、同年従来配布シタル信州金子稍変質ノ徴アルヲ認メ更ニ同種子を福島県ヨリ求メテ之ヲ試作シ結果良好ナリシヲ以テ翌年再ヒ之ヲ同縣ニ求メ同種子ノ増加ヲ計リ明治三十五年頃ヨリ之ヲ試作田耕作者及希望者ニ配布シタリ

……（以下略）……[6]

しかし、ここで気になるのは、右に見てきた事例のなかに、乾田化と馬耕の導入に関して、いわば力の入れ方の差のようなものが感じられることである。とくに東田川の事例は、先にも述べたようにむしろ馬耕の導入が中心的な関心になっているように見える。ここには、東田川の事例が、前述のように、県、郡という明治政府の行政機関と、その斡旋による教師の指導など、「上から」といっても、地主よりもむしろ「官」の行政指導によって導入されていることが関わっているのではなかろうか。つまり、縣令、郡長などにはかつての「西南出身の志士」が多く赴任しており、また県勧業課などは当然にその影響下にあったことを考えると、当時の「官」の立場にある主唱者が、耕作農民の関心よりも、むしろ「西南日本の先進的技術を移植しようとした」という、その志向性に関わっていたということはなかったであろうか。[7]むろん、「乾田化せられるときは耕起の労力を多く要するようになるので、従来の人力耕を畜力耕へと変換させる要がある」ことはたしかで、後にみるように庄内地方でも、乾田化に引き続き馬耕の導入が進んで行くことになる。しかしここでこだわったのは、一般に「乾田馬耕」と一括して称され、「湿田の乾田化と牛馬耕の実施とはともに一体となって普及した」といわれているが、[8]はたしてそうか、そこに耕作農民の関心と「上からの」普及との間に、微妙なずれがあったのではないか、という問題意識からであった。本間家はむしろ、農民たちと同様に、乾田化による収量増にこそ関心があったのではないか、とも思う。なお、大場正巳の論文「『明治農法』の導入過程——対応作業用語の変化を手がかりに——」もまた、『善治日誌』のなかに「『乾田馬耕』という語はない」と指摘しながら、「乾田馬耕の語

はその推進者、指導者用語としてのみあったのではないか」と問題を提起している。[9] 関連して、香月洋一郎の労作は、馬耕を主題とする研究というその性格によるのかもしれないが、「庄内平野では馬耕普及ときびすを接するように、乾田化が進み、用水路、排水路が整備され、農道や畦畔が整えられ、耕地整理も進んでいった」[10] と述べているが、乾田化と馬耕の順序についていう限り、これは逆であろう。乾田化ときびすを接するように馬耕が進んで行ったのである。その後に続く、「用水路、排水路」、「農道、畦畔」等については、後に述べる。

(1) 余目町編『余目町史』下巻、余目町、一九九〇年、一五〇〜一五一ページ。
(2) 余目町編、前掲書、一五四〜一五五ページ。
(3) 余目町編、前掲書、一五四〜一五八ページ。
(4) 清水浩、前掲論文、四一六ページ。
(5) 庄内人物辞典刊行会編『新編　庄内人物辞典』庄内人物辞典刊行会、一九八六年、一三六〜一三七ページ。
(6) 農商務省農務局『農務彙纂第五　地主と小作人』明治三十二年十一月、二二八〜二三〇ページ
(7) 清水浩、前掲論文、三九七ページ。県令折田平内、郡長江夏喜蔵はともに鹿児島県人である。
(8) 清水浩、前掲論文、四一五ページ。
(9) 豊原研究会編『善治日誌』東京大学出版会、一九七七年、六九ページ。
(10) 香月洋一郎『馬耕教師の旅——『耕す』ことの近代——』法政大学出版局、二〇一一年、二三ページ。なお、庄内と対比して秋田県の稲作にはなお「多額の遺利」ありとした尾泉良太郎も、「乾田馬耕」からではなく、第一章でまず「本田を乾田に改良する」ことを主張し、その後に第二章において「乾田馬耕実施の利益」を述べていることから見ても、明治の北東北におけるこの間の認識を物語っているように思う（尾泉良太郎『稲田の遺利』明治三〇（一八九七）年、一〜二六ページ）。

乾田化と在村地主

先に見たように、西田川における乾田化と馬耕の導入に関する江夏郡長と平田安吉による取り組みの開始は明治二二

年と早かったにもかかわらず、普及はむしろ他の郡より遅れることになった。林遠里の門人による模範田設置および伝習にもかかわらず、それがかならずしも所期の成果を収めることができなかったために、かえって「一般農家の改良心を阻喪」させ、この間に郡長の交代、平田安吉の逝去もあって、「勧業ノ聲ハ微々トシテ聞コエサルニ至レリ」ということになってしまったのであった。ところが他方、明治二九（一八九六）年に西田川郡農會が設立され、さらに明治三〇（一八九七）年の全国的なウンカの被害を契機に山形県技師の講習会に集まった「一団の青年」たちが「西田川私立農事講究会」を組織し、それを翌明治三二（一八九九）年に「西田川郡興農會」と改称するという動きがあった。その「一団の青年」のなかに、京田村豊田の在村地主土門文吉がいたのである。土門家は、藩政期には高一九八俵ほどの上層本百姓、地租改正後に本格的に土地集積を開始し、明治中期に田畑合計で四〇町弱を所有する地主となり、かつ自作地水田六町四反余、畑七反という大規模な経営を営んでいた。つまり、先に述べた地主の三層のうち、町方の大地主と一般の耕作農民とを結ぶ第二層、いわば結節点のようなところに位置する在村地主である。以後土地集積を継続して、最盛期は昭和一五年の八一町歩であった。文吉は明治三年生れ、明治中期には大規模経営を営む家の「鍬頭」の位置にあり、また個人的にも私立庄内中学校の第一回卒業生になるなど、向学心に富んだ人物であった。政治的には自由党員だった父親兵三郎の後を継いで京田村長等を務め、また右に見てきた「西田川郡興農會」の東部常任委員に選出されるなど、村内はもとより、周辺地域でも指導的立場にあった。(1)

興農會発起会次第

明治三十一年十一月三日西田川郡役所内舊議事堂ニ發起會ヲ開キ左ノ件ヲ議了セリ

一、会則編成の件

二、役員選挙
三、塩水撰執行の件
四、浸種の件
五、新苗代設置の件
六、明治三十二年度ヨリ一反歩以上乾田ヲ設置シ一定ノ標本木ヲ建テ置クヿ
七、刈稲乾燥ノ件
八、毎年耕作ニ係ル稲ノ成績表ト共ニ稲株及ヒ米三合差出ス事
九、燐酸肥料購入ノ件
十、燐肥ヲ実施セシムル人名指定ノ件
十一、堆肥製造の件（延期）
十二、明治三十二年度ニ於テ馬耕競犂会ヲ開設セラレンヿヲ本郡農会ニ建議ノ件
十三、農事上特種ノ成績ヲ擧ケシモノニ郡農會ヨリ賞與アランヿヲ建議ノ件(2)

右に掲げた興農会の「発起會」次第を見ると、興農会の目指すところとして、横井時敬の創案にかかる塩水撰の他、浸種、苗代など多面的な改良が目指されており、その一環として乾田化と馬耕の導入が図られている。すでに、飽海や東田川では乾田化と馬耕による新農法の普及が始まり、その効果も知られるようになっていたはずである。西田川もそれに遅れてはならない、という気運が興農会を組織した「一団の青年」たちに盛り上がってきていたと見ることができよう。

（1）拙稿「地主と地域社会――山形県西田川郡京田村土門父子の軌跡――」、安孫子麟編『日本地主制と近代村落』創風社、一九九四年、一七一ページ以下、および拙稿「地域リーダーとしての地主――山形県西田川郡京田村土門父子の『履歴書』から――」、丹野清秋編著『地域社会の歴史と構造』御茶の水書房、一九九八年、一〇八～一一二ページを参照。

（2）編纂委員『興農會沿革誌』大正三年十月（土門家文書）

京田村豊田の乾田化への取り組み

こうして、おそらくは土門文吉の主導のもとに、その居村旧西田川郡京田村豊田も乾田化に取り組む。以下、土門家に保存されていた「豊田区事務一途」綴（つまり部落寄合の記録）によって、乾田化と馬耕の導入の経過について見ることにしよう。まず、明治三〇年九月の「区会議決録」に、節倹の申し合わせやおそらくは虫害防除のための「魚油または石油」の準備、あるいは夜番および稲番人給与改定の件などと並んで、「乾田設置の件」が審議されている。「一家作付旧千刈ニ付百刈宛試作ノ事」という申し合わせである。これが豊田の「区会議決録」に「乾田化」が登場した最初である。この明治三〇年旧九月という日付は、山形県技師堀尾某の講習会に参加した「一団の青年」が「西田川農事講究会」を組織したのが明治三一年一一月、それを承けて「西田川郡興農會」を発足させ、「一反歩以上乾田ヲ設置シ一定ノ標本木ヲ建テ置ク」ことを議決したのが明治三一年一一月だから、それよりも一年ほど早い。おそらくこの両方の動きにからんでいたのが土門文吉だったのではないか。先に見たように、文吉は個人的にも向学心に富んだ人物であり、明治二〇年代に庄内三郡や奥羽五県の各種共進会で次々に表彰を獲得している土門家の鍬頭であった。西田川郡では普及が遅れていたとはいえ、その頃庄内地方においても、乾田化が関心を集めていることはよく承知していたであろう。東田川における島野嘉作や飽海における伊佐治八郎の成果についても認識していたかもしれない。つまり土門文吉こそ、明治三〇年の「区会」つまり部落会と、他方明治三一年の「興農會」決議との両方に乾田設置を盛り込んだ中心人物だったのであろう。土門家は豊田随一の地主である。だから豊田「区会」の方は文吉一人でも村の人々を説得できたのかもしれないが、興農会の方は西田川レベルの会であり、土門文吉だけでは簡単に議決に持ち込むことができなかったのであろう。そのためには何人かの同志と語らうことが必要だったであろう。だから一年遅れたのではないか。

「豊田区事務一途」綴には、翌三一年の「乾田試作反別調」が綴り込まれている。それを、次に掲げるが、しかしこの資料は、どうも分かりにくい。冒頭五十嵐善治について、「中瀬、一　弐反歩位」とあり、その下に「六畝　五十刈」と書いてあるが、これはどういう意味だろうか。しいて推測するなら、中瀬二反歩は計画で、六畝五十刈が、この年の実績だったのではないか。この面積と刈束数は、数字としてはほぼ合う。そうだとすると、その後、遠藤弥栄治の弐百刈以下の刈束数はいずれも実績であろうか。この資料の末尾に「右九月卅日決定」とあるのも、九月三〇日に調べた決定数つまり実績の意味かもしれない。刈束数の書いてない土門治郎吉、五十嵐与作は、計画はありながら結局実績のなかった人なのか。

なおここで、この「試作反別調」には「反畝」の面積表記と「刈」という刈束表記が混在していることに注目しておこう。先にみたように、庄内の藩政期においては、年貢の徴収は面積ではなく「分米」という公定収穫高を基準にしており、また地主に対する私的な土地の質入れ売譲りも、面積ではなく「俵田渡口米高」によっていた。農民にとって、面積表示はなじみのないもので、日常的にはむしろ刈束表示を使っていたのではないか。だから前年の「区会議決録」も「旧千刈ニ付百刈」と、「旧」を附けながらも刈束表示で申し合わせていたのではないか。一町歩につき一反歩といわれても、農民にとって経営する田地のうちのどれだけを乾田化していいか分からないという状況だったのかもしれない。そのために、翌年の「試作反別」を耕作農民に報告させた場合も、何反何畝という面積ではなく、「弐百刈」などという刈り束数で報告されたのではなかろうか。まだ豊田の農民は、「旧」刈束表記に親しんでいたのである。

明治三十年旧九月卅日区会議決録

一　旧十月十日餅春節倹ノ事附客来謝絶ノ事

一　講事集会ハ酒禁止ノ事附持寄ノ事

一　百万遍、風祭、□□等ハ□□□ノ事

……（中略）……

一　魚油又ハ石油ハ可成用意シ置ク事

一　夜番及稲番人給料改正三件

一　乾田設置ノ件但一家作付旧千刈ニ付百刈宛試作ノ事

但可成申合セ同一ノ場所ニ設クルヲ要ス

一　作場道改良ニ付置土取入レノ箇所撰ノ事[1]

明治三十一年度分乾田試作反別調

中瀬　六畝

一　弐反歩位　五十刈　五十嵐善治

谷地田

一　弐百刈　　遠藤弥栄治
堰向
一　百五十刈　　五十嵐亥之七
　　　　　　　土門治郎吉
一　百刈　　五十嵐荘八
　　　　　　　五十嵐与作
一　弐百刈　　土門八右衛門
一　弐百四十刈　　五十嵐多惣治
一　五十刈　　土門栄吉
一　九百参十刈　　五十嵐吉五郎
一　五十刈　　土門熊太郎
　　右旧九月卅日決定[2]

ところで、同じ「事務一途」綴に綴じ込まれている「明治三十年七月十四日現在調」の「京田村大字豊田合計名寄調」に記載されている名前は、大字持や寺などを除くと、水田を所有しない小作らしい人を含めて二四名である。それがこの「乾田試作反別調」では一一名、そのなかに右の「名寄調」に名前がなく、おそらくは田地の近接によって参加したのであろうか、他村の人らしいのが一人（土門八右衛門）あり、この人を除くと一〇人であり、乾田試作に参加したのは、豊田の農家二四軒のうち一〇軒にすぎなかったようである。しかも実績は、さらに二名除いて八人にすぎない。

ただしこの「大字豊田合計名寄調」は地租改正後の所有面積であり、経営面積ではない。したがって「試作反別調」に出てくる人々がその経営地のうちで乾田化した面積の割合は、分からない。しかし例えば五十嵐多惣治は、七町二畝余の大面積所持者であり、そのうち六町六反二畝余が豊田分にある。もし、この面積がすべて自作地だったとすると、そのうち乾田化調べで書き上げられているのはわずかに二百四十刈であり、面積で表示すれば約二反四畝程度で、「区会議決」の「一家作付旧千刈ニ付百刈宛試作」にはとうてい達しない。さらに理解困難なのは、乾田を試作した一一名のなかに、土門兵三郎・文吉家の名前がないことである。土門家の土地は右の「名寄調」によると、京田村の中の八大字に分散している。それは地租改正以降の土地集積を物語っているのだが、しかしその中には当然ながら豊田分も含まれている（九町一反七畝四歩）。乾田化を推進しておきながら、豊田区会の「議決」にもかかわらず、「乾田試作反別調」に名前が欠けている理由は分からない。土門家は、昭和期に至るまで自作地を維持したはずであり、にもかかわらず、乾田化の実績が記録されていないのは、何らかの事情で実施できなかったのであろうか。このように見てくると、明治三〇年の区会で「議決」された「一家作付旧千刈ニ付百刈宛試作ノ事」という乾田化の申し合わせは、事実上破綻したのではないか。

先に「乾田熱心者」の「巡回記」について見た本楯村大字豊原（現酒田市）の乾田化においても始め二戸の農家が「個別に旱田法を試みていたが、回りの水田が依然として湛水田のため、充分乾燥させることが出来なかった」ので、明治二五年に「関係農家の共同—堰ぐるみ—で旱田化を試みる」という経過をたどったのであった。当時の庄内の旱田化とは、「分水堰水門の操作によって花水後落水し、あわせて地表水の排除をはかるもの」であって、明治期西日本でみられたような「暗渠排水工事によって地下水の排除をはかった」ものではなかった。豊原では、その後五年たって明治三〇年に、「村内の全農家が署名捺印した『新溝掘削契約書』という記録が残って」おり、「村内の耕地領域内で既設

の用水溝の他に水田の一部分をつぶして、四尺幅の新溝を新しく八筋掘り上げることを協議・決定し」ている。(3)

豊田の明治三一年「乾田試作反別調」では、乾田化面積を「一家作付旧千刈ニ付百刈宛」というようにいわば属人的に決めたことに無理があって、破綻せざるをえなかったのではなかろうか。乾田化するためには、豊原の事例のように、排水路を掘削するなど、個人を越えた、むしろ属地的な共同の事業が必要だったはずである。そこに気付いたのであろうか。左に掲げる二年後の明治三三年四月の区会決議では「排水之為メ溝渠掘浚施行」が冒頭に掲げられ、そこから塩水選、浸種、共同の苗代作りと施肥、播種、そして田植に至るまでの日程が、詳細に定められ「掲示」されているのである。そしてさらに同年五月には、続けて掲げるような決議が行われている。この「決議書」で注意しなければならないのは、先の、明治三〇年「区会議決録」とは異なって、「大字平田地内村角ハ尽ク」とか「大字福田ノ内字伇ノ内下ノ方」など、完全に属地的な協定になっており、しかも大字豊田だけでなく、隣接の他村大字平田、大字福田などの人々も協定に参加して、水門操作など水利についての申し合わせも行っていることである。庄内地方は、近世の過程で新田開発が進められ、この辺りは見渡す限りの水田地帯になっていたはずであり、末端の水路は近隣の村同士で共同に利用することが多かったに違いない。したがって乾田化するためには、その間の協定が必要だったはずである。このように、この明治三三年五月「決議書」では、乾田化が手落ちなく実現できるような手配がなされているのである。

明治卅三年度第一回大字豊田区会決議

一　四月八日ヨリ排水之為メ溝渠掘浚施行

一　四月十四日一般ニ塩水撰ヲ行フ事

但　粳籾《ウロ》ハ水壱斗ニ付塩四升ノ割合

糯籾《モチ》ハ水壱斗ニ付塩三升ノ割合

一　浸種ハ四月十四日ヨリ仝月廿二日迄浸ス事

一　四月九日ヨリ共同苗代ノ畔立ヲナス事

一　四月十八日ヨリ仝上地ノ畔崩ヲナスヿ

一　四月廿一日仝上地ニ施肥ノ事

但壱坪ニ付大便弐升五合小便三升藁灰五合ノ割

最《ママ》モ藁灰ハ潅漑ノ際ニ施スヘキヿ

一　四月廿四日仝上地ニ潅漑スル事

一　四月廿七日播種スルヿ

但温湯発芽法ヲ用ヰスシテ直播法ニ據ルヿ

壱坪ノ播種量ハ六合以内タルヿ

一　六月七日移植ノ予定ナル事

上之通決議ニナリ居ルモ晴雨ノ為メ時日ヲ延縮スル場（合カ）ハ更ニ変更ノ通告ヲナスモノナリ

掲示ス

明治三十三年四月七日　　豊田役元(4)

決議書

一　大字平田地内村角ハ尽ク三十四年度ヨリ乾田トナスヿ

一　大字福田ノ内字俣ノ内ハ下ノ方三分一、字中田ハ七右衛門作リヨリ下ヲ乾田トナス字八日田ノ東部一体（帯カ）阿部分ハ道北全部乾田ノ事

一　明治三十五年ヨリ高田堰掛乙（落カ）部全体乾田トナス〻

一　本年度ヨリ覚岸寺荒井京田林崎方面ニ於テモ機織沼并ニ北仁水門ノ修繕費ノ幾分ヲ分擔セシムル為メ福田ヨリ壱名豊田ヨリ壱名平田ヨリ壱名角田二口ヨリ壱名ツヽノ委任（委員カ）ヲ出ス〻

一　三十四年度ヨリ播種期及挿秧期ハ三ヶ村申合スルコト

一　機織沼及北戸水門ノ開閉ハ各自注意ヲナスト同時ニ堰守ヲシテ専ラ監督セシムル〻

右之通議決致シタルニヨリ出席人ハ左ニ記名捺印スルモノナリ

明治三十三年五月二十一日

栄村大字平田

五十嵐某

渡辺某

…（以下四名略）…

大字豊田

五十嵐某

土門文吉

…（以下五名略）…

大字福田

小野寺某
原田某
…（以下一三名略）…(5)

(1) 土門家文書（「自明治二十五年三月　至大正二年六月　京田村豊田区事務一途　往復及告知書綴　大字豊田総代人土門文吉」）。
(2) 土門家文書（「自明治二十五年三月　至大正二年六月　京田村豊田区事務一途　往復及告知書綴　大字豊田総代人土門文吉」）。
(3) 豊原研究会『豊原村――人と土地の歴史――』東京大学出版会、一九七九年、四六八～四六九、四七一～四七二ページ。
(4) 土門家文書（「自明治二十五年三月　至大正二年六月　京田村豊田区事務一途　往復及告知書綴　大字豊田総代人土門文吉」）。
(5) 土門家文書（「自明治二十五年三月　至大正二年六月　京田村豊田区事務一途　往復及告知書綴　大字豊田総代人土門文吉」）。

馬耕導入の準備

他方、馬耕導入の準備も着々と進んでいる。おそらくこの頃になると、乾田化すれば耕起を人力で行うことは困難であり、馬耕が必要になることは周知のところになっていたのであろう。これまで見てきた「豊田区事務一途」綴には、明治三三年三月三〇日の日付で、「馬耕生徒之儀ニ付願」という書式が綴り込まれている。宛先は西田川郡長である。豊田を始め京田村からも馬耕を習う人々が次第に出てきていたのであろう。そして、三三年四月には、左に示すように豊田区会において、「馬耕雇給額」の協定が行われている。実際に、京田村において馬耕技術を身につけた人がどの程度いたのかは、次の京田村農会主催の「馬耕競犂会」の成績表をご覧頂きたい。これで見ると、参加者は村全体で三四名、「落第」の一〇名を除くと各大字合計二四名の合格者を出すに至っている。まだまだ少ない数だが、なかでも土門家の居村大字豊田は参加者一六名、合格者一四名で、農家二四軒のうちかなりの割合を占めている。やがて馬耕が一般化すれば、馬耕技術は経営主である家長から後継者へと継承されて行く家の伝承技法になって行くはずである。

明治卅三年度第二回京田村大字豊田区会決議

一　馬耕雇給額ヲ定ムル事左ノ如シ

(1)馬人一日ニシテ玄米五升ヲ支給ス

　但飯料自辨ノ定メ

(2)人一日ニシテ玄米三升五合ヲ支給ス

　但右同断ノ定メ又使用者ニ於テ飯料ヲ給スル場合ハ一日玄米弐升五合ヲ支給ス

右掲示ス

　明治三十三年四月廿日　豊田役元[1]

明治卅三年度京田村農会春季馬耕競犂会成蹟表

大字	豊田	安丹	中野京田	平京田	西京田	福田	高田	北京田	林崎	荒井京田
等級										
壱等	三名	○	○	○	○	○	○	○	○	○
弐等	一名	○	三名	○	一名	○	○	○	○	○
参等	五名	○	一名	一名	○	○	○	○	○	○
四等	五名	一名	○	一名	○	一名	一名	○	○	○
落第	二名	○	○	四名	二名	二名	○	○	○	○
小計	十六名	一名	四名	六名	三名	三名	一名	○	○	○

合計三十四名
右之通
明治参拾参年五月七日(2)

以上、川南の旧西田川郡京田村大字豊田（後の鶴岡市豊田）の事例により、乾田化は、水利に関わるので当然ながら、個別の家の経営を越えた、村つまり大字レベルでの協議、契約、共同が必要であり、それが少なくとも田植前までの各種の協定、共同にまで及ぶことを見てきた。そこには、土門家という在村地主の努力が大きく関わっていたが、それでも決してこの家の指示、命令ではなく、村つまり大字レベルでの協議、共同によって実現したことを強調しておきたい。後にトラクター導入期における「部落ぐるみの集団栽培」に発揮されることになる村、つまり大字あるいは部落の「まとまり」は、明治期の乾田化と馬耕の導入の際にも発揮されたのである。

(1) 土門家文書（「自明治二十五年三月　至大正二年六月　京田村豊田区事務一途　往復及告知書綴　大字豊田総代人土門文吉」）。
(2) 土門家文書（「自明治二十五年三月　至大正二年六月　京田村豊田区事務一途　往復及告知書綴　大字豊田総代人土門文吉」）。

第三節　乾田化の波及効果

品種と肥料

ところで、西田川郡興農会は、乾田化もかなり普及した頃、明治三九（一九〇六）年に各支部会から募った一二名と有志を加えた一三名の「視察団」を庄内地方各地に派遣したようである。かなり長文なので、その一部を次に抄録するが、これで見ると、当時の農民たちの関心のありかがよく分かる。それは、まずそれぞれの土地の土質であり、端的にいって肥料と品種である。肥料としては、堆肥、小便などこれまでも用いられてきた自給肥料の他に、とくに補肥として用いられている大豆粕、過燐酸、骨粉などの金肥に関心が寄せられている。そして「如何なる良好な肥料といふても其分量が過ぎたならば却て失敗」があるなどとの教訓を引き出してもいる。また品種としては、亀ノ尾が広く普及していることが知られると共に、豊後、仙台早稲などの品種が見られるようである。

稲作視察日記

余が本郡興農會視察員と共に庄内三郡の稲作視察をいたしましたのは九月の廿三日より六日間で帰村いたしましたが至って僅かな日数で厶りましたから精密な視察が出来なかったけれども同道なされた各支部会より撰定になった諸君方の御芳志によりまして存分な愉快と各地乃篤農家各位がいと親切なる案内を得て誠に仕合好く視察したのは偏にお禮申あけまする次第で御座りました其概況を談話的な日記のままにかきまして……後日の備忘とする訳で御座ります……九月廿三日……視察の一行は支部会より十二名他に栄村の湯の澤より有志乃おん方と総て十三名……方向は直ちに東郡の広瀬村なる赤川にぞ定まりぬ……兼《ママ》ねて名声の聞こへある東田川郡興農会長たる佐藤長七氏を訪問……一体《ママ》この地は赤川沿岸に位するが《ママ》ら土壌ハ砂質壌土に属して亀ノ尾沢山で其他二三種も散見して居る殊に亀ノ尾は枯穂が多く稲穂が不揃で一昨年見ました稲毛よりは稍劣った様に見へましけれどもまぢ《ママ》成蹟は中等であるこの地では堆肥の外に大豆粕を補肥として施用するといふ事である……これより西行押口を過ぎて渡前村といふ所に至りました……大半田に至る此地は熱心家佐藤久右衛門氏を尋ねしに……多分農本を繙ひて學理を研究したので確かに地方農界乃人士と見受けました矢張亀ノ尾多かった同氏の豊後は非常に良好で堆肥の外小便壱反歩に二石五斗と過燐酸四貫目の補

肥を施したといふ話である宅地の附近で所謂蔭鬱な所に仙台早稲といふ稲がある分蘖は尠ないけれど肥料の抵抗力に強く枯穂がなくて稍有望と認めました全体此地方は非常な肥料を多く施用する様である先つ一反歩に鰯粕三円骨粉壱円過燐酸が四貫目位である或は麦が一斗二三升を小便漬にいたして加ふるに骨粉鰯粕合せて四円位を用いまし《ママ》といふことだ……更に西行して助川に行きましたが途中一老夫に出会ひ此地方の亀ノ尾は中々沢山に枯穂があるが一体何肥料の為めかと尋問せしに本年は骨粉を施用せし箇所は殊更枯穂の被害が著しいのであるといふことだ如何なる良好な肥料といふても其分量が過ぎたならば却て失敗がご座りまし《ママ》から餘程農家は注意せねばならむと思ひまし《ママ》けれども欲といふ一念の為にこそここそ余計に肥へを施して隣の稲田よりも一層上出来にいたそふといふ事から往々却て莫大な損がいをす《ママ》ました訳でムります矢張この地も亀ノ尾沢山で非常なる枯穂が多くで《ママ》実に気の毒だ《ママ》程である又更に西進して横山に至りました……この地の有力家で現に農界の要職に當りて名声郡内に鏘々たる本間多右衛門氏を訪問……土質は大抵粘土沢山で肥料は旧百苅に對しまして（一反二三畝歩）堆肥が弐百貫目で補肥としては大豆粕が弐枚或は同量堆肥に重性骨粉が十貫目（価格六円内外）を施用するといふことである矢張亀ノ尾が多いが多大の施肥の結果分蘖大なれど枯穂が多い様に見受けました…（以下略）…

明治三十九年十一月初旬木枯傳ふ秋風身にすみ《ママ》透ふる夕東窓の下に於而

西郷の馬町にある一農生　　阿部大蔵識[1]

この「視察日記」にたびたび登場する亀ノ尾とは、阿部亀治の作出にかかる著名な品種であるが、菅洋によると「明治二六年は非常な冷害年で冷水のかかる水口附近はほとんど実が入らず不稔のため青立ちになっていたり、倒伏したりしてよい出来の所は少なかった」が、「その冷水のかかる田の水口近くに三本だけ黄色くみのっている稲を発見」し、その「三本の穂をもとにして次の年その種子を播き、二・三年かかって固定した一つの純系をつくりあげた」ものという。その後、早稲耐冷品種として急速に普及し、大正一四（一九二五）年には全国で一九四、一一四haに栽培された。「亀ノ尾は最初、明治後期に庄内地方を席捲した稲作技術革新の波に乗ってその新しい技術に対応して登場した新品種であった。ここでいう技術革新とは馬耕の導入による水田の乾田化に平行した購入有機質肥料の投入である。……しかし長稈で耐病性弱く倒伏しやすいため耐肥性に劣り無機質肥料の投入が始まると共に減少した。それまでの魚粕などを中心とした有機質肥料だけの施用には亀ノ尾も充分反応して収量をましたものと思われる」。阿部亀治は明治元年生まれ、「温厚篤実な人柄で研究心旺盛で明治二十年頃より庄内地方に乾田馬耕雁爪除草の技術が入るとその普及にも特に力をつくした。……亀治は父親や親せきの反対を押し切って乾田化を試みた結果、収穫期になって好結果を得たので周囲でも見習うまでになったという[2]」。

阿部亀治の他にも庄内地方には水稲の民間育種家が多い。この点については後に第六章第一節でも再論するが、菅洋によると、「明治末から昭和二十年まで山形県で四千ha以上栽培された品種は十五（一六と思われる―引用者）あるが、その中で国又は県の育種組織によって育成された品種は陸羽一三二号と北陸十一号の二種にすぎず、残りの十三種（一四品種と思われる―引用者）はすべて庄内地方の民間育種家の育成品種である。この十三品種の中には工藤吉郎兵衛の福坊主、日の丸、京錦とならんで、佐藤弥太右衛門の育成したイ号、玉の井、信友早稲があり、この両氏は庄内民間育種の双璧であった[3]」。これらの人びとは自ら耕作する農民であった。特徴的なのは、それぞれ若い頃に「乾田馬耕」に強い関心を示し、その点でも地域社会のなかで大きな役割を果したことである。乾田化と馬耕の導入はこのように品種改良と相携えて進んで行くのである。

（1）鶴岡市立図書館所蔵文書（なお、全文を活字に起したものが、猪子町内会『猪子のあゆみ』一九九〇年、一五〇～一六〇ページ、に収録されている)。

(2)菅洋『稲を創った人びと』東北出版企画、一九八三年、四九~五〇、五二、五六~五七、六一~六二ページ。

(3)菅洋、前掲書、一一七ページ。具体的品種名については、第六章に掲げる**図表6-1**を参照されたい。

肥料資金と実業義会

これも右の「視察日記」にあったように、乾田化は金肥つまり購入肥料の使用と結び付いて効果を発揮した。先にも参照した土門家文書「豊田区事務一途」には、「共立肥料会社趣意書」なる書類が綴じ込んであった。その文書によると「本社ニ於テ取扱フヘキモノハ目下農界肥料ノ随一ト稱セラルヽ北海道産〆粕さゝめ等ニアリ……」というわけで「各位ハ奮ッテ本社ノ微志ヲ賛同セラレンヿヲ」という呼びかけである。この文書は「豊田区事務一途」に綴じ込まれているが、実際は地主であった土門家に送られて来たものであろう。呼びかけ人は酒田本町の藤井某である。これは、酒田商人の時勢への敏感さを象徴するものであるが、しかしこれらの金肥を購入するためには、当然ながら購入のための資金を必要とする。その資金の準備は、一般の農民にはかならずしも容易ではなかった。そこで地主の肥料資金貸付けが広く行われたが、この点で注目すべきは、土門家も一枚加わって設立された「実業義会」である。

社団法人庄内実業義会定款

第一章　総則

第一條　本會ハ報徳ノ趣旨ニ依リ富源ノ涵養ニ勤メ貯蓄心ヲ奨勵シ産業ノ發達ヲ圖リ兼テ救済事業ヲ行フヲ目的トス

：：（中略）：：

第六條　本會の會員ハ左の二種トス

一　特別会員

二　通常会員

特別会員ハ本會ニ土臺金を出資シタルモノトス

但積立金ヲモナス事ヲ得

通常会員ハ土台金ノ出資ヲナサズシテ積立金ヲナシタルモノトス

：：（中略）：：

第二章　土臺金及ヒ積立金

第十條　土臺金ハ金三千圓トシ一人ノ出資額ハ金弐拾圓以上トス

第十一條　積立金ハ左ノ二種ニ分ツ

一　善種金

二　通常積立金

一期間（毎三ケ年ヲ以テ一期トス）ニ積立ツヘキ總額ヲ初回ニ於テ積立ツルモノヲ善種金トシ其他ノ積立金ヲ通常積立金トス

第十二條　積立金ヲナスニハ其一期間ニ積立ツヘキ總額及ヒ其毎會《ママ》積立ツヘキ金額ヲ定ムヘシ

積立金一人一回ノ金額ハ金拾銭以上ニシテ一期間ニ積立ツヘキ總額ハ金三圓六拾銭以上トス

：：（中略）：：

第三章　貸付金

第拾九《ママ》條　本會ハ會員ニ限リ産業ニ要スル資金トシテ貸付金ヲナス

貸付金ハ積立金又ハ他ノ相当ノ擔保ヲ供シ保証人ヲ立テシムルヿヲ要ス

十人以上連帯シテ申出ツル時ハ擔保品ヲ供セス貸付ヲナスヿアルヘシ

積立金ヲ擔保シテ貸付クル程度ハ現ニ積立テタル金額迄ヲ限リトス

第二十條　貸付金利息ノ割合ハ年百分ノ十ヲ最高限度トス理事会ノ決議ヲ以テ之ヲ定ム

但特別ノ場合ニシテ此規定ニ依リ難キ時ハ總會の決議ヲ経ルモノトス

…（以下略）…(1)

「実業義会」とは今日から見れば奇妙な名称であるが、右に掲げる定款の第一条に、「本会ハ報徳ノ趣旨ニ依リ」とあるように、報徳思想に基づいて設立されたものであった。鶴岡市史によると、「明治三十五年九月創設、明治三十九年現在會員数は一、一七六名（『三川町史』によると一、三七六名）、会員の多くは農民であった」という(2)。明治四〇年の決算報告に記されている役員は、会長には鹿児島安定(3)が就任しているが、副会長は平田安吉、富樫治右衛門、理事には風間幸右衛門など鶴岡の大地主が名を連ねており、土門文吉も監事の任についている。ちょうどこの頃の土地所有規模の資料はないので、かなり後になるが、大正一三年の農務局「五十町歩以上ノ大地主」によると、いずれも水田で平田安吉の後継者平田吉郎は一〇〇町、富樫治右衛門六九町、風間幸右衛門は四五五町となっている(4)。この表には土門文吉の名はないが、同家文書によると、同じ大正一三年には水田四九町七反に達している。ちなみに明治一七年の西田川郡調の「地価金五百円以上所有者取調表」によると、平田安吉は二二、五〇〇円、富樫治右衛門は四、一二八円、風間幸右衛門は一九、五一〇円である。[5] 明治一七年の地価金一反三一円で計算すると、平田は七二町六反ほど、富樫は一三町三反、風間は六二町九反ほどになる。土門家は明治一〇年に作徳米の高が八一四俵、面積に換算すると八～九町程度の貸付地であり、その後急速に土地集積をしたわけである。[6]

一人二〇円以上の「土臺金」を出資した特別会員は、このような地主層だったのであろう。会員の多くは農民であったといわれているが、一回一〇銭以上、三年で三円六〇銭以上を積み立てるのは、零細な小作人ではとうてい無理と考えられる。しかし、庄内地方の農民の主力は二、三町歩あるいはそれを越える中大規模の小作ないし自小作層であったから、これだけの積立金も負担できたのであろう。地主が小作料収取の対象としたのも、そのような層であった。つまり、庄内地方を広く覆った地主制を前提に計画された農民金融機関だったのである。目的は「産業の発達」を図ることとされているが、その産業とは農業であり、明治三五年という創立時期から見て貸し付ける「産業ニ要スル資金」とは、肥料資金だったと考えられる。そして重要なことは、「十人以上連帯シテ申出ツル時ハ担保品ヲ供セズ貸付金ヲナス」という規定であった。つまり、自小作ないし小作人は経営規模が大きくても所有地が無いかあるいはあってもごく小規模なので、資金借り入れの担保に困ったはずで、そこを十人以上の連帯責任で解決しているのである。当時の庄内の実状に合致した、まことに巧みな運営方法だったということができよう。

(1) 土門家文書。
(2) 大瀬欣也・斎藤正一・佐藤誠朗編『鶴岡市史』下巻、鶴岡市役所、一九七五年、六五九ページ。また、大瀬欣哉・斎藤正一・前田光彦・後藤義治『三川町史』三川町、一九七四年、五三九ページ、を参照。
(3) この鹿児島安定とは、詳しい経歴は不明だが、旧藩士の家の人、明治期の第六十七銀行の頭取の弟で、平田家が使っていた人だったようである。当時の六十七銀行は、実権は平田吉郎が握り、財力は風間幸右衛門が支援していたという（旧西田川郡東郷村角田二口の佐藤東蔵の談。筆者の一九七二年時点の調査ノートによる）。

(4) 農業発達史調査会編『日本農業発達史』改訂版7、中央公論社、一九七八年、七三三ページ。
(5) 西田川郡「地価金五百円以上所有者取調表」、山形県立図書館所蔵文書。
(6) 拙稿「地主と地域社会——山形県西田川郡京田村土門父子の軌跡——」、安孫子麟編『日本地主制と近代村落』創風社、一九九四年、一七二ページ。

乾田化による増収・人力耕の苦労

こうして乾田化と、それが要請した品種と肥料の問題が解決されて行くが、はたして狙い通りの増収がなしとげられたのか。なかなか実証的な資料は見つけにくいが、「全国系統農會之機関」と銘打った明治三三年の『中央農事報』のなかに以下のような一文があった。すなわち左に掲げるように、「飽海郡農會最近五年来事業の梗概」として、「湿田を乾田に改良したること」の結果、「湿田平年壹反歩の収量、壹石五斗乃至壹石七斗」が「乾田平年壹反歩の収量、貳石乃至貳石五斗」に変ったというのである。これはいささか農会の自己宣伝の感じもあるので、次に掲げる**図表3‒2**を見ると、庄内三郡とも明治三四年以降の平均反収は年ごとの豊凶の差はあるものの、二石五斗は無理としても、二石水準に達した年は少なくない。むろんこれは、なお残る湿田も含めての平均収穫だから、乾田の収量が「貳石乃至貳石五斗」というのもあながち誇張ではないのかもしれない。

明治三十三年　農事改良成蹟調査

山形縣下に於ける改良成蹟—飽海郡農會最近五年来事業の梗概

一湿田を乾田に改良したること。

図表 3-2　水稲反当収量の年次別変化

	山形縣	飽海郡	西田川郡	東田川郡
明治 12	1.134			
14	1.002			
16	1.081			
18	1.551			
20	1.623			
22	1.479			
24	1.325			
26	1.431			
28	1.502			
30	1.095			
32	1.596			
34	1.929	2.288	2.151	2.075
36	1.730	2.016	2.014	1.720
38	1.212	1.386	1.505	1.398
40	1.857	2.079	1.926	2.036
42	2.076	2.621	2.365	2.208
44	1.616	1.398	1.290	1.277
大正 2	1.549	1.854	1.833	1.637
4	2.131	2.322	2.336	2.145
6	2.046	2.113	2.185	2.039
8	2.148	2.454	2.266	2.110
10	2.083	2.482	2.015	2.038
12	2.068	2.321	2.184	2.075
14	2.278	2.517	2.579	2.278

注 1：山形縣『山形県における米作統計』1969 年 1 月、による。
注 2：明治 32 年までは郡ごとの数値の記載はない。

…（中略）…

明治二十四年より誘掖奨励の結果、山間谿谷の地にして養水其他地理的関係より乾田となし能ざるものを除くの外挙げて成功せり、今や其利益を挙ぐるに遑あらずと雖ども、単に収穫の上に就きて謂はんに、悪田變じて美田となり、所謂土質改良の結果左の増収を見るに至る。

湿田平年壹反歩の収量、壹石五斗乃至壹石七斗

乾田平年壹反歩の収量、貳石乃至貳石五斗

之を全反別に積算すれば全郡の増収額は實に六万五千餘石假に一石拾円とせば此價格六拾五萬餘圓に上る。

…（中略）…

一馬耕術普及の事。

乾田の効果は全く馬耕により収め得た

りと云ふも敢て誣言に非ず。…本郡に於いて人力と獣力の耕鋤一日に對する功程左の如し

馬耕一日の功程人夫一人馬一頭参反五畝歩

人耕一日の功程　　　七畝歩

…（以下略）…。[1]

この『中央農事報』の記事で、人耕と馬耕の「一日の功程」の比較が湿田か乾田かを記していないが、文脈からして乾田化した場合の「功程」であろう。乾田の人力耕について述べているある庄内農民の次の回顧談でも、「一人前の男が、一日汗水流して、驚く勿れ七畝歩位耕せば、夫れこそ鬼の腕でも取った様」とされている。これらの報告からすると、一人一日七畝歩（二一〇坪、約六・九アール）というのは、乾田を人力で耕起した場合に可能な最大面積だったのであろう。先に耕作農民の関心はまず乾田化による収量増だったとのべたが、すぐ相次いで馬耕の導入が始まるのも、農民自身のこのような苦闘が、乾田化から直ちに関心を馬耕に向けさせることになったためであろう。

乾田の人力耕

もちろん人力耕である。其耕程一人前の男が、一日汗水流して、驚く勿れ七畝歩位耕せば、夫れこそ鬼の腕でも取った様大威張りで風呂に行ったもので、大抵は其以下である。中々骨の折れるもので、三本爪の七、八百匁の備中鍬で耕すものだから、其備中鍬の柄を掌って力を入れる為め、手の指は皆四角になり、其の指の其処此処に豆が出来て其の痛さといったらない。今でも思いやられる。耕した耕土を返し、砕く、肥料を施し、水を入れ代掻き、植付けという順序……。植付ける事になって見ると、耕土の土塊は其の儘、真土は堅し、ごみ土はなしという訳で、幾分で

も根を指して植えるという、不可能故、株の根に土くれを載せて、先ず挿秧は出来たが、其の後活着が非常に宜敷先ず大喜びをした。今度除草（元の壱番草）になって、水田の草取り、手で向かった訳で、土くれの堅いのを何としたらよかろうと色々考えの末、其当時の藁スグリにて土くれを掻き回し、先ず壱番草は出来たが稲は日増しによくなる。二番三番四番にて止草として先ず草取りは出来た。[2]

（1）全国系統農会「農事改良実績調査」『中央農事報』第二一号、明治三四（一九〇一）年、四一～四二ページ。

（2）須々田黎吉「明治農法の形成過程――山形県荘内地方の稲作改良――」農法研究会編『農法展開の論理』御茶の水書房、一九七五年、五一～五二ページ、所収の、東田川大沼作兵衛（明治元年生、昭和五年歿）の証言。

若勢の役割分担と馬耕

次に川北に目を転じて旧飽海郡北平田村大字牧曽根（後の酒田市牧曽根）の在村地主松沢家の自作地経営の乾田化と馬耕の導入について見ることにしたい。松沢家についても、その居村牧曽根についても、これまで度々紹介したことがあるので、改めて詳論することは避けるが、松沢家の最大規模は昭和一八年の九六町二反三畝余であり、在村地主で自作地は終始維持するが、しかし家族員が実際の農作業に従事したのは、同家の「農耕日誌」によるとおそらくは明治一一年頃までで、一二年には家族員の農作業従事は記録されなくなる。[1]代わって松沢家の自作地三町歩ほどの耕作を担ったのは、庄内地方で若勢と呼ばれる年雇達であった。松沢家では、鍬頭を担当した者をも含めて常時四～五人ほどの若勢を置いていた。

若勢については、第九章第二節でも触れるが、ここで**図表3-3**の松沢家の「農耕日誌」に登場する若勢たちが、「鍬頭」、「馬使」、「平若勢」などと分類されていることに注意しておこう。これは、家における農作業の協業組織における

図表 3-3　松沢家若勢等男子使用人の交替状況

	鍬頭	馬使	平若勢				雇（一部のみ記載）	夜番	備考
明治 21	①新青渡	①（4月まで） ②（4月より） ③（12月より） 大島田 7 俵	(1)居村 6 俵	(2)（末家 Yh 兄）					
明治 22	8 俵	④北吉田、8 俵		?	(3)（1月から） 漆曽根、4 俵半			❶居村	
明治 23	②居村（2月まで） 6 俵	⑤（3月から） 5 俵	（8月まで） (4)西野村 （8月から）	(2)　（雇）	5 俵 （12月まで）			6 俵	
明治 24	（8月まで）	7 俵	6 俵		(5)（1月～8月まで） 鵜度川原、6 俵半 (6)（8月より） 2 俵半	⑦（1月より8月まで）5 俵半 (7)（9月より） 2 俵		❶ 6 俵	
明治 25	?	?	?	?	?	?			
明治 26	③居村 7 俵半 （8月まで） ?	⑥　新青渡 7 俵半	(8) 6 俵		④（7月から若勢？）	⑦居村 6 俵半	④（分家 Yu 婿養子）	❶ 6 俵	旧暦 3 月 25 日「堅田田打チ」（乾田の記事初登場）
明治 27	?	?	?	?		?			
明治 28	④（末家 Yu 婿養子）	⑦	(9)熊手島	(2)末家 Yh 兄					3 月 11 日～連日「乾田打ツ」若勢の「休ム」記事多い。 4 月 13 日「馬耕道具」初登場（秋耕実施）。
明治 29	8 俵 （婿養子離縁）	7 俵 ?			(10)余目 5 俵半	(11)上漆曽根 6 俵			④離縁（月日不詳）
明治 30	?	?							2 月 24 日～「堅田打つ」多い しかし「馬耕」登場。 10 月 4 日～「馬耕」多いが、「本田打」も（秋耕）。
明治 31	⑤居村、8 俵	⑧居村、7 俵	6 俵半	6 俵	?	?		❷上田村 6 俵	3 月 9 日～「田打ツ」の記事 9 月 10 日～「馬耕」「乾田打つ」の記事（秋耕）。

明治32	？	？	？				1.（農事、分家Yu方）		
明治33	⑥（Yu婿養子）8俵（7月離縁）⑦（Yu婿養子）（7月から、8俵）	⑨ 7俵半（12月まで）⑩居村（12月より）		6俵			1.（店兼務Yu方）		3月16日～「馬耕起シ」多い Yu家婿養子⑥が「病身の為」暇乞 ⑥の実兄⑦が後夫として聟養子入り。
明治34								（後夫として縁付暇乞）	
明治35	10俵	7俵半	⑿居村、7俵半 水引兼勤		⒀中平田村（5俵半、夜番并ニ）		4俵		⑦「特別手当」として追加2俵（合計10俵）
明治36	10俵	7俵半	7俵半	(2)（定雇）1日1升	5俵（4月まで）			❶（夜番并ニ）（4月再奉公）	
明治37	10俵	7俵半	7俵半					5俵	
明治38	10俵	7俵半	7俵半	1日1升			6俵	5俵	
明治39	10俵	7俵半	7俵半（12月まで）	1日1升			6俵	5俵	
明治40	10俵	⑪（12月所帯持暇乞）		1日1升	⒁上田村（2月より）（事務所小間使）			5俵	
明治41	10俵	⑫居村、7俵半（12月まで）	⑬大沢村（12月より）	1日1升	30円		1.（本宅取次）6俵	5俵	
明治42	10俵	⑬ 6俵		1日1升	25円		7俵	5俵	
明治43	10俵	7俵（11月入営）		1日1升	（2月まで）	⒂（分家Ya孫）	8俵	4俵	
明治44		⑭ 7俵半	⒃（常雇）					4俵	
明治45	11俵（大正10年まで）	7俵半					月7円		

注1：①…は鍬頭、①…は馬使、(1)…は平若勢、1.…は雇い、❶…は夜番を表わす。ただし、④のように後に昇格している場合には、最初から④等と記載してある。

注2：松沢家文書『農耕日誌』による。但し、明治25、27、29、32、34、37、40年の『農耕日誌』は見出されていない。これらの年次にある記入は、他の年次からの推定である。

また、別の同家文書『家僕給渡覚』によって補正した部分がある。

注3：この他に、店方の雇い人、および家内の下女もあるが、この図からは省いてある。また、農事雇いでも臨時的な雇用は省略してある。

注4：明治3年『農耕日誌』の若勢給米高は、鍬頭が8俵、馬使が6俵、並若勢が4俵半とある。

注5：分家Yu婿養子⑦は、明治42年、精勤の故を以て本家親族会議決議により宅地建物の賞与を受けている（同家文書『記録』第2号）。『家僕給渡覚』各年次に、⑦の給米10俵について、「従来鍬頭ハ8俵給之例に定ありしも特別なる勤め方も有之特に2俵ハ特別手当トシテ」等と記載されている。

地位を表わしており、「鍬頭」とは、農作業の現場における責任者であり、一般に水管理なども任されていた。「馬使」とはその名の通り、馬を使った作業の担当者であり、馬耕もその大事な仕事であった。「平若勢」とは、一人前の、しかし単純労働の農作業担当者である。(2) これらの地位は、家の後継者など子弟達も次第に仕事を覚える順序で経て行く序列であったが、家の子ども達がまだ幼い場合、あるいは松沢家のように家族員がもはや現場の農作業に立たなくなった場合などは、若勢つまり年雇者が務めることになった。若勢の場合は、この序列によって給米の額が異なるのでその地位は重要であった。この**図表3-3**で見ると、明治三〇年代の松沢家の場合、鍬頭は八俵以上、馬使いは七俵乃至七俵半、平若勢は六俵ないし六俵半という水準になっている。ただし、同じ地位でも本人が優秀な場合とそうでない場合では雇い主の方で給米に差をつけることがあったようで、明治三五年以降長く勤めることになる鍬頭には、一〇俵を給与している。馬使という地位は、馬耕が定着してから確立した地位と見られるが、しかし松沢家を含めて大きな農家では馬耕実施前から運搬、代掻、あるいは厩肥の生産のために馬を飼養していた。松沢家の「農耕日誌」にも、明治三年に「馬遣」(「ウマヅカイ」と呼んだか?)という記事があり、馬耕導入以前にも、馬を扱う仕事の担当者には、このような地位を与えていたようである。

図表3-3に見るように、若勢はきわめてしばしば交替していて、しょっちゅうやめてはまた別の人が雇われてくるという状況であることが分かる。しかも重要なことは、それが乾田化と馬耕の導入との関わりで変化していることである。つまり、乾田化の前、湿田時代には人力で耕起していたはずであるが、それがやがて、明治二六(一八九三)年の「農耕日誌」に「堅田打チ」という記事が初めて登場する。松沢家では明治二六年に乾田化が開始されたのである。その技術がどのようにしてもたらされたかは書いてないので分からない。が、飽海郡会の決議にもとづき伊佐治八郎を招聘して模範田を設置して「乾田耕作法ヲ指導セシメ」たのが明治二四(一八九一)年だから、その二年後の乾田化とい

う家の動きはかなり早い。この頃松沢家はすでに九八町歩余の大地主になっており、(3)本間家との交流があって、同家が伊佐によって乾田農法を広めようとした、その動きと連携していたのであろうか。ところが、明治二七年の農耕日誌は失われて不明だが、明治二八年の日誌には、連日「堅田打ツ」という記事とともに、若勢の「休ム」という記載が頻発する。そしてこの年「馬耕道具」という記事が登場するが実際に馬耕が行われたかどうかは不明である。しかし明治三〇年になると、なお「堅田打つ」という記事が多いが、それと混じって「馬耕」という記載が登場するようになる。そして秋一〇月に馬耕も含めて「本田打つ」という記事が出てくる。翌三一年にも春三月の「田打ツ」の記事の他に、秋九月に「馬耕」と共に「乾田打ツ」という記事が見える。この頃は人力による「堅田打ツ」はまだ残るが、しかし土が堅く締まる前の秋耕としても行われたようである。やはり川北になるが、豊原部落でも明治二六年頃、乾田化にともない春耕が減少して秋耕が増加しており、このことについて大場正巳は、「鍬による人力耕のもとで秋の半乾燥状態こそが高い作業能率をもつ」という点に求めている。(4)乾田の人力耕が如何に苛酷な労働であったかは、先に見た通りである。そこで松沢家でも馬耕を導入し、「秋耕」を試みるなどの対応を取ったわけだが、それにしても対応期間が四、五年もかかっているようで、これは家族員ではなく、若勢の労働だったからであろうか。

　牧曽根を含む行政村北平田村における動向はどうだったのだろうか。旧北平田村役場資料に「諸表綴」という文書綴があって、その中に明治二七年頃の「稲作改良事項調査」（**図表3-4a**）および明治二八年の「前二年乾田改良反別（**図表3-4b**）という資料があった。**図表3-4a**で「水田」（「ミズタ」と読むか?）とあるのは、後の言葉でいう湿田のことであろう。この表は明治二三年の前後で区切ってあるが、この年にすでに「乾田」が試みられていたとすると、明治二四年に飽海郡が郡会決議により伊佐治八郎を招聘する前年であり、果して本格的なものだったのかどうか。その実態は不明である。しかしその後、**図表3-4b**に示した明治二八年調査で二六年と二七年に乾田化した面積が六七町八

図表３−4b　前２年乾田改良反別（明治28年　北平田村）

乾田反別			水田反別
26年ニ改良シタル反別	27年ニ改良シタル反別	計	
反	反	反	反
83.0.00	52.5.00	135.5.00	2494.0.11
3.0.00	5.0.00	8.0.00	1007.5.22
13.0.00	17.0.00	30.0.00	271.6.2
7.4.02	2008.7.26	2016.1.28	182.7.04
150.0.00	23.0.00	173.0.00	112.4.25
21.3.20	38.6.10	60.0.00	437.3.03
1.0.00	2.0.00	3.0.00	294.3.14
—	—	—	1020.0.28
10.1.00	18.0.00	28.1.00	740.6.1
210.0.00	150.0.00	360.0.00	159.9.06
363.8.22	314.9.06	678.7.28	5802.8.00

（北平田村）

備　　考
馬、昨年ニ比ス減シタルハ震災ノ為メ圧シタルト荷車使用者多ク出タルヲ以テ馬ヲ売リタルニ依ル。
馬、牝ニ於テ減シ牡ニ於テ増タルハ牡ハ耕耘用ニ適スル以テ交換シタルニヨル。
馬、総計25頭増シタルハ購求シタルニヨル。

反七畝余に達し、たしかに急速な普及ということは出来よう。とくに牧曽根が田の総面積五二町九反余のうち乾田面積が三六町で、乾田化率六八％に達しているが、これは先に見た松沢家の力によるのかもしれない。しかし北平田村でも乾田化より馬耕の導入が遅れることは、**図表3−4a**で、馬耕実施反別がごく少なく、伝習者人数も少ないことからも分かる。若勢など若者たちの苦難の「堅田打」の時期である。この後、**図表3−5**によって見ると明治二九年に馬の牝を牡に替える動きがあり、また三〇年に馬の頭数が増えているのは馬耕のためのようであり、

図表３-4a　稲作改良事項調査（明治 26 年、北平田村）

	田総反別	水田反別	乾田反別			馬耕の状況	
			23 年以前のもの	23 年以後のもの	計	実施反別	使用伝習者員数
	反	反	反	反	反	反	人
漆曽根	2666.3.11	2574.3.11	7.0.00	85.0.00	92.0.00	—	3
新青渡	1026.6.19	1008.8.16	8.03	17.0.00	17.8.03	—	1
久保田	306.6.14	295.8.21	2.0.00	8.7.23	10.7.23	—	2
曽根田	203.8.22	195.1.22	2.00	8.5.00	8.7.00	—	1
古青渡	152.7.25	149.7.25	—	3.0.00	3.0.00	—	—
円能寺	505.9.24	450.4.24	5.00	55.0.00	55.5.00	2.0.00	2
布目	301.1.28	297.8.28	3.00	3.0.00	3.3.00	—	—
上興野	104.7.28	86.1.28	18.6.00	—	18.6.00	—	—
中野曽根	781.8.14	772.6.14	1.2.00	8.0.00	9.2.00	—	—
牧曽根	529.2.16	294.6.16	2.3.00	232.3.00	234.6.00	—	2
計	6579.3.21	6125.8.25	32.9.03	420.5.23	453.4.26	2.0.00	11

注 1：a、b とも、北平田村役場「諸表綴」綴込み資料による。
注 2：b には、「飽海郡役所第二課御中」との宛先記載あり。

図表 3-5　牛馬の飼養頭数

	馬			牛		
	牝	牡	計	牝	牡	計
明治 26（1893）年	77	4	81	8	2	10
27（1894）年	67	2	69	—	—	—
28（1895）年	—	—	—	—	—	—
29（1896）年	40	23	63	0	0	0
30（1897）年	67	21	88	0	1	1
31（1898）年	71	21	92	9	1	10
32（1899）年	58	26	84	4	1	5

注 1：北平田村役場「諸表綴」綴込み資料による。
注 2：—は、記載なしである。

この頃から次第に馬耕の導入が進んだのであろう。こうして見ると牧曽根、あるいはそれを含む北平田村において乾田化が行われるのは、明治二六（一八九三）年頃以降であり、それに三年ほど遅れながら馬耕が行われるようになったと見ることができよう。

（1）細谷昂『家と村の社会学——東北水稲作地方の事例研究——』御茶の水書房、二〇一二年、七三一～七三六ページ。
（2）第九章第二節の**図表9−1**「上層農家の農業労働力構造（原基形態）」を参照されたい。
（3）前掲拙著、七一六ページ。
（4）大場正巳「『明治農法』の導入過程——対応作業用語の変化を手がかりに——」、豊原研究会編『善治日誌――山形県庄内平野における一農民の日誌――』東京大学出版会、一九七七年、五一ページ。

乾田化と水

ところで、乾田化によるもう一つの重要な変化として水利の問題があったようで、庄内地方で刊行されているさまざまな「川史」のなかにその記事が出てくる。まず、川南の『赤川史』と『青龍寺川史』。

『赤川史』には、工学士長尾半平によって計画された明治三〇年一一月の「赤川改修工説明書」が収録されているが、この計画自体は実現されなかったとはいえ、当時の乾田化の動向をふまえた計画として、まことに参考になるので、その一部を次に掲げておこう。すなわち、乾田化すると、「乾田ニ要スル水量」は「能ク乾燥シタル土壌ニ水ヲ飽和セシムル」必要があるので、水田に較べて多くの水を必要とするのは「勿論」であるが「飽海地方」における調査では、平均一・四倍の水を必要とする結果であった、というのである。

赤川改修工説明書

……（前略）……

近時耕法ノ改良ト共ニ乾田トナルモノ年一年ヨリ多キヲ加ヘ以上水田ニ対スル経験ヲ以テ直チニ之ヲ用スルニ能ハス乾田ニ要スル水量ノ如キハ一時タリトモ能ク乾燥シタル土壌ニ水ヲ飽和セシムルノ必要アルヲ以テ水田ニ比シ尚ホ多クヲ要スルヤ勿論ナリ然レ共乾田ニ要スル水量ノ調査シタルモノナキヲ以テ先年来ノ飽海地方ニ於ケル結果ヲ調査シ参照ニ資スルコトトセリ其成蹟左ノ如シ

堰名	所在村名	湛漑反別	毎一日ニ要スル水深（尺）	水田タリシトキノ水量ニ比シタル倍数	備考
北　田	市条	九・三	〇・一三二	一・八七	水量ハ関係者ニツキ水田タリシトキト乾田ノ今日ニ於ケル水位ヲ知リ勾配ニヨリ算出シタルモノナリ
小屋島田	市条	一一・八	〇・一八六	一・三五	同上
外ノ村	蕨岡	六五七・五	〇・〇六五	一・二三	同上
中　島	同上	四四四・一	〇・一一二	一・一五	同上
平均			〇・一二四	一・四〇	

以上ノ成蹟ニヨリ乾田ノ水田ニ比シ平均一倍四分ノ多量ヲ要スルコトヲ知ルベシ…（以下略）…。[1]

長尾技師は、同じ頃青龍寺川の改修計画にも関わったようで、明治三〇年一〇月の「青龍寺川改修工事設計説明書」には、同じ「飽海郡地方ニ於ケル結果」を引用しながら、乾田化に伴い多量の用水を必要とするようになるから、「勾配屈曲ヲ釐正シ所要水量ヲ容ルヽニ十分ナル流水断面積ヲ作ルノ必要ヲ生シタリ」と説明している。[2]

また、この『青龍寺川史』には、明治三三（一九〇〇）年に土門文吉によって提出された「各派川土木補助規程案」が収録されていた。これは、「農事ノ発達ト共ニ乾田法ノ普及ハ水利ノ必要ヲ感ズルコト愈切ナリ」というわけで、「各派川組合ニ於テ新タニ土木工事ヲ起サントスルモノ」に「三分以内ノ補助ヲ与フル」場合の規定案の提出であった。[3] 先に見たように土門文吉は、「西田川郡興農會」の一員として西田川における乾田化を推進し、また乾田化が要請した金肥購入資金の貸付けを援助するために「実業義会」の設立に参画し、自らも在村地主として京田村豊田の乾田化の先頭に立っていたのであったが、今や「青龍寺川普通水利組合」の議員としての立場から、乾田化が要請する潅漑用水の確保のための工事への補助を促進しようとしたのである。

川北でも、乾田化に伴い当然同じ問題が生じた。『日向川史』によると、それは、河川からの分水争いとなって現れた。「河川からの取水口をめぐる水争いは、主として水利組合間の争いであった。それに対し、直接耕作農民は分水台をめぐって、水争いをなした」。「そのために水門や分水台の工事施行が、明治三十年頃から非常に多くなってくるのである。そして、この工事の竣功と共に、本格的な乾田馬耕技術の推進へと、全体の動きがみられるのである」。このように「分水台をめぐる水争いは、従来の湿田が、じょじょに明治農法の浸透と共に、乾田化されるにつれて、一層激しくなっていくのである。そのために、『湿田が乾田化するにつれて、水量を多く必要とするため』という事が前提となって、各堰間で競って、豊富な水を確保しようとする方向に出た」として、その例として本楯村のいくつかの大字「人民代表」の請願書が引用されている。[4]

このように乾田化は、肥料、とくに金肥、したがって肥料資金、品種、水、したがって水利施設、等々と、各方面にいわば波及効果的に変革を要請して行くのであり、馬耕の導入もその一環であった。右の引用文中にも、「乾田馬耕技術」などと、乾田化と馬耕の導入を一体にとらえているかに見える叙述があるが、そうではなく、藩政期以来の湿田農法の乾田化こそが明治農法の基軸であり、その基礎の上に多面的な農法の改革が行われ、その一環として馬耕も導入され普及していったものと見るべきである。

(1) 佐藤誠朗・志村博康『赤川史』赤川土地改良区連合、一九六六年、一七六～一七七ページ。
(2) 佐藤誠朗・志村博康『青龍寺川史』青龍寺川土地改良区、一九七四年、三四五～三四六ページ。

(3) 佐藤誠朗・志村博康、前掲書、四〇三ページ。
(4) 庄司仁三郎・佐藤繁実『日向川史』第三巻、日向川水害予防組合、一九六三年、八六～八七ページ。

第四章　明治農法の総仕上げ――耕地整理の諸相

第一節　農民的耕地整理の開始

西田川郡上郷村が嚆矢

庄内地方の耕地整理としては、明治末から大正始めにかけて実施された飽海の大耕地整理事業が有名である。しかし、それに前後して、各地で中規模、小規模の耕地整理事業がさまざまに行なわれ、しかも、それらはかならずしも性格の同じものばかりではないので、そのなかのいくつかを取りあげて検討して見ることにしよう。

宮崎勇の研究によると、庄内地方における「耕地整理の嚆矢をなすのは、西田川郡上郷村の耕地整理」だったようである。[1] すなわち、宮崎の研究をふまえて書かれている『上郷の歴史』によると、明治三二（一八九九）年に「耕地整理法」が公布され、翌年施行されたのをうけて、同年西田川郡農會が東郷村と上郷村大字大荒を模範耕地整理地に指定したが、東郷村においては実施に至らず、上郷村においてのみ実施されたという。[2] ちなみに上郷村と東郷村とは、明治の町村制による行政村であり（上郷村は後に鶴岡市、東郷村は三川町）、大荒《おおあら》とは、明治九年の庄内の地租改正に当たって、藩政村の大戸村と荒沢村が合併して形成された明治初年の村であって、上郷村の大字となった。上郷村の公式の事業完了の届け出は、明治四二年一〇月となっているが、明治三五年六月三〇日の西田川郡農会の会務報告によると、実質的には「整理面積の大部分は明治三四年春まで実施された」と見られる。[3] これは、庄内のみならず、山形県では最初のものであった。上郷村では、次の資料に見るように、この事業のために大荒地内に田地をもつものに対し「私シ共希望ニ付該地関係者……総集会開催致度」との招集状が配られ、したがって加茂の秋野家などの大地主にもこの招集状は届けられたが、しかし注目すべきは、呼びかけ人はいずれも上郷の、自作、自小作、小作からなる耕作農民であったということである。

今般法律第八十二号ニ依リ土地整理法ニ基キ、本郡農会ニ於テ左記之地所同郡東郷村ト二ケ所モハントシテ整理為レ致候事ニ決定相成、就テハ私シ共希望ニ付該地関係者本月九日午前十時マテ同処佐藤勘右衛門方ニ於テ総集会開設致度旨加茂町秋野直吉殿江御通知方御取斗被二成下一度、此段乃御依頼ミ候也

一、上郷村大字大荒字長面及大戸前トモ前部耕地整理協議ノ件

明治三十三年十月七日

委員　五名氏名略(4)

しかしそれならば、かれら耕作農民が何を狙いとして「私シ共希望ニ付」ということになったのであろうか。かれらの招集状には、今更のことというわけか、とくに理由のようなことは書いてない。しかし、西田川郡農会の会務報告には、次のようにその成功について記している。すなわち「耕地整理ヲ普及センガ為メ上郷村大字大荒起工者へ補助ヲ与へ奨励シタルニ元来卑湿ノ土地ナリシモ排水及其他ノ設備宜シキヲ以テ三十四年ノ秋収ハ二〇町六反歩ニ対シ平年作ヨリ一四四石余ノ増収ヲ見」たり、と。(5) つまり「元来卑湿ノ土地」であったところに、「排水及其他ノ設備宜シキ」を得て、大幅に増収したというのである。上郷の耕作農民の狙いは、そこにこそあったのではなかろうか。この時の大荒の

耕地整理施行面積は田二二町一反七畝余、田一枚の面積は六畝、増歩面積は一町一反二畝余、乾田増加面積は二町八反七畝余とされている。(6)

(1) 宮崎勇「八澤川流域における稲作生産力展開の構造——山形縣旧西田川郡上郷村の耕地整理との関連を中心に——」一九八九年(山形大学農学研究科、手書き学位論文)、一九〜二〇ページ。
(2) 上郷の歴史をつくる会編『上郷の歴史』上郷地区自治振興会、一九九三年、四一六ページ。
(3) 上郷の歴史をつくる会編、前掲書、四二〇〜四二一ページ。
(4) 上郷の歴史をつくる会編、前掲書、四一六〜四一七ページ。
(5) 上郷の歴史をつくる会編、前掲書、四二一ページ。
(6) 上郷の歴史をつくる会編、前掲書、四二一〜四二二ページ。

上郷村西目の耕地整理

この時耕地整理が実行されなかった東郷村では、それに先立ち明治三二(一八九九)年に、村長小川又次郎と村農会の取り組みによって、「全水田六五〇町歩の乾田化と田区改正に成功」していた。(1) つまり「いわゆる耕地整理事業とは異なる」にせよ、村独自の事業として「乾田馬耕」の導入と、それにともない「田区改正」がすでに取り組まれていたために、(2) 東田川農会の指定に乗らなかったのであろう。これに対し上郷村は、なお「卑湿ノ土地」だったのである。上郷村では、大荒に続いて近接の大字西目でも耕地整理を行うべく、明治四四年に「耕地整理設立認可申請書」を提出しているが、そのなかに、左のように「工事施行ノ目的」として、「用水路及用水組織ヲ改良」して、「潅漑ノ便」を計り、かつ「地下水ヲ降下セシメ、乾田」とすること、また「道路ノ改良」および「耕作ノ便益」を計るために「田区ノ整然拡大」を計ることを挙げている。その具体的な工事内容は、宮崎勇の研究によると、左に「西目耕地整理の内容」として示すようなものだったという。西目の耕地整理面積は田五町七反一畝余、畑等を合わせた総面積七町三反九畝余であり、田一枚の面積は「若干の傾斜地で三畝歩、高低の著しい部分二畝歩の区画」とされ、増歩は「わずか二畝二五歩」であり、「乾田とナリタル面積」は「西目耕地整理の結果」の表に示すように、「ナシ」とされている。[3] これらによって見ると、乾田までには至らなくとも、水利を改善して増収を図るというのが、耕作農民の耕地整理にかける期待だったと見ることができよう。

工事施行ノ目的

一、用水路及用水組織ヲ改良シ、灌漑ノ便ヲ計ラントス

二、排水路及排水組織ヲ改良シ、地下水ヲ降下セシメ、乾田トナサムトス

三、道路ノ改良ヲ計ラムトス

四、耕作ノ便益ヲ計ラムカ為、田区ノ整然拡大ヲ計ルコト。[4]

西目耕地整理の内容

一、二の用排水について

(1)大戸川からの蛇腹での揚水所を設置する。

(2)高低の著しい土地への灌漑のための溜池をつくる。

(3)山からの浸透水のある所には、用排水兼渠をつくる。

(4)中央部の最も低い所に排水幹線をつくる。

(5)排水幹線の左右に一五間へだてた二本の小用水路をつくる。
(6)水の逆流防止と揚水に必要な一尺五寸四方の箱樋を大戸川堤畔に埋設する。
(7)水沢堰からの分水を掛樋で大戸川をわたして通水する揚水幹線を二本つくる。
(8)その幹線から三本の用水路をひく。

三の道路について
耕作道を耕作者・農馬の歩行に耐えるものとし、すべて郡道・大戸川堤畔・荒沢里道に連結させる。

四の区画について
若干の傾斜地では三畝歩、高低の著しい部分は二畝歩の区画とする。[5]

西目耕地整理の結果

工事完了又ハ進捗ノ程度及工事完了シタル部分ノ土地利用状況

イ、一反歩当増収	二斗
ロ、米質上進ノ歩合	二割
ハ、労力節減ノ歩合	二割
ニ、牛馬耕増加面積	五反歩
ホ、乾田トナリタル面積	ナシ
ヘ、開墾地一反歩増収	ナシ
ト、地目変換一反歩収量	ナシ

チ、用水改良の状況

字京田前、字薬師沢方面ハ、以来用水不足ニシテ旱損ヲ被リタリシモ、工事後ハ用水潤沢トナリテ、幾部（分）旱損ノ実ヲ除去スル得タリ。

リ、排水改良ノ状況

以来ハ排水不良ナリシモ、工事後ハ頗ル佳良ニシテ、悪水ノ渋滞スルコトナシ。[6]

この後、明治末以降、西田川郡役所が耕地整理に取り組むが、その時始めは大山、西郷、上郷の一町二村共同の「大山町耕地整理組合」が計画された。しかし、これには「種々なる支障相生じ」容易に賛成をまとめることができず、この際も上郷村単独の事業になるが、その時の上郷村耕地整理組合の「組合事業経過概要報告書」によると、「本組合事業ノ主要ナル目的ハ、一ニ灌排水ノ完璧ヲ期セントスルニアリシハ各位ノ了承スル處」とあり、この言葉も、耕作農民自身が耕地整理にかけた期待のありかを物語っているといえよう。[7] 同組合の耕地整理の結果に関する評価は、次に掲げる通りである。

土地利用ノ状況

イ、用水改良ノ状況　地区内灌漑用水路ハ、既定ノ設計ニ基キ、根本的ニ用水改良ノ計画ヲ樹テ工事ヲ実施セル結果、渇水期ト雖モ灌漑用水分配円滑ニシテ、旱損害ヲ受クルコト僅少ナリ

ロ、排水改良ノ状況　地区内ヲ通シテ大小排水路ノ改良計画ヲ樹テ、本村最低部ヲ迂曲貫セル大排水幹線大戸川改修ノ工事ヲ実施スルニ当リ、隣接大山町内ノ土地ノ一部ヲ本組合ニ編入シ、菱津排水工事ヲ断行セルト共ニ、大戸

川上下流全線ニ亘リ改修工事ヲ実施ノ結果、湛水被害ヲ受クルコト極メテ稀ニシテ、稲作収穫量ニ好影響ヲ及ボシ、永久的利益ヲ受クルコト甚大ナリ

ハ、道路改良ノ状況　　交通計画ハ村落交通連絡ヲ主トシテ、車道ヲ適当ニ配置シ、耕作道ヲ之ニ倣ヒ、道路網ノ施設計画ヲ樹テ工事ヲ実施セルヲ以テ火災防備、農作物ノ肥料ノ運搬等交通労力ニ於テ永久利益大ナリ

ニ、米質改良ノ状況　　地区内ノ田区画ハ秋季例年ノ風向ヲ基礎トシ工事ヲ実施セル結果、稲ノ乾燥良好トナリ、米質向上ノ為、売買価格ヨリ受クル利益多大ナリ

ホ、耕地改良ノ状況　　用排水路ノ完備ニ伴ヒ、乾田面積増加シ、牛馬耕区域逐年増加シ、耕作労力ノ節減ヲ受クルモノ大ナリ。(8)

これはいささか自画自賛の感もあるが、ともあれ耕作農民が耕地整理にかけた期待が灌排水など耕作にとっての利点にあったことは明らかである。それとともに、これらの農民的要請に基づいて実施されたかに見える耕地整理の特徴として、第一に、整理実施面積が大荒で二一町一反余、西目で五町七反余と小規模であること、また第二に、整理された田地の区画面積が二～三畝あるいは六畝程度と小さいこと、第三に、そのためか、増歩面積が大荒では一町一反ほどもあるが、とくに西目ではわずかに二畝余と僅かであること、をあげることができよう。

ところで、先に見たように村の協議によって新溝を掘削して乾田化を実施した川北飽海郡本楯村大字豊原では、その後明治三七～三八年に約一〇町歩の、耕作農民主導の耕地整理事業がおこなわれ、明治四五年に換地登記が行われている。その関係農家は、先に乾田化に熱心に取り組んだ農民たちであった。そのねらいは、先に見た「『旱田化契約』による地表水排除から『新溝掘削』による地中水排除に乾田化水準が進んだうえで、さらにその本格化を計り田区改正を

図表 4-1　庄内地方における耕地整理施行地広狭別地区数

	明治 41（1908）年まで			大正 4（1915）年まで		
	西田川郡	東田川郡	飽海郡	西田川郡	東田川郡	飽海郡
10 町歩以下			1	3	1	2
10〜30 町歩	4		1	5	2	1
30〜50 町歩	1	6	1	1	21	1
50〜100 町歩		5			16	
100〜300 町歩		6	1		13	2
300〜500 町歩		1			6	
500〜1,000 町歩					3	
1,000 町歩以上					1	1

注 1：佐藤繁実「庄内地方における農業生産力展開の契機―耕地整理とその影響―」農業発達史調査会編『日本農業発達史』改訂版、別巻上、1978 年、132 ページ（原資料は、山形県内務部勧業課『山形県耕地整理成績概要』1915 年）。

注 2：飽海郡における 1,000 町歩以上 1 地区は、約 7,000 町歩を対象としたものである。

行うことであった」。「工事は、幅六間長二五間の五畝割を基準として実施されたもようである」が、やがて「山形県耕地整理基本調査施行手続」により補助金交付の途が開けたので「模範耕地整理」としての条件を整えるために「一反歩区画の形で申請書は提出されたという」[9]。このように、川北飽海においても、農民主導で行われた耕地整理は、乾田化による明治農法形成の展開線上にあり、とくに水利の問題解決の仕上げの意味を担って実施されたのである。

これらの他にも、庄内地方においては、明治末の頃さまざまに耕地整理事業が行われたようである。佐藤繁実の集計を**図表 4-1** に掲げるが、この表では、西田川郡は三〇町歩未満の規模のものが多く、東田川では三〇町歩から三〇〇町歩未満を対象としたものが多い。これは、佐藤によると、西田川の場合「寄生地主が中心となり、彼らの自作手作地や貸付地のみを対象とした耕地整理事業」が多かったが、東田川では「郡農会を中心として行われたために、西田川に比較して、施行面積の増加は急速で、しかも、一施行地区当りの面積も広かった」のだという[10]。これらに対し、飽海郡には一、〇〇〇町歩以上、実質的には七、〇〇〇町歩というとくに大規模な耕地整理事業が記録されている。次の検討課題は、この飽海の大耕地整理事業である。

（1）須々田黎吉「明治農法の形成過程――山形縣庄内地方の稲作改良――」、農法研究会編『農法展開の論理』御茶の水書房、一九七五年、五八ページ。
（2）東郷村の「乾田馬耕」の導入、「田区改正」については、大瀬欣哉・斎藤正一・前田光彦・後藤義治『三川町史』三川町、一九七四年、五四五～五四七ページ。ここでも、先に第三章第二節で見た余目の事例と同様、飽海郡北部とは異なって、先ず乾田化、その結果によって必然化された馬耕の導入ではなく、「乾田馬耕」というセットでの取り組みである点に注意したい。これが東田川の一般的な認識だったのであろうか。
（3）上郷の歴史をつくる会編、前掲書、四二三～四二五ページ。
（4）上郷の歴史をつくる会編、前掲書、四二三ページ。
（5）上郷の歴史をつくる会編、前掲書、四二三～四二四ページ。
（6）上郷の歴史をつくる会編、前掲書、四二四～四二五ページ。
（7）上郷の歴史をつくる会編、前掲書、四二六ページ。
（8）上郷の歴史をつくる会編、前掲書。四二八～四三〇ページ。
（9）磯辺俊彦「『豊原土地』編成の検討」、豊原研究会編『豊原村――人と土地の歴史――』東京大学出版会、一九七八年、七二八～七三一ページ。
（10）佐藤繁実「庄内地方における農業生産力展開の契機――耕地整理とその影響――」、農業発達史調査会編『日本農業発達史』改訂版、別巻上、中央公論社、一九七八年、一三二～一三三ページ。

第二節　飽海の大耕地整理事業と本間家の役割

郡農会と地主会の取り組み

佐藤繁実によると、「東・西田川郡では明治三五（一九〇二）年頃すでに小規模ながら耕地整理が実施されており、その成果は牛馬耕技術の普及に好条件を与えていた」ので、それが刺激になって、明治三五年「飽海郡農会は『耕地整理及稲作改良ニ関スル建議書』を県知事に提出した」。そして「郡内の地価金三千円（土地にして約七町歩前後）以上所有地主層は、数回にわたり会合を開き、耕地整理事業の利益に関して討議を重ね、その結果を『土地整理ノ利益ニ就テ』というパンフレットにまとめて宣伝した」という。こうして耕地整理の目的のために、明治四一（一九〇八）年、「飽海郡地主会」が発足した。[1] 次にその「規約準則」を示すが、第四條一の「耕地整理ノ完成」の他にも多くの目的が掲げられており、当時の地主たちの関心のありかをよく示しているといえよう。

飽海郡地主会規約準則

第一條　本会ハ飽海郡地主会ト稱シ事務所ヲ同郡役所内ニ置ク

第二條　本会ハ本郡内ニ住所ヲ定メ且本郡内ニ地価金参千圓以上ヲ有スルモノヲ以テ正会員トス

…（中略）…

第四條　本会ハ農事経済ヲ研究シ且農事上改良進歩ヲ圖ルヲ以テ目的トス此目的ヲ達センガ為メ左ノ事項ヲ實行スルモノトス

一、耕地整理ノ完成ヲ期スルコト

二、地主ト小作者間ノ實利圓滑ノ方法ヲ計ルコト

三、善良ナル小作者ヲ旌表スルノ途ヲ講スルコト

四、小作米品評會ヲ開設スルコト

五、成ルヘク米ノ良種ヲ撰擇種類ヲ減少セシムルノ方法ヲ講スルコト

六、米ノ乾燥調整ヲ完全ニスル方法ヲ計ルコト
七、俵装ノ改良ヲ計ルコト
八、施肥共同購入及取締ニ関スルコト
九、病虫害豫防駆除ノ励行ヲ計ルコト
十、凶荒豫防ノ方法ヲ設クルコト
十一、二毛作ノ奨勵ヲ計ルコト
十二、改良法實行ニ関シ小作者ニ奨勵ノ途ヲ講スルコト
十三、蠶桑業ノ奨勵を圖ルコト
十四、其他農事上有益ナル事項
　…（以下略）…
右明治四一年八月三十日町村長會ニ於テ満場一致ニテ決定ス。(2)

ところが、である。この大耕地整理事業について経過を説明している「飽海郡耕地整理組合事業沿革及成績概要」によると、右の地主会の規約準則を本間光美《こうび》に示して「之ガ同意ヲ求」めたところ、「然ルニ同氏以為ク該會ノ目的事項素ヨリ可ナリト雖モ其最モ主要ナルモノハ耕地ノ整理ニシテ他ハ之ガ枝葉タルニ過ギズ……故ニ寧ロ一途邁進耕地整理事業ヲ敢行スルノ得策ナルニ如カズト」のことであったので「於此地主会事業中ノ主眼タル耕地整理実施ヲ決行スルノ議ヲ決ス」とある。こうして飽海郡では、明治四一（一九〇八）年九月に「郡内地主地価金貳千圓以上ノ所有者及町村長ヲ會合シ東宮殿下行啓記念事業トシテ本郡耕地整理ヲ實施センガ為メ飽海郡耕地整理期成会ヲ組織」することになり、

同年一二月創立総会を開催し、その後明治四二年に入って同意書の取り纏めを行ったが、しかし同年八月になって「発起人、常務委員等ノ中事業反対の行動ヲナスモノアリ各所ニ集会ヲ開催ス等事態頗ル紛擾ヲ醸」したという。その後常務委員会において「解散スベキカ或ハ萬難ヲ排シテ事業ヲ継続スベキカ」を「討論二日ニ迨ビ衆議漸ク初志ヲ貫徹シ事業認可ヲ申請スルニ決」したのである。こうしてさまざまな曲折を経て明治四二年一二月「飽海郡酒田町外十四ヶ村耕地整理ヲ飽海郡耕地整理組合トナスノ件及ソノ規約ヲ決議」し、翌四三年一月「總會を酒田尋常高等小学校内ニ開催」したが、「會スルモノ三千四百九十七名」、「組合組織變更ノ件発起ニ関スル件一切ノ事項……設計并ニ規約変更ノ件及組合長、組合副長、評議員選挙等満場一致之ヲ議了シ萬歳聲裡ニ閉會ヲ告グ同月三十一日認可セラレ飽海郡耕地整理組合爰ニ成ル」に至ったのである。(3)

煩瑣を顧みず、飽海の耕地整理組合の設立経過を見てきたのは、そこにさまざまな問題点が指摘できるからである。第一に、いったん町村長会において決定した地主会の規約準則に本間家の実力者本間光美が反対して耕地整理一本に絞らせたこと、それほどまでに本間家は耕地整理に賭けていたこと、第二に、それにもかかわらず「発起人、常務委員等ノ中事業反対ノ行動ヲナスモノ」が現れて「各所ニ集会ヲ開催ス等事態頗ル紛擾ヲ醸」したこと、しかしその「萬難ヲ排シテ事業ヲ継続」したのであり、結局本間家の意向が通ったこと、である。

耕作農民の反対理由

この「沿革及成績概要」には、この「紛擾」の内容についての説明はない。しかし、豊原村に残されていた文書（明治四二～四五年）によって見ると、「反対の行動」をしたのは豊原を含む本楯村の農民たちだったようであり、各部落物代を代表者とする本楯村の地元農民層は「四十二年初秋ノ頃ヨリ曽テ耕地整理研究会組織シ」、「村民一同数十回ノ集会を催シ」問題点を整理・検討して種々の面でこの耕地整理の主導者側と対立したという。その理由は、第一に「日露戦争後の農民経済の苦境を理由とする実施の時期の尚早」（明治四二年一〇月、飽海郡本楯村池田辰蔵外四七八名「山形縣飽海郡酒田町外十四ヶ村耕地整理事業施行期ニ対スル希望」）であり、第二は、「原案の一反区画基準にたいする五畝割の主張」（明治四三年九月、飽海郡本楯村惣代池田角右エ門外三二〇名余「希望書」など）であり、また第三点は、「原案の施行総地積を六工区に分け、大きい工区では三千町歩に及ぶという大工区制に反対して、「一工区ハ一村（五百町乃至七八百町ヲ標準）とする小工区制を主張したこと」（明治四五年四月、飽海郡本楯村大字本楯外六大字各総代池田角右エ門外二八名「異議申立趣意書」）であった。[4] しかし本間家を背景に飽海郡長を組合長とする主導者側は、原案に固執して譲らなかった。そこで本楯農民側は、とくに第二点に関して、「幅七間半長四十間割一反歩」という原案に対して「幅六間長四十間八畝歩」という妥協案を提出し、この案は明治四三年一月の地主総会で可決を見たという。しかしその後の設計業務が依然として原案通りに強行される情勢になったので、再三再四にわたって、「希望書」、「陳情書」を提出した。それにもかかわらず、主導者側は、明治四五年四月の評議員会等の会議において、「七間半の標準ヲ以テ強制的ニ施行スヘキ事」を表決してしまう。地元農民の希望はまさに「非立憲的ニ強圧セラレ」たのであった。[5] 本楯村農民が一反歩区画に反対した理由は以下の通りであった。

㈠地均ラシノ如キ比較的田区ノ大ナルニ随ッテ自然高低ヲ生スル傾向ヲ免カレサルカ故田植後灌漑ヲナストキハ高地ノ稲ハ根ヲ湿ホシニ至ラサルモ窪地ノ稲ハ全体水ニ湿サレ為メニ発育上不揃ヲ来シ作合ノ結果ヲ損スル所少ナシトセス。

㈡農家ノ多数ハ単ニ労力ヲ頼ミ生活ヲ経営セリ斯ノ如キ貧農ニアリテハ夫婦若クハ小児三四人ノ労力ヲ以テ壱反歩

ノ田面ニ挿秧センカ殆ンド半日余ノ時間ヲ要スベク其ノ間灌漑セサルカ故ニ移植セル稲ハ大熱ノ為メ或ハ風ノ為メニ害セラレ一旦ハ枯死ノ状態ニ陥リ再ヒ発芽スルニアラサレハ成育セサルニ依リ自然成熟期ヲ遅々タラシメ稲作上ニ及ホシ所ノ被害多大ナリトス。

㈢米質ヲ改良センニハ稲ノ乾燥ヲ充分ナラシメサルヘカラス然ルニ我地方ハ畦畔ニ刈稲ヲ立テ竝べ之ヲ乾カシカ故乾燥ヲ充分ナラシムルニハ充分ナル畦畔ヲ設クルヲ要ス今若六間幅以上ノ田区トナストキハ縦畦畔ノミヲ以テ乾燥場ニ不足ヲ告ケ乾燥ヲ完全ナラシムルヲ得サルニ依リ米価ヲ損スルノ虞アリ（飽海郡本楯村惣代池田角右衛門外三二〇名余「希望書」明治四三年九月）[6]。

つまり、反対の理由を簡単にいえば、「田区ノ大ナルニ随ッテ自然高低ヲ生スル傾向ヲ免カレサルカ故」に稲の生育に好ましくない結果を招く可能性があること、とくに「貧農ニアリテハ」家族労働力によって経営するために、一反歩の田に田植をすればほとんど半日余を要しこの間灌漑をしないので、稲の生育に障害をもたらすこと、庄内地方では、刈り取った稲束を乾燥のために穂を下に田の畔に跨がらせて置く習慣[7]があり、そのためには横畦畔を六間以上にすると縦畦畔のみでは（ここが充分に飲み込めないが）、乾燥場が充分に取れないこと、である。いずれにしてもこれらは、自ら耕作に従事する現場の農民の危惧であって、その後に繰り返し提出された「再希望」、「請願書」などの文書が述べていることも同様に耕作者としての立場からの主張であった。しかし、本楯村を含む荒瀬郷は平田郷とともに、最終的にはこの耕地整理事業が実施されることになった。ところが本間家の所有地が比較的少なかった遊佐郷は、大正三（一九一四）年に至って、耕地整理組合から離脱してしまう。そのために、耕地整理面積は七、四四九町歩となった。脱退の理由は、「（イ）整理費負担にたえられぬこと、（ロ）法規上の三分の二以上の同意証を取り纏められなかったこと、

（ハ）組合役員が荒瀬・平田両郷の独占であったこと、（ニ）荒蕪地の開田が多いことを、あげていた。そこで、飽海郡耕地整理組合では……遊佐郷より副会長を一名選出する妥協案を提出したが、遊佐郷の脱退は食い止められなかった」のであった。(8)

(1) 佐藤繁実「庄内地方における農業生産力展開の契機――耕地整理とその影響――」農業発達史調査会編『日本農業発達史』別巻上、中央公論社、一九五八年、一三三～一三四ページ。
(2) 飽海郡耕地整理組合「山形縣飽海郡耕地整理組合事業沿革及成績概要」二八ページ以下。
(3) 飽海郡耕地整理組合、前掲文書、一ページ以下。
(4) 磯辺俊彦「『豊原土地』編成の検討――小農的土地所有の変質過程――」、豊原研究会編『豊原村――人と土地の歴史――』東京大学出版会、一九七八年、七三二～七三六ページ。
(5) 磯部俊彦、前掲論文、七三三～七三四ページ。
(6) 磯部俊彦、前掲論文、七三四～七三五ページ。
(7) 中鉢幸夫『荘内稲づくりの進展』農村通信社、一九六五年、三七〇ページ、を参照。
(8) 佐藤繁実、前掲論文、一三九ページ。

本間家の真意

ところで、飽海の大耕地整理事業に、本間家がこれほどまでに執念を燃やしたのは、なぜであろうか。本間家の「俵田渡口米」制について詳細な研究を行った大場正巳は、この問題に関して、「耕地整理による旧地籍の消滅」によって、歴史的に各田地に刻印されてきた「渡口米高」を消滅、廃棄させるためであった、と指摘している。本間家は本来「俵田渡口米高」をその「全収取の実現をみるべきもの」として把握していたが、しかし実際の本間家取得は不作引（後には定引）などによって「渡口米の七五％にとどまって」おり、その全量取得を目指して明治期における乾田化などの生産力発展を追求していた。先に第三章第二節で見た「農務彙纂」所収の「本間光輝氏ノ施設」なる資料において、「明治三十四五年頃ニ至リ稍其目的ヲ達スルヲ得タリ」と述べていたが、その意味は、「俵田渡口米高」の全量取得を目的に置く立場からして「稍其目的ヲ達スルヲ得」たと述べたものと理解することができるように思う。というのは、大場の研究によると、「明治三四、三七、四二年には、渡口米高のほとんど満額を実現」するようになっているからである。そうなると、「俵田渡口米高」は、もはや目標ではなくなる。むしろそれを越えた収量増、そのことによる本間家の収取高増にとっては桎梏になる。しかし、「渡口米高を、渡口米高として改訂、増額することは許されるべきことではなかった」。それは、先に第三章第一節で見たように、「古来民間実地ノ上ノ定ニテ……改ル事ナラヌモノ」だったからである。「本間家はその手だてを、当時、国家的事業として推進されつつあった、耕地整理のなかに見出そうとした」ものと、大場は指摘するのである(1)。

ここで、飽海郡平田郷牧曽根村の事例によって、乾田化および馬耕の導入前の田地の形状について見ておくことにしよう。**図表4-2**は、牧曽根村の一〇〇町歩地主松沢家に保存されてあった明治一九年の「野取帳」と題する冊子状の文書の一ページであるが、その表題からして、おそらくは田地の現場で写し取った図面であろう。大坪、東田などの字ごとに綴じてあるので、冊子は七冊になっている。年次は地租改正後、耕地整理の前である。それに、「持主」および面積が記されているが、この町反畝歩は地租改正の際に実測された面積で、したがって藩政期の検地帳記載の面積とは異なるであろう。一見してむろん方形ではないが、しかしそれほど屈曲した形状でもない。平坦な平野部に位置する平田郷だからであろう。また、図に示したのは、この野取帳に写し取られている最大面積の田地であるが、それにしても一町四反という広大な面積である。むろん他の田はこれほど大きくはないが、しかしそれでも**図表4-3**の集計表に見るように一反歩以上の田が三〇%をしめ、かなり大きいということができる。しかし右の図では、そのなかを中畔で一

図表4–2　松沢家田地の形状の一例

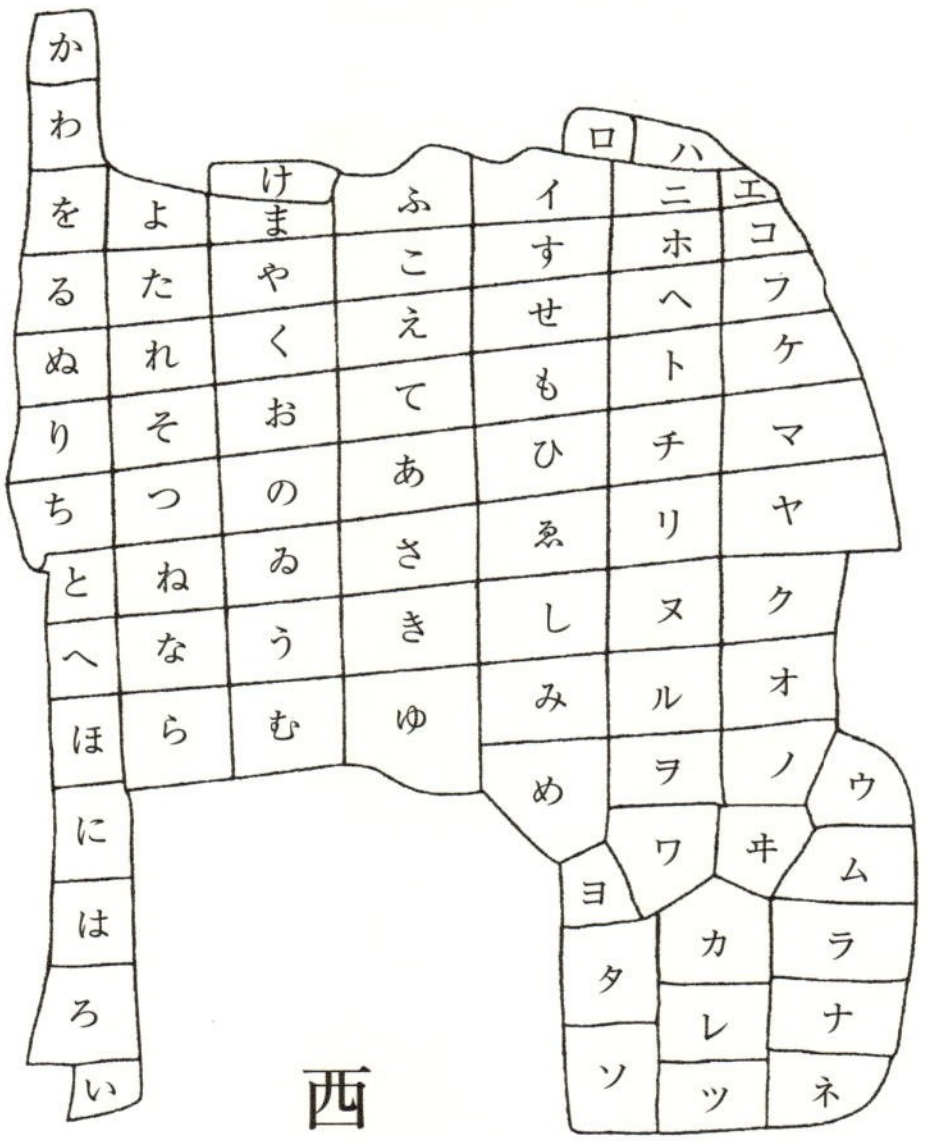

注：松沢家文書「明治十九年八月　第貳番　字東田野取帳羽後國飽海郡牧曽根村」による。

畝歩程度にほぼ方形に区切って耕作している様子が分かるであろう。農業総研の研究者たちが「畝歩農法」と名付けた、庄内江戸時代的な集約的な農法に対応するためである。

このような田地の形状は、やがて馬耕が普及するなかで耕地を整理することを農民的要請にした面はあったであろう。「馬耕に際してはこの中畔をまたいで耕起する—畔の直前で『ヒョイと犂をもちあげて畔をこさせる』という状況だったからである。ここから農民自身には『畔倒し』によって一枚の田区を拡張しようという要求があり、実践もされた」という[2]。乾田化と馬耕の導入を秋田県に向けて説いた尾泉良太郎は、山形県庄内地方の「田区改正」の明治三〇年頃の状況を対比的に描いて、左のように述べている。すなわち、庄内地方の各地で「馬耕実施の為め区劃の狭小なるものにありては其畦畔を除去し畦畔の屈曲するものにありては之を真直せし」めて「田区を長方形に改正」することが行われ始めて

田地の一筆面積とその内に含まれる田数

含まれる田数								
10 〜14	15 〜19	20 〜29	30 〜39	40 〜49	50 〜59	60 〜69	70 〜79	計
—	—	—	—	—	—	—	—	57
—	—	—	—	—	—	—	—	78
2	—	—	—	—	—	—	—	53
2	—	—	—	—	—	—	—	30
1	1	—	—	—	—	—	—	36
1	2	—	—	—	—	—	—	24
—	1	—	—	—	—	—	—	37
6	1	1	—	—	—	—	—	37
28	7	—	—	—	—	—	—	46
12	13	4	—	—	—	—	—	29
2	6	5	—	—	—	—	—	13
—	1	15	1	—	—	—	—	17
—	1	6	1	—	—	—	—	8
—	—	6	10	—	—	—	—	16
—	—	—	3	—	—	—	—	3
—	—	—	—	2	—	—	—	2
—	—	—	—	6	1	—	—	7
—	—	—	—	2	—	—	—	2
—	—	—	—	4	—	—	—	4
—	—	—	—	1	—	—	—	1
—	—	—	—	1	—	—	—	1
—	—	—	—	—	—	—	—	—
—	—	—	—	—	—	1	—	1
—	—	—	—	—	—	—	—	—
—	—	—	—	—	—	—	—	—
—	—	—	—	—	—	—	—	—
—	—	—	—	—	—	—	1	1
54	33	37	15	16	1	1	1	503

大坪・第弐番字東田・第三番字宮之越・第四番字前田・第五番字西
書について詳細は不明だが、明治18（1885）年に、旧字名をいくつ
定した際の図面と思われる。

いる、と。

（甲）飽海郡

……（前略）……

馬耕実施する村落は郡内七八分通なり而して今日まて田区を改正したるハ初めより規約等を設け甲地を改正すれば増加の反別何程、乙地を改正すれば何程と相當の手続を経て計算上より起りたるものにあらす馬耕実施の為め区劃の狭小なるものにありては其畦畔を除去し畦畔の屈曲するものにありては之を真直せしに過ぎす之れ自然馬耕実施上田区を長方形に改正したるも

図表 4-3　明治 19 年牧曽根村

一筆面積（畝）	筆数	その内に						
		1	2	3	4	5	6～7	8～9
～0.29	57	46	5	4	2	—	—	—
1.00～1.29	78	31	26	7	6	2	4	2
2.00～2.29	53	1	25	15	2	1	2	5
3.00～3.29	30	1	5	9	7	4	2	—
4.00～4.29	36	—	—	8	10	11	5	—
5.00～5.29	24	—	—	2	4	8	6	1
6.00～7.29	37	—	—	1	2	9	17	7
8.00～9.29	37	—	—	—	1	1	14	13
10.00～14.29	46	—	—	—	—	—	2	9
15.00～19.29	29	—	—	—	—	—	—	—
20.00～24.29	13	—	—	—	—	—	—	—
25.00～29.29	17	—	—	—	—	—	—	—
30.00～34.29	8	—	—	—	—	—	—	—
35.00～39.29	16	—	—	—	—	—	—	—
40.00～44.29	3	—	—	—	—	—	—	—
45.00～49.29	2	—	—	—	—	—	—	—
50.00～54.29	7	—	—	—	—	—	—	—
55.00～59.29	2	—	—	—	—	—	—	—
60.00～64.29	4	—	—	—	—	—	—	—
65.00～69.29	1	—	—	—	—	—	—	—
70.00～74.29	1	—	—	—	—	—	—	—
75.00～79.29	—	—	—	—	—	—	—	—
80.00～84.29	1	—	—	—	—	—	—	—
85.00～89.29	—	—	—	—	—	—	—	—
90.00～94.29	—	—	—	—	—	—	—	—
95.00～99.29	—	—	—	—	—	—	—	—
100.00～104.29	1	—	—	—	—	—	—	—
計	503	79	61	46	34	36	52	37

注：松沢家文書「明治十九年八月　野取帳　牧曽根村（第壱番興野・第六番字梵天塚・第七番字西新ら田）」による。この文かまとめて新字名を施行したため、それに合わせて地番を改

のなり故に其増加の反別は勿論少なからさるも判然とせさる所以なり…（以下略）…

（乙）東田川郡

…（前略）…

飽海郡のものと殆と同一なり

（丙）西田川郡

…（前略）…

田区の改正したるものは飽海東田川の二郡の如く多からす、主なる村落は稲生村大寶寺東郷村京田村等なり又田区改正の為め増加したる反別は八町歩位にして別に規約なし。(3)

しかし、以上見てきたような本間家の耕地整理への取り組みは、そのような農民的要求による「田区改正」をはるかに越える狙いのものであったということができよう。こうして飽海の大耕地整理事業は推進された。大正五年の「飽海郡耕地整理組合事業沿革及成績概要」は、同組織の成立以来「年ヲ閲スルコト七歳整理実施地面積約七千町歩之ガ工費實ニ壱百参拾萬圓今ヤ其工程殆ド完了シ十里ノ田疇恰モ碁布ノ整然タルガ如ク灌漑排水ノ便耕耘挿秧ノ利之ヲ往時ニ比スレバ洵ニ隔世ノ感ナキニ能ハズ。況ヤ荒ヲ開キ蕪ヲ拓シ遺利苟モ収拾セザルナキニ於テヲヤ[4]」と述べるに至る。右に平田郷牧曽根村の事例で見たように平野部であっても田地の外枠は全くの方形というわけにはいかなかった。面積も一反歩未満が七〇%に達し、しかも様々だった。それがきっちり一反歩単位に「あたかも碁布の整然たるが如く」なったのである。ここにはじめて眼前の事実として、地主だけでなく耕作農民にとっても、一反歩という面積単位の耕起、代掻、田植、稲刈等々の農作業が行われることになった。地主と小作人との間の小作料収取も、藩政期以来それぞれの田地に刻印されていた「俵田渡口米高」によってではなく、一反歩という面積基準になったわけである。ここに、庄内飽海郡において稲作の「近代」つまり明治が確立したということができよう。

それでは、「俵田渡口米」高が廃棄された後、本間家の「小作料」はどのように設定されたのであろうか。ここでも大場の研究に依拠すると、旧地籍の消滅により、直接的な比較は不可能であるが、酒井新田村および豊里村について字ごとの反当渡口米、小作料額の変化を見ると、「一五字中一一字で小作料が増額され」ており、むろん字ごとに相違はあるが、算術平均すると、「旧の渡口米高が反当七斗七升三合に対し、明治三九年の小作料は八斗六升三合で、この間に一一・二%の小作料の増額があった」という。ただし、とくに生産力の高い川北庭田村について見ると、「酒井新田とは異なって、多くの筆ではむしろ小作料は引き下げられ、より低かった二例で若干の引き上げがなされ、全体としてほぼ一石三斗の線でそろえられ」ており、「地主本間家なりに、この時代、段階での生産力(反当収量)に対する、小作料の『合理的』水準が勘案された、つまり、この段階で、作割、不作引なしの、安定的地代の実現が意図された、ということではなかったか」とのことである。[5]

(1) 大場正巳『本間家の俵田渡口米制の実証分析——地代形態の推転——』御茶の水書房、一九八五年、二五〇～二五八ページ。
(2) 大場正巳、前掲書、二五九ページ。
(3) 尾泉良太郎『秋田県稲田之遺利』、明治三〇年、五二～五三、六三、七〇ページ。
(4) 飽海郡耕地整理組合『飽海郡耕地整理組合事業沿革及成績概要』大正五（一九一六）年、序言三ページ。
(5) 大場正巳、前掲書、二六二～二六六ページ。

地主の利と明治農法の総仕上げとしての耕地整理

しかし、多くの地主たちが、「旧地籍の消滅」による「俵田渡口米制」の止揚にまで思い至って耕地整理に賛成したとは思えない。それはまさに巨大地主本間家らしい深謀遠慮だったと見るべきであるように思う。しかし一般の多くの地主たちにも、期待した耕地整理の利があった。それは、右に見た「飽海郡耕地整理組合事業沿革及成績概要」のいう「十里ノ田疇恰モ碁布ノ整然タルガ如ク」、また「荒ヲ開キ蕪ヲ拓シ」による水田面積増に他ならなかった。このことについて、「山形縣耕地整理成績概要」は、かなり露骨に次のように述べている。

整理ノ結果地主ニ於テ増歩地ヲ配当セラル、モノトスレハ地代金ヲモ支拂ハス地價ヲ増サル、コトナクシテ増歩地ヲ所有シ得ヘク又利益多カラサル土地ト雖モ整理費ヲ投シタル以上ニ土地時価ノ上進ヲ見ルヲ一般トスルカ故ニ増歩地ノ配当尠ナキ場合ト雖地主ノ享クル利益モ決シテ耕作者ニ譲ラサルヘシ又整理ヲ施行シタル為収量ヲ増加シ成熟期ヲ早メ乾燥良好トナリシ結果小作米ノ品質ヲ良好ナラシメ市價ヲ上進シ尚小作米ノ怠納者ヲ減シ割引等ノ弊風少ナキ

図表 4-4　耕地整理後における採草地などの減少　単位：町

	整理前	整理後	減少面積
原　　野	213.9	0.0	213.9
畦　　畔	613.0	244.2	368.8
その他雑蕪地	32.0	0.0	32.0
計	858.9	244.2	614.7

注1：佐藤繁実「庄内地方における農業生産力展開の契機—耕地整理とその影響—」、農業発達史調査会編『日本農業発達史』改訂版、別巻1、中央公論社、1978年、141ページ（原資料は、飽海郡耕地整理組合の1916年実績書）。

図表 4-5　庄内地方における耕地整理前後の田畑の増減　単位：町

		施行前	施行後	増減
田	西田川郡	1,588.6	1,831.7	243.1
	東田川郡	9,366.7	12,337.9	2,971.2
	飽海郡	5,976.9	7,387.0	1,410.1
畑	西田川郡	132.0	30.3	△　121.7
	東田川郡	2,342.4	894.4	△ 1,448.0
	飽海郡	1,130.1	232.4	△　897.7

注：佐藤繁実「庄内地方における農業生産力展開の契機—耕地整理とその影響」農業発達史調査会編『日本農業発達史』改訂版、別巻上、中央公論社、」1978年、141ページ（原資料は『昭和8年現在耕地整理状況』）。

ニ至リタル等地主トシテ整理ニ依リ享クルヘキ利益ハ蓋シ鮮少ニアラサルヘシ[1]。

つまり「地代金ヲモ支拂ハス地價ヲ増サル、コトナクシテ増歩地ヲ所有シ得ヘク又利益多カラサル土地ト雖モ整理費ヲ投シタル以上ニ土地時価ノ上進ヲ見ルヲ一般トスル」というわけである。たしかに**図表4-4**に掲げるように、飽海郡耕地整理組合の実績報告書によると、耕地整理後には、「原野」や「雑蕪地」はゼロということになっており、畦畔の面積も減少している。そして、**図表4-5**に見るように、畑が減少して田の面積が著増している。これらの変化、つまり「採草地たる草谷地、飼料谷地、萱谷地などを含んだ原野」のみならず畑をも開田し、しかも「農業生産に必要な最小限度の畦畔を残して、すべてを水田化しようとし」て、先に見た耕作農民からは疑問が出ていた一反歩区画を強行し、水田面積を増加させたのが、飽海の耕地整理だったのである。佐藤繁実によると、このような耕地整理の「地主的やり方によって、この地方の農業は極端な米作農業に傾き、農民的商品化作物の発展が全く顧みられない結果になった」。また「農業生産力を確保するために必要な廐肥や青草などの自給肥料、またそれに代わる手段として、山を手に入れるか購入飼料にたよるかするよりほかに方法がなくなった」[2]。このことについては、飽海郡耕地整理組合自体が、左に掲げる文書のように危機感を示して、官有林の開放を陳情さえしているのである。自分で草谷地を無くしておいて、「地区内数万ノ農民ニ代リ東山一帯ノ官有林地開放ヲ懇願スル」とは身勝手というしかないが、耕地整理は、それほど徹底的に「榛莽ヲ芟リ荒蕪ヲ墾」いて水田の増反を行ったのである。

飽海郡耕地整理組合から農商務大臣への陳情書

…（前略）…本組合既ニ巨額ノ資ヲ投ジテ其ノ目的ノ大部ヲ達成シタリト雖モ地区内農民ノ現状ニ顧ミ……憂心仲々洵ニ安カラザルモノアリ……農民ノ枯ハ直ニ地方財政ノ運命ニ関ス然ルニ輓近金肥ノ需要年ト共ニ増加シ……県内ニ於ケル消費高明治三拾九年ニ於テ其額弐拾六万余円同四拾三年ニハ八拾九万余円ニ達シ更ニ大正三年ニ至リ百八拾余万円ノ多額ニ激増シ之ヲ拾年以前ニ比較スレバ約九倍ノ増加ヲ示セリ……此ニ於テカ小作農民ノ金肥ヲ購入スルヤ或ハ一割以上ノ利子ヲ支払ヒ其ノ資金ヲ調達シ或ハ秋作ヲ抵当トシテ肥料ノ前借ヲナス等実力以上ノ負担ヲ敢テシ……終ニ不納米ヲ附シ小作田地ヲ他人ニ譲与スルノ止ムナキニ至ル者其例乏シカラズ……這般ノ状ヲ察シ農家自給肥料ノ勧奨ヲ急務トナシ極力堆肥及緑肥ノ供給増加ヲ慫慂スト雖モ本組合地区ノ如キハ既ニ榛莽ヲ芟リ荒蕪ヲ墾キ緑肥用作物ノ栽培ノ如キモ未ダ試作ノ時期ヲ出デズ……地区内数万ノ農民ニ代リ東山一帯ノ官有林地開放ヲ懇願スル所以ナリ。…（以下略）…[3]。

図表 4-6　庄内地方における反当収量の推移　　単位：石

	東田川郡		西田川郡		飽海郡	
	反当収量	指数	反当収量	指数	反当収量	指数
1889（明治 22）年	1.602	104.7	1.343	86.9	1.532	93.7
1890（明治 23）年	1.712	111.8	1.733	112.2	1.731	105.9
1891（明治 24）年	1.271	83.0	1.227	79.4	1.394	85.3
1892（明治 25）年	1.600	104.5	1.895	123.7	1.902	116.4
1893（明治 26）年	1.467	95.8	1.523	98.6	1.611	98.5
1894（明治 27）年	1.596	104.3	1.925	124.6	1.723	105.4
1895（明治 28）年	1.567	102.4	1.931	125.0	2.078	127.1
1896（明治 29）年	1.380	90.1	1.534	99.3	1.512	92.5
1897（明治 30）年	0.914	59.7	0.980	63.4	1.067	65.2
1898（明治 31）年	1.324	86.5	1.434	92.8	1.132	69.2
1899（明治 32）年	1.618	105.7	1.709	110.6	1.963	120.0
1900（明治 33）年	1.715	112.0	1.854	120.0	2.054	125.6
1901（明治 34）年	2.075	135.6	2.151	139.3	2.288	140.0
1902（明治 35）年	1.344	87.8	1.235	79.9	1.219	74.6
1903（明治 36）年	1.720	112.4	1.800	116.5	2.019	123.5
1904（明治 37）年	2.133	139.4	2.340	151.5	2.431	148.7
1905（明治 38）年	1.398	91.3	1.505	97.4	1.386	84.8
1906（明治 39）年	1.721	112.4	1.949	126.2	1.947	119.2
1907（明治 40）年	2.036	133.0	1.926	124.7	2.072	82.8
1908（明治 41）年	1.889	123.4	2.047	132.5	2.277	139.3
1909（明治 42）年	2.208	144.3	1.695	109.7	2.621	160.4
1910（明治 43）年	1.977	129.2	1.836	118.9	2.392	146.3
1911（明治 44）年	1.277	83.4	1.290	83.5	1.398	85.5
1912（大正 1）年	1.834	119.8	2.009	130.0	2.011	123.0
1913（大正 2）年	1.637	106.9	1.834	118.7	1.854	113.4
1914（大正 3）年	2.051	134.0	2.029	131.4	2.165	132.4
1915（大正 4）年	2.145	140.1	2.336	151.2	2.333	142.7
1916（大正 5）年	2.089	136.5	2.344	151.8	2.520	154.2
1917（大正 6）年	2.051	134.0	2.185	141.5	2.113	129.3
1918（大正 7）年	2.135	139.5	2.292	148.4	2.355	144.1
1919（大正 8）年	2.110	137.9	2.351	152.2	2.454	150.1
1920（大正 9）年	2.120	138.5	2.362	152.8	2.433	148.7
1921（大正 10）年	2.038	133.2	2.016	130.5	2.482	151.8
1922（大正 11）年	2.158	141.0	2.357	152.6	2.308	141.8
1923（大正 12）年	2.075	135.6	2.173	140.7	2.321	142.0

注 1：佐藤繁実「庄内地方における農業生産力展開の契機—耕地整理とその影響—」農業発達史調査会編『日本農業発達史』改訂版、別巻 1、中央公論社、1978 年、144 ページ（原資料は、山形縣農業会議編『山形縣農業要覧』、1925 年）。

注 2：指数は 1889〜93（明治 22〜26）年の 5 ヶ年平均反当収量（東田川郡 1.530 石、西田川郡 1.544 石、飽海郡 1.634 石）を 100 として算出。

しかし、地主といっても、先に見た京田村の土門家のように、みずから稲作を営む手作り地主の場合には、水利の便の改善による収量増、田区の整理による馬耕の便など、耕作農民と同じ点に耕地整理の利を見いだしていたことは疑いえない。とくに水利の点では、乾田化したといっても、必ずしも灌排水を思うままにコントロールできる条件に恵まれたところばかりではなかったであろうから、耕地整理にかける期待は大きかったであろう。その意味では、耕地整理は、明治二〇年代以降の乾田化による湿田農法改革の展開線上にあったと見ることができる。

図表4-6に掲げる庄内各郡の反当収量は、先の**図表3-2**とは出典が異なり、一部数字も違っているが（その理由は分からない）、これで見ても、乾田化が進行した明治三〇年代半以降になると反当二石の水準に達する年も珍しくなくなる。それがさらに耕地整理が進んだ明治末以降、とくに大正期に入ると二石は常態化し、さらに二石二斗以上の水準をほぼ確保するに至るのである。ここに明治農法の到達点を見ることができよう。こうして耕地整理は、乾田化、馬耕の導入、そして金肥依存と進んできた明治農法の、上郷などの耕作農民的なそれは耕作農民なりの、飽海の大耕地整理事業は小作料の収取にその存在基盤を持つ町方巨大地主的な、総仕上げと呼ぶことが出来よう。

（1）山形縣内務部勧業課「山形縣耕地整理成績概要」一九〇九年、九ページ。
（2）佐藤繁実、前掲論文、一四一ページ。
（3）佐藤繁実、前掲論文、一四一～一四二ページ。

第五章　耕地整理の連鎖反応——小作争議

第一節　義挙団の旗揚げ

「渡部平治郎　大正義民伝」

耕地整理は上述のように、地主にとって増歩という利をもたらすものであった。ところがおそらくは予想外の連鎖反応として、地主にとっての難局を生み出すことになった。それは、飽海を中心に激発した小作争議である。その口火を切ったのは、飽海郡旧北平田村（現酒田市）の渡部平治郎を指導者とする「義挙団」の旗揚げであった。その理由を、斎藤寿夫の『荘内農民運動史』は、「未整理の田地には延び地があって仮りに五反歩の田地を小作していても実際は五反一畝なりの延びがあって小作人はこの延び地の収益により過重な小作料にも耐えていた」のだったが、「整理の結果この延び地がなくなり収益の減少となった結果、小作人はせっぱつまって小作料の減免として起ち上がったもの」と述べている。[1] この認識はおそらく間違いないであろう。筆者達の共著でも、「耕地整理による縄のび喪失・収穫減に凶作がかさなり、さらに水利や耕作が便利になったという口実で、耕地整理費の補填策として、地主が約一割の小作料の引上げをおしつけたため」と説明している。[2] しかし本書執筆のための準備過程で、やや検討を深めなければならない点を感じた。そこでまず、渡部平治郎がみずから書き残した『一代記　渡部平治郎　大正義民伝』という文書を紹介しよう。

『一代記　渡部平治郎　大正義民伝』

百姓一揆の。初まりは。飽海郡の耕地整理。為に苦しむ人民を。調べて見れば拾萬人。助けの為に此の度ハ渡部《ナア》平治郎義を起し。満願寺に集まりて。筵旗竹槍の企て。妻や子供の有る中に。雪の降る日も嵐の夜も。命を捨てる覚悟して。思へば涙を袖に止め。民の為めとて盡されて。名誉残して一代記。

葉歌

国の為めとて渡部平治郎立てて竹槍筵旗

今ハ平治郎昔ハ惣五郎人民助けの神じゃもの

……（中略）……

耕地整理組合ノ増歩地に就てハ地主が専ら占断し更に小作人の利害を無視せる為め小作人ハ其歩合に影響し困憊其極に達し其増歩地占断に付てハ茲に参考として整理前と整理后と収穫米比較書を示し

外二十四歩　増歩

十八歩　増歩

整理前の面跡《ママ》及ビ渡口米壱石

畦畔共壱反十二歩　五斗三舛

整理后面跡《ママ》

畦畔トモ壱反十二歩　此ノ渡口米壱石五斗三舛

但シ収穫調

上等地

整理前面跡《ママ》

豊作年ノ調

一田壱反歩此ノ渡口米壱石五斗三舛此ノ田ノ稲百四拾束但シ壱束ニ付キ壱舛八合此ノ収穫米貳石五斗二舛此ノ内肥料代貳斗五舛苗代代種代共壱斗茲ニ渡口米と肥料代及び苗代代種代トモ引去る時ハ残米六斗四舛是ハ現在の利なり

整理後の面跡《ママ》

上等地

豊作年の調

一田壱反歩此ノ渡口米壱石五斗三舛此ノ稲百貳十束但シ壱束に付き壱舛七合此ノ収穫米貳石〇四舛肥料代貳斗五舛苗代代種代とも壱斗此ノ内渡口米壱石五斗三舛苗代代種代とも引去るときは残米壱斗四舛現在ノ利なり是れに奉公人及び雇人の年給支拂ふとしれバ藁とも調べて見ましるが藁壱反歩ノ田ヨリ得タルハ貳百四十巴《ママ》此ノ代金ニ貳円四十銭但シ藁を米に直し壱斗八舛当時米相場玄米壱舛に付き金拾三銭三厘ノ見積り但シ壱人前の耕作ハ壱町歩なり是れに對しる年給米三石五斗七舛食料ハ三石〇六舛計六石六斗三舛ハ奉公人壱人前ノ係《ママ》リなるが壱町歩の利三石六斗なり茲に差引きしる時ハ小作人ニ於て利益所《ママ》か三石〇三舛の損米を生ずるなり此ノ外馬の食料等あり一頭の馬に付き壱ヶ年金六拾円余つゝ係るものてありまし當時飽海郡の人民ハこう云ふ状況になって借金ハ山の如く塗炭の苦みに墜《オツイ》り自殺川流れ或ハ親子兄弟の生き別れをなし乱国ノ世となりたるを平治郎ハ此の有様を見るに見兼ね決心を堅めて不正なる地主共を征伐せんと酒田日和山公園内松の山に集合して竹槍筵旗企てしたる渡部平治郎星俊の幼年時代より……（以下略）……[3]。

筆書きだが五七ページに及ぶ長大なもので、ここにその全文を紹介することはできないので、右はそのごく一部である。ご覧のように、自分を佐倉惣五郎に例えて、七五調で「義民」と自称するあたり、いかにも当時の庄内の小作争議の指導者の性格を表しているといえそうだが、この『義民伝』に記されている義挙団旗揚げの発端は耕地整理の増歩地を「地主が専ら占断」し、さらに「小作人の利害を無視」したためとされている。続けて記されている「整理前と整理後」の比較は、必ずしも理解が容易ではないが、おそらく以下のような意味であろう。まず左側の整理後面積については、田地一枚当り畦畔ともで一反一二歩になったことを述べている。この面積は報告者自身、戦時中の交換分合に関する証言の中で平田郷の田地について、一枚の実面積がきっちり一反歩の長方形、それに縦横の片畦畔一二歩がつくことを確認している。そしてその渡口米が一石五斗三升であるという。これに対して右側の整理前が難しいのだが、おそらくこういう意味であろう。すなわち、整理前に渡口米が一石五斗三升だった田地は、整理後には畦畔とも一反一二歩の方形になったが、しかし実は、元は形は方形ではなく、一八歩大きかった。つまり元の面積は一反一畝あって、整理によって「十八歩　増歩」になっているはずである。「外ニ十四歩　増歩」という意味は分かりにくいが、おそらく畦畔の面積減などの分でさらに一四歩ほど増歩になっているはずだということであろうか。だから整理前の田で収穫された稲は一四〇束で、収穫米は二石五斗二升あった。ところが整理後の畦畔とも一反一二歩の田地では、稲一二〇束で、収穫米は二石四升にすぎない。

こうして整理前は、渡口米一石五斗三升の田からは実際は稲一四〇束収穫でき、一束一升八合取れるので、収穫米は二石五斗二升だった。そこから渡口米つまり小作料一石五斗三升と、肥料代二斗五升、苗代代種代一斗を差引いても六斗四升が残り、これが小作農民の取り分だった。ところが耕地整理後は、きっちり一反歩（畦畔一二歩）の田が渡口米一石五斗三升となり、この田からは稲一二〇束しか取れず、一束一升七合なので、収穫米は二石四升となる。ここで、元の田地から一八歩減ったことによって、取れる稲が二〇束減少するという計算は分かりにくいし、また一束一升八合から一升七合に減っているのはどういうわけだろうか。これは、「豊作年の調」といいながら、実は大正二（一九一三）年の、飽海郡平均反収一石八斗五升四合という凶作年の現実が反映しているのではなかろうか。ともあれこのようにして、耕地整理後の農民の取り分は一斗四升に減ってしまった（計算すると一斗六升になるが）。ここで奉公人あるいは雇人の年給に問題を広げて、その計算のために藁をも収入として算入している。それは一反歩当り一斗八升になる。奉公人は一人一町歩を耕作する計算になるが、その年給は三石五斗七升、その食料として三石六升、合計で六石六斗三升が奉公人の支出になる、一町歩の農民取り分は三石六斗だから（計算すると三石二斗ではないか）、差し引きすると、小作人取り分は全くなく、むしろ三石三升の損ということになる。この他、馬を使っていれば、その食料として、一頭につき一年で六〇円かかる。

以上の計算にはよく理解しにくいところがあるが、ともあれこのような認識で渡部平治郎は起ち上がり、小作農民たちはそれに応じたのである。しかし以上の費用計算のなかで、奉公人の給米、食費を算入していることに注意したい。奉公人は一人一町歩とされているから、家族員の労働力が三人とすれば合計四町歩である。このくらいの経営ならば馬耕段階だから馬を飼養しているはずで、当然飼料代はかかる。だから「義民」として起ち上がった時に平治郎の念頭にあったのは、零細な小作貧農ではなく、三、四町歩経営の、多くの場合自小作だった中大規模層だったのである。渡部家の経営についての後継者の回顧によると、当時三町一、二反あった。うち所有一町四、五反、馬を持ち、若勢一人、めらし一人を置いていた、という。つまり渡部家自身、自小作大規模経営だったのである。なお、「義挙団という看板はこの家に掲げていた」という。家を挙げてのたたかいだったと見ることができよう。(4)

（1）斎藤寿夫『荘内農民運動史』中村書店、一九六二年、二九ページ。
（2）菅野正・田原音和・細谷昂『東北農民の思想と行動——庄内農村の研究——』御茶の水書房、一九八四年、一三〇ページ。

（3）『一代記　渡部平治郎　大正義民伝』（酒田市漆曽根の渡部氏宅より借用コピー）より抄出。
（4）筆者の一九七五年時点の調査ノートによる。

運動の経過

『一代記　渡部平治郎　大正義民伝』はさらに続く。こうして「人民の苦難を見捨て難く」平治郎が呼びかけて、大正三（一九一四）年二月二〇日「北平田村明照寺に於て小作人の集会を初めて開」いたところ「集会者は七十人余り」で、その場で委員を「選挙しるヿと相談極《ママ》り選挙の結果平治郎を選抜せられ」、「平治郎は人民助けの為めとて大いに喜び團体長とな」った。この時かれらの目標は、「飽海郡小作人拾萬人の総会を酒田日和山公園地の内松の山に集まりて竹槍筵旗の企」をしようということだったようで、そのために「同年弍月廿六日上田満願寺」に小作人総会を開催しようと「運動」していたところ、酒田警察署に呼び出され、いろいろ尋問を受けたようである。しかしそれに屈せず「上田満願寺の総会」は「飽海郡小作人大演説会」として「都合百八十名」の参加を得て実施された。その席で、「地主に向かって其の減額迫らんヿを凝議されたり是に附いてハ委員必要とて其場にて出来たる委員は左の如し」として、以下一三八名の氏名が列挙されている。これらの「小作の代表委員ハ各支配人に願ひ支配人より地主共に願って貰ふヿと尚ほ夫れにても地主共聞き入れさる場合は委員たる者直セズ地主共に嘆願しるヿを決定して目出度其日ハ會散《ママ》したり其后平治郎ハ三月八日ハ市条村普門院に総会を開き集会者は八十余名又翌日九日ハ本楯村大字庭田実蔵院に総会を開き集会者同く八十余名次に同月拾壱日ハ南平田村大字中野目宝重寺に拾八ヶ村の総会百弍拾名余の集会者あり同じく拾五日ハ西荒瀬村宮海濱ハ説教所に集会者八十四名……又翌日十六日本楯村大字本楯梵照寺に於て開かれ集会者は百三十名大盛会にして會散《ママ》セリ」。このように平治郎は、居村の北平田村漆曽根だけでなく、周辺の各村に出かけて小作人を集めて集会を開き「義挙団」の組織化に奔走した。また「北平田村に事務所を置き壱ヶ月壱回つ、飽海郡小作人委員総会」を開いて「愈々小作人ハ結束を堅固」にしながら「各町村の地主に其地主の支配人より願って貰って見た所ハ各支配人ハ地主より大に叱かられ以ての外田の件に附ては間に合ぬければ止めれと云ふ返答続々来タリ」という状況だった。そこで「一ヶ年の間此の事に付て各村に於て集会バカリ三十六度し、弐ヶ年の間支配人をして願って貰へども一向耳にも聞き入れず殆と二三十度も願って貰へとも叶ふ風体ハ更に見へざる由にて愈々義挙農事会総会長を以て各町村各地主に願って貰ふ事に各村の小作人ハ決定したり此所に於て平治郎は大正四年八月二十日山形縣知事小田切磐太郎ニ嘆願書出したり」。この嘆願書は、「一代記」には記載されていないが、斎藤寿夫『荘内農民運動史』によると、以下のような内容だったという。

嘆願書

一、旧反別に旧渡口米に直して貰うこと

一、作田金は御許しのこと

一、格下金御許しのこと

一、下敷米御許しのこと

一、一俵に付き金十銭宛の届け駄賃を与えて貰うこと

右五ヶ条に付き飽海郡耕地整理地区に争議起し私共は見捨て難く幾度となく地主へ嘆願に及候えども一向耳にも入れず甚だ恐れ入り候えども貴殿の御尽力を以て、飽海郡の人民を御救助あらんことを茲に謹んで及嘆願候

飽海郡北平田村漆曽根
小作人惣代　渡部平治郎

大正四年八月二十日

山形県知事
小田切磐太郎殿(1)

このなかで「作田金」とは、斎藤寿夫によると「小作をするための保証金（作田一反歩につき一石五斗三升）」のことであり、「格下金」とは、「小作米はどんな凶作の年でも作柄の如何に係らず山居倉庫の二等米となっていた」が「しかし実状ではこれは不可能な契約」で「小作米の殆どは三等米であった為二等米との差額を小作人は別途に納めなければならなかった。これを格下金と呼ばれていた」。また「下敷米の廃止、これは従来の慣習として、小作米を納めるとき一石の小作米につき一升乃至二升を無駄米として別に納めていたもの」である。これらの廃止の要求と、さらに小作米を届ける時に一俵につき十銭の運搬賃を支給することの要求であった(2)。

これらについて疑問はない。しかしここでやや検討を深めなければならないといったのは、要求の第一「旧反別に旧渡口米に直して貰うこと」についてである。これは、具体的にはどのような措置を取ってほしいという要求なのだろうか。斎藤寿夫の著書は、ただ「新反別による小作料を廃し飽くまで旧反別に基づく小作料にすること」としている(3)。しかし、ここでいう「旧反別」、「旧渡口米」の「旧」とはいつのことか。というのは、明治に入って地租改正の際に実測が行われて、ほとんど『水帳』上に、土地存在を示す単なる記号と化していた」検地帳面積は、すでに訂正されていたはずだからである。この地租改正の際の実測面積によって地価が定められ、土地所有者はそれによって地租を納めることになった。耕地整理の前の田地の形状は藩政期と変わらず、先に第四章で紹介したようなものであり、地租改正の際の実測によって面積と地価、地租だけは訂正されていたということである。地租改正によって、藩政期にそれぞれの土地ごとに定められていた「分米高」と、それに基づく貢租は解消されていたわけである。しかしそれは地主つまり土地所有者と政府との関係であって、地主と小作人との関係はそれとは別だったように見える。この問題に関連して、牧曽根村の地主松沢家に保存されていた貸付地に関する文書を掲げよう。

明治二十四年　舊三郷表田差引取立調帳

一米壱表地　畑苗代豊凶無
渋谷某

一〃四表地　東田
右〃人
内米貳斗八升八合　手擬米
残米三表壱斗壱升弐合　所得米

一〃六表地　下新ラ田
右〃人
内米壱表八升　手擬米
残米四表三斗弐升　所得米

一〃六表地　東田
内米壱表三斗二合　右〃人　手擬米
残米四表三斗六升八合　所得米
一〃壱表壱斗地　西興屋
内米九升　右〃人　手擬米
残米壱表壱升　所得米
一〃貳表地　宮ノ越百廿九番宅地畳図無
右〃人
〆貳拾表壱斗地
内参表九升　手擬米
残米拾七表壱斗　所得米
（以下略）(4)

ここに見るように松沢家が渋谷某という小作人に貸し付けていた土地には、面積表示はなく、土地の広さを示すのは、「米壱表地」、「米六表地」など俵田渡口米の石高を俵換算した数値である。つまり地租改正に当たって実測によって、藩政期の水帳記載の、したがって松沢家への質入れないし売譲り証文に記載されていたはずの町反畝歩を修正した、新たな面積表示は無視されて、藩政期以来の渡口米という米量基準で表示されているのである。新たな面積表示は、地価、あるいは地租という、新しい公的な次元、つまり国家との関係でのみ使用され、地主と小作との間の関係では、「古来民間実地ノ上ノ定」として「勝手ニ改ル事ナラヌモノ」であった「俵田渡口米」高がなお有効性を保っていたのである。なお、ついでながら、この資料でいう「表」とは「俵」のことであり、俵としては四斗俵が使われていたようである。また、「畑苗代」とあるのは、この頃は通し苗代で、苗を取った後、休閑地になるので、「畦の上には畦豆と称する大豆を移植し畦側には田芋（カラトリ芋）を植えて幾分面積の利用に努むる」ということが行われたためであろう。[5]それから「手擬《てあてがい》米」というのは定引のことで、歴史的には不作引きなど臨時的なものであったのが、この頃になると、一定額が地主と小作人との間で定められるようになっていたのである。[6]畑苗代や宅地に「豊凶無」とされているのは、凶作年でも引き無しという意味であろう。

このような状況にある時に、耕地整理によって、田区の形状は長方形の実面積一反歩（畦畔一二歩）に造成され、渡部平治郎の「義民伝」によれば、それによって一八歩の実面積減になったのに、従来通り一石五斗三升が取り立てられ、小作人は「困憊其極に達し」ていたのである。そこで「旧反別に旧渡口米に直して貰うこと」という「嘆願書」になるわけであるが、しかし「旧反別」の田などは現実には存在せず、すべて縄延び無しの一反歩に造成されている。小作人が借りて耕作しているのはそのような田である。その中で「旧渡口米」を納めることは、「義民伝」にいうように、かえって小作料の増徴を意味する。したがって、「旧反別に旧渡口米に直して貰うこと」という嘆願は、この字義通りでは理解できず、むしろ実質的には小作料の減免の要求だったと考えるべきであろう。つまり「旧反別」実面積の割合で「俵田渡口米」を計算して引き下げるという意味である。平治郎の「義民伝」の記述がもし平均的な実態だったとすれば、現在実面積一反歩の田は実際には一八歩、つまり〇・六畝の面積減になっているのであって、一反歩の田につき一石五斗三升の小作料だとすれば、それから六％の減免を行ってほしいという要求だったのである。

大回りをして結局元に戻ってきてしまった感じだが、ともあれこのようにして県知事にまで嘆願書を提出して運動を展開したのである。その経過の中で、左のような、平治郎の子供が亡くなったにもかかわらず毅然として集会を続けたという美談などもあったようで、これは自伝なのでやや自画自賛の傾向はあるにせよ、平治郎の人物に多くの小作人が傾倒したところにこの争議の盛り上がりがあったと見てよいように思う。しかしその後、続く文書のように平治郎が代表者となって日割りを決めて各町村の地主に対して嘆願を繰り返したがいっこうに埒があかず、事態は膠着状態になったようであるが、その中でも、酒田町の地主佐藤某と北平田村大字中野曽根の小作人との紛争が大きく浮かび上がってきた。

『一代記　渡部平治郎　大正義民伝』（続き）

平治郎の美挙

……大正四年拾弐月拾四日ハ北平田村大字漆曽根渡部平治郎の家を事務所として自分の家に於て飽海郡小作人総會の場所と定め愈々其日ハ総會を開くヿに極り《ママ》飽海郡小作人ハ百名以上の人にて午前六時頃ヨリ二三人ツヽ集合したるに……平治郎の七ツなる子が病気のため死んでしまった。集まりたる人々は是は以ての外気の毒千万とて大騒ぎ集まりたる人々の云ふにハ此の総會は明照寺に移《ウツ》した方よかろうと相談したり平治郎の云ハく諸君方ハ決してご心配無用なりと……今飽海郡の委員折角私しの家を差して来《クル》者を外に會を移《ウズサレ》てハ不都合の次第にて有ろう云ハれて其の儘総《ママ》会を開くヿ相成り平治郎妻千代残子供の果てに至るまで悔の風体も見せずに……総會を終りたるハ實に感服の余りなりとて涙ながらに帰りたると云ふ……。

交渉の膠着

平治郎は日割を以て定められたる各町村各地主に嘆願しれトモ地主共ハ一向聞き入れず平治郎は弐回嘆願三回と嘆願に及びたる決果《ママ》地主共ハ半数以上叶いたるに中にも酒田町S・N、同町M・Y……等は剛《ママ》欲非道の地主にして其地主共の云ふには汝には私方に少々も無関係の人であるから相手にならなエなどと云ハれ……一分一厘も引くヿハ相成らず人を助ける為に我々ハ死で居られぬから御コトワリするとふ高言にて……。

酒田町の地主佐藤某と大字中野曽根の小作人との紛争

酒田町佐藤某北平田村大字中野曽根に田地貳拾八町余整理田壱反歩に付き貳俵九分五厘ツ、壱俵に付き蔵下敷米壱升ツ、取立てられ又凶作ノ年柄も貳等米ヲ以て取り立て又小作金ハ四千六百八十円の金を掛け出せ已《シデ》に前半金貳千参百□□□中野曽根貳拾七人の小作人より取立てられ又小作人ハ一方ならぬ苦しみにて渡口米引下願后半金消滅《メツ》願ひ等都合小作人ハ五ヶ條の願ヒ参ヶ年の間嘆願して居る内に佐藤某云ふニハ願い件何程願ハれても壱ヶ條もまた壱分壱厘も叶ハせるヿ相成らずと云ハれ泣く、、小作人ハ居る内に大正五年参月佐藤某ハ小作人に支拂命令をドヅ〳〵掛け初められ小作人全部大に驚き此の利益の無い田を作りて又々支払命令を掛けられ小作人の云ふにハ田を作っても死ぬから一増《ママ》止めて死んだ方が良しとて中野曽根村中全部決心を固めて七百八十俵余の渡口米の田全部地主佐藤某に返すてすまった。…（以下略）…。

（1）斎藤寿夫『荘内農民運動史』中村書店、一九六二年、三四ページ。
（2）斎藤寿夫、前掲書、三一ページ。
（3）斎藤寿夫、前掲書、三一ページ。
（4）酒田市牧曽根松沢家文書（なお、ここで「表」とは「俵」の意味である）。
（5）佐藤金蔵『私の田圃日記』正法農業座談会、一九二八年、八四ページ。
（6）大場正巳『本間家の俵田渡口米制の実証分析——地代形態の推転——』御茶の水書房、一九八五年、一六九～一七〇ページ。

小作人側の全面勝利

以上は、渡部平治郎の『義民伝』から拾った「義挙団」のたたかいの経過であるが、このあたりでかつて酒田において労農運動に携わった経験を持つ斎藤寿夫の『荘内農民運動史』によって、運動の帰結を見ることにしよう。こうして「愈々紛争が拡大される傾向が強くなり、而もその結果如何により自分の作徳米に対する態度を決めようとする小作人が各村にあらわれ、小作米の収納が意外に遅れてきた。茲に於いて地主側は狼狽した。丹野酒田署長は、先の日和山公園のデモ運動事件もあり、このままでは飽海の地に最悪の事態も予想されて地主側と小作人側の居中仲裁の役を買って出て極力佐藤某を説得した。この説得が功を奏して佐藤某遂に折れ大正五年四月十日小作人……の要求は貫徹した。則ち渡口米は昔の面積通りに引き下げる。各下金、作田保証金は解消する（これは八百俵分で金四千八百円）。倉敷米も廃止する。届け駄賃は一俵に付き金十銭を支払う。つまり要求は全部完全に貫徹した」のである。これで見ると、先に筆者がこだわったところは、やはり「旧渡口米に直」すのではなく、「渡口米を……引き下げる」ことが要求だったようである。(1)

以上のような「義挙団」の運動の全面勝利で、庄内の小作争議の第一幕は終わる。この運動について菅野正の先行研究は、次のように総括している。「渡部は私財をことごとくこれに投じて没落」し、義挙団は「大正一一年一一月、結団した満願寺で総会を開いて解散することになった」。この運動は、地主主導の耕地整理によって不利な立場に追い込まれた小作人、とくに自小作上層の要求を基盤とした「自然発生的で思想的背景をもたない『義民』的なもの」であり、運動方法も「『嘆願』という仕方であったが、しかし当時の地主と小作人の地位と権力の絶大な格差から考えると、まさに画期的な出来ごとであった。組織面では、各部落を単位としながら、はじめは平田郷六ケ村、後には郡内一一ケ村という広範囲の小作人がともかくもまとまるという団結を示したという点でも画期的であった」。この点には、「渡部平治郎の指導力とともに、その義民的心情によるところも大きかったと思われる」[2]。右の記述で「私財を投じて没落」といわれているが、農地改革直後の資料によると渡部家は所有・耕作する農地が五反一四歩となっており、運動当時三町一、二反の経営、うち所有一町四、五反という規模からすると、大幅に所有、経営を縮小している。私的利益追求の運動でなかったことは確かといえよう。

なお、ここで筆者なりの指摘を一点付け加えておくと、この運動が零細な小作貧農ではなく、自小作中・大規模経営層を主体とした運動だったということに、あらためて注意しておきたい。庄内の地主が、小作料収取の基盤として依拠したのは、そのような層だったのである。だからこそ、これらの層からの小作料収納が遅れた時、地主たちは「狼狽」したのである。「全面勝利」したのは、このような層だったのである。それとともに、この運動が全国組織と関わりを持たない、まさに庄内の地付きの運動だったということにも注意しておきたい。おそらくはそういうこともあって、この「義挙団」の運動は、日本の農民組合運動史のなかではあまり高く評価されていないように見える。例えば、一九六一年に刊行された大部の著書『日本農民運動史』[3]では、全く触れられていない。山形縣の農民運動としては、北村山郡小田島村の運動が中心的に取り上げられ、そもそも庄内については言及がきわめて薄い。義挙団解散後の小島小一郎と庄司柳蔵の運動が、全国組織との関わりにおいてわずかに紹介されているだけである。しかしこれらの庄内の運動とその担い手であった自小作上層は、後に農民組合運動としては停滞、あるいは消滅する戦時期において産業組合運動へと転進し、戦後の農業協同組合の前身的な意味を持ったし、また戦時期の労働力不足の中で取り組んだ交換分合と、それにかかわる自作農創設は、戦後の農地改革の先駆的意味を持ったのであった。

（1）斎藤寿夫『荘内農民運動史』中村書店、一九六二年、三五～三六ページ。
（2）菅野正『近代日本における農民支配の史的構造』御茶の水書房、一九七八年、四三七ページ。
（3）農民運動史研究会編『日本農民運動史』、東洋経済新報社、一九六一年。

第二節　庄内小作争議の第二幕

「日本農民組合鳥海支部」

渡部平治郎「義挙団」争議の全面勝利で第一幕の幕が下りた後、ほどなくして、庄内農民運動の第二幕が開く。この第二幕ともいうべき大正一一年以降の庄内の農民運動については、菅野正の詳細な研究があるので、具体的な経過についてはそちらに譲り(1)、ここでは、庄内的な特徴ともいうべき点を中心に、その展開過程を追跡してみることにしよう。しかし戦前大正期から昭和初期に展開された庄内地方の農民運動について、一次資料というべきものは今となっては容易に得難い。筆者の手元にあるのは、北平田村大字牧曽根の地主松沢家に保存されていた文書資料のみである。これはまことに貴重な資料であるが、地主が折にふれ集めていた文書であり、その性質上断片的である。したがって、先にも引用した、自ら戦前期庄内における労農運動の経験を持つ斎藤寿夫の『荘内農民運動史』と、一九五八（昭和三三）年に行われた法政大学の学生たちの調査研究[2]に依拠することにする。後者は、学生たちが執筆した報告書であり、ガリ版刷りで一部印刷不鮮明のため読みにくい箇所もあり、また文章に論旨を辿りにくいところもあるが、昭和三〇年代の調査であり農民運動の経験者への面接に基づくと見られること、また農民運動組織の文書資料、当時の新聞記事など貴重な資料を含むのでよい参考になる。

まず注目したいのは、この頃以降、庄内の小作争議も全国的な農民運動の一環としての性格を持つようになったことである。その先鞭をつけたのは、飽海郡西荒瀬村のクリスチャン富樫雄太だったようである。斎藤寿夫によると、富樫は、賀川豊彦のセツルメント運動の影響を受け、「小作農民の経済状態を調査したり啓蒙運動を起こしたり」していたが、やがて大正一一（一九二二）年に「日本農民組合鳥海支部」を結成する。これが、全国組織日本農民組合の庄内支部結成の嚆矢である。しかし、その「同志は十名前後で実際運動には至らず自然解消の形」となったが、その影響は大きかったという[3]。庄内小作争議の両雄ともいうべき、小島小一郎の「浜田耕作人組合」と庄司柳蔵による「漆曽根耕作組合」が生まれたのもその「影響」といわれているが、しかしなぜそのような影響をもちえたかは、右の斎藤寿夫の文献にも説明はない。現時点で知り得たところだけを摘記すると、富樫は、明治一七（一八八四年）生〜昭和三一（一九五六）年歿、西荒瀬村大字酒井新田元泉の人、賀川豊彦の下で信仰に入るが、病を得て帰郷、農事に励んだ。自作地約三町歩、貸付約九町歩の手作地主であったが、明治四一（一九〇八）年に水稲品種信州金子から「酒井金子」を選別、最盛期大正一〇（一九二一）年には、山形縣で栽培面積二、三八二町歩に達した。その後、大正一一年にも「泉岳」を選別するなど、民間育種でも功績を挙げた人物である[4]。

これで、富樫雄太が耕作農民から信頼を得、「影響」を広げることができた理由がなにほどか理解できたように思うが如何であろうか。たんにキリスト教信仰ではない。若干の貸付地を持っていたにせよ地主としての権勢でもないだろう。農業に熱心に取り組み、かなり広範な作付けを見た優良品種の作出者として、耕作農民の模範ともいえる人物だったのではないか。庄内に閉塞するのではなく視野を外に広く持って日本農民組合の支部を設立する契機になったのがキリスト教信仰による賀川豊彦との結びつきであったとするなら、内に庄内の耕作農民の信頼を得て農民組合運動を広げることができたのは、優良品種の作出者ともなるなど他への模範ともなりうるような熱心な農業への取り組みだったのであろう。右に紹介したように、斎藤寿夫の『荘内農民運動史』では、「日本農民組合鳥海支部」の「同志は十名前後」といわれているが（法政大学の学生達の調査報告書では、一一名[5]）、次に掲げる松沢家文書によると、居村大字酒井新田（地租改正時に三つの藩政村が合併した明治初期の村）の耕作組合の設立に当たり、その組合長に推されているので、僅かの「同志」のみの運動で終わったのでもなかったのだろう。この文書をみると、規約草案も準備されており、各部落（大字内の旧藩政村）からの推薦評議員も予定されていて、かなり周到な準備に基づく設立総会だったようで、おそらく、「組合」というものについての一定の知識があったであろう富樫のリーダーシップによったのではないかと思われる。なお、この文章の中に「本間光勇」が「顧問賛助会員」とされている点に注意しておきたい。本間家の農民組合への介入は、組合発足当初から始まっているのである。

大正一二年「酒井新田耕作組合規約」に付記されている設立当日の状況

二月八日午前十時半　〈大正十二年〉

大字酒井新田元泉集会所ニ於テ兼《ママ》テ有志計画シ耕作組合設立ノ為メ当大字ニ於ケル耕作人集會ヲ催ス會スルモノ五十餘名ナリ富樫氏座長ト云フ意味ニテ今會《ママ》ノ主旨ヲ累々述べ組合役員ノ必要ヲ計ル満堂賛成ヲ表ス依テ兼《ママ》テ草案の規

約逐条ノ審議ヲナス第一條ヨリ第十二条迄会衆異議ナク賛成を表シ依テ設立ノ発表ヲナシ名々《ママ》規約ニ賛成ノ調印ヲナス座長役員ノ選挙ヲ計ル組合長トシテ□□ノ會衆富樫雄太氏ヲ推ス富樫氏起テ挨拶ヲナス不束ナガラ諸兄ノ鞭撻ヲ頂キ組合長席ニ甘ンスはたらきマショート快諾シ副組合長ハ都合上役員会ニ於テ推薦スルヿトナス顧問賛助会員トシテ本間光勇氏ヲ推ス快諾サル理事三名ノトコロ都合ノ為メ二名ヲ挙グ鈴木某佐藤某ノ両氏ヲ推ス評議（員カ）ハ各部（落カ）ノ推薦ニヨリ谷地田地方面ヨリ……元泉方面ヨリハ……西野方面ハ…（氏名略）…推ス次ニ本間光勇氏起ッテ農村刻下ノ急ヨリ大勢ヲ論ズ組合ニ對スルハ適切ナル希□ヲ述ヘ諄々ト語リ共ニ共存ノ意義ニ及ビ能キ働ヲナシベク演壇ヲ下ル會衆賛成拍手二時頃組合長閉會ヲ述ベテ散會（……以下、西野本村から、事前に有志の賛成を得ていたのに、この設立総會には一名も出席がなかったことに、「遺憾」との記述あり）……。(6)

（1）菅野正『近代日本における農民支配の史的構造』、御茶の水書房、一九七八年、四三八～四九三ページ。

（2）法政大学経済学部学術研究部農業問題研究会『調査報告書　山形縣農民運動史』一九五八年。

（3）斎藤寿夫『荘内農民運動史』中村書店、一九六二年、六八ページ。

（4）ここで参照している農民運動関係の文献には、筆者のこの疑問に答えてくれている叙述はなく、法政大学経済学部学術研究部農業問題研究会、前掲調査報告書、でも、「農民運動の指導者の型ではなく、農民救済的慈善運動の範囲を出なかったようである」とされているのみである（二八ページ）。ここで参考にしたのは、むしろ単純な人名事典、あるいは稲の品種改良など稲作関係の文献である。庄内人物事典刊行会編『新編　庄内人物事典』、一九八六（昭和六一）年、四七八ページ。中鉢幸夫『庄内稲づくりの進展』農村通信社、一九六五（昭和四〇）年、一三三ページ。菅洋『稲を作った人びと』東北出版企画、一九八三（昭和五八）年、六九～七〇、一五七、二四二～三ページ。

（5）法政大学経済学部学術研究部農業問題研究会、前掲調査報告書、二七ページ。

（6）酒田市牧曽根松沢家「小作組合関係書　第壱号」綴　所収文書（菅野正編『松沢家資料　山形縣飽海郡　小作争議関係資料（その一）』庄内農村調査研究会、一九八一年、三～四ページ、に収録）。

「浜田耕作人組合」と「漆曽根耕作組合」

こうして富樫の影響のもと、大正一一（一九二二）年には小島小一郎を指導者として「浜田耕作人組合」（一〇一名）が、大正一二（一九二三）年には庄司柳蔵によって「漆曽根耕作組合」（一二九名）が結成されるが、法政大学学生の調査報告書によると、この両者は「かつては義挙団に参加した小作農民を動員し、各地で耕作組合の組織化に奔走し、平田・荒瀬両郷に四六団体の組合を組織化するに至った」という。そしてさらに大正一三（一九二四）年五月には、「北平田村船渡《ふなと》で義挙団の指導者渡部平治郎の頌徳碑の前にて飽海耕作聯盟を結成し」た。「結成大会には三千人の小作農民が参加し、会長には漆曽根の荘司柳蔵、副会長には小島小一郎が選ばれ」たとされている。この報告書にはまた「大正一三年飽海郡聯合耕作人組合聯盟が結成」され、庄司が会長、小島が副会長との記述もあるが、名称としてはおそらく後者すなわち「飽海郡聯合耕作人組合聯盟」が正確なのであろう。(1) 以上は法政大学の調査報告書の記述であるが、しかし他方の斎藤寿夫の著書では、同じ「大正一三年五月に飽海郡連合小作人組合連合会を作り、会長には富樫雄太氏が就任した」とある。(2) 名称に微妙な相違がある点はともかく、会長が富樫か庄司かは問題になるが、この両文献だけからはいずれが正しいか判断は出来ない。しかし、後に紹介する特高文書には、「聯盟員九百九十四名ノ多数ヲ包含シ、庄司柳蔵ハ幹事長トシテ、之ガ牛耳ヲ取リ、小島小一郎等ハ幹事トシテ…」とあるので、(3) 富樫雄太はこの段階では組合の役員を退いていたのであろう。

このように大正一二年から一三年にかけて庄内飽海郡に次々と農民組合が結成された「導火線(4)」となった当時の庄内の状況を、松沢家文書に含まれていた「願書」と題する次の文書がよく物語っているので参照しよう。

願書

今般貴殿御所有ノ土地北平田村分及中平田村分大正十年八月以降拙者共小作致居候処該田地ハ以前酒田町天正寺町伊藤某ヘ賣却シ土地劣等ナルタメ小作料壱反歩ニ付八斗ヨリ最高壱石ニテ永久小作スル契約ニテ転賣シタルモノナレバ其後伊藤家ニテハ此小作料ニテ永年取立相成持續シ来リシモ大正二年ニ至リ突然壱反歩ニ付参斗内外小作料ヲ加重シ小作人ハ飽海郡耕地整理施行後正確ナル実測ニ依リ尠々タル餘地モ是無ク作付面積ヨリ著シク収入ヲ減シ地主小作人トノ分配率ニ於テ大ナル不均衡ヲ生シタルハ事実上何人モ認メタルモノナレバ我等小作人ハ支配人ヲ通シ小作料ヲ従前ノ通リ御取立相成候様願出候ヘ共地主伊藤家ハ一向御取上無之其当時ハ地主小作人トノ《ママ》権利ノ主張ハ勿論凶作ニ於ケル割引等モ全然要求シ得サル有様ニテ我等小作人ハ到底小作持續シ得サル事ト配慮致居候処其後ニ至リ更ニ小作料ヲ重加セラレ実ニ我等ノ死活問題トナリ再ヒ伊藤家ニ対シ小作料軽減願ヒ出テ中ノ処伊藤家ニテハ突然貴殿ヘ轉賣セラレ甚タ困却仕候ヘ共其後遺憾ナカラ小作致シ来リシモ前地主伊藤家時代納米壱石ニ対シ金弐拾銭宛ツ手当トシテ下付サレシモ貴殿ヘ轉賣後ハ何等ノ事モ之無小作人ノ困難其極ニ達シタルノミナラス近来ハ農村ニ於ケル労働者年々払底シ結果與フル給米賃等ハ金五六割ヨリ約八割内外ニ奔騰シ其業務ノ種別ニ依リ農具ハ高價ナル諸機械ヲ購入セサルヲ得ス金肥ハ御承知ノ通リ耕地整理前ニ比シ約二三倍トナリ農家最大活動農具タル馬匹ハ拾倍位以上奔騰シタルモ小作地ヨリ得ル収入ハ以前ト何等大差無之此分ニテハ到底遺憾ナカラ小作ヲ持續シ能ハザル事ト確信仕候ニ付甚ダ恐縮ノ至リニ御座候ヘ共我等小作人ノ生活ノ持續上特ニ御憐察ノ上小作料ヲ本年ヨリ別紙願書小作人名頭書ノ通リ御引直シ下サレ度此段支配人ヲ通シ小作人一同連署ヲ以テ願上候也

大正十二年十月廿一日

小作人

（以下二八名氏名略(5)）

この頃酒田の二〇〇町歩ともいわれる大地主伊藤某家が鳥海山麓の石油開発投機の失敗で所有地を売却することになり、その土地を買い取った新地主に対する「願書」がこれである。簡単に要約するなら、飽海の大耕地整理事業によって「尠々タル餘地モ是無ク」なり、しかも「更ニ小作料ヲ重加セラレ実ニ我等ノ死活問題」となったので伊藤家に小作料軽減願を提出中のところ、新地主に転売になり、前地主伊藤家時代は納米一石に付き二〇銭の「手当」が出ていたのに、新地主になってからそれもなくなって「小作人ノ困難其極ニ達シ」ている。ところがそこに農村における労働者(庄内でいう若勢であろう)の給米は五、六割から八割も高騰し、さらに高価な諸機械、金肥を購入しなければならず、「農家最大活動農具タル馬匹」は一〇倍にもなっているというわけで、小作料の減免を願い出ているのがこの文書である。ここに宛先の記載はないが、新地主とは、おそらく先の渡部平治郎の義挙団争議でも争議の対象となった酒田町の佐藤某家と思われる。が、この時は、伊藤家の土地を買った新地主はその他にも少なくなかったようで、それらの新地主が小作継続の条件として「喜捨金」を要求するなどして、問題は大きくなったために、先述のように小島小一郎の「浜田耕作人組合」と庄司柳蔵の「漆曽根耕作組合」を始め、次々と組合が結成され「聯合耕作人組合聯盟」の結成にまでいたったもののようである。

(1) 法政大学経済学部学術研究部農業問題研究会、前掲調査報告書、三〇〜三一ページ。
(2) 斎藤寿夫、前掲書、六九ページ。
(3) 山形縣特別高等課「復刻　山形縣社会運動史」、ぐるうぷ場『季刊　場　一九八一年冬号』一九八二年、四二〜四四ページ。
(4) 斎藤寿夫、前掲書、七〇ページ。
(5) 酒田市牧曽根松沢家「小作組合関係書　第壱号」綴　所収文書(菅野正編『松沢家資料　山形縣飽海郡　小作争議関係資料(その一)』庄内農村調査研究会、一九八一年、七〜八ページ、に収録)。
(6) 法政大学経済学部学術研究部農業問題研究会、前掲調査報告書、二九ページ。

(7) これは、耕地整理の際、荒蕪地の開発による開田が行われたが、その開発費用を小作人に転嫁するべくしばしば小作料の割増が行なわれた。伊藤家については詳らかにしないが、あるいはそのような小作料の「重加」があったのではないか。
(8) 斎藤寿夫、前掲書、六八～六九ページ、法政大学経済学部学術研究部農業問題研究会、前掲調査報告書、三一～三二ページ。

運動の担い手自小作中大規模経営層

この願書でも、先に見た「義挙団」争議の際と同様、年雇の給料の値上がりや馬の価格の高騰などを理由に挙げており、零細な小作貧農の運動とは考えられない。自小作中大規模経営層だったと考えられる。しかしこのことを実証するための、争議参加各農家の自作地・小作地別の耕作規模は、容易に資料が得られない。そこで庄司柳蔵の漆曽根耕作組合が結成された北平田村（行政村、現酒田市）の農民階層別戸数を**図表5−1**に掲げることにしよう。これで見ると、耕作組合が結成された大正一二（一九二三）年の北平田村では、農家二八四戸中自作農はわずか一〇戸、四％弱である。これに対し自小作は一七四戸で、総農家戸数の六一％強を占める。まったくの小作は一〇〇戸、三五％である。自作のうちには他に耕地を貸している自作地主も含まれていると見られるが、その数はこの表には現れていない。小作だけでは生活できない家が多いのであろう、農業以外の職業を持つ家も二五戸含まれている。この時の北平田村役場資料には、田畑所有者の住所別の統計も含まれていた。**図表5−2**にそれを掲げるが、これで見ると、本村つまり北平田村内の住民が所有している田畑は、約三六四町、村内全田畑面積の約五三％強である。この中には、

図表5−1　北平田村における自小作別農家戸数（1923年）

		農業を主とするもの	農業を従とするもの	計
実数	自作	10	—	10
	自小作	174	—	174
	小作	75	25	100
	計	259	25	284
比率	自作	3.9	—	3.5
	自小作	67.2	—	61.3
	小作	29.0	100.0	35.2
	計	100.0	100.0	100.0

注：北平田村役場資料による。

図表5-2　北平田村の所有者住所別耕地面積（1923年）

		田	畑	計
		反	反	反
実数	本村	3,533 905	113 625	3,647 600
	他村	550 726	4 700	555 426
	酒田町	2,596 821	17 327	2,614 218
	計	66,815 22	135 722	6,817 314
		%	%	%
比率	本村	52.9	83.7	53.5
	他村	8.2	3.5	8.1
	酒田町	38.9	12.7	38.3
	計	100.0	100.0	100.0

注：北平田村役場資料による。

ごく少数ながら存在したはずの村内地主所有地のほか、自作者と自小作者の所有地が含まれる。これに対し村外者の所有地は約三一七町、四六％強を占める。これを地主の所有地と見るならば、この他に村内地主の所有地もあったので、北平田村の田畑の半分以上が地主所有地になっていたわけである。なかでも酒田町居住の地主の所有地が多い。酒田の商人がこの辺りに盛んに土地集積を行ったことを物語っている。こうして、小作争議の頃の北平田村の土地が多く地主の手に入っていたこと、しかし純小作はむしろ少なく、多いのは自小作であったことは分かったが、しかしこの村役場資料には経営面積とのクロス表は含まれていなかった。

そこでやや時期が下るが、**図表5-3**によって、昭和一五（一九四〇）年の、小作争議の拠点部落北平田村大字中野曽根の経営規模別農家構成を見ることにしよう。経営面積三町歩以上を大規模、二町歩以上三町歩未満を中規模、二町歩未満五反歩以上を小規模、五反歩未満を零細としてある。また自小作と小自作の区別はしていない。まことに機械的でこの区別自体問題があるかもしれないが、ここでの検討のための大まかなめどをつける意味はあるだろう。その集計表が**図表5-4**である。この部落では、戦時期の労働力不足対策として交換分合が実施され大規模農家の経営縮小が行われたが、その直前の時期であり、大正期の規模と大きな変動はないと考えられる。[1] これで見ると、まず自作大規模経営農家は、わずか一軒である。昭和に至る頃までに四町歩という経営を自作地で保持することが如何に困難であったかを知ることができよう。[2] これに対して、三町歩以上の大規模経営を営んでいる自小作農家は一二戸で、全部落戸数の二八％強になる。二町歩以上の中規模自小

図表 5-3　中野曽根農家の自作地・小作地面積・小作地別面積（昭和 15 年時点）

農家番号	自作地	小作地	計（経営面積）	経営階層
	反	反	反	
1	18.5.16	20.2.09	38.7.25	大規模自小作
2	—	—	—	なし
3	—	2.3.24	2.3.24	零細小作
4	6.11	7.5.28	8.2.09	小規模自小作
5	5.1.26	18.4.25	23.6.21	中規模自小作
6	16.3.26	14.4.26	30.8.22	大規模自小作
7	3.16	6.04	9.20	零細自小作
8	37.9.13	—	37.9.13	大規模自作
9	—	5.8.22	5.8.22	小規模小作
10	—	1.1.18	1.1.18	零細小作
11	6.8.13	16.9.17	23.8.00	中規模自小作
12	3.24	43.8.09	44.2.03	大規模自小作
13	1.0.00	18.6.12	19.6.12	小規模自小作
14	1.8.13	24.8.05	26.6.18	中規模自小作
15	28.4.21	13.6.17	42.1.08	大規模自小作
16	5.5.17	22.8.06	28.3.23	中規模自小作
17	10.0.21	20.6.01	30.6.22	大規模自小作
18	—	—	—	なし
19	4.5.15	7.5.00	12.0.15	小規模自小作
20	0.28	13.4.07	13.5.05	小規模自小作
21	—	6.9.27	6.9.27	小規模小作
22	—	11.2.29	11.2.29	小規模小作
23	3.06	13.1.13	13.4.19	小規模自小作
24	21.3.02	13.9.27	35.2.29	大規模自小作
25	12.4.20	17.6.14	30.1.04	大規模自小作
26	29.4.05	18.7.23	48.1.28	大規模自小作
27	9.0.07	30.0.05	39.0.12	大規模自小作
28	5.8.05	21.4.05	27.2.10	中規模自小作
29	12.1.27	23.5.13	35.7.10	大規模自小作
30	2.11	3.4.13	3.6.24	零細自小作
31	—	29.6.04	29.6.04	中規模小作
32	0.22	22.2.04	22.2.26	中規模自小作
33	1,4.19	18.6.24	20.1.13	中規模自小作
34	3.4.09	15.5.00	18.9.09	小規模自小作
35	22.7.29	16.6.12	39.4.11	大規模自小作
36	—	20.1.12	20.1.12	中規模小作
37	2.10	13.6.07	13.8.17	小規模自小作
38	1.2.09	31.5.02	32.7.11	大規模自小作
39	—	12.2.25	12.2.25	小規模小作
40	—	6.02	6.02	零細小作
41	—	3.0.00	3.0.00	零細小作
42	—	—	—	なし
入作分	16.7.18	100.7.18	117.5.06	—
計	274.6.09	697.8.29	972.5.08	—

注 1：中野曽根部落文書「改訂小作料調」昭和 15 年度、による。中野曽根分のみで出作面積を含まない。

注 2：経営階層は、3 町歩以上を大規模、2〜3 町歩を中規模、2 町〜5 反を小規模、5 反未満を零細とした。自小作と小自作の区別はしていない。

図表 5-4　中野曽根農家の自作・小作規模別戸数（昭和 15 年時点）

自小作別	規模別	戸数
自作	大規模自作	1
自小作	大規模自小作	12
	中規模自小作	7
	小規模自小作	7
	零細自小作	2
小作	大規模小作	0
	中規模小作	2
	小規模小作	4
	零細小作	4
	なし	3
		42

注：**図表 5-3** により作製。

作層を加えると合計一九戸、四五％強に達し、ほぼ部落の半数を占める。他方、純粋小作で三町歩以上を営んでいる家はなく、小作のみの家は二町未満の小規模ないし五反未満の零細経営となっている。これらの家、とくに零細層には、右の村役場統計でみた農業を従とするもの、つまり後の概念でいえば第二種兼業農家が含まれているのだろう。このような階層構成から推定できることは、純小作では大規模経営を維持することは困難であること、中大規模経営層は、僅かでも自作地を維持して経営の基礎に置き、それに小作地を加えることによって規模拡大を実現していること、である。庄内の地主が小作料収取の対象として依拠していたのは、経営の安定性からして、そのような自小作上層に他ならなかった。そして、そのような層の集中部落が小作争議の拠点部落をなしたのである。なお、小作争議のリーダー小島は、約三町歩の自小作、庄司も二～三町歩の自小作でそれぞれ一〇〇町歩を超える大地主の支配人をしていた家であった。

　こうして、先の義挙団争議と同様、この時期の争議も零細小作貧農の運動ではなかったと見るべきである。しかも先に**図表3-2**あるいは**4-6**で見たように、乾田化と馬耕の導入・普及後、大正期に入ると、反当収量が増加しただけでなく、明治期のような極端な豊凶の差はなくなって、安定化してきているのであった。とくに飽海郡はその傾向が著しく、ほとんど二石二～三斗の水準を確保している。飽海の大耕地整理事業について佐藤繁実は、乾田化と馬耕の導入、そして耕地整理事業の推進は、地主にとって、「小作料額の安定とその実質上の増額」をもたらしたが、「他方において、これと対立する耕作農民に萌芽的余剰の蓄積を生ぜしめ」て、「ここに新しい事態をはらませつつあった」と述べているが、まさにその「新しい事態」とは、右に見て来たような小作争議の激発に他ならない。つまりこの時期、庄内地方で生起した小作争議とは、困窮の末に起ち上がった零細小作貧農の争議ではなく、むしろ「萌芽的余剰」を手にしつつあった小商品生産者の、より以上の前進を求める運動であり、そのために桎梏となる地主、かれらによる剰余労働の収取に対する反撃であった。[3]

(1) 菅野正・田原音和・細谷昂『東北農民の思想と行動――庄内農村の研究――』御茶の水書房、一九八四年、四六六〜四七〇ページ。
(2) 聞取りによると、この家は所有規模約一〇町で、若干の貸付地を持つ自作地主であったが(細谷昂『家と村の社会学』御茶の水書房、二〇一二年、七七九〜七八〇ページ)、貸付地はこの表には表れていない。
(3) 佐藤繁実「庄内地方における農業生産力展開の契機――耕地整理とその影響――」、農業発達史調査会編『日本農業発達史』改訂版、別巻上、中央公論社、一九七八年、一四六ページ。

争議の部落ぐるみ的性格

以上見てきたように、庄内地方の小作争議は、「小作争議」といいながら、実は若勢を雇い、馬を持つ自小作中上層の運動であって、しかも彼らが部落のほぼ半数を占めるという状況の中で行われた争議であり、したがって、部落ぐるみの運動として展開されたところに特徴があった。小規模乃至零細な自小作・小作層は部落内で発言力のつよい大規模経営層に従うであろうし、また北平田村中野曽根部落の事例でわずか一戸だけあった自作大経営農家は、一〇町歩ほどの小地主であり、したがって耕作人組合には参加していず、しかも区長(部落長)の立場にあったが、しかし耕作人組合の支持、支援者であったという。戦後になってからの面接であるが、小作争議経験者の「あの当時の小作争議は部落ぐるみだからこそやれたんだ」、「小作争議の相談は村寄合と同じようにやった」という回顧談は、このような事情をものがたっていよう。[1] 部落ぐるみという性格は、中野曽根に限らずかなり一般的な傾向であったということは、図表5-

図表 5-5　山形縣における各種組合の組織範囲

年次	範囲	小作人組合	地主組合	協調組合
大正14年	1府県			
	数郡			
	1郡	1	1	
	数町村	4	2	1
	1町村	10	4	
	数大字	5		
	1大字	25		
	1大字内	1		1
	不明	1		
	計	47	7	2
昭和7年	1府県	1		
	数郡	2		
	1郡		1	
	数町村	10	6	2
	1町村	13	6	2
	数大字	3	1	
	1大字	39		14
	1大字内	5		1
	不明	2		
	計	75	14	19
昭和14年	1府県	1		
	数郡			
	1郡		1	
	数町村	2	2	
	1町村	9	5	2
	数大字	4		
	1大字	29		7
	1大字内			
	不明		1	1
	計	45	9	10

注：菅野正『近代日本における農民支配の史的構造』御茶の水書房、1978年、443ページ（原資料は『農地制度資料集成』第3巻）。

5において、小作人組合は一大字単位のものが多いということにも示されている。この統計表は山形縣のものだが、その内実は庄内が大部分と見られ、またこの傾向は大正期だけでなく、昭和期にも継承されていることが分かる。

(1) 菅野正、前掲書、四四四ページ。

運動の発展と行政および地主側の対応

「飽海郡聯合耕作人組合聯盟」は、右に見たような酒田の大地主伊藤家の土地の売却を「導火線」として、庄司の漆曽根耕作人組合と小島の浜田耕作人組合を中心としながらもさらに部落単位の耕作人組合を次々に組織して、平田・荒瀬両郷に四六団体の組合を連合するに至ったのであるが、このような小作人側の組合結成と争議の経過の中で、地主と行政側でもなんとか対策を取らなければならなかった。その方策として結成されたのが、地主小作の協調団体飽海共栄組合である。次の資料は、北平田村牧曽根の地主松沢家の所蔵文書の中に含まれていた「飽海郡平田共栄組合小作問題協定経過録」という文書の抜粋である。これは、罫紙にペン書きの六六ページに及ぶ文書で、内容は共栄組合の設立から活動、その終結にいたるまで、すなわち佐藤某家に対する「中平田村二十四人、北平田村三十七人、外ニ中平田浜田耕作組合長小島小一郎、西平田村大町耕作組合長斎藤清次郎、同理事池田栄作計六十五名集会シ……小作料ノ引下ゲ並ニ喜捨金ノ返還方請願」等の申し合わせをした大正一二年一〇月三〇日から、大正一三年四月一三日の「平田共栄組合発会式」をへて、「北平田小学校ニ於テ組合総会」を開催して「円満ニ其解決ヲ見ルニ至ル」ことを喜び合った大正一四年二月一日までの、日録風の記録である。しかしここでは、その一部、まえがき部分の抜粋を紹介するにとどめざるを得ない。

飽海郡平田共栄組合小作問題協定経過録

……（前略）……

従来平和ノ農村ニ於テ地主小作ノ関係ガ此ノ如ク忌ムベキ状況ニ至レルハ農業其ノモノノ利益ノ少キニアルベキモ亦今日ノ小作制度慣行ノ余リニ時代ノ推移ニ取リ残サレタル古キ制度ナルニヨルベシ。本郡亦時代ノ思潮ニ馴致セラレ客年中数ヶ町村ニ亘リ耕作組合ヲ組織スルモノ十二、更ニ之ガ連合会ヲ組織シ以テ農村ノ革新ヲ図ラントスルノ機運ヲ呈スルニ至レリ。而シテ其ノ第一声ハ酒田町佐藤某氏ニ対シ北平田、中平田、上田ノ三ヶ村ノ関係作人ニヨリテ放タレタリ。右ハ独リ同氏ノ利害ノミニ止マラズ之ガ解決ハ純農郡タル本郡一般ニ其影響ヲ及ボシ延テハ県下各郡ニ波動ヲ及ボスベキ重大問題タルベキヲ以テ慎重考慮ノ結果、関係地字ヲ一地域ト定メ以テ其模範解決ヲ図ラントシ本間郡農会長並ニ黒木署長ト数回協議ヲ重ネ、先ズ郡内二万円以上ノ大地主ノ会合ヲ催シ次ニ関係村内三千円以上ノ地主或ハ耕作組合代表者ト数次会見シ、関係地域ノ地主及小作人ヲ以テ一ノ組合ヲ組織シ委員制度ヲ設ケ諸般ノ調査決定ヲナスノ良策ナルニ意見ノ一致ヲ見ルニ至リシニヨリ、大正十三年一月十三日北平田小学校ニ其発会式ヲ挙ゲ爾来鋭意其調査ニ従事シ、同月二十九日第三回委員会ニ於テ満場一致原案ヲ可決シ大正十二年度ヨリ之ヲ実施スルコトニ協定シ、茲ニ数ヶ月ニ亘レル小作問題モ円満ニ解決ヲ告グルニ至ル。以下ニ其ノ経過ノ大要ヲ述ブレバ左ノ如シ。

従来酒田町佐藤某氏ハ喜捨金ノ徴収或ハ格下問題等ノ為メ小作人トノ間ニ感情ノ融和ヲ欠キタルヲ以テ、小作人ハ之ヲ目標トシ其集団ノ力ニ依リテ小作料引下ゲノ運動ヲ開始シ極力其解決ニ務ム。若シ之ガ解決ノ暁ニ於テハ他地主ニ対シ労セズシテ自然解決セラルベシトノ考ヲ以テ進ミタルガ如シ。茲ニ於テ早晩一般地主ニ対シ影響ヲ及ボスベキ運命ナルヲ以テ弊害多キ単独解決ノ方法ヲ避ケ最モ合理的ニ関係地域ヲ一団トシ同時解決スルノ良案ナルヲ認メタリ。

……（以下、日録略）……

顧ルニ従来ノ小作料ハ地力又ハ収量ヲ標準トシテ決定シタルモノニアラズシテ種々ナル事情ノ下ニ頗ル不自然ナル渡口ヲ以テ契約ヲナシ其高キモノハ反当一石五斗三升ニ達シ生産費ノ嵩増セル今日到底小作人ノ忍ブ能ハザルモノアリ。加フルニ地主小作間ノ情誼薄ラギ昔日ノ親作子作ノ温情ハ次第ニ冷却セル時ニ際シ、地主中ニハ未ダ時代ニ覚醒セズシテ子作人ヲ目スル恰モ自己ノ従僕ノ如キ態度ヲ以テ之ニ接シ、依然トシテ旧来ノ慣行ヲ墨守シ、或ハ小作人ニ対シ同情ニ乏シキ行為ニ出ヅルモノ少キニアラズ。茲ニ於テ小作人ハ時代思潮ニ馴致セラレ集団ノ力ヲ以テ目的ノ貫徹ヲ計ラント欲シ遂ニ耕作組合ノ組織ヲナスニ至ル。始メ地主ニ遠慮シ其入会ヲ躊躇スル色アリタルモ今ヤ進デ其会員トナリ、集会ニ際シテハ殆ンド欠席者ナク極メテ真摯ナル態度ニシテ近キ将来各町村ニ耕作組合ノ普及ヲ見ントスルノ状勢ニアリ。是レ両者間ニ紛争ヲ生ズル所以ニシテ今回ノ争議亦其外ニ出デズ。然ルニ平田共栄組合設立後ニ於テハ地主小作共ニ虚心坦懐農村振興ヲ目標トシ聊カモ其間私心ヲ以テ事ヲ断ゼズ、終始当局ヲ信頼シ交譲妥協ノ精神ヲ以テ其解決ニ務メタルハ大ニ満足ニ堪ヘザル処ナリ。人或ハ一地主ノ要求ニ対シ組合ヲ組織シ多数地主ニ其累ヲ及ボシタルガ如キ評ヲナスモノナキニアラズ。之皮相ノ感ニシテ本事件ノ真相並ニ将来ノ影響ヲ弁ヘタルモノニアラズ。何トナレバ佐藤氏ニ対スル解決ヲ以テ問題ハ終熄シタルモノニアラズシテ、小作人ハ漸ヲ追フテ各地主ニ要求スベク既ニ計画成立シ早晩到達スベキ運命ニアリタリ。…（以下略）…。(1)

さらに次の資料は、先にも参照した戦後山形で刊行された『季刊　場』という雑誌に掲載された「山形縣特別高等課」の「山形縣社会運動史」の復刻の一部である。これは、山形県内における労農運動について、多面的に記述した文書であるが、印刷で五〇ページに及ぶものなので、そのうちの「地主小作協調団体飽海郡共栄組合」の節の一部を紹介するにとどめることにする。この文書は、悪名高い「特高」文書であり、当然その内容に対する評価は慎重でなければならないが、これらの両文書を照らし合わせることによって、「官」つまり行政側と地主側の取り組みが理解できるので、その点で参考にすることにしたい。

地主小作協調団体飽海郡共栄組合　自大正十三年十一月、至大正十五年三月

本団体ハ、大正十三年十一月二日当時ノ飽海郡長高橋徳太郎、及、当時ノ酒田警察署長黒木彦三郎、現飽海郡農会長本間光勇等ノ斡旋ノ結果、成立ヲ見ルニ至リタルモノニシテ、高橋郡長ヲ組合長ニ、本間郡農会長ヲ副会長トシ、郡内西平田村外七ヶ村ヲ其ノ区域トシ、盛事組合員ハ地主三百四十三名、小作人一千五十三名ヲ網羅シ、逐次郡内各地主並小作人ヲ包容シ郡内小作争議ノ発生防止ト解決ニ資スルトコロアリタリ。

（イ）本組合ノ設立ノ動機

飽海郡平田郷ヲ中心トシテ、各地ニ小作争議勃発ノ機運醞醸シ、殊ニ大正十二年ニ入リテ、酒田町大地主佐藤某対

小作組合ノ争議紛争ヲ極ムルヤ、高橋郡長ハ郡行政ノ見地ヨリ、本問題ハ単ニ佐藤某対小作人ノ関係ニ止マルモノニアラストシ、之カ調停機関ヲ設立シ、公平ナル第三者トシテ調停ヲ為サシムルノ必要アリトシ、大正十三年一月四日、飽海郡役所ニ郡内既設小作組合幹部ノ会同ヲ求メタル処、当時、北平田村漆曽根耕作組合長タリシ庄司柳蔵外四名ノ出席あり。同席上ニ於テ高橋郡長ハ、小作争議調停機関タル共栄組合ヲ組織シ、関係区域地主、並、小作人側ヨリ各十名ノ委員ヲ選定シ、之ニ特選委員十名ヲ加ヘ、小作料ノ調査機関トシ、妥当ナル小作料ヲ規定シ、以テ争議調停方可否ヲ諮リタルニ一同之ニ賛成シタルヲ以テ、更ニ地主側ニ同意ヲ求メタル上、一月十三日、北平田小学校ニ於テ、共栄組合ノ発会式ヲ挙行シ、規約ノ制定、並、調査委員ノ推薦ヲ為シタリ。一月十七日以降、之等調査委員会ヲ開催シ、具体的調査ヲ遂ケタル結果、一月二十九日ニ至リ、地主五割一分、小作人四割九歩ノ所得、既チ全収穫ニ対スル五割一分ノ小作料ヲ相当トスルノ成案ヲ得、大正十二年分ヨリ、其ノ歩合ニヨリ小作料ノ算定方ヲ二月一日ノ組合総会ノ謀リタルニ、満場一致ヲ以テ可決シタリ。

本組合ハ、飽海郡共栄組合ノ前身タル平田共栄組合ニシテ、其ノ後、大正十三年十一月二日ニ至リ、本組合ノ区域ヲ拡張シ、北平田村外八ヶ村ヲ区域トセル各地主、各小作組合員タル小作人ヲ網羅セル飽海郡共栄組合ヲ組織シ、各村毎ニ其ノ分区ヲ設置スルコトヽセリ。

（ロ）共栄組合ノ小作争議ニ及ホシタル影響

…（前略）…其ノ標準額ハ従来ニ比シ収穫ニ対スル約一割ノ小作料減額トナリ、小作人等ノ主張ト略ホ一致セルヲ以テ、其ノ後、小作人ノ小作料減額要求ハ当然ノ権利ノ如ク思料セラルルニ至レルト、従来、同地方ノ小作料ハ過重ニ失セルモノナリシ事実ヲ裏書セルカ如キ感アリシ為、同地方ニ於ケル小作組合幹部指導ノ下ニ、各地主ニ対シ小作料ノ立直シヲ要求スルモノヲ簇出スルニ至レリ。又、各地主ニ於テモ、従来ハ比較的高額ニ失シタルヲ自覚シ、自ラ小作料ヲ減額セルモノ、或ハ小作人ノ要求ヲ已ムナク容認スル者等ヲ生シ、大体ニ於テ共栄組合ノ調停、其ノ効ヲ奏シ、険悪ノ徴アリシ機運モ大ナル紛争ヲ見スシテ、円満ナル解決ヲ告ケタルノ状況ニアリタリ。

然ルニ、小作団体ノ指導者タル小島小一郎、牧長治、庄司柳蔵等ハ、農民運動ヲ以テ生業トセルノ観ヲ呈セルニ至リシ為、共栄組合ノ調停ニ依ル争議ノ円満解決ヲ択ハス、共栄組合ハ地主擁護団体ナルヲ以テ、共栄組合ニ於テ決定セル小作料比率ノ如キモ、地主ニノミ有利ニシテ、小作人ノ経済状態ノ真髄ヲ穿チ得タルモノニアラスト宣伝スルトトモニ、組合員ノ組織離反ノ機運アルヲ察知スルヤ、組合ノ結束ヲ固ムルト共ニ、組合員ノ争議気分ヲ唆ルヘク、大正十四年十二月二十四日、日本農民組合長杉山元治郎等一行ヲ招聘シ、講演会ヲ開催シ、階級意識ヲ昂メ、以テ争議気分ノ醸成ニ努メタル等、或ハ共栄組合ノ調停ノ際ニ於ケル耕地ノ等級決定ニ当リ地主ト小作人ト其ノ意見ヲ異ニシ、或ハ又、大正十四年度反当の収獲《ママ》ニ付、地主ト小作人、各其ノ見解ヲ異ニスルモノ等続出シ、遂ニ共栄組合に加入セシ一般小作人モ、共栄組合ヲ無用視スルニ至リ、為ニ小作方ヨリ選任セラレタル調停委員ノ連袂辞職トナリ、大正十五年ニ入リテハ、遂ニ有名無実ノ状態ニ入リ、同年三月末、郡役所廃止ト共ニ解散トナレリ(2)。

前者の「協定経過録」には、文書作成の責任主体の署名がない。つまりそのなかで述べられている「本間郡農会長並ニ黒木署長ト」協議を重ねたのが誰であるか分からない。しかし内容から見て、また後者の文書からも推測して、飽海郡長の高橋徳太郎であろう。実際にペンを取ったのは、しばしば会議参加者として日録のなかに名前が出てくる今野郡書記かとも思う。要するに飽海郡長、酒田警察署長黒木彦三郎、それに当時飽海郡農会長であった本間家の実力者本間光勇が中心人物だったと見て誤りはないであろう。後者の「特高文書」によっても、行政及び地主側では、この三者が中心人物であったようである。つまり小作争議沈静化の企図の中心機関は郡役所、酒田警察署、および巨大地主本間家を頂点に置く郡農会だったのである。

その発足の状況について見ると、まず高橋郡長が飽海郡役所に「庄司柳蔵外四名」を呼んで話を切り出したようである。当時「酒田町大地主佐藤某対小作組合ノ争議紛争極ムル」状況の中で、しかし「郡行政ノ見地」からすれば「本問題ハ単ニ佐藤某対小作人ノ関係ニ止マルモノニアラス」として、「之カ調停機関ヲ設立シ公平ナル第三者トシテ調停ヲ為サシムルノ必要アリ」というわけである。そして「関係区域地主、並、小作人側ヨリ各十名ノ委員」、それに「特選委員十名」を加えて、「小作料ノ調査機関トシ、妥当ナル小作料ヲ規定シ以テ争議調停方ノ可否ヲ諮」ったのであった。この話に「庄司柳蔵外四名」は乗ったようである。その後地主側にもこの話を通して、大正一三年一月、北平田小学校において設立総会を挙行したのであった(3)。

その後の具体的経緯については省略するが、飽海共栄組合の特徴ともいうべき点について摘記すると、まず第一は、以上述べたその中心人物ないし機構である。つまり郡役所、警察署、農会のそれぞれトップが顔を揃え、当時の地域における権力機構の総力を挙げた組織だったのである。なかでも、日本一の大地主本間家が直接に取り組んでいることを重視すべきであろう。かれらは共栄組合の実質的な推進者であるとともに、正規の役職としても高橋郡長を組合長に、本間光勇を副会長として結成された。それほどに、大正期の庄内において小作争議はまさに地域を震撼させる出来ごとだったのである。

第二は、共栄組合の事業が、たんに当面の問題であった酒田の地主佐藤某をめぐる争議の沈静化を目的とするだけでなく、それを超えて、地域全体の地主と小作人の関係の問題として取り組まれている点である。「酒田町大地主佐藤某対小作組合ノ争議紛争極ムル」状況の中で、しかし「之ガ解決ハ純農郡タル本郡一般ニ其影響ヲ及ボシ延テハ県下各郡ニ波動ヲ及ボスベキ重大問題タルベキヲ以テ慎重考慮」しなければならなかったのである。

そして第三に、その解決の方法を見いだすために、「関係区域地主、並、小作人側ヨリ各十名ノ委員」、それに「特選委員十名」を加えて、「小作料ノ調査機関トシ、妥当ナル小作料ヲ規定シ以テ争議調停方」をねらったのであった。この、地主、小作双方の利害代表および中立の委員からなる「委員制度」を設けて審議、調停するという発想はどこから得たのであろうか。先にも引用した法政大学の学生たちの調査報告書には、「小作調停法の影響により」という指摘がある。この調査は、戦後になってからのものであるが、学生たちのインタービューにこのように証言した人がいたのであろう。ただ、その証言者の氏名や、「影響」の内容については記されていないので詳しいことは分からない。(4)

しかし、時あたかも、小作調停法が審議され、施行(大正一三年一二月)された時期であった。この法律では、次の資料に示すように、小作調停委員として、「一、地主小作の何れの側にも属せざる純中立の者、二、地主側の信望あるもの、三、小作側の信望あるもの、四、地主小作双方の信望あるもの」からなる調停委員を選定して調停にあたることが規定されていた。ところが、まことに奇異なことに、山形縣はその施行範囲から外されている。その理由として、「小作問題の平穏」である県とされている。(5) しかし以上見てきたように、実態は必ずしもそうではなかったはずである。そこで、これはいささか想像に過ぎるかもしれないが、地元で郡役所、警察署、農会において、基本的に同様の措置が取られようとしている状況を見て、政府としては当面それに任せようとしたのではないか。庄内側としては、政府の力を借りずに自分たちで乗り切ろうとして、政府機関において審議されている小作調停法の内容を何らかの方法でキャッチして、それに沿った内容の対応を取ろうとしたのではないか。個人的な感想に過ぎないが、「日本一の大地主本間家」ならば考えそうなことだと思う。

小作調停法による小作調停委員の選任

小作調停上重要な役目を果すべき小作調停委員は、小作調停法第二十九条によれば、地方裁判官がこれを選任することとなっているが、…（中略）…この候補者の選び方につき農務局長が地方長官に通牒した事項を示せばつぎのとおりである。

第一、調停委員候補者数は郡、島庁、支庁の区域毎に二十名乃至三十名を、市に在りては十名乃至二十名を選定すること。…（中略）…其の選択の際に於て成可各同数を選定し置くこと。

一　地主小作何れの側にも属せざる純中立の者

二　地主側の信望あるもの

三　小作側の信望あるもの

四　地主小作双方の信望あるもの

…（以下略）…[6]。

ところが、大正一五年からは、「小作争議発生の地域」の「拡大」によって、山形縣も小作調停法の施行地域になったようである[7]。すなわち、共栄組合の調停によって、佐藤某家の争議は「円満解決」を見たのであったが、しかし先の「協定経過録」にもあったように、「佐藤氏ニ対スル解決ヲ以テ問題ハ終熄シタルモノニアラズシテ、小作人ハ漸ヲ追フテ各地主ニ要求スベク既ニ計画成立シ早晩到達スベキ運命ニアリタリ」という状況だったし、またこれも先に見た特高文書によると「小作団体ノ指導者タル小島小一郎、…庄司柳蔵等ハ、農民運動ヲ以テ生業トセルノ観ヲ呈セルニ至リシ為、共栄組合ノ調停ニ依ル争議ノ円満解決ヲ択ハス、共栄組合ハ地主擁護団体ナルヲ以テ、共栄組合ニ於テ決定セル小作料比率ノ如キモ、地主ニノミ有利ニシテ、小作人ノ経済状態ノ真髄ヲ穿チ得タルモノニアラスト宣伝スル…[8]」という状況であった。その結果、共栄組合からの小作人の脱退が相次ぐ。当時の『鶴岡新聞』には、「西平田村の小作争議共栄組合の委員等―総辞職を為して―形勢益々悪化の傾向」との表題で、小作人代表の委員が「斯くの如き共栄組合に依って小作問題の解決を望むは木に依って魚を求むるに等し」いと総辞職したとの記事が掲載されている。こうして地主と小作人の協調組合としての共栄組合は、「一年を経ずしてまったく有名無実なものとなった」ようである。そこで地主側は、「共栄組合に代わるべき団体の必要を感じ、本間家を中心とした大地主の御用団体である『敬土会』」を組織した(9)。その規約の冒頭のところを次に掲げるが、これを見ただけでもこの団体の性格は窺い知ることができるであろう。しかしこれも、西平田村大宮の小作人との乱闘事件を引き起こして敗れるなどして、ごく短期間のうちに自然消滅することになる(10)。

敬土会規約

一、本会を敬土会ト称ス

一、本会ハ敬神崇佛ヲ第一義トシ常ニ尊王愛国ノ観念ヲ現實ニ保持シ質実剛健持戒ヲ堅固ニシテ以テ國民道徳ノ實行ヲ期ス

…以下略…（小作地、小作料に関する記述はない(11)）。

(1) 酒田市牧曽根松沢家「小作組合関係書　第壱号」綴　所収文書（菅野正編『松沢家資料　山形縣飽海郡　小作争議関係資料（その一）』庄内農村調査研究会、一九八一年、一一〇～一二五ページ、に収録）。

(2) ぐるうぷ場『季刊　場　一九八一年冬号』一九八二年、「復刻　山形縣社会運動史・山形縣特別高等課」四二～四四ページ。

(3) 山形縣特別高等課、前掲資料、四三ページ。

(4) 法政大学経済学部学術研究部・農業問題研究会、前掲調査報告書、三三ページ。

(5) 農林大臣官房総務課編『農林行政史』第一巻、一九五八年、五一七ページ。
(6) 農林大臣官房総務課編、前掲書、五二三〜四ページ。
(7) 農林大臣官房総務課編、前掲書、五二一ページ。
(8) 山形県当別高等課、前掲資料、四三〜四ページ。
(9) 法政大学経済学部学術研究部・農業問題研究会、前掲調査報告書、三四〜六ページ。
(10) この「大宮乱闘事件」は、庄内の小作争議では唯一の刑事事件となったものであるが、起訴された組合員は執行猶予あるいは起訴猶予となっている。この事件については、法政大学経済学部学術研究部・農業問題研究会、前掲調査報告書、四三〜八ページ、に詳しい。
(11) 酒田市牧曽根松沢家「小作組合関係書　第壱号」綴　所収文書（菅野正編、前掲『松沢家資料』九七ページ、に収録）。

運動の全国化と阿部小作官の登場

他方小作農民側の動きとしては、大正一四（一九二五）年には飽海郡だけでなく、東田川、西田川両郡をも含めた庄内一円の、九八五名の会員を擁する「荘内耕作聯盟」に発展し、同時に日本農民組合に正式加盟して、全国的な農民運動の一環として新しい段階に入って行く。会長には庄司柳蔵、副会長には小島小一郎が就任する。当時の『鶴岡新聞』の記事には、その総会には「会衆二千余名立錐の余地なく開会前既に殺気みなぎり溢る」と紹介されている。また、応援のために日農から多くの幹部が来酒して、庄内は日農の一つの拠点の観を呈するようになった。こうして「日本農民組合の傘下に入った山形県庄内耕作聯盟の農民運動は著しく急進的になり、大正十四年施行された普選にもとづく町村会議員選挙では三十余名の候補者を立てて斗いそのうち二十名を当選させることが出来た」という。(1) このころが「庄内耕作聯盟の最盛期」であり、「東田川郡新堀村落ノ目部落の小さな争議でも、『新堀に午前三時集合せよ』という一片の檄で、一、〇〇〇人以上の組合員が集合して地主と警察官を驚かせ」たともいわれている。(2)

図表 5–6　大正末～昭和初期の山形県における農民運動の状況

	大正 11	大正 12	大正 13	大正 14	昭和 1	昭和 2
小作人組合数	7	17	34	47	58	65
組合員数	360	1,396	2,683	3,569	3,602	4,947
小作争議件数	2	6	8	10	28	33

注：法政大学経済学部学術研究部　農業問題研究会『調査報告　山形県農民運動史』1959 年、60 ページ（原資料は、農林省『小作年報』、『農地年報』、『山形縣農民運動の調査』による）。

図表5―6にみるように、官庁統計によっても、大正末から昭和初年の山形県における農民組合の結成と争議の増加が示されており、このような状況の中で大正一五（一九二六）年には、山形県にも小作調停法に基づき「小作官」がおかれることになる。その任についたのは、『三太郎の日記』などで著名な哲学者阿部次郎の長兄阿部一郎[3]である。おりから、大正一五（一九二六）年つまり昭和元年から昭和二、三年は、天候不順による凶作続きであった。**図表3―2**あるいは**図表4―6**を振り返ってみると、大正末になると二石三～五斗の反収水準を確保していた飽海において二石二斗、東西田川においては二石の水準をようやく超えるという状況だったのである。しかもこれは郡平均の反当収量であり、個々の地域によっては、一層きびしい状況に見舞われていたところも少なくない。とくに東田川は著しかった。こうして、小作争議の中心が、かつての飽海から東田川に移った感があった。当時の『鶴岡新聞』の記事に、東田川郡新堀村落野目において一五年秋の納米期に「爆発」した争議に、阿部小作官が「落野目に単身乗り出し地主小作人両方の代表者を集めて懇談を重ねた結果、地主側は……従来三等地迄に分けて居た耕地を六等までとし一等地一ヶ年の小作料一段歩七斗より六等地二斗に大譲して円満解決した処が茲に問題となるのは十五年産米を小作人の方で納米だけを共同管理していたが食糧に窮して大分消費しているのでこの分を如何にするかという点で小作官も持米のない小作人に納入を強制することも出来ずされればといって大譲歩した地主に対し更に譲歩せよと迫るとも出来ないので、之は相方《ママ》から裁判所に調停を申立て今秋まで決定しておくことになった」と報じられている。しかしこれに対し阿部小作官は、「実際は双方でチャンと相談が出ているの

で形式だけである」と語ったという。[4] この新聞記事はどうも要領を得ないので、具体的なことは分からないが、ともあれ阿部小作官の調停によって、この争議は終結に向かったようである。

さらに翌昭和二年に入って、やはり『鶴岡新聞』の記事に、「聯盟と握手して小作料軽減　飽海災害地の地主が阿部小作官の標準案で」との見出しで報じられている。これは飽海郡の水害地関係の小作料の問題だったようで、「水害関係地主たる信成合資、……の諸氏をはじめ耕作聯盟代表者三十余名を会同し本間光勇氏座長となり阿部小作官の作成案説明あって後軽減問題につき議論を戦わし阿部小作官の提案を標準として解決することに議決し」たとされている。ただこの時は「日農」の代表者は参加していなかったようで、もし日農側が「峻烈」な態度を取ってきて、地主側が協定を守らないというようなことがあると、「聯盟の立場は非常なる苦境に陥る」ことになるというので、その点について論議になったようである。この時、「地主代表の本間元也氏が吾々は日農も聯盟も差別的な観念をもって迎えるものにあらず、いわゆる共存共栄の本義からその□□の絶無を期するに吝かならずと答ふるところがあった」と記されている。[5] 前述のように、大正一四年以来、山形県庄内耕作聯盟は日本農民組合の傘下に入って「著しく急進的」になった、といわれていたわけであるが、しかしこの記事からすると、その組織は必ずしも一枚岩ではなかったように見える。また、阿部小作官の活躍ぶりもさることながら、その調停の席で本間家の実力者本間光勇が座長をつとめていること、また本間家の土地管理会社信成合資を代表して参加していたのであろう本間元也[6]が、日農側の出方によっては聯盟が苦境に陥らないかという問題で、右に紹介したように、いわば大人の態度で坐をまとめていること、が印象的である。このころになると、かつての切迫した地主小作関係とは異なって、小作官という行政つまり官側の介入を得て、むしろ地主側に小作人への対応にゆとりのようなものを感じるように思うが如何なものであろうか。

しかし、庄内の小作争議は、終結を迎えたわけではなかった。相次ぐ不作の中で、昭和三年になると、むしろ庄内の小作争議としても激しい争議が起きることになる。その代表は、菅野正も指摘しているように、東田川郡山添村争議と、飽海郡内郷村の争議である。詳細については、菅野の研究に依拠することにして、要点だけ摘記すると、まず山添争議の特徴的な点は、凶作による争議に地主五十嵐某が小作地への立ち入り禁止をもって応じたことに争議激化の原因があった。これは山県県下で初めての措置であり、これに対して山形縣村山地方の日農県連も駆けつけて共同戦線を組み、問題の田に共同作業を行って対抗した。この時は、京田村の地主土門文吉が間に立って繰り返し妥協案を出すなどして、ようやく、調停裁判で解決されることになった。[7] もう一つの内郷争議は、相次ぐ凶作の中、内郷村の四〇〇人ともいわれる農民が、昭和三年八月「永久小作米軽減期成同盟会」を組織して、「永久三割減運動」を展開し、これに対し地主側は、村内に小作地を持つ地主を総動員して地主会を結成、争議は容易に解決を見ないまま、昭和四年に入って、阿部小作官を中心とする調停によって、調停者、地主、小作人の代表者三者協議会が開かれて、ようやく妥協が成立した。[8]

菅野正が指摘するように、この二つの争議に見られる特徴は、第一に小作争議が法廷闘争に移行したこと、そのため農民自身の闘いというよりは、専門的な法的知識をもつ小作官や全国レベルの組合幹部に依存する運動になったこと、第二に、これまで一般的だった、小作料の一時減免から「永久減免」に要求が変化したことである。これは、菅野正の評言によれば、庄内の小作争議が「政治的、イデオロギー的性格」を強めて行ったことを示している。[9]

(1) 法政大学経済学部学術研究部・農業問題研究会、前掲調査報告書、四〇ページ。
(2) 菅野正、前掲書、四五〇ページ。
(3) 阿部次郎は、山形縣飽海郡上郷村（後松山町、現酒田市）に明治一六（一八八三）年生まれ、昭和三四（一九五九）年歿。新カント派の哲学者、東北帝国大学教授として仙台に居住、仙台市米ヶ袋に「日本文化研究所」を設立、没後東北大学に寄贈され、東北大学文学部付属「日本文化研究施設」となる。仙台市名誉市民。阿部一郎は、同じく山形縣上郷村に、明治一三（一八八〇）年生まれ、昭和三四（一九五九）年歿。山形縣農業技師、山形縣技師小作官。後、山形縣食糧営団理事長。父富太郎は、余目小学校校長、山形縣の初代視学を務めるなど、教育者として知られる人物であった（庄内人名事典刊行会編『庄内人名事典』、一九八六年。松山町編『松山町史』下巻、一九八九年、九三六～九五二ページ）。
（4）法政大学・農業問題研究会、前掲調査報告書、六二ページ。
（5）法政大学・農業問題研究会、前掲調査報告書、六四～五ページ。
（6）本間元也は、明治一七（一八八四）年生、昭和三五（一九六〇）年歿。酒田の本間家に婿養子として入り、本間宗家の農政を担当して、とくに小作争議の解決に尽力した人物である（庄内人名事典刊行会編、前掲書）。
（7）菅野正、前掲書、四六四～五ページ。
（8）菅野正、前掲書、四六五～七ページ。
（9）菅野正、前掲書、四六七～八ページ。

部落組織の動揺

次に掲げる「契約証」は、松沢家文書のなかに含まれていた資料であるが、大正一五年一月三一日に「日本農民組合庄内耕作聯盟北平田支部組合」の「団結ヲ強固ナラシムル為メ」の「契約」を、牧曽根の部落組合の取り決めとして決定しようとしたものである。筆書きの文字はかなり乱れていて、おそらくは組合員の農民が筆記したものであろう。文書末尾の添書きは、見覚えのある松沢家の人物の筆である。同じ松沢家文書綴りのなかには、分家松沢某の、同年一月二〇日付の庄内耕作聯盟への「加盟申込書」が綴じ込まれており、この組合員となった分家が地主である本家に情報提供したものが、この「契約証」であろう。大正一五年一月といえば、「飽海郡聯合耕作人組合聯盟」が、庄内一円の「荘内耕作聯盟」に発展して日本農民組合に加盟した（大正一四年一二月）直後である。

契約証（耕作聯盟契約）

日本農民組合庄内耕作聯盟北平田支部組合団結ヲ強固ナラシムル為メ左の契約ヲナス

一、吾人組合員ハ共存共栄ノ実ヲ挙ゲン為聯盟及支部ノ規約並ニ総テ決議ノ實行ヲ期スルヿ

二、聯盟並ニ支部総会ハ勿論、其他ノ集会ニ理由ナクシテ出席セサルモノハ本組合ニ蓄積シアル金額ノ内、一回金五円ツツ組合ニ提供スルヿ

　但シ組合ハ其金額ヲ集会費ニ充ツルモノトス

三、本組合ニ於テ除名處分ヲ與ヘタルモノニ対シテハ総テ組合員ハ労力ヲ供□セサルハ勿論且交際ヲ断絶スルヿ

四、除名處分ヲ受ケタル組合員ハ本組合ニ蓄積シタル出資金額ノ全部ノ権利ヲ放棄シ何等異議ナク之ヲ組合ニ提供スル事

五、本組合ヨリ除名セラレタルモノハ自己ノ小作地全部ヲ異議ナク組合ニ提供スルモノトス

　但シ此場合ハ関係地主ノ承認ヲ得ザルモ異議ナキモノトス

右契約ヲ証スル為メ左ニ記名捺印スルモノ也

　大正十五年一月三十日

（添書き）右大正十五年一月ノ日附アルモ当牧曽根ハ大正十五年三月十五日《旧二月二日》一般ノ協議調印ヲ求メタル処多数ノ異議者アリ組合員五十三名ノ内四十二名脱会届差出シタリト云フ此為カ渋谷区長副区長五十嵐治定両名突然辞職書出テ村方連日集会此ノ善後策ヲ講シツヽアル由也[1]

ここでこの「荘内耕作聯盟」の組織について見ておくと、「庄内耕作聯盟規約」では「支部ハ各町村単位ニ組織」することになっており、その「町村支部ノ下ニ部落ニ分区ヲ設置」するものとされている。これに対応して「北平田村聯

合耕作人組合規約」には「本村各部落既成耕作組合ヲ以テ組織ス」と規定されている。[2] つまり、各部落にすでに「部落耕作人組合」が結成されており、これがいわば基層組織となって、その「聯合」として行政村単位の支部が結成され、さらにその聯盟として庄内全体の「耕作聯盟」が結成されていたのである。[3] そして、北平田村からはこの庄内全体の「聯盟」の会長に庄司柳蔵、理事に高橋甚太（漆曽根）、評議員に佐藤作十郎（中野曽根）と、重要役職者を送り込んでいた。右の文書はまさにその「北平田支部組合団結ヲ強固ナラシムル為メ」に契約を求めたものであるが、内容を見ると、組合の集会に「理由ナクシテ出席セサルモノハ本組合ニ蓄積シアル金額ノ内一回金五円ツヽ組合ニ提供スルヿ」のほか、とくに重要なのは、組合から「除名處分」を受けたものに対しては「労力ヲ供□セサルハ勿論且交際断絶スルヿ」という契約であろう。ところが、この資料の提供を受けた松沢本家の人物が添書きしているように、組合構成員「一般ノ協議調印ヲ求メ」たところ「多数ノ異議者アリ組合員五十三名ノ内四十二名脱会届差出タリ」ということになってしまった。そのため「渋谷区長、副区長五十嵐某両名突然辞職書」提出となり、「村方連日集会其善後策ヲ講シツヽアル由」という次第である。この副区長五十嵐某は、庄司柳蔵の下で農民組合の活動家だったから、この「契約」案を部落に持ち込んで「一般ノ協議調印」を求めた中心は、この人物だったと見られるが、しかし、一般に部落の寄合の協議題の提案は区長が行うのが慣行であり、この件も区長を無視して提案されることはありえなかったであろう。だからこそ、「区長、副区長の両名」が辞職書提出となったものと思われる。

　この騒ぎについて、部落の構成員の一人で組合員だった五十嵐富吉は、「この当時組合員は五三名、松沢家を除く全員だった。そのうち四二名が脱退」と証言している。[4] つまり大正一五年の出席「組合員五三名」は、事実上部落の全戸であり、だからこそ区長と副区長は、その寄合である部落組合の会合の席で、先の「契約」の承認を求めたのであろう。つまりこの文書でいう「一般ノ協議調印」とは、「部落構成員一般ノ」という意味に他ならず、ここで契約を求められているのは部落全戸参加の「契約」としての「村外し」の意味に他ならない。しかし実は、同じ書類綴りの中に綴り込まれていた分家松沢某の「誓約書」を見ると、次に掲げるように、組合加盟の際の誓約としても「規約並ニ決議ニ反シ」た場合には「除名セラレ一切ノ交際ヲ断絶セラルルモ異議ナキ事」と明記されてあったのである。この「誓約書」は、「加盟申込書」とともに、書式が印刷してあり、ただそれに日時とともに住所、氏名を書き込むだけのものである。したがって、牧曽根部落の組合員五三名はみな同じような誓約書を提出していたはずである。だから組合の立場からすれば、そのことをあらためて部落の「契約」として確認することは、何ら問題はないはずだったのであろう。ところが、五三名中四二名がそれを拒否して組合からの「脱会届」を提出したのである。

誓約書

今回庄内耕作聯盟へ加盟シタルニ付テハ組合員相互ノ利益ノ為メ全組合員トノ間ニ合意ノ上左記事項ヲ誓約ス

一、規約ヲ守リ決議ヲ尊重シ一蓮托生主義ノ實行を期ス

二、組合員中ニ於テ従来耕作シ来リタル土地ニ對シ新ニ耕作セントスル組合員ハ聯盟ノ承認ヲ得ル事

三、規約並ニ決議ニ反シ単獨行動ヲ為シタル場合ハ除名セラレ一切ノ交際ヲ断絶セラルルモ異議ナキ事

右違背セサルヲ誓フ

大正十五年壱月弐拾日

右加盟者　　松沢某(5)

この区長と副区長の行動は、部落と組合とが一体である意識の現れと見てよいが、しかし部落構成員一般の意識では

部落と組合とは別だったのである。組合の誓約書には簡単に署名するが、部落の「契約」には慎重に考えざるをえない。ここに、村つまり部落というものの、家々の生産と生活の共同の組織としての、いわば重みを理解しなければならないであろう、特定の家に労力の提供を拒否し、さらに交際を絶つということは、村の存立を危うくするような、したがって家々の存立を危うくするような、決定的な場面でのみ発動されるはずの処分だったのであろう。

そして混乱の「善後策ヲ講シ」てどうなったのか。この時、つまり大正一五年三月時点の区長が渋谷某であり、副区長が五十嵐某だったことは、北平田役場資料の「大字区長」および「大字区長代理者」の名簿でも確認できる。そして、この両者は「大正一五年四月一六日退職」となっている。つまり、「三月十五日」のこの騒ぎによって両名が「辞職書」を提出した結果、翌月役場でもこの両名の辞職を正式に受け取ったのである。そして、区長の後任としては、翌日つまり大正一五年四月一七日付で大沼某が就職している。しかし区長代理は、昭和三年四月に別人が就職するまで空席だったようで、名簿にはない。つまり区長は部落の運営のためには一日も欠かせないが、副区長、役場用語では区長代理は、しばらく置かないでおく、という扱いだったわけである。[6] しかもこの辞職した副区長は組合の活動家だっただけに後任の人選には慎重だったのかもしれない。四二名の組合脱退がどうなったのかについては、先の五十嵐富吉の証言によると、「しかし抜けないでいた。結局ハンコつかないということ」だったようである。なお、大正一五年の「北平田村大字牧曽根契約書」には、この件についての記録は一切ない。例年通りの村契約の確認のみである。

(1) 酒田市牧曽根松沢家「小作組合関係書　第壱号」綴　所収文書（菅野正編『松沢家資料　山形縣飽海郡　小作争議関係資料（その一）』庄内農村調査研究会、一九八一年、九八ページ、に収録）。ただしこの分家松沢某は、北平田町役場の資料によると、地主だった本家松沢家の直接の分家ではなく、分家松沢家の分家、つまり孫分家であった。

(2) 松沢家文書「小作組合関係書　第壱号」綴　所収文書（菅野正編、前掲『松沢家資料』、六二ページ、九五ページ、に収録）。

(3) 松沢家文書「小作組合関係書　第壱号」綴に綴じ込まれていた「庄内耕作聯盟規約」および「北平田村聯合耕作人組合規約」によ

る（菅野正編『松沢家資料　山形縣飽海郡　小作争議関係資料（その二）』庄内農村調査研究会、一九八一年、六二〜六三、九四〜九五ページ、に収録）。

（4）一九七八年八月時点の筆者の調査ノートによる。なお一九七七年八月時点の筆者の調査ノートには、同じ五十嵐富吉が「戦前」の農民組合について、「最初は『加入』という形もなく、小作人集まれといって集まる、ほとんどみんな」と述べた証言が記されている。それがこの頃（「庄内耕作聯盟規約」は大正一四年一二月の日付になっている）になると、このような組織体制を取るようになっていたのである。

（5）松沢家文書「小作組合関係書　第壱号」綴　所収文書（菅野正編『松沢家資料　山形縣飽海郡　小作争議関係資料（その二）』庄内農村調査研究会、一九八一年、九六ページ、に収録）。

（6）北平田村役場資料には、「就職年月日　大正五年」から「大字区長」および「区長代理者」の名簿がある。最後は「就職年月日　昭和十五年四月一日」である。そして昭和一五年一二月一五日から「部落会長」となる。つまり戦時体制下の地域組織「部落会」が発足するのである。

階級闘争か共存共栄か

他方、「荘内耕作聯盟」は、大正一五年五月、日農に参加して以来初めての大会を開き、「日本農民組合山形縣連合会」に改称する。当時の『鶴岡新聞』によると、「農民組合歌の合唱後萬歳を三唱し農民組合中央執行委員杉山元治郎氏は割るゝが如き拍手を浴びて壇上に立ち…一場の演説」を行った後、副委員長の小島小一郎を議長に選んで議事を進行させている。この大会には、庄司柳蔵派のグループは「ほとんど参加しな」かったようであり、「この大会以来、荘内耕作聯盟の委員長と副委員長だった荘司柳蔵と小島小一郎は完全に分裂して小島が委員長に就任した」。これに先立ち、大正一五年三月の日本農民組合第五回大会において、「労農党の結党にともない農民組合内の左右両派の対立が表面化し、…全日本農民組合同盟の分裂」を引き起こしていた。しかし前掲の法政大学の調査報告書によると、「荘司と小島の分裂は中央における分裂の影響もあったが、元来、庄司は地主との協調的な運動に重点を置いており、共栄組合の衰微後にあっては、農民組合に対する批判を強く抱いていたことも見逃せない」と述べている。[1]こうして庄司柳蔵は、この大会後、大正一五年九月、「元の庄内耕作聯盟に帰り、荘内地方独自の農民運動をしなければならない」と声明して、酒田市に独自の事務所を開き、「庄内耕作聯盟の大看板を掲げた」という。[2]左に、この時庄司柳蔵がおそらくは各地主に送ったと見られる文書を掲げるが、これで見ても、「飽迄も闘争により目的を達せんと断言する」日本農民組合に対し「共存共栄の意義に基き解決せんとする」庄司らの立場の対立が分裂の原因であることが明白に述べられている。

庄司柳蔵の日本農民組合脱退の趣意書

…（前略）…

扨て今回吾等庄内耕作聯盟会員は左記の理由により日本農民組合より脱退致し候間今後一層御鞭撻被下度奉願上候

一、吾等は地主及小作人相互の無自覚の為め惹起する農村社会の不安は共存共栄の意義に基き解決せんとするものなるに、彼等は飽迄も闘争により目的を達せんと断言するものに候

二、昨年十二月入会以来既に一萬圓の経費負担度し尚今後大阪本部及東京同盟会には多大の経費を支払はざる可からず斯くては庄内農民の損失たるや言を俟たぬ處に候

三、日本農民組合の幹部は殆んど法律家にして農村の実状や真髄を辯へぬ思想家多く殊に現山形県連合会主事なる林某の如きは私立大学半途退学処分を受けたる危険思想家として其筋の注意人物に候由にて、…（中略）…

斯くの如く彼等の行為は農村を破壊するものにして…（中略）…純粋なる小作農民を煽動して平地に波瀾を起す企画に候間、貴村小作農民に其の魔手の及びたる時は断固として排撃して下され度乍老婆心願上候

　　　　　　謹言
庄内耕作聯盟會長　庄司柳蔵[3]

地主との「共存共栄」を目指した庄司柳蔵らは、どのような運動を展開したのだろうか。しかしその問題に入る前に、右の趣意書において、「経費負担」の問題が語られていることに注意しておこう。たしかに、ここで指摘されているように、全国組織に加盟すればおそらくは負担金が必要だったろうし、その他、全国組織からの来援のための旅費、滞在費等が地元の組合にとって大きな負担になったことは、容易に推定できる。しかしそれだけでなく、運動参加者の士気を鼓舞するための、おそらくは宴席の費用も無視できない程度に上ったようである。一例として、小島小一郎が、小作農民から預かっていた小作米券を売却した件での裁判で、その使い道を裁判長から質問されて、「消費金額は約三千円」、その使途は「遊興費約一千円、鶴岡の某新聞社に一千を提供したがこれは小作問題の輿論喚起のため」と答えたといわれている。[4]この頃の農民運動には「金」の問題がつきまとっていたようで、小島は「農民運動に田畑を始め家屋までつぎ込んでしまってい」たし、後に小島派と庄司派の合併が検討された時も、両者ともに「会計の収支には困難を極めている上に莫大な借財を有していたので…合同できなかった」といわれている。[5]

地主との「共存共栄」を目指した庄司柳蔵らの転進の方向にも、まさに「金」の問題が絡んでいた。次の「庄内耕作聯盟會長　庄司柳蔵」名の文書に述べられているように、その目指す方向は、「報恩主義に立脚し地主小作人相援助し相互の幸福を増進する」ための産業組合の設立であったが、それには当然経費が必要になるわけで、そのため「地主の加入をも勧め」ることになっていた。

地主に対する産業組合への加入勧誘

今般本聯盟の産業組合設立認可申請に関し更めて御加入を御勧め申候曩に再三本聯盟の日本農民組合より脱退したる理由を発表したるも其根本の相違を今一度申上げ御判断を仰ぎ度候

日本農民組合に属する小嶋《ママ》一派の主張は地主と小作人は利害相反する物なるが故に闘争せざるを得ざるものなりとの猿知恵を唯一の信條として宣傳し闘争の方法を研究し且つ農民組合の新潟縣に於ける騒擾の手本に依り行動し居るものに候

…（中略）…

吾等は全人類の悉くを有産階級にしたいと云ふ考へより共存共栄の目標に拠って萬事を解決し様と思ふものに候小作人の寄合は兎角小作人のみの利益を主張し地主の寄合は地主のみの利益を頑張るのが今日組合の通弊に候

過般吾々の申請したる産業組合は報恩主義に立脚し地主小作人相援助し相互の幸福を増進する目的に候…（中略）…何を苦しんで農業に関係なき者又は農業より落伍したる者或は曲げたる心の持主で敢て自ら幹部と稱する者の指揮命令によりて彼等の私腹を養ひ尚多額の經費を支拂ふ事は馬鹿らしき極みに候

右の如く吾等の主張は地主小作人相互の自覚を出発点として生産費を無駄に使わずに収獲を多くする方法を研究し、生産したる物の價ひを増大ならしめ小作権の確立安定を圖り産業組合には地主の加入をも勧め互に農業の改善に努力致し度方針を以て進行中に有之候間貴下に於ても吾等の精神を諒とせられ奮って本聯盟に御加盟あられん事を国家の為切望に不耐候茲に加盟書添へ得貴意候尚御同志御誘因の上折返し御郵送下され度御願申上候

…（中略）…

敬具

大正十五年十月一日

庄内耕作聯盟會長　庄司柳蔵

（以下聯盟理事等署名略）

丸松合資会社御中(6)

右の文書に対応して、次に示すような「出資申込書」が、地主松沢家にも送付されたようで、同家文書「小作組合関係書」綴りに綴じ込まれていた。おそらく松沢家はこれに応じなかったので、記入欄が空欄のままの申込書が残されていたのであろう。

出資申込書

荘内耕作信用購買販売利用組合設立ノ趣旨ニ賛成シ定款規定ヲ承認ノ上出資　口保証金相添へ此段申込候也

（以下中略）

大正　年　月　日

住所

出資申込者

荘内耕作信用購買販売利用組合

設立委員　庄司柳蔵殿(7)

たびたび引用している法政大学学生たちの調査報告書によると、この産業組合の企図には「地主十三名の援助」があったとされ、「小作人一五三名、自小作五六一名、其他十六名計七四三名を以て大正十五年十二月に産業組合法に基く庄内耕作講売《ママ》利用組合を組織した」とされている。実際の事業は「共同講売《ママ》」のみであり、「昭和三年の取扱総金額四六、三〇九円二二銭、内主なものは大豆粕一八、三六五円五六銭、過燐酸石灰九、七七〇円余、混合肥料三、六五〇円、魚肥二、五三〇円、其他硫安、石鹸、魚類、茶、織物類、履物類、紙、薪炭等で、之等の物品は主として大日本造肥料株式会社、中弥商店、阿部弥太郎商店と取引していた」とされている。こうして「最初は順調に行っていた」。しかし「昭和三年庄司組合長は自己の負債五六万に、回収された肥料代金がつぎこまれ（をつぎこみカ）、これにともなって不正事件が続発し組合の信用も揺らいで、後に昭和七年産業組合法によって解散を命じられるに至っている」という。(8)

(1) 法政大学・農業問題研究会、前掲調査報告書、四〇~四一ページ。
(2) 法政大学・農業問題研究会、前掲調査報告書、五〇ページ。
(3) 酒田市牧曽根松沢家文書「小作組合関係書　第壱号」綴　所収文書（菅野正編『松沢家資料　山形縣飽海郡　小作争議関係資料（その一）』庄内農村調査研究会、一九八一年、一〇一ページ、に収録）。
(4) 法政大学・農業問題研究会、前掲調査報告書、三二~三三ページ。
(5) 法政大学・農業問題研究会、前掲調査報告書、四九、九六ページ
(6) 松沢家文書「小作組合関係書　第壱号」綴　所収文書（菅野正編『松沢家資料　山形縣飽海郡　小作争議関係資料（その一）』庄内農村調査研究会、一九八一年、一〇一~一〇二ページ、に収録）。
(7) 松沢家文書「小作組合関係書　第壱号」綴　所収文書（菅野正編『松沢家資料　山形縣飽海郡　小作争議関係資料（その一）』庄内農村調査研究会、一九八一年、一〇三ページ、に収録）。
(8) 法政大学・農業問題研究会、前掲調査報告書、六五ページ。後述する北平田村信用組合の「来簡綴」のなかに綴込まれた「保証責任山形県信用組合聯合会」から「産業組合関係者各位・町村長及有力者各位」宛の、昭和三年一〇月付の書簡に、「荘内組合に資金を融通し米の輸出即ち生産者より消費者への目標に依り販賣を援助したのでありましたが、事志と違ひ大失策を生じ洵に遺憾極りなき次第」と陳謝の意が記されている。これはおそらく本文中で述べた庄司組合長による不祥事を指しているのであろうが、これで見ると、

荘内耕作購買利用組合が米の販賣事業にも乗り出そうとして山形県信用組合聯合会から資金の借り入れを行ったようであり、それが庄司組合長の不祥事につながったのではないかと思う。

本間家のはたした役割

この件にはさらに別の話もあるようである。斎藤寿夫『荘内農民運動史』によると、本間光勇が庄司柳蔵を料亭に招待して、日本農民組合を脱退するならば「十五万円を出資して小作人のための厚生福祉の事業」を説いたという。「荘司氏は光勇氏の意図に乗った」。こうして彼は日農山形県連を脱退し旧荘内耕作聯盟を再起」して、その一五万円で「購買利用組合を設立」したというのである。(1) もしこの話の通りならば農民組合の立場からすれば歴然たる裏切りといわなければならないが、自ら労農運動に携わった経験のある著者の記述なので、少なくとも当時そのような噂が荘内の運動家たちに語られていたことは事実なのであろう。それにしても、これまで見てきた種々の経過からしても、「日本一の大地主本間家」(2) が陰に陽に農民運動の鎮圧のために動いていたことは明らかであり、そこに庄内の農民運動史の特質の一つがあるといわなければならない。酒田には、「本間借り」と云うことばがあり、「毎年十二月になると一戸当り若干の金銭を低利で貸付けて」いて、「貧しい町民はそれで正月を迎えていた」という。このような本間家の「温情」政策は「小作農民にも長い期間に渉り浸み通り、階級的自覚を遅らせていた」とこの著者はのべている。(3)

(1) 斎藤寿夫、前掲書、六八ページ

(2) 古典的に「千町歩地主地帯」(山田盛太郎『日本農業生産力構造』岩波書店、一九六〇年、一九ページ)といわれた「山形庄内」、「宮城仙北」、「新潟蒲原」、「秋田仙北」のそれぞれから最大の地主を取ってみると、田畑合計で庄内の本間家(信成合資)一七四九・六町歩、宮城仙北の斎藤家一四四八・二町歩、新潟蒲原の市島家一三四八・二町歩、秋田仙北の池田家一〇四六・二町となっている(「大正十三年六月調査　五十町歩以上ノ大地主　農務局」、農業発達史調査会編『日本農業発達史』改訂版7、中央公論社、一九七八年、

七二六、七三三、七四八ページ)。そのなかでも、庄内本間家がとくに規模が大きいことは見られる通りである。
(3) 斎藤寿夫、前掲書、七九ページ。

第三節　小作争議から産業組合運動へ

産業組合運動の「両雄」

しかし産業組合自体は、小生産農民にとって重要な課題であったことは疑いえない。庄内の小作争議の担い手であった自小作上層は、この後農民組合運動としては停滞、あるいは消滅する戦時期において産業組合運動へと転進し、それが戦後の農業協同組合の前身となったのである。しかしそこには、小作争議とは別系統の動きが流れ込んでおり、その中心的な担い手にも別の「両雄」があった。すなわち、旧東田川郡新堀村落野目(現酒田市)の山木武夫と旧飽海郡北平田村(現酒田市)の渋谷勇夫である。この頃、渋谷は自作五町二反、貸付三町五反、山木は自作二町五~六反、所有は二一~二二町の、それぞれ在村の手作小地主であり、ともに山形県自治講習所において加藤完治の薫陶を受けた友人だったのである。一九七三年時点の著者等との面接の際[1]、渋谷勇夫は「加藤先生からは、農民がしっかりせねば、と教えられた。人間として鍛えられた」と述べている。また山木の追悼文集には、「山木翁曰く。……毎日の実習実習でもう明日からはたくさんだ、と思っても加藤先生と一緒のうちにもう一生懸命働き汗を流している。労働の尊さが身に付き教えられ励んで行くのだ実に不思議だ」とある[2]。山形県自治講習所の出身者には、後の余目町長富樫義雄、酒田農協長伊藤惣治郎など庄内の各分野で活躍する人物を生んだが、そこには、このような「不思議」な加藤の影響力があったのかもしれない。著者等との面接の際、渋谷は、「加藤先生の考えには産業組合も入っていた[3]」が、産業組合にとくに関心を持ったのは、「自治講習所を出てから郡役所で開催された有馬頼寧の講演によってであった」と述べている。その後、酒田でも講演会があり、この時は「小島小一郎などとも一緒で、彼はそれから農民組合運動に行き、自分は産組に行った。自分としては農民組合運動には親近感を持って産組運動をやっていた」と述べている(4)。渋谷と山木はそれぞれ信用組合から出発し、北平田村信用組合は昭和二年創設、部落単位の落野目信用組合は昭和三年創設、翌年行政村範囲の新堀信用組合に発展している(5)。

なお、加藤完治の産業組合に対する見解については、筆者は詳らかではないが、少なくともそれを強く推奨する態度を取っていたことは、山形県萩野の開拓に寄せた次の一文にも明らかである。このような加藤の産業組合に対する理解は、戦前期の「老農」といわれた清水及衛《ともえ》との交流から学んだもののようである。

「萩野の開墾」

…（前略）…

それからその次に一軒一軒の農家の方方の農業経営の方針を立てる。なるべく家中して、適当に労力の分配をして、最も理屈にかなった農業経営をやる。毎年毎年一年間の労力をきちんと一月、二月、三月というふうに分配をして、一月には何と何をする。二月には何をする。…というふうに、十二月までずらっと自分の家にある労力をきちんと分配する。

…（中略）…

それからもう一つは、産業組合を盛んにしなければいけない。どうしても一緒になって、昔の五人組制度のように一部落、更に進んで一か村の農家が固く手を結んで、共同してやらなければ、なかなか小さな日本の農家は経営が難しい。

…（以下略）…。(6)

（1）この面接は、山木武夫、渋谷勇夫の両者に対して、一九七三（昭和四八）年三月一〇日に酒田市内で行われた。面接者は菅野正、田原音和、および細谷昂の三名であった。実はその前日（三月九日）、当時渋谷が運営していた河村食菌（この会社については、東亜連盟との関連で、第六章第三節で触れる。参照頂きたい）を訪ねて、産業組合設立の頃の話を聞いていたところ、渋谷が、それでは山木と一緒に話をしようといって、その場で新堀落野目の山木の自宅に電話をして、面会の席を設定してくれたものである。この時の渋谷の厚情は永い庄内調査の中でも忘れがたい一齣である。

（2）山木恭一編『米よ組合よ故郷よ　山木武夫翁の生涯』同書刊行会、一九八九年、一〇～一一ページ。

（3）一九七九年八月時点の筆者の調査ノートによる。

（4）一九七九年八月時点の筆者の調査ノート、および右の一九七三（昭和四八）年三月時点の筆者の調査ノートによる。

（5）酒田市史編さん委員会編『酒田市史』酒田市、一九九五年、五二三ページ、落野目五百年史編集委員会編『五百年のあゆみ　落野目村史』落野目自治会、一九九二年、六八三ページ。

（6）加藤完治「清水及衛翁」『加藤先生　人・思想・信仰』加藤完治全集　第四巻（下巻）、加藤完治全集刊行会事務局、一一三九～一一九三ページ。清水及衛とは、大西伍一の紹介によると、明治六年生まれ昭和一六年歿、群馬県勢多郡木瀬村の人、船津伝次平の指導を受け、若い頃より「農業日誌をつけ自家農業の実態を把握して、村の仲間と積縄組合（村祭の費用としてみんなの縄ない代をもちよる）をつくる。ついで積穀組合（苗代にまく籾種を塩水選にして約半量の籾種を残しその金額をもちよる）をつくる。ついで共同貯金、共同購入、共同水車の設置。明治三十二年、産業組合法の施行に応じ県内最初の野中信用組合を作る」という人物だったようである（大西伍一『改訂増補　日本老農伝』一九八五年、農山漁村文化協会、六五九ページ）。なお、加藤完治と山形県立自治講習所については、森芳三『昭和期の経済更生運動と農村計画』東北大学出版会、一九九八年、六六～七六ページ、を参照されたい。また農本主義者としての加藤完治については、武田共治『日本農本主義の構造』創風社、一九九九年、三二四～三四六ページ、とくに庄内と加藤完治との関わりについては、三九八ページ、を参照。

町方大地主との闘いとしての産業組合運動

右に語られている三点、つまり、第一に在村の手作小地主としての存在、第二に、一般には「農本主義者」、「満蒙開拓青少年義勇軍」の創設者として知られている加藤完治の薫陶、第三に農民組合運動への親近感、これら三点は、どのように結びつくのだろうか。それはおそらく、町方の商人大地主への反発、批判意識にあるだろう。またその背景には、地主といいながら在村の手作地主として、自ら耕作するものへの共感があったろう。たしかに、かれらの産業組合運動の最大の闘いは、それぞれ昭和九（一九三四）年に実現した農業倉庫の建設だった。当時酒田には、旧藩士団が運営する「山居倉庫」という米券倉庫があって、そこの入庫券は全国でももっとも信用があり、多くの町方地主は、その米券で小作料を納めさせていた。また鶴岡の地主たちは、この山居倉庫に対抗して、鶴岡倉庫を建設して、同様に米券を発行していた。産組の倉庫建設はその牙城にくさびを打ち込むわけで、渋谷によると、「山居」の妨害を心配して、建設作業に従事する農民に保険を掛けたという。このような町方の商人大地主の地域支配は、藩政期以来の庄内の特質であり、これまで見てきた小作争議も在村地主ではなくこれら町方地主を対象に闘われたのであった。

庄内米と米券倉庫

それでは、産組運動の闘争目標となった庄内の米券倉庫とは、どのような組織だったのであろうか。庄内農民によって生産された庄内米の、商品しての流通の問題である。その点に関して、大正一〇年に酒田米穀取引所が刊行した『酒田米券倉庫由来及現況』という文献を繙いてみることにしよう。この文献はまず「米券法の由来」として次のように述べている。

……（前略）……

元和八年舊藩主酒井家荘内ニ転封セラル、ヤ老臣柴谷右衛門精励治ヲ圖リ……其貢納米ノ如キハ江州大津ニテ行ハル、米券制度ヲ採用セシメタリコレ現今行ハル、米券法ノ濫觴ニシテ……。

右米券法施行ノ設備トシテ七ツ倉（鶴岡城廓内ニアル七棟ノ倉庫）ト称スル倉庫アリ其貢納米ノ三分ヲ之ニ納入セシム其納米ハ上藩主ヨリ下給人ニ至ルマテノ一ヶ年間ノ飯米ニシテ……（中略）……。

仁井田蔵（酒田仁井田川ニ沿フ二十五棟ノ倉庫約九万石ヲ容ル）ト称する倉庫ニハ其貢納米ノ七分ヲ納入セシメ米券（當時米札ト称スルモノ……（以下略）……）ヲ発行シ藩士ノ禄高ニ應シ之ヲ給与セルモノナリ……扨其米券ヲ賣拂フニハ米問屋ニ随時賣拂フモノナリ享保年間大阪堂嶋加州金沢及出羽酒田ニ米会所設置ノ允許ヲ蒙リシヨリ米商ノ進歩ニ伴ヒ専ラ此米券ヲ以テ転々賣買スルコト猶方今ノ倉荷証券ノ如クニシテ米問屋ハ随時仁井田蔵ニ至リ現米ト引替出庫船積トナシ多クハ大阪地方ニ輸送スルヲ常トセリ。

舊藩時代ノ貢納米ニハ小作人ハ非常ノ注意ヲ拂ヒ若シ納期ノ検査ニ際シ乾燥調整俵装枡量ノ均一等一モ欠クルアリテ不納米アルトキハコノ上ナキ恥辱トナセリトイフ以テ如何ニ以上ノ諸點ニ於テ善良ナリシカヲ推知スヘキナリ……[1]。

つまり庄内の米券倉庫は庄内藩設立以来の歴史を持つもので、藩主・藩士に対する俸禄はすべて米券で支給され、その米券は一種の有価証券として「転々と賣買」されたのであった。しかもその納米については、欠けることがあれば貢納する農民にとって「コノ上ナキ恥辱」とされたという。なお、大正期に刊行されたこの文献は小作人と書いているが、藩政期においてはむしろ貢納する百姓一般についてそうであったと見るべきであろう。

ところが明治の変革によって藩権力が解体されると、このような米の流通機構も混乱し庄内米の品質も低下して、その声価も地に落ちる状況となってしまった。そこで酒田の商人達が酒田米会所の設立を企画して、本間家の参画を依頼したりしたが、容易に計画は纏まらなかったようである。その時、旧藩の重鎮管実秀が、酒井家の了解のもと、「酒田米会所」の設立に乗り出す。発足当初はその経営は困難を極めたが、明治二二（一八八九）年にようやく黒字に転じ、明治二六（一八九三）年に取引所法の制定に基づき「酒田米穀取引所」に改組、倉庫の建設に踏み切るに至り、明治二六年七棟、二七年に四棟、二八年に二棟、三〇年に一棟と合計一四棟が建設された。これが「山居倉庫」であるが、高橋義順『山居倉庫の創業と転換』によると、それらは左のような造りで建設されたという。そのため山居倉庫は、本間家の仁井田倉庫を壊滅させた明治二七（一八九四）年の酒田地方大震災をも無事に乗り越えることができた。

一丈二尺の盛り土の周囲を四十五度の傾斜をもった石垣で固め、さらに地盤を堅牢にするために、倉庫の各礎石の下には、長さ二間の丸太杭を打ち込むという堅固さであった。

周囲は六寸厚さの壁に塗り固めた完全な土蔵造りで、屋根は二重になっていて、その間の空気の流通をはかり、積み重ねた俵の鬱熱を放散すると同時に、屋根からの伝導熱を防ぐ役割をしていた。換気窓の配置も、天窓をはじめ、合掌や側面に綿密な計算のもとに配置された。土間は苦塩汁《にがり》で塗り固めた二尺深さの敲土《たたき》にし、さらに土間の上には塩を一寸厚さに敷き、倉庫内の湿気を吸収するようにした。

それに日本海の方から射しこむ西日を防ぐために、欅の並木を植えた。これは現在、みごとな巨木になって倉庫の屋根を覆っている。(2)

山居倉庫は、右のような成立事情もあり、一般に「御家禄派」と呼ばれていた旧藩士団によって運営された。その運営は、次のような綱領に基づいて行われ、その厳格な品質管理によって庄内米の声価を全国に響かせることになる。

山居倉庫綱領

一、山居倉庫は、徳義を本とし事業を経営して以って天下に模範たらんとす。
一、山居倉庫の目的は、荘内米の改良を図り、地方の福利を厚くし以って国家に報ずるにあり。
一、山居倉庫は、己を正しくし親切公平を旨とすべし。
一、米の取り扱は、常に神に祈請する心を以ってすべし。
一、職責を重んじ、上下力を協せ克く勤めて怠ること勿れ。(3)

こうして、山居倉庫に代表される「庄内米は一名夏米といはれ」ていたが、(4)これは、現代のような籾貯蔵ではなく玄米貯蔵だった当時、夏になれば食味が落ちるのが一般的だったのに対し、山居倉庫米はその厳格な品質管理によって、夏になっても食味が落ちないと評判を呼んだという意味である。しかし、ということは、山居倉庫に米を納める農民にとっては、その厳格な米検査によって怨嗟の的でもあった。旧士族団からなる山居倉庫職員は、例えば入庫米に対する鑑定技術において「名人芸」ともいわれる程であったが、他方、「山居倉庫職員の農民に対する傲慢な態度は、当時の農民が山居倉庫職員を『お倉のダンナハン』と畏敬して呼ばざるをえないほどであった」という。(5)

他方鶴岡町には、明治二八(一八九五)年、「御家禄派」に対抗する「平民」の商人地主たちによって、株式会社鶴岡米穀取引所が設立され、その「鶴岡倉庫」が建設されて、これまた米券を発行した。その中心は、民権派の商人地主平田安吉であった。また巨大地主本間家は、独自に通称「丸本倉庫」を運営していたが、これらの庄内三倉庫は、山形県の検査を免除されるほどの権威をもっていた。とくに山居倉庫は、県検査員の養成を担当するほどであった。[6]

これまで見て来た庄内稲作の展開過程との関連でいえば、このような米券倉庫の隆盛は乾田化の進行と耕地整理という、明治農法の形成過程と軌を一にして進んでいることに注意したい。明治二〇年代末から明治末にかけてである。このような明治農法の形成は、庄内稲作の収穫量の向上に寄与し、それが地主の経済基盤となったのであった。まさにその頃、「山居倉庫は、庄内地主制の先頭に立って、一方で地主の小作米収取を代行し、一方で入庫米の商品価値を高めることによって、地主の利益に奉仕する役目をはたした[7]」ということができる。耕作農民からすれば、耕地整理を引き金として小作争議という反地主の運動が盛り上がった後、産業組合運動として米券倉庫に対抗する農業倉庫建設運動に向かうのは、極めて自然な動向だった。渋谷勇夫が、小島小一郎の小作争議に「親近感」をもって産組運動に取り組んだというのも、まことに当然の理だったのである。

(1) 株式会社酒田米穀取引所『酒田米券倉庫由来及現況』大正一〇（一九二一）年、一～二ページ。
(2) 高橋義順『山居倉庫の創業と転換』社団法人丕顕会、一九八九年、五～六ページ。
(3)『荒木幸吉翁講演　荘内の米券制度について』酒田市役所・酒田商工会議所、昭和二七（一九五二）年、五ページ。
(4) 高橋義順、前掲書、一〇ページ。
(5) 小山孫二郎「大地主と省内米の流通――山居倉庫の顛末――」、農業発達史調査会編『日本農業発達史』別巻上、一九五八年、七四〇～七四一ページ。
(6) 小山孫二郎、前掲論文、七三八～七三九ページ。
(7) 小山孫二郎、前掲論文、七四三ページ。

産業組合の発足

このように、商品としての庄内米の流通は、町方の商人地主の利益に奉仕する米券倉庫に握られていた。それに対して闘いを挑んだのが、産業組合運動であり、反商人地主という意味では、それは小作争議の流れの展開線上にあったということができよう。しかしそれならば、渋谷勇夫の北平田村産組や山木武夫の落野目あるいは新堀産組の設立資金はどうしたのか。ここにも「金」の問題はあったはずだが、しかしその工面の仕方は庄司柳蔵等の荘内耕作聯盟の産業組合とはまったく異なっていた。山木の落野目信用組合は「米五升出資」と云うことで有名になったという。つまり「出資は反当り米五升を出資金とすることにした。それは一石当り米価を三拾円と看做し一斗を参円とふむと、小作料の差引分五升が出資に廻し、それに地主から五升分を加えて貰うと一斗分即ち参円分となる。第一回の払込みを十分の一以上としたので、出資一口参拾円として取扱って進めたが、自作農の人も、地主の人も問題なく、それぞれ出資し五八九口の一、七六七円出資総額となった」[1]。これは山木の追悼文集からの引用だが、先にも参照した一九七三年時点の筆者の面接ノートには、山木の談として「土台金として小作料を一斗二～三升減免して、そのうち六分は地主の名、四歩は小作人の名で積み立てて、組合を作った。報徳社の考え方だった」とある。ここで「土台金」といわれている内容は必ずしも明確ではないが、正式に一口三〇円の出資金を集める前の、部落内の合意形成時の「土台金」だったのであろうか。ただ、ここでいわれている「地主」とは、先に示した庄司柳蔵名の「出資申込書」によって荘内耕作聯盟が出資を募った「地主」とはまったく性格が異なる事に注意しておこう。当時落野目には、「小作地四〇町弱、そこに零細地主が五戸、小作人三〇余戸」だったという[2]。右に見た資金募集も、あくまでも落野目部落内の組合設立のためであり、地主といっても、山木家を代表例とするような部落内の手作小地主であって、むしろ性格的には自作に近く、その意味で小生産者としての産業組合に対する設立要請に基づく出資だったと考えられるのである。

他方の渋谷勇夫の北平田村産組の設立は、どのようにしておこなわれたのだろうか。そこで気になるのは、庄司柳蔵が取り組んだ荘内耕作聯盟の産業組合と、渋谷の北平田村信用組合の関係である。両者とも北平田村の人であり、北平田村信用組合の「設置許可申請書」には、申請者名として当時の北平田村長渋谷喜夫の他、有力農民と並んで庄司柳蔵の名前が、しかも筆頭に記されている。(3) 渋谷喜夫は、在村の小地主であった。渋谷勇夫の回顧によると、「柳蔵と喜夫が相談して申請したのだろう。耕作人組合が各部落長に話して、賛成を得て作った」という。あるいは「村長等が農民組合を抱き込んでやったこと」ともいわれている。申請者の多くが農民組合関係者であることも、この間の事情を物語っていよう。しかし、柳蔵については「運営について信用できないので、村の収入役だった自分にやらせた。庄司柳蔵は運動家で、金を扱うような仕事には向いていない。それでがらりと役員を換えて、村長が組合長、自分が専務で昭和二年に出発した」という。また渋谷の興味ある証言として、「当時は区長の方が村議より上、だれを村議にするとか区長が推薦した」といわれている。(4) 申請者に農民組合関係の区長代理が多いのも、あるいは区長がそういう人物を適任者として選定したのかもしれない。ともあれこのようにして、農民組合の積極的な関与によって北平田村の産業組合設置申請書が出されたわけだが、しかし設立当初は、次の「事業の概況」にあるように、「組合員ノ貯金ナク」運営に困難を極めたようである。

事業の概況

本組合ハ、設立早々ニシテ未ダ其ノ緒ニ就カズ。組合員ノ貯金ナク、只ソノ時恰モ年末ニ近ク、年末取引ノ為メ借入レヲ申込ム組合員多ク、幸ヒ北平田村収入役の貯金ヲ得テ、最低三〇円ヨリ最高一五〇円マデ二六名ニ貸付シタリ。本年ハ一般ニ不景気ニシテ、殊ニ農家ニアリテハ収量ニ於テ一割乃至一割五分ノ減収ニシテ、米価ニ於テ二割ノ低落ナレバ、今秋返済ノ予定ニテ商人ヨリ借リタル肥料代ニ窮スルモノ多ク、又農馬購入、小作田譲受金等ニ窮スルモノアリ。昭和三年度ノ肥料購入期ニハ農家困憊モ一層甚シカルベク、随テ資金ノ需要多カラン。(5)

しかし「北平田村収入役ノ貯金ヲ得テ」何とか組合員の肥料代等、経営資金の需要に応えることができた。つまり資金面でも北平田村財政からの支援によって、ようやく「信用組合」としての機能をはたすことができたのである。このように北平田村信用組合は、たしかに設立にあたっては庄司柳蔵派の荘内耕作聯盟の強力な支援を得て発足したが、しかし設立後は村長が会長、その指名で専務理事に収入役を当て、組合経理の面でも村財政の支援に依存するなど、むしろ村当局と一体の運営だったと見ることができよう。ちなみに、発足後、庄司柳蔵は北平田信用組合の理事に就任しているが、同信用組合の「会議録」によると、役員会、理事会等の会議には一度も出席しておらず(6)、実際の運営に関しては村長つまり会長、収入役つまり専務理事という村当局者の運営に一任の態度を取っていたようである。ここで注意しておきたいのは、村長や収入役などの村幹部、したがってかれらが就任した産業組合の会長、専務理事は、在村の小地主ないし手作地主層であったが、他方の農民運動関係者は自小作上層というこの村の農民の多数を占める層であったという点である。この意味で、北平田信用組合はまさに村(行政村)を挙げての産業組合だったのである。組合員数としても、昭和二年一二月の設立総会時に二八三名(総農家戸数三〇四戸の九三・一%)に達していた(7)。

ということは、ここでもまた部落との深い関係が登場する。「出発した信用組合はまず区長を産組の『世話係』に依嘱して、部落と産組の関係の一切をとりしきってもらった。このことが北平田の産組活動の基礎をなした。たとえば、出資金も部落に割りつけて部落単位で消化してもらう方式をとった。……また信用組合(一九三〇年四種兼営になってからは信用事業)の運営にもっとも重要な役割を果した信用評定委員が、区長ないし区長格の人間」であり、「借入れ希望者について評定委員レベルで部落単位に審査選定し、区長を通して借入れの申込みをする方式をとっている」。しかも肥料資金など農業生産用資金の貸付については、「一〇名以上連帯ノ場合ハ、各人ノ信用程度合計額マデ増加貸付スルコト」と、渋谷勇夫の評言によれば「事実上の部落連帯制」をとっている。さらに、信用組合が「信用購買販売利用」の四種兼営に事業を拡大（一九三〇年一〇月）してからは、各部落の農事実行組合長が「購販委員」として大きな役割を果たした。こうして「部落が丸ごと産組の傘下に入ることによって、はじめて北平田産組の苦しい経営を何とか軌道にのせることができたのである」[8]。この点、中野曽根部落の佐藤喜三郎の回顧によれば、「昭和五年に信用購買販売利用の四種兼営の組合に事業を拡大するようになったので、実行組合でも産組に手伝わされるようになり、組合長が購買委員の依嘱をうけていた。渡部某が初代購買委員になり、砂糖の共同購入の際元役場前にかかっていた石橋の上で黒砂糖を割って袋につめる作業をやったそうである。昭和五、六年頃は米価が五、六円まで値下がりし肥料を共同購入するようになった。それは肥料代金を手軽に借入れ出来たためで、肥料商から購入する者がなくなったのである。又昭和五年には実行組合の系統機関である北平田村農会は飽海郡農会の賦課金が多額であるということで郡農会より脱会し北平田興農会を組織し、会長には佐藤弥治右衛門が就任した」という[9]。

以後、「北平田村信用販賣購買利用組合」の発展のあゆみには、肥料の配給制度、農産物とくに米穀の国家管理など、国家の経済統制への動向が密接に絡んでいる。そして、こうして展開されてゆく戦時期の産業組合が戦後の農業協同組合へと接続して行く。また戦時期の労働力不足の中で庄内の自小作上層が取り組んだ交換分合と、それにかかわる自作農創設は、戦後の農地改革の先駆的意味を持ったのであった。しかしこれらの経緯については、第七章に譲ることにする[10]。

(1) 山木恭一編、前掲書、一一二ページ。

(2) 先に紹介した一九七三年三月における山木、渋谷両氏との面接時の筆者の調査ノートによる。
(3) 大正十五年「(北平田) 産業組合設立許可申請」書 (旧飽海郡北平田村農業協同組合文書) による。
(4) 一九七九 (昭和五四) 年八月時点の渋谷勇夫との面接ノートによる。
(5) 北平田村信用組合「一九二七 (昭和二) 年度　業務報告書」(菅野正・田原音和・細谷昂『東北農民の思想と行動――庄内農村の研究――』御茶の水書房、一九八四年、二四三~四ページ)。
(6) 有限責任北平田村信用組合「會議録」昭和二年起、による。
(7) 組合員数は昭和二年一二月二四日の設立総会議事録により、農家戸数は「山形県飽海郡北平田村治一覧　昭和三年六月」(数値の年時は、昭和二年一二月現在) による。ただし、農家戸数は、同村治一覧の自作農、小作農、自作兼小作農数の合計によった。
(8) 菅野正・田原音和・細谷昂、前掲書、二四五~九ページ。
(9) 佐藤喜三郎の手書き草稿『中野曽根部落のあゆみ』一九八一年、一八ページ。
(10) また先行研究として、菅野正・田原音和・細谷昂、前掲書、二五〇ページ以下を参照されたい。

第六章　昭和期農法普及組織の展開——松柏会・東亜連盟・農村通信

第一節　家、村の農業技術伝承と青田巡り

部落ごとの農業技術研究グループ

後に紹介する『農村通信』の稲作講師をつとめた高橋保一は、一九七八（昭和五三）年時点の筆者達との面接の際に、庄内における稲作技術の伝承について次のような回顧を語っている。[1]「戦前（昭和期）各地域に農業技術研究グループはあった。いずれも部落単位での自主的組織で、何々農友会などといった。上城輪[2]の例だと、庚申祭の夜集まって農事についていろいろ話し合った。上城輪庚申会といったか、精農会といったか。産業組合の時代に入っても、この研究グループは続いた。農業会になって、そのグループを支部の形で組み込んだ。それが実行組合に発展的に解消した。それから農協になって、生産組合と呼ばれるようになったが、今でもそれとは別に有志の研究グループがある。下城輪生産組合の中に一四人の研究グループがあり、稲精会と名付けて生産組合を動かしている。本楯管内でもトップの成績を挙げている」。

ここで注意しておきたいのは、「戦前（昭和期）」において、庄内の各地域に、部落単位に自主的な農業技術研究のグループがあったということである。家、村論の観点からいえば、それぞれの家ごとに、経営主である父親から後継の息子が農業技術を教え込まれて「鍬頭」として育てられ、そして、おそらく父親がまだ若い場合は父親、息子が「鍬頭」

として十分な能力を持つようになっている場合にはその息子が、庚申の夜、部落の中で集まって農法について語り合い、家を越えて村つまり部落単位で農業技術を交流する寄合があったのである。[3] しかし高橋の回顧によると「昭和五〜六年頃までは、庄内全体としての流れはなく、各地域、部落ごとの努力は孤立した動きだった」という。

なお、ずっと後になるが、実は後に紹介する『農村通信』誌の一九七六（昭和五一）年一二月号に「集団で反収八〇〇キロに挑戦する研究グループ」というテーマで、「下城輪稲精会」が紹介されている。その記事では、「昭和五十年度から有志の集まりを『稲精会』と名付けて、イナ作の研究に打ち込むことに」なったといわれている。[4] しかし右の高橋先輩の言によると、城輪部落ではもっと前、昭和初期から庚申の夜に集まる農業技術研究の有志の集まりが行われていて、この「稲精会」もその流れを汲んでいるようである。右において上城輪あるいは下城輪といわれて食い違いがあるが、この記事では「大字城輪は部落や生産組合の運営の便宜上、ふだんは上と下とに分かれて」いるとされている。城輪部落では、庚申講が上と下の二つに分かれていたのかもしれない。庄内の部落は協議、契約、共同の組織として強い結びつきを持っていることは、これまでたびたび見てきたところだが、しかしそのなかを、たとえば回覧板を廻すなど各種連絡のためや、トラクターによる共同耕耘など農作業上の便宜などのために、いくつかの班に分けることはしばしば行われており、城輪の場合もそうだったのであろう。それらは、しばしば藩政期の五人組の継承、あるいはその組み替えによって編成されている。

（1）一九七八年八月時点の筆者の調査ノートによる。

（2）ここで城輪《きのわ》とは、昭和六（一九三一）年に、「平安時代の出羽国政庁跡」とされる「城輪柵」跡が発見され、それにちなんで城輪とよばれるようになったが、近世においては、宮形村であった。明治九年の地租改正時に近隣の宮形、星川興野、木之内の藩政村三ケ村が合併して、城輪村とされた。後、町村制によって明治二二年に城輪を含めて近隣七ケ村の合併で本楯村が成立し、その大字となった（誉田慶恩・森芳三・横山昭男編『山形県地名大辞典』角川書店、一九八一年）。

（3）庄内地方でも、庚申の日には眠らずに身を慎まねばならないという俗信から部落で集まって徹夜で語り合うという庚申の行事は広く行われており、おそらくそれが転化して農業技術について語り合う寄り合いになったものであろう。
（4）『農村通信』第三四九号、株式会社農村通信社、一九七六年一二月、一二ページ。

阿部太一の回顧

ところで、高橋保一のいう「庄内全体としての流れ」が出来る前についての庄内川南の一農民の回顧を参照しておきたい。語るのは阿部太一という旧西田川郡大泉村白山《しらやま》部落の人、次に一九八五（昭和六〇）年の筆者の調査ノートから抜粋して掲げるのでご覧頂きたい。阿部は明治四〇年生まれ、語ってくれた時はすでに八〇歳近い年齢だったが、資料にあるように、昭和九（一九三四）年の不作に直面して、ある学者の気象と豊凶との関係についての著書を読み、自ら発心して朝九時と一〇時に気温などの気象観測をして五十余年、後に注で紹介する『稲作豊凶の予知はできないか――五五年間の気象観測の記録』という著書を刊行したほどの人物である。そのほか、若い頃、昭和一〇年から日記をつけていて、報告者が面接した時に借用、拝見することが出来た。そういう人だから、記憶はまことに鮮明で、しかも時に著書や日記を繙きながらの談話なのでほぼ正確といってよいであろう。そこには、まことに貴重な記録が含まれているので、ここに参照することにしたい。また彼は歌人でもあり、日本歌人クラブ会員である。

阿部太一の回顧（1）(1)

明治四〇年生まれ。農業技術は父から学んだ。見よう見まねで。
部落に隆耕会という組織があった。明治の終わり頃からこの部落にあって、阿部九左衛門という自作農の人が発起して、白山で独自に作ったもの。実行組合の前身になる。隆耕会は白山独自だが、他の部落にも広がって、それぞれ名前をつけて興農会[2]の支部みたいな形で動いていた。

隆耕会の中で自然発生的に堆肥舎建設の無尽をしたことがある。大正年間から戦後までかかった。五円ずつ出し一年一戸ずつ建てた(二戸の年もあった)。貨幣価値が下がって、後の人が損するのでもめたことがあった。白山は今農家は四六戸、無尽加入者は三五戸位。入らない家もあった。その頃白山は平均四町二反。県下一だった。大きいのは、藩政期三〇〇年前(享保九年)に木村谷地という泥炭地を開墾したから。

自分の家は昭和四年から小作。親族の衆議院議員をした人の保証をして所有地をなくした。もとは水田所有七町(自作六町五反、貸付五反)、山二二町。それをすべて失った。木村某家[3]の小作になった。小作になってから二町六反作った。農学校に入ったが、貧乏になって途中でやめた。

昭和九年にあまりに不作したので、それ以来朝九時と十時に気象の記録をつけ続けている[4]。農学博士稲垣某の『稲作豊凶予知論』(明治四〇年)という本がタネ本だ。やってみたら、その通り当たるもんだ。それで自分ばかりビンビン上作した。昔はみな基肥なので、後から天候がおかしくてもどうしようもないものだった。

化学肥料が出てくる前は大豆粕。朝鮮から加茂の港に入った。一枚七貫二百、肥料はそれだけ。一枚半とか三枚とか、人によっていろいろ入れた。昭和四、五年までこれの単肥でやった。藁は焚いた。ご飯炊くのによくつかった。堆肥は山の草刈ってきて作った。肥料は、ワラ灰と人糞尿を混ぜてやった。『ゲスアク』といってよく効いた。これは最高の肥で、ナスの畑、他に糯の田にやった。重粘土質のところが糯によい。

そのころは福坊主。大豆粕を使った。昭和三年に乾田にした[5]。その前は備中鍬で手打ちでやった。自分もやった。大豆粕使い、福坊主にしたことで、泥炭地帯は、乾田効果といっしょになって、よかった。一束で二升三合もあった。

反当一五〇束も刈った。二升で三石、当時としては二升三合はすばらしかった（反当三石四斗五合）。昭和六、七年、福坊主はイモチついた。大豆粕のやりすぎだ。『ビン坊主』になって、あれからスパットやめてしまった。それからはどう作っても、だめなもんだった。

大正一五年に初めて硫安使った。一俵一〇貫目で五円。過燐酸一〇貫一円二〇銭。化学肥料は大豆粕に混ぜてだんだん使うようになった。そうしたら、ワラばかり出来て実入らない。農会がこれではだめだ、指導しなければというので、肥料会社を作って魚粕、大豆粕、燐酸加里、硫安など混合して一号、二号、三号という名で出した。会社で混合したもの。アンモフォースという名前のものもあった。ところが農家がその配合のデータを覚えたので実行組合で単肥買って混ぜて使うようになって、それで会社は失敗。三年か、せいぜい四、五年位でつぶれた。

化学肥料が入ってきた頃、失敗が多かったので、部落では隆耕会が配合肥料の技術指導をした。初めは苗代肥料の指導。苗代坪人糞尿二升が化学肥料入って来る頃の基本。それに若干の化学肥料を入れる。一升なら化学肥料この位、入れない時はこの位とか指導。あの頃は半分は苗代休めていた。カラトリ芋植えていた。通し苗代といった。そこは肥えていてNは要らない。そこに化学肥料入れて失敗した。自分が働いた当初なので、よく覚えている。

農家が肥料に手出すと失敗する。戦時中、米の横流しで肥料をやった人はみな失敗している。

肥料購入は鶴岡の肥料商。丁字屋とか、油屋茂右衛門とかいろいろあった。純粋の商人達で地主はやらなかった。大本は三井物産。朝鮮から豆粕入れた。化学肥料は多分生産会社からまっすぐ来たと思う。農会ルートでも入った。

産業組合は、この村（大泉）あたりでは遅い。栄（西田川郡の旧行政村、現鶴岡市）その他で失敗した例多く、自重していた。初め、昭和八年、消費組合を白山など三ケ所でやった。三年くらい。部落単位で、一三部落のうち三つ。その機運を見て木村（注(3)で紹介する大地主）さんが昭和一二（一九三七）年四種兼営でやった。

肥料資金は業者から秋まで借りた。無利子。産業組合できても、それでも半分くらい業者から買った。昭和五年、一番困った。米が安い。一石で一三円一〇銭、その肥料が五円ということもあった。昭和五年産米、昭和六年までのこと。それで借金になった。仔豚が五円五〇銭、肥らせて二〇貫で七円。地主からは借りない、業者が貸すので。大正一四年に米価石当り三九円八〇銭、昭和五年は二〇円、一番安い年は昭和六年で一六円。

借金になると、抵当して銀行から借りて業者に返す。払えなくて次の年返すと、利子がついた。六七銀行は抵当を取ったので、無尽がいろいろあったらしい。昭和五年から一四、一五年頃は土地が動いたものだ。その後は適正小作料になった。

阿部家は、もとは所有水田七町歩（自作六町五反、貸付五反）、山林二二町歩という自作大規模経営だったが、親戚の某代議士の保証人になって土地を失い、小作人になって二町六反作っていた。家が小作に転落したために、いったん入った庄内農学校をやめざるをえず、したがって学歴は小学校止まりということになる。しかし右に述べたように、凶作に直面してその原因を探るべく、気象観測を始めしかもそれを一生続けるという、科学的といってもよいような態度と粘り強い気性の持ち主であった。

かれは「農業技術は父親から学んだ、見よう見まねで」と語っている。大正初期のことだろう。家における父から後継者への技術伝承が基本なのである。それとともに、白山にも「隆耕会」という、部落単位の自主的な農業技術研究の会があったことに注目しておきたい。それが、大正期から昭和にかけて、自分たちで無尽をやって各家の堆肥舎を建設したほど、活発な活動をしていたのである。城輪の「精農会」に当たるのだろうか。ただし白山の辺りの部落単位の「隆耕会」等は、在村手作り地主層が中心になって作った「西田川郡興農会」の刺激を受けているようにも見えるが、農民たちが自主的に部落単位で作ったという基本性格は同じと見てよいであろう。この時代、農業技術の伝承と改善は、やはり家と村つまり部落がその場だったのである。

白山では乾田化は昭和三（一九二八）年とのことで、西田川でも遅い方のようだが、その理由は分からない。その前はやはり備中鍬による人力耕で、太一もその経験があると語っている。「昔はみな基肥なので、後から天候がおかしくてもどうしようもない」わけで、これが後に紹介する「分施」が「革新稲作法」だったゆえんなのである。阿部太一が初めて硫安を使ったのは大正一五年とのことであるが、その前は金肥としては「朝鮮から加茂の港に入っ」た大豆粕だった。品種は福坊主、大豆粕のやり過ぎでイモチがついて「ビン坊主」になったとは本人の冗談であるが、昭和九年の凶作によって大きな被害を受け、農家は福坊主を「貧乏坊主」と呼んだとの記録は他にもあり、福坊主が普及したほどに一般的な呼び名だったのかもしれない。[6] 金肥が入って来る前、堆肥は藁ではなく山の草を刈ってきて作った、藁は焚いて炊事の燃料にした、人糞尿とワラ灰を混ぜて作った「ゲスアク」はよく効いたが、なすなどの野菜と、田では糯に使った、などまさに時代を示す回顧といえよう。

化学肥料が入ってきて、農民がしばしば失敗するので、農会が肥料会社を作って混合肥料を作った。ところが農家が配合のデータを覚えて実行組合で単肥を買ってきて、混ぜて使うようになったので、その会社はつぶれた、というのも、時代を語るエピソードである。白山部落では、肥料の配合の指導をしたのは先に紹介した「隆耕会」つまり実行組合のようで、この点にも、村つまり部落の役割が示されているといえよう。産業組合は大泉村では遅い。近くの村での失敗例を見て慎重だったようである。しかし昭和八年（一九三三）に、大泉村一三部落のうち三部落で消費組合の形態で始めたという。昭和一二年に、大地主の木村家が、そろそろ機運盛り上がってきた、よかろうといって始めた、これは四種兼営だった。産業組合でも、村つまり部落が主体となって始めたのである。しかしなぜ消費組合なのか、先に第五章

第三節で見たように、飽海の旧北平田村渋谷勇夫、東田川の旧新堀村落野目の山木武夫などは信用組合から始めているが、それは当時の農民の困窮のなかで肥料資金など農業資金を「事実上の部落連帯制」で貸付ける狙いからであった。推測になるが、阿部が語っているように、大泉のあたりでは、肥料資金はむしろ業者の無利子の貸し付けに依存していたためであろうか。なお、この阿部太一の回顧は戦時期から戦後にまで及んでいるが、それらについては、該当の時期について述べる所で触れることにしよう。

(1) 一九八五（昭和六〇）年一月時点の筆者の調査ノートから抄出。阿部太一の居村は旧西田川郡大泉村に属し、正式には白山林《しらやまばやし》といったが、通称としては白山《しらやま》といわれていた。

(2) 興農会については第三章第二節で紹介したが、西田川の在村手作地主を中心に組織された農業技術の普及組織で、明治二九年山形県令によって西田川郡農会が設立されると、それをうけて明治三一年に在村地主の青年層によって農事講究会が結成され、それが翌明治三二年に興農会と改称したものである。その狙いとしては、農事全般が掲げられているが、主眼は乾田化と馬耕の導入にあったと見ることができる。

(3) この木村家とは、旧西田川郡大泉村矢馳《やばせ》（現鶴岡市）住の大地主で、所有面積は昭和一二年現在で田二七三町三反、畑一〇町五反、合計二八三町八反であった（山形県史編纂室「昭和十二年現在　農地三十町歩以上所有者調」による）。西田川では、加茂町（現鶴岡市）の秋野家の三六一町、鶴岡の風間家の三一四町に次ぐ、第三の大地主だった。ただしどういうわけか、農務局の「大正十三年　五十町歩以上ノ大地主」には出てこない。しかし一九八五年時点の当主への面接記録によると、「土地集積は明治期、二六〇町歩、秋野家は三二〇町」とされているので、右の昭和一二年の資料は間違いではないであろう。木村家は、当時水不足が深刻だった矢馳地域で耕地整理事業に取り組み、明治三五（一九〇二）年、矢馳揚水機組合を組織して電力揚水機を設置した。受益反別は一〇七町歩に達するとともに、この機会に大泉村役場と小学校、および木村家に電灯が灯ったという。これは、「日本農業電化の嚆矢」といわれている（大瀬欣哉・斎藤正一・佐藤誠朗編著『鶴岡市史』下巻、鶴岡市役所、一九七五年、二九一〜三ページ）。阿部太一の居村白山は、矢馳にすぐ隣接している。木村家当主の言によると、「白山部落のほとんど全部」が木村家の小作だったという（一九八五年三月時点の筆者の調査ノートによる）。

(4) この阿部太一の研究の成果は、阿部太一著『稲作豊凶の予知はできないか――五五年間の気象観測の記録』農業荘内社、一九七七年、として公刊されている。

（5）昭和三年の乾田化とはこの辺りでもまことに遅い。第三章で紹介したように、西田川でも在村地主を中心とする興農会が結成されて乾田化への努力を開始するのは、明治三〇年代初頭のことであり、地域によって曲折があったにせよ、なぜ白山でこれほど遅れたのかは、阿部太一の回顧にも取り上げられておらず判らない。この辺りが泥炭地の開田を多く含んでいるなど土地条件が関わっていたのであろうか。

（6）松木正利「庄内の村と人びと263　稲を作った人びと」『荘内日報』平成三年一一月一六日。

青田巡りと民間育種

先の高橋保一の回顧によると、昭和初期には「庄内全体としての流れはな」かったとされているが、ただし、庄内にはかなり古くから「青田巡り」という慣行があったことを見逃してはならないだろう。先に第三章で紹介した豊原村の「早田熱心者」の遊佐地方「巡回記」（明治二六年）はその明治中期における一例であり、また西田川興農会の庄内各地の「稲作視察日記」（明治三九年）は、公的に組織された大規模な例であるが、その他非公式な少人数の「青田巡り」は記録としては残らないにしても、少なからずあったと見ることができよう。それは大正、昭和に入っても続いた。筆者が面接した中には、「いい品種見つけるとポケットに穂を一本入れてきて、それを育てることはよくやる」とか、「視察に行けば抜いてきたもんだ」とか語ってくれた人もいる。このように「各地域、部落ごとの努力」であっても、それが、相互の交流によって庄内稲作の水準を形成していったのである。

それとともに、このような「青田巡り」における農民たちの関心の的が品種であり、しかも先に第三章第三節でも見たように、庄内地方の場合、その多くが地域内の民間育種であったということに注意しておこう。育種家は、在村の手作小地主ともいわれるべき人びとが多い。むろんある程度の経済的余力がなければ、育種に情熱を燃やすことなどでき

図表 6-1　庄内地方民間育種の品種（栽培面積 4,000ha 以上）

	品種名	交配・発見年	山形縣における最大栽培年	同左栽培面積（ha）	作出者 居村	作出者 氏名
民間育種	亀ノ尾	1893（明治 26）	1911（明治 44）	(47,438)	東田川郡大和村	阿部亀治
	早生大野	1893（明治 26）	1920（大正 9）	(13,006)	東田川郡横山村	須藤吉之助
	イ号	1902（明治 35）	1925（大正 14）	(18,976)	西田川郡東郷村	佐藤弥太右衛門
	豊国	1903（明治 36）	1915（大正 4）	(13,939)	東田川郡大和村	檜山幸吉
	平田早生	1909（明治 42）	1921（大正 10）	(5,680)	西田川郡栄村	鈴木元蔵
	中生愛国	1910（明治 43）	1921（大正 10）	(6,220)	西田川郡大泉村	森屋藤十郎
	福坊主	1915（大正 4）	1942（昭和 17）	(26,284)	西田川郡京田村	工藤吉郎兵衛
	京錦	1915（大正 4）	1933（昭和 8）	(4,073)	西田川郡京田村	工藤吉郎兵衛
	大国早生	1921（大正 10）	1949（昭和 24）	(17,346)	西田川郡東郷村	佐藤順治
	山錦	1923（大正 12）	1942（昭和 17）	(4,063)	西田川郡東郷村	佐藤順治
	酒田早生	1926（昭和 1）	1931（昭和 6）	(9,981)	酒田市	本間農場
	日の丸	1928（昭和 3）	1949（昭和 24）	(20,070)	西田川郡京田村	工藤吉郎兵衛
	九兵衛早生	1935（昭和 10）	1949（昭和 24）	(5,592)	西田川郡上郷村	長谷川九兵衛
	大宮錦	1940（昭和 15）	1952（昭和 27）	(4,350)	酒田市大宮	斎藤政雄
	14 品種					
試験場	陸羽 132		1936（昭和 11）	(21,477)		
	北陸 11		1942（昭和 17）	(9,587)		
	2 品種					

注：鎌形勲『山形縣稲作史』東洋経済新報社、1953 年、219 ページ、および、菅洋『稲を創った人びと―庄内平野の民間育種―』東北出版企画、1983 年、240～248 ページ、の資料から作成。

ないだろう。しかしかといって、自分では耕作せずに、ただ小作料収取に利を見いだすだけのような町方地主にはおそらくは無縁な情熱といえよう。菅洋は、かれらは地主というよりむしろ「自作農」といってよいような性格の人びとであり、かれらを突き動かしていたのは「稲そのものに対する情熱」だったろうと見ている。[1] 筆者もこの見解にほぼ賛成であるが、しかし育種を行った特定の手作地主だけのものというよりは、「青田巡り」をして「いい品種見つけるとポケットに穂を一本入れてきて、それを育てる」（むろん穂を一本「ポケットに入れてきて育てる」のはすでに「青田」の時期を過ぎてであったろうが）というような庄内の耕作農民一般の品種への強い関心と反響しあった情熱だったのではないかと思う。

その品種名と交配ないし発見年を**図表 6-1** に示すが、これで見ても分かるように、民間育種によって作出（交配ないし発見・選別）されたのは、亀ノ尾がそうであったように、早田化が進行して金肥が導入され、各人の工夫と努力が試されるようになってきた明治後期以降、大正、昭和初期のことであり、農法普及の「庄内全体の流れ」がまだ出来なくとも、「各地域、部落ごとの努力」が交錯する中に、かれら育種家たちも置かれていたと見ことができよう。後に紹介する黒田弘の「志波姫紀行」に、「鉄道沿線所々に見受けられる草ぼうぼうたる不耕作地」に、「庄内地方には嘗て見聞せし事のないだけに見るに忍びぬ…勿体無くて打捨て置けぬと思ふ」と述べて、「誰しもお国自慢のものではあるが茲では左様ではなくして稲作一般非常な差のある事を首肯出来る」と書いているのも、このような庄内農民の稲作への気持ちを示すものであったろう。(2)

庄内地方で民間育種が盛行を見た理由については、さほど簡単ではない。この種の事柄について、実証的に明らかにすることは、一般に困難なものだが、後に紹介する酒田の本間農場で主任を務めた中鉢幸夫は、次のように書いている。

この民間育種事業の起った動機と思われるのは、この地方は独特な環境にあり、例えば気象的にみて、稲作の前半は東北型なるに、後半は北陸型に経過すること多く、かつ海洋の影響が多い特異な環境におかれ、土壌的にも海抜低く、まことに平坦で排水条件悪く、土壌の性質も決して単純ではない。いっぽう明治二〇年代まで全部湿田だったものが、わずか四～五年にして大体乾田に改良され、しかも人力耕より畜力耕へとかわるなど、耕種改善がめざましく、したがって在来の品種では栽培困難となり、ここに品種改良の必要に迫られたことなどが一因となっていると思う。

さらにまた、庄内地方はまったく稲作本位の農業であるため、米に関して実に真剣そのもので、農民の稲作にたいする愛着はとうてい他地方の民情では計りえないものがあり、時には経済をまったく度外視しても新品種の創選へと走らせたもののようである。それが昭和の戦時中、米の統制により、一時は衰微したるも、尚そのあいだといえども一部の人によって継続され、最近またあちこちで行われているようである。(3)

つまり庄内の気象条件の特殊性と、乾田化と馬耕の導入という耕種改善への対応、稲作本位の農業であることが稲作への農民の愛着を増進したこと、などである。また松木正利は、庄内平野はバリエーションの乏しい平野で稲作集中になっており、そこでは「遅延冷害型でそれに伴う病害虫などの被害は大きく、…そのため出穂・熟期の早い早中生品種の創選でクリアしようとした」こと、それが藩政時代からの課題であり、そのような優良品種の導入に藩自体が懸命の努力をするとともに、その創選には褒賞を与えて奨励したこと、さらに「明治以降は国が顕彰するなどしたことで、水稲品種の改良はエリート農民のステータスシンボル」となっていた。このような立地条件と勧農政策とともに、多収することが、「当人をはじめ地域に与える経済効果はいやがうえにも稲作農業の意欲をかきたてていった。それは一種の〝蒸気〟をはらんでいた」というのである。(4)

これら二人の見解は、それぞれにおそらく正しいであろう。しかし筆者は、これらのことの前提条件として、庄内農業が、江戸時代前期、ほぼ元禄期前後に、前期的な粗放な大規模経営が解体して、集約的な農法に基づく家族労働力による経営に転化したことに注目すべきだと考えている。この点については先に拙著において論じたので詳論は避けるが、寛文期における河村瑞賢による西回り航路の整備以来、酒田を中心とする商品経済の発展により、前期的な大規模経営を支えていた従属的労働力が流出し、他方集約的農法の工夫があって、家族労働力による家の経営が、相対的に自立的な経営として形成されたのである。(5)こうして農民の家は、それぞれに努力と工夫をこらして懸命に一軒前たろうとした。むろん自立的といってもそれは相対的自立性であって、背後に村の助けがあった。水にせよ草にせよ農作業にせよ、村における協議、契約、共同が各自の経営の支えだった。しかし、このような村に支えられて、農民たちは懸命に家の経営に工夫と努力を注ぎ込み、それぞれに自立に努めたのである。かれらにとって冷害や病虫害に打ち勝って、少しでも増産することは何よりも大切なことであった。「米に関して実に真剣そのもので、農民の稲作にたいする愛着はとうてい他地方の民情では計りえない」といわれているのも、このような各人の家の自立性への献身を基礎とするものとして理解できるのではなかろうか。

(1) 菅洋『稲を創った人びと——庄内平野の民間育種——』東北出版企画、一九八三年、四一～四五ページ。
(2) 黒田弘「安立を求めて(志波姫紀行)」(自筆草稿)。
(3) 中鉢幸夫『荘内稲づくりの進展』農村通信社、一九六五年、一三五ページ。
(4) ここで引用する松木正利は、後に紹介するように、週刊紙の『農業荘内』を刊行していたが、その後、日刊紙の『荘内日報』に移って農業関連の記事を執筆し続けた。右に引用した民間育種についての論述も、また後に参照する東亜連盟農法についての解説も『荘内日報』掲載の記事である。松木は菅野正、田原音和と筆者が共同で実施した庄内調査にも大きな支援を下さっている。
(5) 細谷昂『家と村の社会学——東北水稲作地方の事例研究——』御茶の水書房、二〇一二年、四九三～六ページ。

第二節　昭和恐慌と「荘内松柏会」の形成

篤農協会から松柏会へ

しかしこの後、「庄内全体としての流れ」が、個別の「青田巡り」などを越えて、意識的に取り組まれ、形成されて行くようになる。以下、その「諸相」を追ってみたいが、最初に注意しておきたいのは、それが日本社会全体の大きな歴史の動きとかかわているということである。すなわち昭和恐慌から戦争、そして敗戦という動きである。昭和の農業恐慌から戦争への動きを叙述した一文を左に掲げるので参照されたい。

一九二九（昭和四）年一〇月にかの世界大恐慌が始まる約一年前（一九二八年末）から、カナダ、アメリカ合衆国、オーストラリアで前ぶれを現わし始めていた農業恐慌は、大恐慌とからみあって世界を席巻し、一九三三年に工業恐慌が終焉した後にも尾をひき、世界的には第二次世界大戦が始まるまでつづいた。

日本の農産物価格はすでに一九二六年（昭和元）からじりじりと下押しの状況をつづけていたが、日本における農業恐慌は、世界大恐慌の影響を直ちにうけた生糸市価の惨落を導火線として口火をきられた。恐慌による生産低下がなかんずくひどかったのは、アメリカの購買力に全面的に直結していた製糸である。…（中略）…。

この年の夏には野菜の暴落がつづいた。——「汗水垂らして作ったキャベツは五十個でやっと敷島一つにしか当らず、蕪は百把でなければバット一つ買えません。…これでは、肥料代を差引き、一体何が残りますか」。これは埼玉県木崎村の陳情団員の言であるが、…（中略）…。

たまたまこの年の米の収穫は大豊作であり、このことが米価暴落に一層の勢いをそえた。…（中略）…もっとも豊作といっても『内地』の収穫高は内地の消費高に対して不足しているのであり、内地の米穀市場は鮮・台植民地からの膨大な移入米を含ませて構成されていることはいうまでもないことであって、内地の米穀市場の崩落は同時に鮮・台米の崩落と手をたずさえ、日本の農業恐慌は同時に植民地農業恐慌とつながり、相互に影響しあって恐慌を深化するものであった。

この事情とますます低下する大衆購買力とを反映して、翌一九三一年（昭和六）は、東北・北海道の惨憺たる凶作…の年であったにかかわらず、米価は回復しないばかりか悪化していった。

一九三二年も不作であった…。三三年は三〇年を凌駕する大豊作であった…が、その翌年の一九三四年（昭和九）には、三一年度凶作をさらに下回る記録的な大凶作…におちいった。これらのうちつづく凶作のたびに、植民地米移入は層一層と激増してゆくのであった。…（中略）…

ひるがえって大恐慌中の日本の工業恐慌は一九三一年五月に最低点を経過し、三二年の下半期から三三年にかけて上向き始める。…（中略）…

このような一歩を先んじた日本の工業恐慌からの這い上りは、いうまでもなく強引な『満州』侵略の開始（一九三一年九月）によってひき出されたものであった。…（中略）…

…こうした「満州ブーム」に逸早くのがれ道を見出した日本の恐慌経過にもかかわらず、農業恐慌の方はその持続性を発揮した。…（中略）…

工業恐慌の最も激しい谷底であった一九三一年は、農産物価格の惨落も、軒なみに最も激甚をきわめた年であった。ところでこの谷底からの価格の回復はきわめて緩慢であり、米において大恐慌前年の価格…をとりもどすのはやっと一九三五年（昭和一〇）のことであり、…。繭の恐慌前への回復は、一九三三年の瞬時に消え去った光明を最後として、もはや永久に見られないままに戦時経済のなかに入ってゆく。

一九三五、三六年に農産物価格が辛うじて愁眉をひらき始める状態になるにつれて、今まで凍結していた負債や負担の関係が徐々に溶解し始めはした。しかし長い農業恐慌の傷跡は少々の小康で癒しうるものではない。そうしたぬぐいきれぬ傷跡を持ち越しつつ、一九三七（昭和一二）には日中戦争へと入ってゆき、これを合図に、いわゆる『高度国防国家の体制』へと移ってゆく[1]。

このようにして「一九三〇年に始まった日本の農業恐慌はほぼ中日戦争の入り口までつづくのであるが、その間の農村経済・農民生活の打撃はまさに破局的なものであった[2]」。このような状況のなかで、昭和七（一九三二）年の「時局匡救議会」（第六二臨時議会）には全国各地から、むしろ右翼的な農民グループを中心に請願団がおしよせた。続く「救農議会」（第六三議会）では、緊急対策としての「救農土木事業」と、いっそう長期的な取り組みとしての「農山漁村経済更正運動」が決定され推進されていく。[3] ここに、「篤農協会」が登場する。その「要覧」に掲げられた「創立趣意」と「沿革」、「規約」の一部を次に掲げる。

「篤農協会」

一、創立趣意

功利や名聞は是れ皆人情の競ふ所、是れに因って世の進歩もあるが、又同時に大害もある。此れ都市文明の深省すべき点ではありませんか。

農村は之に比して自然と醇風美俗と永遠的生命との天地であります。農村がその獨特の本領を以て如何に獨立繁栄するかは、都市も、学校も、軍隊も、政府も、凡て農村を母胎とするあらゆる国家的なるものの運命を決する所以であります。故に我等は国家百年の大計の為に、此際眞に農村の柱石たる人士を偏く連契し、相切瑳琢磨して、激せず、躁はがず、競はず、随はず、維新日本の基礎を固くすべき努力を盡さんとするものであります。

篤農協会創立発起人　岡部　長景

…（中略）…

小平　権一

後藤　文夫

酒井　忠正

…（中略）…
安岡正篤
…（以下略）…
（合計一三名）

二、沿　革

昭和七年秋、農村問題に関する天下の論議頗る深刻となり、その経済的更正に就いての政策は順次立案されるやうになったが、この間に處して日本農村本来の特質を闡明し、日本国家永安の根基として農村の道義的振興を計らんとする議が起り、前記創立発起人の間に熱心なる計畫が進められた。

越えて昭和八年一月、當時の農林大臣後藤文夫氏の主唱により、その大臣官邸に篤農協会発會式を擧げ、左の役員が就任された。

理事長　酒井忠正
顧　問　岡部　長景
…（中略）…
小平　権一
後藤文夫
…（以下略）…
監　事　…（略）…
理　事　菅原　兵治

…（以下略）…

三、規　約

第一條　本会ハ篤農協会ト称ス

第二條　本会ハ地方篤農老農及其ノ他農村有志ノ精神的聯結ヲ圖リ農村更正ニ関スル研究及指導ヲナスヲ以テ目的トス

第三條　本会ハ左ノ事業ヲ行フ

イ、前条ノ事項ニ関スル調査

ロ、農村更正ニ関スル講習会、講演会、研究會ノ開催及講師ノ派遣

ハ、篤農青年ノ奨学

ニ、會報及刊行物ノ頒布

ホ、其ノ他本會の目的ヲ達成スルニ必要ナル事業

第四條　本會ハ本部ヲ東京ニ置キ支部及分会ヲ地方ニ設置ス

…（以下略）…(4)

これらの文書によると、「昭和七年秋、農村問題に関する天下の論議頗る深刻となり、その経済的更正に就ての政策は順次立案されるやうになったが、この間に處して日本農村本来の特質を闡明し、日本国家永安の根基として農村の道義的振興を計らんとする議が起り…」、安岡正篤等の「発起人の間に熱心な計画が進められ」て、「越えて昭和八年一月、當時の農林大臣後藤文夫氏の主唱により、その大臣官邸に篤農協会発會式を擧げ」ることになったのである。役員とし

ては、理事長に酒井忠正、顧問に後藤文夫、小平権一ら六名、理事に菅原兵治ら三名の名が挙げられている。ここで特徴的なのは、安岡正篤や菅原兵治のような、一般に農本主義者といわれる思想家的な人物と、後藤文夫や小平権一のような、農政担当者というべき人物とが密接に連携しあって、この協会を作り上げていることであろう。それだけ当時の農業、農村の危機が深刻であり、政策的実践の必要性とともに根底にある思想の立て直し（鍛え直し?）が要請されていたのである。右の『篤農協会要覧』には、「支部及分会」についての紹介があるが、そこには、「精神的活動事例の支部」と「精神及實際共両々相俟って活動せる事例」が紹介されている。つまり、その支部活動においては、思想の面と実践の面が必ずしも統一されず、思想活動先行の事例もあったのである。(5)

「荘内松柏会」は後者の「実際」を伴う例として紹介されており、その「創設者」として長南七右衛門の名が挙げられている。(6) そこに至る経緯を、長南自身の執筆をも含む『荘内松柏会五十年のあゆみ』によって見ると、まず昭和八（一九三三）年一月篤農協会設立にあたって「長南七右衛門氏評議員として県より推薦されて出席」したようである。その後、篤農協会は「全国各地において、農村開発の先賢、老農の追悼慰霊祭を執行」するが、昭和八年一〇月、秋田県で「石川理紀之助翁追遠会と講習会」を開催した機会に、長南七右衛門も参加して、「酒井忠正伯、安岡正篤先生、菅原兵治先生の講義を親しく拝聴しその学徳に感銘して敬仰おくあたわず、深く心に期するものがあった」という。長南は、「路傍の石に等しい一農村の私が、この勝縁に遇い『めざめ』さして貰った」と書いている。(7) その後、庄内地方でも、昭和九（一九三四）年九月第一回「荘内農道講習会」が、篤農協会の主催、鶴岡市教育課、東西田川教育会後援で開催され、さらに翌昭和一〇（一九三五）年七月第二回「荘内農道講習会」が、篤農協会主催、荘内郡市農会の後援で開催されており、これらの開催準備には長南も参画していたようである。そして昭和一一年、第三回「荘内地方講習会」が開催された機会に、菅原兵治が「日本農道の根底」と題して講演し、この企画は山形県学務部長の名で、県下に広報されたという。この「講演会に菅原兵治先生来荘を期し、同十一年十二月二十四日鶴岡市…致道館に於いて多数来賓臨席のもとに、第一回、第二回講習会修了者を基として、…『会』を結成することにし、その名も『荘内松柏会』と菅原兵治先生より命名してもらった」のである。[8]

これらの経過で特徴的なのは、篤農協会発足に農林大臣が直接に関与しているだけでなく、その地方講演会の開催には県などの行政官庁が後援しており、まさに国策として進められていた運動だったといえよう。当時の「経済更正運動」の一環に他ならなかった。その流れに乗りながら、「荘内松柏会」は結成されたのである。長南七右衛門が幹事長になり、長南宅を事務所として活動を開始した。発足時の会員は東田川郡一六名、西田川郡四名、飽海郡五名、合計三一名であった。[9] こうして発足した「荘内松柏会」は、「郷学」の講師として旧荘内藩主の後継者酒井忠悌他三名、「稲作基本」の講師として山形県農試庄内分場の佐藤富十郎、「稲作分施法」の講師として東村山郡金井村（現山形市）の田中正助によって、「右手に論語、左手に鍬」を二本柱とする「学びの会」としての活動を開始するのである。[10]

(1) 井上晴丸「農業恐慌から戦争経済下の農業へ」、農業発達史調査会編『日本農業発達史』改訂版8、中央公論社、一九七八年、一一〜一七ページ。
(2) 井上晴丸、前掲論文、一七ページ。
(3) 井上晴丸、前掲論文、三二〜四二ページ。
(4) 篤農協会『篤農協会要覧』一九四〇年、一〜七ページ。
(5) 前掲『篤農協会要覧』、三二ページ以下。
(6) 前掲『篤農協会要覧』、四八〜五一ページ。
(7) 荘内松柏会編『荘内松柏会五十年のあゆみ』荘内松柏会、一九八九年、一一〜一五ページ。
(8) 荘内松柏会編、前掲書、二〇〜二四ページ。
(9) 荘内松柏会編、前掲書、四二ページ。

（10）荘内松柏会編、前掲書、二九ページ。

長南七右衛門と「荘内松柏会」

長南七右衛門が篤農協会に参加したのは、山形県知事の推薦とのことであるが、それまでの長南の履歴については筆者は必ずしも詳らかではない。ただ若干の既存文献によると、明治三二（一八九九年）生まれ、昭和五三（一九七八）年歿、東田川郡渡前村新屋敷（現鶴岡市）の人、「昭和八年以来部落の実行組合長として異色の組合運営を行い、地方の注目を浴びるとともに、篤農青年の小グループを作り、農村文化振興のために努力した」という。[1] 長南が山形県の推薦を受けることになったのは、このような部落の実行組合長などの活動のゆえだったのであろう。「篤農青年の小グループを作り」とある点からしても、やはり部落に密着した農業技術研究が認められたものと考えてよいようである。しかし篤農協会に参加して「めざめ」てから後は、右に見てきたように「荘内農道講習会」を開催するなど山形県を代表する篤農協会の役員として活動し、やがて荘内松柏会を結成し、みずからその幹事長をつとめたのである。[2]

ずっと後になるが、一九八〇（昭和五五）年に筆者が面接した松柏会理事の菅原正作の談によると、「松柏会の教学の中心は酒井忠悌会長、技術の中心は田中、佐藤両氏。松柏会の技術として大きいのは分施法。これが慣行稲作を大きく変革した。昭和九年の凶作年にも不作しなかった。山形の田中正助氏が初めてやった技術。田中氏の妻が、長南氏の近くの村から来ていたので長南氏と知り合って、田中氏が長南氏に薦めてやることになった。この分施法の技術講習を、松柏会が会員外にも公開してやった。『ござ・みの』冠って自転車で圃場廻りをやって指導した。圃場廻り自体は明治からあったが、それを組織としてやった。講師は、田中正助、佐藤富十郎、それに本楯の杉山良太、山居倉庫の本楯支庫長の林友次郎、等の人びとだった[3]」という。

森武麿と大門正克の先行研究は松柏会の活動について要約的に次のように述べている。その「活動は、概ね四つの柱を中心に行われた。すなわち講習会、稲作指導、農事視察・見学や日本農士学校への会員派遣、機関誌『松柏』の発行である。…稲作指導の内容は講演会と実地指導である。指導の核心は肥料分施法、つまり従来の基肥一回の施肥ではなく、計画的に基肥と追肥を分ける施肥方法の普及である。…分施法は戦時下の肥料不足のなかで、県当局のバックアップを得て急速に庄内地方に拡大して行った。…こうした活動の財政基盤について、総収入のうち会費は一割であり、九割弱は寄付金に依存し、なかでも旧藩主酒井家・酒田米穀取引所・山居倉庫が大口の拠出者であった」。こうして会員数は発足時の三一名から、昭和一三（一九三八）年に一七三名、昭和一四（一九三九）年には六〇二名と拡大を続け、支部も続々と結成され、昭和一四年には一五支部となっている[4]。

この荘内松柏会を支えた寄付の性格を理解するために、ここで庄内に特徴的な、明治以降の旧藩主と藩士団の動向について、簡単に触れておくと、明治の変革後、ドイツに留学していた旧藩主酒井忠篤《ただずみ》は、帰国後、伯爵に叙せられたが、東京には出ずに庄内鶴岡にとどまり、側近の菅實秀《すげさねひで》[5]が、「御家禄派」と呼ばれた旧藩士団を率いて、儒教精神の学習によって「同派の精神的団結」を固めながら、「酒井家並びに御家禄派の経済的基盤の確立」に努めた。具体的には、松ヶ岡の開墾と養蚕・製糸事業の開始[6]、先に第五章第三節で見た酒田米商会所（後酒田米穀取引所）の設置とそれに付帯する山居倉庫の建設・経営、さらには第六十二国立銀行の掌握と経営などがあり、荘内松柏会を支えた「寄付金」はこのような「御家禄派」の経済から支出されていたのである。

なお、右に登場する何人かの人物のうち、稲作指導者については後に見ることにして、ここでは、「いわゆる」農本主義者として著名な菅原について簡単に紹介しておくことにしよう。菅原兵治《ひょうじ》は、庄内ではなく宮城県の人だが、篤農協会との関係で長南七右衛門だけでなく、旧庄内藩主酒井家との結びつきができたことで、一九四五（昭和二〇）年から一九七九（昭和五四）年に亡くなるまで庄内に住み、一九四六（昭和二一）年、羽黒町松ヶ岡（現鶴岡市）に東北農家研修所を創立するなど、庄内地方とは深い関わりをもった。[7] 右に筆者は農本主義に「いわゆる」という修飾をつけたが、実はこれには理由があって、筆者が共同研究者とともに一九七八（昭和五三）年に松ヶ丘で菅原と面接した時、われわれ面接者の側が「農本主義」という言葉を使ったら、「それはちがう、農本の原理だ、主義は敵対者があって主義だが、そうではない」と叱られたことを思い出したからである。「農の本質は本、工業は幹、商業は末ということであり、何であれ、本である農から遊離してはいけない、という考え方だ」というのである。「工業を排するのではなく、国のためには農、工、商ともに平等に重んずべきものだ。農だけが貴いという考え方があって、それが農民の独善を許し、補助一辺倒になった。自給もたない農は工と同じ。そういうと完全自給自足を考えるが、それはまた誤りである。そういうことを三四、五歳の時に考えついて、それが農士道になった」と。[8] この発言自体はまことにまっとうであり、TPP交渉などに熱意を燃やしている今日の政治家や官僚、財界人などに聞かせたいほどであるが、しかし菅原の思想はそこにとどまるものではない。武田共治によると、菅原においては「義が本、利が末」であって、「その論理展開（本の原理）が、結局のところ、天皇崇拝に収斂することになった」のである。[9]

なお、菅原兵治によって設立された東北農家研修所の後身東北振興研修所の地主範士によると、菅原が敗戦直後の一九四五（昭和二〇）年から庄内に住むようになったについては、農士学校で薫陶を受けた黒田弘と長谷川信夫という二人の農村青年が宮城県の志波姫にいた菅原を訪ねたところに始まるようである。その後、最終的には酒井家一六代酒井忠良《ただなが》が行って頼んだという。[10] 黒田は後に酒田市議会議長になる人だが、その自筆の「安立を求めて——志波姫紀行——」によると、敗戦の詔勅を聞いて呆然自失するなかで、まさに「安立を求めて」、かつて農士学校で、また松柏会の農道講習会で学んだことがある菅原に面会を求めたようである。雨降りでバスが動かない中、三里の道を歩いて訪ねた。菅原は、「これからは東北の治郷が何よりも大切である」と語った。その理由は、「第一に現實的に見て戦災が最も少ない。…第二に自然的条件として東北の未開地なること、従って人を吸収し得ること、…第三に、歴史的に見て、前九年の役、後三年の役など、戦敗国の経験を嘗め盡している。戦敗のなか生残りしもの此の東北である」とし、そのために「治郷學院の樹立」を抱負として述べたという。[11] 後に庄内に「東北農家研修所」を設立したのは、その抱負の実現をめざしてであったのであろう。

ここに、抄出になるが、荘内松柏会の会則を掲げておこう。

荘内松柏会会則

第一条　本会は荘内松柏会という。

…（中略）…

第三条　本会は聖賢の教えを学んで道義精神を養い、日常これを百般の事上に実践し、以て郷土の振興、祖国の興隆に寄与することを目的とする。

第四条　本会は目的達成のため左の事業を行う。

一、教学の講究並びに農事の改良推進。

二、定例会・講習会・研究会等の開催。

三、機関紙及び図書の刊行。

四、其の他目的達成に必要とする事業。

第五条　本会の会員は第三条の趣旨に賛同して志を同じくする者を以て組織し、毎年一定の会費を納入するものとする。

…（以下略）…。[12]

ここに見るように、荘内松柏会は「聖賢の教えを学んで道義精神を養い、日常これを百般の事上に実践し、以て郷土の振興、祖国の興隆に寄与することを目的」として結成されたのである。そして「その目的達成のため」に行う事業として、第一に「教学の講究並びに農事の改良推進」が掲げられている。目的としての「郷土の振興」、ひいては「祖国の振興」のための具体的な取り組みが、「教学の講究」と並ぶ「農事の改良推進」だったのである。松柏会の名称は菅原兵治の命名とされているが、右の黒田の「志波姫紀行」にあった「治郷」のためにこそ、「教学」と「農事の改良推進」があったと見れば、菅原が自ら設立した東北農家研修所と荘内松柏会とは、菅原の抱負の実現の二本の柱をなしていたものと見ることが出来よう。一般には、荘内松柏会は酒井家あるいは「御家禄派」との関連でのみ語られる傾向があるが、そしてそのこと自体は、荘内松柏会の財政基盤が「御家禄派」にあったことからも誤りとはいえないが、より大きくは菅原兵治に代表される「篤農協会」の流れに位置づけて見るべきであると思う。なお、今筆者の手元にある荘内松柏会の機関紙『松柏』第四七九号（昭和五五年七月号）を見ると、その内容は、菅原兵治の「教学研修会講話録」の他、松柏会理事の人生訓的な論考が前半をしめ、後半では、松柏会講師の「七月の稲作」など、農業関係の記事が掲載されている。

以上のように松柏会は「右手に論語、左手に鍬」を二本柱とする「学びの会」だったわけだが[13]、多くの農民にとって、「左手に鍬」の分施法こそが、魅力だった。その提唱者田中正助は、先にも述べたように山形県村山地方の農民であるが、当人の「述」とされている『肥料分施法に基づく稲作の研究』という文献によると、旧東村山郡金井村江俣（現山形市）の実行組合長として、部落の試験田三反歩で「冷害克服の革新稲作法」を研究しようとさまざまな試験を行い、「如何にして経済的に多収を得るか」の方法として、「分施法」を提唱するに至ったものである。当時肥料の配給統制の下で、組合員を十一組に分けて「同一配給肥料」で、品種、栽植密度、施肥方法、水の掛引などによって「一粒でも多く増産仕様と努力」したという。その結果「如何にして増産するかといへば強剛なる品種、耐病性の強いものを選ぶこと、其特性を飲み込んで肥料を其稲の好きな様に食べさせる事」であると述べている。[14] その詳細については省略するが、要するに肥料が配給で入手するのが容易ではない時代、そして増産が何よりも要請された時代に、そのような要請に応えるべく研究した結果がかれのいう「分施法」だったのである。このような耕作農民の実践的な技術開発にいわば科学的根拠を与えて、とくに昭和九年の冷害を機に庄内の気象に適合するように洗練したのが山形県農試庄内分場にあった佐藤富十郎だったといわれている。ただし、後に紹介する本間農場の中鉢幸夫は、「いわゆる分施法は、当時山形県農業試験場技師であった佐藤富十郎氏により研究、唱導され、その理論を直接自分の田圃にも実地試験し、一般にも普及せしめたのは、山形市江俣の田中正助氏である」と述べている。[15] どちらの創始かというようなことはともかくとして、この二人が分施法の考案、普及に大きな力があったことは間違いないところである。

筆者は、耕作農民の分施法の実践例として、戦後（一九七〇年）になってからのことではあるが、旧西田川郡京田村林崎（現鶴岡市）の佐藤正安の経験談を聞いたことがある。佐藤正安は、妻の父が長南七右衛門であり、復員後その指導を得て一九四八（昭和二三）年に分施法を行ったところ、「砂質痩地の林崎耕土にうまく適合し、その年の豊作にも恵まれて、当時の林崎の反当収量六俵という常識をはるかに越える反当九俵をあげ、林崎の農民に一躍注目された」という。それがきっかけとなって翌二四年に部落内各家の鍬頭層によって佐藤を中心とする農業技術の研究集団「すげ笠会」が結成された。時あたかも、農地改革直後の、かつての手作り地主や自作層から、自小作、小作層のすべてが自作化して、この平準化した階層構成を担い手とする反収増競争が開始された時に当たっていた。こうして「すげ笠会」は部落内全農家の鍬頭層からなる農事研究集団として結成され、その活動からやがて主立ち支配が続く部落体制の変革に進んでいく。なかでも注目すべきは各家から二名以上参加の、したがって女性をも含む部落の「全員協議会」を開催したことであろう。「家」といえば男性支配という、明治民法そのままの「家」概念が社会学には根強いが、農民の家は、イデオロギーではなく、生産と生活の共同の組織として、その実態に即したもっと実質的なものなのである。そして、この、女性をも含む全員協議会の議論を重ねた上で、やがて部落ぐるみの「集団栽培」を生み出してゆくことになるが、これらの点については後に、第一一章第三節で見ることにする。[16] この林崎の事例に即していえば、準戦時期ないし戦時期における全国的動向としての篤農協会から「庄内全体としての流れ」としての荘内松柏会が結成され、そこからの伝播によって個別農民の農業技術改善がもたらされ、その成果が部落全体を動かして、戦後の庄内稲作に特徴的な集団栽培への取り組みを生み出していったわけである。

ただしこの佐藤正安の面接記録に興味ある証言が含まれていたので、紹介しておくことにしよう。すなわち「松柏会の事務局を田中正助氏の弟の田中正作氏がしていた」が、「精神主義の松柏会に満足できないで分かれて出て、それについていった七人で『百姓馬鹿の会』を作った。昭和二三年の頃である」。この「会」について報告者は詳細を知り得ないが、御家禄派を背景に「右手に論語、左手に鍬」の「松柏会」に反発して、自分たちを武士ではなく「百姓」だと自己規定し、論語などの「教学」ではなく稲作「馬鹿」だとしたあたり、よく理解できる命名といえよう。佐藤正安は、「自分は、妻の父長南七右衛門の影響で分施法を試みて、昭和二三年に豊作したが、その後『馬鹿の会』に入った。村の中の批判にもかかわらず、それが支えになった」と述べている。[17]

なお、さまざまな「会」が、後に述べる『農村通信』との関連でも登場するが、このような「会」を組織することは、庄内農民の特技ともいえるように思う。つまり本家地主などの重立《おもだち》の意向で行動するのではなく、自分の自由意志で行動し、その合意で特定目的の組織を作るのが得意なのである。とくに農法に関してそうである。欧米社会学の概念でいえばアソシエーションに他ならないが、しかし彼等は裸の個人ではなく、背後にはそれぞれの家があった。それぞれの家の経営を自分の工夫と努力によって向上させようとする。先にも述べたように、その経営が相対的に自立した家を形成しているから、各自の経営向上の願いはそれぞれ独自の行動となるが、しかしそれを相互に結びあうことによっていっそうの成功が得られると判断される時、たがいに協力して「会」を結成することになったのである。

(1) 大瀬欣哉・斎藤正一・佐藤誠朗編著『鶴岡市史』下巻、一九七五年、鶴岡市役所、三一五ページ。庄内人名事典刊行会編『庄内人名事典』一九八六年、四五九ページ。
(2) 荘内松柏会編、前掲書、二二一〜三ページ。
(3) 一九八〇年八月時点の筆者の調査ノートによる。
(4) 森武麿・大門正克『地域における戦時と戦後——庄内地方の農村・都市・社会運動——』日本経済評論社、一九九六年、九二〜四ページ。
(5) 斎藤正一『鶴岡百年小史』一九七一年、二六ページ。また、菅實秀の事績については、加藤省一郎『臥牛菅實秀』財団法人致道博物館、一九八四年、に詳しい。
(6) ここで松ヶ丘とは、庄内藩旧藩士団による「松ヶ丘開墾場」のことである。「松ヶ岡開墾場要覧」(昭和六一年一月)によると、戊辰戦争の敗戦後、明治五年から庄内平野南東に位置する旧東田川郡羽黒町および櫛引町(現鶴岡市)に亘る丘陵地を、明治五年から三、〇〇〇名といわれる旧藩士が開墾し、入植した。各種地目を併せて二二五haに及ぶ。一九八六(昭和六一)年現在で戸数六四戸、人口三三八名。全面積を全戸の共有地とし、松ヶ丘農業協同組合が管理し、水稲作、畑作、果樹作等を行う他、松岡蚕種株式会社により蚕種の製造販売を行っている。なお、詳細については、武山省三編著『松ヶ岡開墾史』松ヶ岡開墾場、一九九一(平成三)年、を参照されたい。

(7)地主正範「菅原兵治先生の半生」、地主正範編『菅原兵治先生追悼　萬燈集』財団法人東北農家研修所、一九九一年、一〜九四ページ。
(8)一九七八年八月時点の筆者の調査ノートによる。
(9)武田共治『日本農本主義の構造』創風社、一九九九年、三五六〜八ページ。
(10)この間の事情については、地主正範編、前掲書、五二〜六二ページ、を参照されたい。
(11)黒田弘「安立を求めて——志波姫紀行——」(自筆草稿)から引用。なお、ここで紹介した黒田弘は、酒田市大字広野上中村の人であり、この部落で一九六六(昭和四一)年から実施された水稲集団栽培のリーダーであった。報告者が黒田と知り合ったのは、この集団栽培調査によってであり、(細谷昂「水稲集団栽培と『部落』——山形県庄内地方の一事例——」、村落社会研究会編『村落社会研究』第四集、塙書房、一九六八年、一五五〜二二七ページ)、その縁でこの「志波姫紀行」も貸与・コピーさせて頂いた。黒田が市議会議員になったのはその後であった。上中村部落の水稲集団栽培については、後に第一一章第二節で概略を紹介する予定である。
(12)「荘内松柏会会則」昭和四二年。この会則文は昭和四二年一一月付の三回の改正を経たものから抜粋した。しかし、改正点は、事務所の所在地の町名変更などの末梢的なことであって、ここに掲げたような目的や基本的な事業に就いての変更はないと見られる。
(13)このような松柏会の形成と展開、またとくに敗戦後の対応、さらに次に紹介する東亜連盟との対比などに関しては、森武麿・大門正克、前掲書、九〇〜一〇四ページ、を参照されたい。
(14)田中正助述『肥料分施法に基づく稲作の研究』篤農協会、一九四二年、一〜三ページ。
(15)中鉢幸夫『荘内稲づくりの進展』農村通信社、一九六五年、三一五ページ
(16)また、菅野正・田原音和・細谷昂『稲作農業の展開と村落構造』御茶の水書房、一九七五年、二二三ページ以下、を参照されたい。
(17)以上の佐藤正安の回顧は、一九七〇年一一月時点の筆者の調査ノートによる。

第三節　東亜連盟農法と酵素肥料

石原莞爾と東亜連盟

「庄内全体としての流れ」の第二の例として、石原莞爾の東亜聯盟の運動とそれが伴った農法普及の動きについて見

ておくことにしよう。石原莞爾は、関東軍参謀として「満州事変」を引き起こした中心人物として知られているが、東條首相と対立して予備役に編入された後は、出身地庄内に住んで、独自の思想運動に取り組んだ。その基本思想はたびたび改訂された『昭和維新論』など数多くの文献に示されており、時期によって変化があるようであるが、この節は石原莞爾の思想そのものを研究対象とするものではないので、要点のみを見ることにとどめざるをえない。次に掲げる「宣言」、「昭和維新論」は昭和一七（一九四二）年版のものである。

「昭和維新論」（抜粋）

宣　言

人類史ノ最大関節タル　世界最終戦争ハ数十年後ニ近迫シ来レリ　昭和維新トハ　東亜諸民族ノ　全能力ヲ綜合運用シテ　コノ決勝戦ニ必勝ヲ期スルコトニ外ナラス

即チ昭和維新ノ方針次ノ如シ

一　欧米覇道主義ノ壓迫ヲ　排除シ得ル範囲内ニ於ケル　諸国家ヲ以テ　東亜聯盟ヲ結成ス

二　聯盟内ニ於ケル　積極且ツ革新的建設ニヨリ　實力ヲ飛躍的ニ増進シ　以テ決勝戦ニ於ケル　必勝ノ　態勢ヲ整フ

三　右建設途上ニ於テ　王道ニ基キ　新時代ノ指導原理ヲ確立ス

昭和維新論

第一章　人類の前史終らんとす

戦争はその時代の文化が可能とするあらゆる力を綜合して行はれるものであるから、戦争史を研究することによって、人類文化の発達を観察することが出来るのである。

人類の存する限り、戦争は永久に絶えずとすることが、今日の常識である。固より道義的観念のみによっては、戦争は断じて絶滅出来ぬけれども戦争術の徹底せる進歩発達は、人類戦争力の最大限を発揮するに至らしめ遂に戦争を終焉させるものと考へられる。戦争を終焉させることは、世界統一即ち八紘一宇実現の第一歩である。

…（中略）…

更に第一次欧州大戦後の世界の實状を見るに、…（中略）…現在…世界は四個の集団、即ち、ソ聯邦、欧州、南北アメリカ、東亜に分かれつゝあるが、結局これは二個の集団、即ち王道と覇道の文明が太平洋を挟んで二個の国家群によって代表されることになるであろう。しかる時は、この二個の国家群が太平洋を中心として決勝を争ふ結果となり、この戦争は人類最後の戦争たる文化史的意義を發現するものと断定して誤りないと思はれる。

…（中略）…このやうに考へると時は、第一次欧州大戦後今日すでに二十餘年を経過したのであるから、次の決戦戦争即ち最終戦争の時代は結局三十年内外に来るものと考へねばならぬ。…（中略）…この最終戦争時代の終了によって、人類の前史は終焉し、世界は始めてその統一即ち八紘一宇の實現の第一歩に入るのではなからうか。これ人類の求めてやまざりし絶対平和の境地でなければならぬ。

…（中略）…

第二章　昭和維新大綱

第一節　根本方針

…世界最終戦争こそ最大の目標であり、これに對して必勝の態勢を整へること…

第二節　外政

…東亜連盟の結成…

第三節　内政

農村の改新

農民生活の安定と向上

農奴的過少規模農家より、現代日本国民としての適正なる生活をなし得る、適正規模農家への昂揚再建が必要である。

適正農家の規模は、原則として、現代日本内地の耕作面積の約三倍である。三町歩前後（東北地方は四町前後、北海道は十町前後）を想定す。

…（中略）…

適正農家の型を二つに分け、一の理想型は主農従工にして、約三町歩を耕作し、農閑或は餘剰労働を以て、農産加工又は機械工業部分品の加工工程を副業とする。而してこの型は最も普通の農家として期待する所謂『適正農家』である。

他の一つの理想型は、主工従農にして、機械部分品の加工工程を主なる生業となし、五反歩前後の耕作によって、主要食料の自給を計る『農村工家』と名づけんとするものである。

…（以下略）…(1)

以下においては、昭和一九（一九四四）年の「第四手牒版」およびその他の文書によって要点を拾うことにする。まず「航空機の徹底せる発達」により太平洋を挟む「王道と覇道」の二国間の世界最終戦争が必然であり、しかもそれは遠くない将来に迫っているという状勢判断に基づいて、それに対する「必勝の態勢」を整えるために、「数千年の古き文明を有する我等東亜諸民族は世界最終戦を前にする国家聯合の時代に於いて、速に大同団結して東亜聯盟を結成し、数百年白人より受けたる屈辱を雪ぎ、進んで東方道義を以て全人類を救済せねばならぬ」。こうして、「八紘一宇」の精神に基づいて「天皇が聯盟の盟主と仰がるゝに至っても、日本国が盟主ではない」。日本国は「聯盟の中核的存在」ではあっても、「盟主」ではない。「日本民族の不當なる優越感」は早急に払拭しなければならない。そして「聯盟の中核的存在」たるべき日本の革新つまり「昭和維新」を行わなければならない。そのためには、都市解体、國民皆農が必要であり、「適正農家の創設」など「同志池本喜三夫」の農業政策を進める。「中心問題は適正農家の創設である」。「適正農家」とは、原則として「二種の理想型」に分たれる。第一は、「現在日本農家一戸当り耕地面積に約三倍する三町歩（東北地方は四町歩、北海道は十町歩）の耕地を耕し、農閑期或は余剰の労働力あらば副業として地方に分散せる工業生産に従ふ所謂『適正農家』である。第二の理想型は二乃至三段歩の耕地によって食糧を自給しつつ各自の國民職分を擔當し、その最も多くは工業生産に従事する。これを『自給農家』と名づける」。「適正農家の構成に当たっては都市人口の迎入れと卓越せる技術指導により極力段當収量の増加に努め、（酵素肥料によれば、金肥を全廢しても今日以上の増収が可能なることは、同志の最近に於ける感激の体験である。）然る後、耕地の整理分合、道水路改廃、新墾、土地改良、新農村工業の導入、諸建物の新改築並に移転、『適正農家』と『自給農家』の組合せ乃至配置等を逐次実施する」とされている。さらに、このような構想に基づき「地方に分散せる工業生産」としては、とくに「庄内の天地に多数の精密工業を起こすこと」が提起されている。(2)

以上は文献による紹介だが、荘内において、石原莞爾から直接に講話を聞き村の東亜連盟分会長、参与会員を務めた旧西田川郡東郷村角田二口（現三川町）の佐藤東蔵[3]の回顧を、次に掲げる。本人の経験なので、種々興味ある事実が語られているが、ただ、中には思い違いや、筆者の筆記ミスなどもありうるので、注意して頂きたい。例えば最終戦の相手はドイツだという発言は、戦時末期ではあるがはたしてそのように述べたのであろうか。

東亜連盟会員の回顧

東亜連盟は石原（莞爾）将軍の指導、安岡正篤とは関係ない。池本喜三夫氏が東亜連盟の農業政策要綱を作って本にした。それに基づいて東亜連盟の農事部ができた。今は武田邦太郎が中心、石原将軍の信奉者。戦後、将軍が庄内の旧高瀬村西山（現遊佐町）に開拓に入った時、一緒に来た。八月一五日が将軍の命日。毎年全国から墓参に集まる。戦後庄内に来てから、酵素肥料を紹介して、それを導入、「自給肥料普及会」を作って宣伝した。支那と仲良くするため、支那料理にはシイタケをよく使うので、昭和二二年頃、河村柳太郎というシイタケ栽培の技術を持った人を静岡から呼んだ。それが今、河村食菌として残っていて、渋谷勇夫がやっている。渋谷は会員ではあったかもしれないが、聯盟の運動には参画していない。

鶴岡で講義を聞いた。陛下から命令があればいつでも内閣を作れるように政策を作っておく。その指導原理が昭和維新論だといっていた。それをヒットラーのマインカンプと一節ごと対比させつつ講義した。時代が変われば変わるべきものだが、マインカンプは一度作って変えないと批判していた。集まるのは東亜連盟の会員。月に二～三度位の講義。会員は戦時中最盛期六、〇〇〇人位いた。地主、自作、小作全部、階層に関わらない。戦争を止めさせるためには、東條ではだめだといって反対していた。東條は思想がないといっていた。だから講義の時などはいつも特高が来ていた。それで出征する時はバッジを付けて出ない。八月一五日、終戦の午前中も家の菩提寺で七～八〇人集めて話をしていた。寺のラジオがガリガリでよく聞こえなかった。

自分自身が入ったのはそんなに早くない。家に来てもらい講演してもらって入った。当時翼賛会の仕事していた。やがて翼賛壮年団ができたが、これはバリバリで革新的、それと町村長クラスで保守的な翼賛会は仲良くなかった。自分が石原将軍と翌壮を仲介して結びつけた。

今度の戦争は世界最終戦争ではない。最後はドイツとやるのだ。アメリカとこのまま戦っていたのでは勝つことない。早く止めないといけない。鉄の生産だって二〇倍ある。早く宮様を総理大臣にして軍部を押さえないといけない、東久迩宮様になってもらおう、という考えだった。終戦処理の時、東久迩宮様に呼ばれて行った、しかし秘密だったので、どこに行ったと大騒ぎになった。

庄内の支部長は平田安治氏（鶴岡の人、地主の平田安吉の分家）、旧町村に分会。分会長を通じて会費取る。会員中適当な人を抜いて参与会員にする。三〇〇人くらい。毎年点検して入れ替える。参与会員の合議制で運営する（年に何回も開いた）。共産党の組織を研究して、それを修正した。自由主義でもだめだし、専政でもだめだ。われわれは統制主義で行く。自由主義を前提にしつつ、その上をつかむのが統制主義だ。自分は旧東郷村分会長、参与会員。参与会員の会議で指導原理（昭和維新論）を検討して、しょっちゅう訂正して新しい版を作った。参与会員の会議は「新茶屋」（料理屋）でやった。これは正式の会議。将軍の講義は、通知を出して集まる人は来る。

東亜連盟の普及には、農業技術をやったということもある。しかし、それよりも石原将軍の話を聞いて連盟に入るのが誇りでもあった。いい話聞いたから入れと互いに勧誘した。バッジを付けるのが誇り。金はどこからも来ない。バッジを売るのが仕事、それと石原将軍の印税だけが会の収入。会員は個人加入。戦後、石原将軍は全国を遊説した。昭和二〇年秋、東久迩宮から全国の鉄道を自由に乗れるパスをもらって貨車の臨時列車を出して廻った。山形では、新庄でやった。青森では弘前。戦争負けても一〇年もたてばすぐ回復するといって、励ました。井上式という稲作増産技術の普及もした。戦後だと思う。

戦争中は早く戦争を止めること、敗戦後は身に寸鉄を帯びず、と主張。軍備をしないことを主張した。東亜連盟はマッカーサーの指令で解散。その後協和党を正式の政治結社として作った。しかし元々の東亜連盟のメンバーと仲悪い。協和党（石原将軍の弟、石原六郎氏など）は、自衛隊もだめだといっている。旧東亜連盟の人はそうもいかぬ、で対立。(4)

（1）東亜聯盟協会編『昭和維新論』昭和一七（一九四二）年改訂、一～三、九～一二、一三～一五、二四、四一、四三～四四ページ。なお、石原莞爾の東亜連盟の思想と運動の形成と展開の過程については、森武麿・大門正克編『地域における戦時と戦後――庄内地方の農村・都市・社会運動――』日本経済評論社、一九九六年、二一～三〇ページ、に詳しい。

（2）東亜聯盟協会編『昭和維新論』（第四手牒判）、昭和一九（一九四四）年、八～九、一二～一三、二〇、四八～五〇ページ、石原顧問講述『東亜聯盟とは何か』東亜聯盟協会荘内支部、一九四一年、八～一一、五八～六〇ページ、石原莞爾『昭和維新論』東亜聯盟同志会、一九四五年、三二～四ページ、前掲『東亜聯盟とは何か』六〇ページ。これらの東亜連盟の文書は、旧西田川郡東郷村角田二口の佐藤東蔵の提供による。

（3）角田二口村と佐藤東蔵家については、佐藤東蔵『佐藤東蔵家系譜』一九八三年、に詳しい。

（4）旧西田川郡東郷村角田二口（現三川町）佐藤東蔵談、一九八〇年八月時点の報告者の調査ノートによる。

東亜連盟農法と庄内稲作

東亜連盟は、東亜連盟農法といわれる独自の農業技術指導をもって農民に浸透して行った。庄内地方における東亜連盟農法については、前掲の森武麿と大門正克の著書を始めいくつかの研究があるが、ここでは『荘内日報』に掲載された、松木《まつのき》正利の「東亜連盟農法の展開」によることにしよう。すなわち松木によると「昭和一六年の第二次大戦開戦前後から、庄内の農村には、『昭和連盟農法』といわれる農業技術が急速な普及を見た」。それは、「木村農法という『栄養周期適期施肥』法と酵素堆肥の製造・施用の二つの技術から成る」。松木によると、東亜連盟は昭和一四年に結成されるが、「十六年三月、その庄内分会が山形支部の一分会として発足。同年八月に庄内支部として独立する」。その会員は初め八五人であったが、「翌年末には一千人を越え、十八年末に三千五百人余、敗戦の二十年九月、六千二百五十人余を擁するまでになっていた」という。そのうち東田川郡黒川村（現鶴岡市）の黒川分会は、「昭和二十年十二月の時点で三百三十一人（農事部百九十人、婦人部百二十七人、女子青年部十人、男子青年隊四人）であった。短い年月の間に、このような急速な増加をみた要因は何であったかについては、肥料と食糧が欠乏していた当時、農家が連盟農法、特に酵素農法を積極的に採り入れたからだといわれている」。「中央から派遣された酵素肥料の発明者柴田忻志氏の講習会は、十八年だけで三回、同農法に関する座談会や支部役員、地元実践農家による講習会の回数はかなりの数になる」[1]。

しかし、「その講習会で最も多かったのは、酵素農法ではなく、木村嘉《か》久郎《くろう》氏による、いわゆる『木村農法』であった。…これは酵素農法が、元種の配布をうけて腐熟の早い良質堆肥の生産が目的であったが、木村農法は、慣行農法とは全く違ったやり方であったという技術的な理解を必要としたからであろう」。その要点は、「作物は全生育期間を通じて、必ず各々段階がある筈で…その各段階に於ては肥料の養素にも分量にも、自ら要求の相違がある…」。そして「『増収の要諦は施肥の時期にあり』で、収量は量によるものではなく、『施肥の時期が支配する』」という。「庄内地方における教学と農業技術団体である荘内松柏会が、昭和十二年から普及を行った『水稲分施法』は、それまでの基肥一回だけの施肥という伝統農法の壁を破っているだけに、木村農法を受け入れる素地はできていたと見ることができる。が、木村農法は、施肥法ばかりでなく、育苗・植え付け本数・栽植密度のやり方から違っていた」[2]。「木村農法が黒川村仲村の蛸井九八氏によって実践されたのは、昭和十八年からである」[3]。「蛸井氏の実施圃場（一〇アール）には、各地からの視察者が相次いだ。反収は四石（六〇〇キロ）に達したという。当時の反収は、豊作年で三七〇キロ、並作で三三〇キロ台…であったから驚異的な多収であった。これが翌十九年からの木村農法の試作者を増加させ、それとともに連盟黒川分会の会員が増加していくきっかけとなったのである」。そして「黒川村農業会は終戦の年の二十年、同農法を正式に採用することを決める[4]」。

しかし「戦争の深化に伴って、配給肥料も逼迫していく。……連盟農法のもう一本の柱『酵素農法』は、こうした時代を背景に良質の堆肥を生産するために急速に広がっていく。……二十一年の連盟解散後『自給肥料普及会庄内支部』が、同年六月に設立された」。神奈川県の「柴田忻志氏が培養した特殊酵母」を、元種として、それが「甕に入れられて保管者のもとに届けられ、その甕は保管者以外は手を触れることはできず、床の間に飾った。『まるで神様扱いだった』といわれるほどだった。……保管者が『適当と認めたるもの』を『拡大手』に任命し」、この拡大手あるいは保管者自身が「量を増やす培養の仕事」をする。「拡大した酵素は、会員に配布され、実際に堆肥が作られ」て、「酵素肥料（堆肥）が出来上がる」わけである[5]。

この「自給肥料普及会庄内支部」には「月報」があり、これによると、「本会が積極的に採り上げて實践に移しているのは……木村農法と酵素農法とである。木村農法は…大井上先生の栄養周期説に基づきこれを獨特の体系とした農法で四国の木村嘉九郎先生の御指導によるものであり、酵素農法は、柴田忻志先生の発案にかかる酵素肥料による獨自の農法であ」るとしているが、ここにはもはや石原莞爾の名前や、東亜連盟を宣伝する言葉はない[6]。このような状況は、松木によると「同連盟の思想から出発し、同思想を信奉する蛸井氏と会員との乖離を生み出す」ことになったという。「大部分の農家にとって石原莞爾・連盟の思想・理想などはどうでもよかった。とにかく増産だった」。しかし蛸井の講習会においては、「連盟の思想、『指導原理』から始まった」のである[7]。その後、「昭和二十四年、石原氏の死去によって、また農協の設立、肥料事情の緩和など、大きい流れの中に埋没していく」[8]。

しかし筆者は、その後、庄内各地で昭和連盟の影響の跡に出あっている。例えば一九六七（昭和四二）年に遊佐町小松の法人化の調査を行った時、その中心的な役割を果たしていた池田竜吉から、「小松の法人化は直接そこから来ているのではないが、遊佐町の構造改革の最初のビジョンは東亜連盟の考えによっている。リーダーの農協長池田源詮は東亜連盟会員だった」との証言をえている。そして「東亜連盟の人はみな理想家、理屈屋」との評を語っていた[9]。また、旧北平田村中野曽根の集団栽培のリーダー阿曽敏勝は、戦時中から東亜連盟に入っていたという。「かなり熱心にやっていた。北平田支部は二〇人くらい。中野曽根が多い。『世界最終戦争論』のパンフ等の学習会を皆でやった。新庄で昭和連盟大会があって、それに出た。自分に東亜連盟が残した影響は大したものは思い出せない。農業ではむしろ武田邦太郎氏の影響を受けた。武田氏の『池本農業政策大観』[10]などの勉強をした。共同化についても影響はある。戦後酵素肥料などもやった。会員の人だけで。当時肥料のない時で、効果あると思ってかなり続けた」とのことである。本人は、「一六歳で父が亡くなったので、考え方は現実的な方だと思う」と語っていたが、若い頃から農協青年部の活動に取り組み、養豚の共同経営、部落ぐるみの集団栽培などをリードしたところなどは、「理屈屋」ではないけれども、「理想家」肌のところはあったと思う。また阿曽によると、戦後、大成農場という完全共同化の法人に取り組んだ阿部順吉も、東亜連盟の若い会員だったとのことであるし、東亜連盟会員は「理想家」という評は当たっているのかもしれない。

ところが「中野曽根では、東亜連盟に入るか入らないかで部落を二分して、部落長の選挙にまで響いたことがある」という。「その後昭和二〇年代後半頃、稲作技術まで二グループになって、別々の講師の指導を受けたことがある。こういうことではだめだ、ということで話し合って、昭和三〇年頃一本化した」という[11]。このように、東亜連盟は明確な「会」としては「大きい流れの中に埋没」した後も、意外なところにまで影響の跡を残していたのである。なお、中野曽根では、一九七三年から秋作業の機械化による余剰労力の燃焼のため稲倉を利用して昭和電工の下請けでコイル巻作業を行っていた。これについても「阿曽さんがもってきた」といわれているが、東亜連盟の農村工業論の影響という証言はない。ただしこれは、証言者が阿曽よりも若い世代で、東亜連盟など戦中戦後のことにはあまり記憶がなかったためかもしれない。(12) なお、遊佐町における法人化運動については第一三章で、中野曽根の集団栽培については第一〇章第三節で詳論するので参照願いたい。

(1) 松木正利「庄内の村と人びと229 東亜連盟農法の展開(1)」、『荘内日報』平成三年三月一四日。
(2) 松木正利、前掲記事。
(3) 松木正利「庄内の村と人びと230 東亜連盟農法の展開(2)」、『荘内日報』平成三年三月二三日。
(4) 松木正利「庄内の村と人びと231 東亜連盟農法の展開(3)」平成三年三月三〇日。
(5) 松木正利「庄内の村と人びと232 東亜連盟農法の展開(4)」平成三年四月七日。
(6)「自給肥料普及会庄内支部月報」創刊号、一九四六年、四ページ。
(7) 松木正利「庄内の村と人びと231 東亜連盟農法の展開(3)」、平成三年三月三〇日。
(8) 松木正利「庄内の村と人びと234 東亜連盟農法の展開(6)」、平成三年四月二〇日。
(9) 一九六七年時点の筆者の調査ノーとによる。
(10) 武田邦太郎『池本農業政策大観』アジア青年社刊、昭和一七年。
(11) これらの東亜連盟に関する阿曽敏勝の回顧、および阿部順吉の回顧は、一九八二年三月時点の筆者の調査ノートによる。
(12) 中野曽根における当時の生産組合長佐藤秀雄の回顧（一九八三年八月時点の筆者の調査ノートによる）。

第四節　復員兵の稲作参考書——『農村通信』

「三鍬会」と「天狗会」

ここで、話を一挙に戦後に飛ばして、農法普及の「庄内全体としての流れ」の第三として、農法普及雑誌『荘内農村通信』（荘内農村通信社）を取り上げることにしよう。先に引用した高橋保一は、昭和初期には「庄内全体としての流れはなかった」と述べていたが、次に掲げる回顧によると、昭和一〇年代前半、「三鍬会」というグループが出来たようである。

高橋保一の回想

三鍬会《さんしゅうかい》ができたのは、昭和一〇年代前半の頃。山居倉庫に関係する人びとが中心で、そこに地域の篤農家といわれるような人びとが参加して作った。この三鍬会で、山形の田中正助氏の分施法の技術を学んだ。山形県農試の佐藤富十郎氏が庄内分場長として赴任してきて仲介してくれた。試験場の佐藤氏が研究していて、その委託の形で田中氏がやってみて、成功したもの。それを実行したのが杉山良太氏だ。松柏会ができて確立すると、三鍬会は解散。三鍬会の中心メンバーで天狗会ができた。林友次郎氏が山居倉庫の本楯支庫長として赴任してきて、中心になって作った。杉山良太氏、自分などが参加した。杉山さんは三鍬会には入っていない。林友次郎氏は、やがて本間農場長になってここを拠点にして分施法を広めた。昭和一六、七年頃、分施法を県の方針にするかどうかが問題になり、石黒知事の裁断で県の方針として取り上げることになって、県全体に広がり、全国化した。田中先生は日本の稲作の革命をもたらした人だ。(1)

筆者の手許に、「心契　荘内三鍬会」というガリ版刷りの文書がある。内容は、「農事中堅層結成について（加藤先生の御話）」という組織編成、運営ついての注意事項である。加藤先生というのは、加藤完治だろうか。山居倉庫の関係者のだれかが、山形県自治講習所で加藤の薫陶を受け、その言葉をこのような文書にまとめて、三鍬会の結成原理としたのであろうか。ただし「一、道義に立脚すべし。イ、法的の結成は形態をそなへて精神を失ひ易し。ロ、有志の結成は各の意見を主張し分裂して統一を失ひ易し（大体右の二つを出でざるもの多し）…（以下略）…」といった内容で、「研究題目」として「緩急を計りてなすべし。イ、倉庫問題　稲作問題。ロ、思想問題　郷学問題。ハ、其他多数あるべし」とあるのみで、具体的な取り組みの内容については、この文書では分からない。ただ、この組織を結成するに当たって加藤完治かと思われる人の意見を聞いていること、また「昭和十三年五月十七日」付となっているので、この年に結成されたらしいことは分かる。右の高橋の回想によると、三鍬会は、「山居倉庫に関係する人びとが中心で、そこに地域の篤農家といわれるような人びとが参加して作った」。そこでやったことは「山形の田中正助氏の分施法の技術を学んだ」のだという。「山形県農試の佐藤富十郎氏が庄内分場長として赴任してきて仲介してくれて、三鍬会が呼んだ」。やがて「松柏会ができて確立すると、三鍬会は解散した」。なぜ解散したのかについては語られていないが、三鍬会が山居倉庫関係者中心の組織だったとすると、「御家禄派」の人が多かったであろうから、御家禄派を背景にもつ松柏会ができると、農法普及組織としての役割をそちらに譲って解散したのではなかろうか。そして、「三鍬会の中心メンバーで『天狗会』ができた」といわれている。ところが、次に見る杉山良太の回想によると、天狗会の結成は昭和一一年だという。天狗会の前身三鍬会が昭和一三年だとなると、ここは年次が合わない。しかし今となっては確かめようがないので、それぞれの証言をそのまま引用しておく。重要なのはむしろ、天狗会が、松柏会の「右手に論語」の側面とは別に、稲作の「天狗」たちを集めたということであろう。「林友次郎先生が山居倉庫の本楯支庫にいて、中心になって作った」という。

杉山良太の回想

一番苦労したのは、苗代。その後は、分施を一番やった。佐藤富十郎先生と東北農試の先生たちの研究をまとめたもの。田中先生は一二年に来た。その次の一三年秋に始めて発表して、これは絶対間違いない、やってみろ、といわれた。翌一四年に全面積やってみた。昭和一四年から四石とった。深く掘って堆肥入れて。分施法をきちっとやったのは自分一人くらいだ。収穫の時、石黒知事が来て、翌一五年から山形県の指導方針として取り上げた。一般の技術員は皆反対した。村山の人に、米の庄内が教えてもらってよいのか、などといった。田中先生は、しかし苗代はだめだった。

昭和元年から一五年、林友次郎先生が山居倉庫の本楯支庫にいた。自分も友達に連れて行ってもらって、毎晩集まった。倉庫で試験田を作っていた。苗代失敗すると、自分のところを見てくれといって、やって来るものだった。林さんは自分では作らない人だったが、皆の話を聞いて、よく稲作のことを知っていた人だった。稲のことに熱心だった。林さんがいいだして、昭和一一年に天狗会を作った。そして昭和一二年から、この天狗会に田中先生を連れてきた。倉庫の事務所に集まった。熱心な人だけ、庄内三郡から集めた。大体四〇人くらい。負けたくない人ばかり集めた。料理を取って、それを楽しみにして集まった。食べ物だけ会費をとって、だれが会長ということないが、林さんが事務費を使って通知したりしていた。

天狗会は論語読みなどしない。自分も昭和一二年から松柏会に入り、今でもメンバーだ。林さんの勧めで入った。松柏会は教学がもともと。農事部は後でできたもの。昭和一三年頃か。農事部は一般の農家に普及、指導する組織だった。天狗会は文字通り天狗の集まりで、自分たちの研究のため。一般の農家に指導ということはない。先生たちの前で発表して、競い合う。天狗会は戦争中みな兵隊に行って、人がいなくなって立ち消えになった。一六年頃までやったと思う。そして、残った人たちはその村の指導者になった。(2)

天狗会のメンバーだった杉山良太の右の回想によると、「熱心な人たちを庄内三郡から集めた。大体四〇人くらい」という。「松柏会は教学がもともと、農事部は後、昭和一三年頃できたと思う。苗代と分施法を中心に、一般の農家に普及、指導する組織。天狗会は文字通り天狗の集まりで、自分たちの研究のため、一般の農家の指導ということはない。長南七右衛門さんは入っていない。松柏会の方だ。天狗会の内容は、分施法中心だが、他のこともやった。林さんがいだして、自分の倉庫に集めた。料理を取って、それを楽しみにして集まった。料理だけは会費をとったが、他に会費はなかった。だれが会長ということもないが、林さんが事務費を使って通知などをしていた。論語読みなどは、天狗会はしない。自分も林さんに勧められて松柏会にも入ったが。天狗会は、文字通り天狗の集まりで、先生たちの前で発表して競い合う、自分たちの稲作研究のため。一般の農家の指導はしない。天狗会は戦争中みな兵隊に行って人がいなくなって、立ち消えになった。昭和一六年頃までやったと思う。林さんも余目の倉庫長で去った。残った人達は、それぞれの村の指導者になった」とのことである。

(1) 一九七八年八月時点の筆者の調査ノートによる。
(2) 一九八二年七月時点および一九八五年八月時点の筆者の調査ノートによる。

「復員兵士のイナ作参考書」――「農村通信」

この「三鍬会」から分かれ出た「天狗会」の流れが、後の「農村通信」誌に流れ込んでいるようである。その創刊の事情についての、杉山良太と高橋保一の回顧を、左に掲げる。

杉山良太の回想。

最初、酒田の山居（倉庫）で富十郎先生、林友次郎さん、白石伝吉さんの三人と自分が対談をやったのが始まり。富樫広三さんが主催した。それを『荘内農村通信』として出した。当時若い人が戦争から帰ってきたばかりで、何も分からない状況。どれが自分の家の田かも分からない位だった。…富樫さんが、青年たちが帰ってきて何も分からないのでなんとかしようという考えで、打ち出したもの。『農村通信』発行責任者になる丸藤さんはその書記役だった。始めはガリ版ずり。悪い紙で、ほんの数ページのものだった。(1)

高橋保一の回想。

戦後の混乱期、復員帰りの人に教えるということで、林友次郎氏に相談して、『庄内農業経営研究会』を作った。富樫広三氏が会長、講師格に林友次郎氏、杉山良太氏、高橋保一、この四人が中心で、丸藤氏が事務局。この研究会名で『農村通信』を発行した。本拠を本間農場に置いた。今から三一年前、昭和二二年創刊。創刊してから数年過ぎてから編集委員会を置いた。『農村通信』は、林氏、杉山氏から技術を得て、それに富樫氏、丸藤氏を加えて、この四人が中心。田中氏は直接ではない。(2)

高橋保一の『農村通信』掲載の回想記事

敗戦後、戦地に居た兵隊たちがうす汚れた軍装姿で続々と復員してきました。帰ってみると、米の供出割当は厳しいのに肝心の肥料は必要量の三分の一ぐらいしか配給されない。その上、長年の軍隊暮しでイネのつくりかたはさっぱりわかりません。昭和二十二年十二月一日、こういう復員兵たちのイナ作参考書として『荘内農村通信』が創刊されました。(3)

ただ、右の二人の回想には若干の違いがあって、その間をどう結びつけるかを検討する必要がありそうである。そこで今筆者の手元にある『荘内農村通信』の創刊号を見ると、刊行は戦後間もなく一九四七(昭和二二)年一二月、ガリ版刷りのものではない。発行編集人は丸藤政吉となっており、特集記事として、「昭和二十二年の稲作を顧みて」が掲載されている。その内容は二つの部分に分かれ、まず最初の記事は「対談白石伝吉氏、一光會顧問某氏、丸藤政吉筆記」とあり、次の記事は「杉山良太氏談、丸藤政吉筆記」となっている。ここでいわれている「一光会」とはどういう組織か筆者は知らないし、その「顧問某氏」も誰のことか分からない。しかし、この二つの記事が杉山良太の回想にある「対談」に当たると考えると、ほぼ平仄が合うのではなかろうか。つまり、杉山良太と白石伝吉の名前は挙っているので、「一光會顧問某氏」は佐藤富十郎か林友次郎のどちらかだったと見られよう。以上要するに、杉山良太の回想にある「対談」は、丸藤政吉が筆記して、初め「ガリ版ずり」の『農村通信』という名の文書にして、しかるべき人に配ったのであろうが、その後、活版刷りで『荘内農村通信』を刊行する相談がまとまり、この対談を特集記事として掲載したのではなかろうか。しかし『農村通信』第二号には「苗代の研究座談会」と題する記事が掲載されており、その座談会の出席者が「佐藤富十郎、白石伝吉、一光会顧問某」と記されており、また第三号の同一題の座談会は「林友次郎、杉山良太、白石伝吉」となっているので、この「某」氏は林友次郎であろう。

詳細はともかく、注目したいのは、杉山良太が「若い人が戦争から帰ってきたばかりで、何も分からない状況。どれが自分の田かも分からない位だった」と述べていることであろう。この点について高橋保一も、右の『農村通信』に寄せた回想記事の中で「敗戦後、戦地に居た兵隊たちがうす汚れた軍装姿で続々と復員してきました。帰ってみると、米の供出割当は厳しいのに肝心の肥料は必要量の三分の一くらいしか配給されない。その上、長年の軍隊暮しでイネのつくりかたはさっぱりわかりません。昭和二十二年十二月一日、こういう復員兵士たちのイナ作参考書として『荘内農村通信』が創刊されました」と書いている。ここにはすでに、かつての篤農協会や東亜連盟に見られた戦時色はない。そこに絡み付いていたイデオロギーもない。ともに敗戦という時代背景を踏まえて、「復員兵士のイナ作参考書」を目指したとしている点で二人の回顧は共通である。論語の「教学」でもなければ、「世界最終戦争」に備えるのでもない。戦塵にまみれて帰ってきた若者たちを土に戻すこと、そしてそこから未来を探ること、が狙いだった。ここで、次の第七章に掲げる**図表7-3**を参照頂きたい。庄内三郡の人口は、敗戦直後の一九四五（昭和二〇）年に男女含めて約四万四千人増、男子は約二万人増となっている。この中には、戦災によって壊滅に帰した都市部からの人口還流もあろうが、とくに男子は復員による人口増が多くを占めていると見られよう。その大部分は農業を担うべき青壮年だった。この「何も分からない状況」の人びとのイナ作参考書として刊行されたのが、『荘内農村通信』だったのである。こうしてその創刊号は、「荘内の農業は荘内の農業である。荘内の農人には荘内の農人としての体臭があり、荘内の作物には荘内の作物としての色がある。それが自然で、その環境によく即してこそ、真に完成の道が開け、明るい、世界への目が開けてゆくのだと思う」と、読者に語りかけている。[4]

（1）一九八二年七月時点の筆者の調査ノートによる。

(2) 一九七八年八月時点の筆者の調査ノートによる。
(3) 高橋保一「我が人生とイナ作の歴史を顧みる(二)かくて大正生まれの多難な時代は終わった!」『農村通信』昭和五七年一〇月号、四〇ページ。
(4)「かういふものが欲しい」、『荘内農村通信』第一號、荘内農村通信社、昭和二二年一二月一日、一ページ。

本間農場の役割

ところで、右の高橋保一の回想によると、『荘内農村通信』は「本拠を本間農場に置い」て出発したようである。本間農場の発足の頃について、杉山良太と中鉢幸夫に回想してもらっているので、それを次に掲げよう。

杉山良太の回想

林友次郎さんは戦後、昭和二四年頃、本間農場長をした。本間農場も、農地解放にあったが、農場ということでなんとか四町だけ残せた。『農家経営研究会』という名前をつけて、その研究会の農場ということにした(昭和二二年)。そこに林さんを連れてきた。中鉢幸夫さんはその前から農場主任でいた。場長は林さん。研究会の会長は、富樫さん。この農家研究会は戦後、大きな役割を果たした。講習会をやって、よく人が集まった。『農村通信』とは別だが、富樫さんが会長なので関係ある。秋田方面からも来た。それで『農村通信』も秋田方面にまで広がった。指導者はみな松柏会と『農村通信』と両方にまたがっている。少しも対立矛盾はない。技術に詳しいのは『農村通信』、『松柏』には教学がある。秋田には『松柏』は行っていない。東北農家研究会と松柏会はほとんど人はダブっている。自分も菅原先生とは親交あった。自分が退いてから農業技術指導の中心になったのは、横川(旧横山村、現三川町)の石川長治さんとこの村では高橋保一さん、この二人は私の弟子の立場だ。また鶴岡の山田（旧大泉村）では五十嵐長蔵さん。[1]

中鉢幸夫の回想

乾田化が一わたり行き渡った頃、伊佐先生に引き続きいて頂くために、明治三〇年頃、本間家が、前身の仁井田農場を作った。伊佐氏が帰った後、農場長は、本間家の関係者の人たちだったが、その下で佐藤金蔵氏が技師を務めた。それから林友次郎氏、それから中鉢。そして大正八（か九）年に三反歩位の本間農場を作った。小型の試験場という形だった。その頃、大正九年に県試験場の庄内分場ができた。普及は小作人中心だったが、その他も集めて指導した。圃場の見学。庄内はむろん全国（北海道、東北、関東の一部）から来た。年間二万人くらい。暗渠排水、耕地整理などは、小作人に援助して実施した。稲作品評会をして、苗代審査、本田審査、刈場審査、試作田の多収穫品評会。堆肥盤の設置（補助を出して）、肥料代金の低利の貸付、農耕馬も。

戦後昭和二四年頃から、超過供出が三倍くらいの値で買い上げになり、みな目の色変えて増収に取り組む。その頃、講習会をやると、立錐の余地がないほど。自分と林、杉山良太、五十嵐長蔵。高橋保一も応援に来た。芽出し、肥料設計、分施法、刈場での反省会。そんなことを一〇年くらいやって、本間農場の中に、『稲作研究会』を作り、そこが主催した。『農村通信』が後援でやった。あの頃は肥料も少なく、一生懸命で分施法が広がった。[2]

本間農場とは、中鉢幸夫が右の回想の中で述べているように、乾田化が一わたり行き渡った頃、招聘した伊佐治八郎を引き止めておくために、本間家が旧飽海郡酒田片町（現酒田市）に作った仁井田農場に始まる。産業組合中央会の機関誌『産業組合』に掲載された本間家事務長の紹介文によると、「仁井田農場は、明治三〇年の創設なり。主として小作人に稲作耕作法の模範を示さんが為に模範農場として設けたるものにして、農場主任を置きて改良耕作法を行ひ、實習生を養成し、又小作人の農事を指導せしめ、主任は専ら農事の攻究指導の任に當たる」とされている。[3]右の雑誌記事にあるように、もともとは小作人向けの農事指導のための農場だった。『酒田市史』（改訂版）によると、さらに大正七年に酒田町亀ケ崎（現酒田市）に移転して、本間農場と改称し、本間家が設立した不動産賃貸の信成合資会社の附属施設として運営されていた。戦後、農地改革に際しては、当然買収の対象になるはずのものであったが、「代家・支配人と本間農場を中心に稲作を研究していたグループが発起人となり、『本間農場を試験場として継続する請願書』が提出」され、時の農林大臣の政治的判断で信成合資と切り離して、「民間研究機関としての本間農場」として存続されることになったものである。しかしその後、宅地造成のための土地区画整理事業の対象地となったために、一九六四（昭和三九）年に六〇余年の歴史を閉じることになった。[4]

右の中鉢幸夫の回顧によると、本間農場は、設置以来、小作人だけでなく「全国から……年間二万人くらい」集めて「小型の試験場という形」で圃場見学など稲作技術の普及に当たっていた。しかし、『酒田市史』の記述にあったように、また右に掲げた杉山良太の回顧にもあったように、戦後の農地改革で買収の対象となるところであった。しかし、杉山によれば「農場ということでなんとか四町だけ残せた。『農家経営研究会』という名前をつけて、その研究会の農場ということにした」のである。「そこに林友次郎さんを連れてきた。研究会の会長は富樫さん、この農家研究会は戦後、大きな役割を果した。講習会をやって、よく人が集まった。『農村通信』とは別だが、富樫さんが会長なので関係がある。秋田からも来た。それで『農村通信』も秋田方面にまで広がった」。この「秋田」とは、秋田県の由利地方のことであろうか。由利地方は、庄内と条件が似ており、現在でも『農村通信』の読者が多い。

このように元来は小作人のための「模範農場」だった本間農場は、農地改革後、優れた稲作指導者を集め、まさに

「農家経営研究会」として、かつての小作だけではなく、一般の農民のために講習会を開催するなどして「大きな役割を果した」のである。そして、そこに集まった稲作指導者達によって、「復員兵士たちのイナ作参考書」として刊行されたのが『荘内農村通信』だった。

（1）一九八二年七月時点の筆者の調査ノートによる。
（2）一九八五年一月時点の筆者の調査ノートによる。
（3）本間家事務長「山形縣本間家農事経営一班」、産業組合中央会『産業組合』第五七号、明治四三（一九一〇）年七月一日、三七ページ。
（4）酒田市史編さん委員会編『酒田市史』改訂版・下巻、酒田市、一九九五年、五〇九、八二六ページ。

『荘内農村通信』の特色

『荘内農村通信』の予約購読者は、創刊直後の一九四八年一月には二八四名、それが発刊一周年の一九四八年一一月に一、〇六六人に達している。この時の第一二号は「荘内全農家二万四千七百戸とみて、約二〇戸に一冊の本誌がゆきわたっているといふことになります」と述べている。さらに一年たった一九四九年一〇月には、予約購読者一、四八九人、なおこの他に毎月二〇〇部近くが委託の書店で売れているとされている。一、七〇〇部近くなる。一二号と同じ計算をすれば一五戸に一冊ということになる。この種の地味な農業技術雑誌としては、着実な伸びといってよいであろう。他県では、新潟に六三部、秋田に五一部出ている。[1]

この間の編集方針を表していることばを、誌面から拾ってみると、例えば、まず第二号（一九四八年二月）では、「本誌に對し、中央の有名な方の記事でもいただいて載せたらとの御注意もありましたが、さういふ方針は中央より出てゐる雑誌に委せていいのではないかと存じ、どこ迄も荘内の地方色を出してゆきたい」として、「農業上に關する記事の御投稿を歓迎いたします」と呼びかけている。[2] 一九四八年七月の第八号に掲載された「本田の研究座談会」では、杉山良太の「蔬菜などは毎日毎日變化が出てきて面白いが、稲は變化が見えなくて面白くないといふ人もあるが、稲でもよく観察すると日々どんどん變化している」という発言を受けて、林友次郎が「やはり、立派な稲を作らうと思へば、少なくとも四、五年前頃からの今月今日は稲の状態がどうなってゐたか位は、ハッキリ判っていなければいけない。ただ他人の田を見て真似てやるようではいい稲をつくることはむずかしい」と述べているが、[3] これなどはまさに『農村通信』の真骨頂を表していることばといえよう。

それから、注目したい記事として、一九五〇（昭和二五）年一一月の第三六号から一九五一（昭和二六）年六月の第四三号に至るまでの合計八回にわたって、各村ごとの読者名簿が掲載され、「この中に、あなたのお知り合ひの方はゐませんか。いつかお會ひになったら増産の同志としてお話し合ひ下さい」と呼びかけている。[4] 近ごろなら個人情報などが云々されて、問題になるところであろうが、『農村通信』誌と読者、そして読者相互を結んで一つの農業技術のコミュニケーション・ネットワークを形成しようとしているのであり、たんに売り上げを狙う雑誌ではなかったことを示しているといえよう。そしてまた、その背景として、当時の荘内地方が一つの稲作地域として仲間意識によって結びあわされた地域社会であったことを物語っている。

また第六号（一九四八年五月）には、増ページにもかかわらず値上げを見送る理由として、「本誌発行の目的は、荘内農村人の農業技術の発達と一般教養の向上に貢献いたしたいといふことであります。さういう方針で各位の御声援を得、第五號まで半紙半大八頁の誌面で発行して来たのでありますが、月々、読者各位のご要望多く、その御要望を充分誌面にあらはすためには、到底、八頁ではまにあはなくなりました。それで本號より二頁を増し、十頁として発行することにいたしました。それで、當然、誌代の値上げをするのがあたりまへかもしれませんが、それでは従来、一ヶ年豫約で御注文の方々に御迷惑かけることと思ひ、この度は値上げをしないことになりました」とあり、そして「誌面拡張による経済的負担の増加を発行部数の増加によって補ってゆきたい」ので、お知り合いの方に本誌を紹介してほしいという「お願い」を掲載している。[5]その後、一九四九（昭和二四）年一二月には、「各地に読者の会が組織され、その世話人会を作る」ことになり、これら読者の会を「両羽興農会」と命名した。[6]

こうして『農村通信』は次第に発展して、事務所も、本間農場への間借りをやめて、一九五五（昭和三〇）年、第八六号から、独自の本社屋をもつまでになった。[7]さらに一九五九（昭和三四）年から誌名も『荘内農村通信』から『農村通信』と改め、雑誌も二八ページ建てと拡充し、読者数三、〇〇〇名を越えるに至った。改題のいきさつは、もともと「環境条件を同じくする荘内に限って、その勉強仲間の機関紙的な役割を果す」ことを目的として創刊したが、しかし「その仲間は意外なところにも居」て、「お隣の秋田県由利郡の熱心な農家の方々が飛び込んできてくれた」ので、「荘内という帽子はなくともいいのではないか」とう声が高まり「衆議の結果」、農村通信としたのだという。[8]

(1)「本誌発刊以来一ヶ年になりました」『荘内農村通信』第一二號、一九四八年一一月一日、一ページ、「本誌創刊二周年に際して」『荘内農村通信』第二四號、一九四九年一一月一日、一一ページ。
(2)「社告」『荘内農村通信』第二號、一九四八年二月一日、八ページ。
(3)「稲作の研究　本田の研究座談会㈠」『荘内農村通信』第八號、一九四八年七月一日、四ページ。
(4)「『荘内農村通信』読者名簿」、『荘内農村通信』第三六號、一九五〇年一一月一日、一一ページ、「『荘内農村通信』読者名簿」、『荘内農村通信』第四三號、一九五一年六月一〇日、一一ページ。
(5)「本誌増頁についてお願ひ」『荘内農村通信』第六號、一九四八年五月一日、一〇ページ。
(6)「農村通信社35年の歩み」『農村通信』第四二一号、一九八二年一二月一日、五一ページ。
(7)「社告」『荘内農村通信』第八六号、一九五五年一月一日、一一ページ。
(8)「『荘内農村通信』を『農村通信』に改題していきさつ」および「農村通信社35年の歩み」、『農村通信』第四二一号、一九八二年一二月一日、三ページおよび五一ページ。

戦後の稲作指導者たち

以上述べてきた中に、荘内の多くの稲作指導者の名前が登場している。お分かり頂きにくいと思われるので、本文あるいは注の記述と重複する点もあろうかと思うが、ここで簡単にまとめてご紹介しておくことにしよう。

まず佐藤富十郎、もともと旧東田川郡山添村（現鶴岡市）の出身で山形県農試の庄内分場に勤務し、山形市（旧東村山郡金井村江俣）の農民田中正助と協力して分施法の研究を行い、指導・普及に努めた。

次に林友次郎。鶴岡出身で山居倉庫に勤務、本楯支庫長となって、試験田を作り、分施法の研究と普及に当たった。また、本間農場長。天狗会結成の中心人物。

杉山良太。旧飽海郡本楯村新田目の篤農家。本間農場や農村通信社の稲作講習会で、分施法などの稲作技術の普及に当たり、多くの農民を育てた。稲作指導を退いてから、戦時中荒れていた部落有林の植林に従事した。「育てるのが好きなもんで」と筆者に語っている。[1]

高橋保一。旧飽海郡本楯村城輪出身。『農村通信』社の稲作指導講師。

富樫広三。旧東田川郡大和村小出新田（現余目町）の人。加藤完治に師事。後、西荒瀬村助役、酒田北部農協長、荘内経済連会長、など農村指導者として活躍した。また『農村通信』の第三七号以降の発行兼編集人。

丸藤政吉。『荘内農村通信』の創刊時〜第三六号（一九五〇年）の発行兼編集人。その後も農業記事を担当し続けた。[2]

中鉢幸夫。鶴岡市出身、本間農場主任、農場長。みずから稲作技術研究会を設立、指導に当たる。『荘内稲づくの進展』（農村通信社、一九六五年）などの著書がある。

石川長治。旧東田川郡横山村横川（現三川町）の篤農家。一九六七年の米作日本一多収穫競技会で、ササニシキにより、一〇アール当たり九〇一キロという記録を樹立した。

五十嵐長蔵。旧西田川郡大泉村山田（現鶴岡市）の篤農家、育種家。山田錦などの作出品種がある。荘内松柏会理事。『稲と共に——多収の理論と実際——』（農業荘内社、初版一九六〇年）などの著書がある。

白石伝吉。旧飽海郡西平田村大町（現酒田市）の篤農家。農村通信の刊行初期の頃、しばしば座談会記事などでその技術を披瀝した。

（1）一九八一年七月時点の筆者の調査ノートによる

（2）丸藤政吉は、筆者達の庄内農村調査に際して、調査対象地への案内など懇切なお世話を下さっている。個人的な思い出になってしまうが、後に述べる鶴岡市林崎の集団栽培調査の際に、真夏だったが鶴岡からの電車を待つ間プラットホームに吹く涼風に、これがあるから庄内米は天日乾燥がいいのです、と語ってくれた言葉は忘れられない。まだカントリー・エレベーターは普及せず、田圃の畔には刈り取った稲の「兵隊さん」が並んでいた頃のことである。

庄内農業技術普及の地域メディア

以上見てきたように、荘内地方には、農業技術普及のための雑誌、新聞など、さまざまなメディアが刊行されている。松柏会は昭和一三（一九三八）年以来、月刊紙『松柏』を刊行しているし、またその他にも、先に東亜連盟論を参照した松木正利(1)によって一九五八（昭和三三）以来、『農業荘内』という農業新聞が刊行されていた。週刊紙だったが、一九八四（昭和五九）年に、日刊紙の『荘内日報』に統合された。その最終号に、本紙は「庄内農業の振興、特に稲作の増産に役立てるべく創刊いたしました」とその刊行の主旨を述べている。ここでもやはり、「特に稲作」だったのである。かつて筆者が荘内の農村調査で農家をお訪ねすると、これらの雑誌や新聞がよくいろり端においてあった。そうすると、「この家は農業に熱心な家だな」と思ったものである。このように庄内地方においてさまざまな農法普及のメディアが刊行されているということは、一方の送り手側に「天狗」達以来の独自の優れた技術が保持されているということ、他方の受け手側にそれを学ぼうとする姿勢が存在すること、要するに双方の側に、先に庄内における民間育種の盛行との関連で紹介した「稲作への農民の愛着」が存在することの表れといえよう。そのような庄内農民の性格が背景にあってこれらのメディアが刊行され、それがまた庄内農民の稲作への愛着に拍車をかけるという、相互作用を生み出しているものと考えられる。

（1）松木正利は、庄内地方における中心的なマス・メディアである『荘内日報』の編集局長、『農業荘内』主幹などを歴任した人だが、またダリアの研究・栽培家として著名である。「東北ダリア作出家協会」を結成、会長就任、第四三回高山樗牛賞受賞。

第七章　「常会日誌」に見る庄内稲作の戦時期——食糧供出と増産対策

第一節　戦時下の「部落常会」

部落常会と牧曽根部落の常会日誌

戦時期には、法制上、町には「町内会」、村には「部落会」が置かれた。近世江戸時代には、日本の近隣社会は、都市には「町」が、郷村には「村」が置かれ、それぞれ、住民の代表に「肝煎」などの役人が任命されて、さまざまな支配・行政の末端業務を担っていた。明治に入ってからも、都市部では町内、農漁村では部落が住民の近隣社会として存続してきたが、法制上の位置づけはあいまいなままだった。それが、戦時期に法制上の組織として認定されたのである。いうまでもなく戦争遂行のための住民組織としてである。それは、山形県では昭和一五（一九四〇）年の「山形県訓令第四一号」として通達されている。そして、定期的に「常会」が開催されて、「常会日誌」が記録されるようになった[1]。そこで、各村ごとに記録されている「常会日誌」を見ることによって、この時期の村つまり部落の状況は、かなり詳しく理解することができる。次に、旧飽海郡北平田村牧曽根の昭和一五（一九四〇）年一二月一五日の「常会日誌」から、部落会発足時の部落会長の「式辞」を掲げておこう。

部落会結成式会長式辞（旧飽海郡北平田村牧曽根部落）

本日茲ニ牧曽根部落会結成式ヲ挙行シ倶ニ臣道実践ノ誓ヲ固ムルヲ得ルハ衷心感激ト慶ニ堪ヘザルナリ　惟フニ聖戦実ニ四星霜内紀元二千六百年ヲ寿ギ外善隣友邦トノ盟約相次イデ成リ大東亜共栄圏確立ノ聖業着々進展シテ曠古ノ発展ヲ見ツツアリト雖モ時正ニ世界ノ一大変革期ニ際会シ前古未曾有ノ時艱ニ直面スルニ至ル正ニ是レ挙国一致ノ新体制ヲ整ヘ一億一心職域奉公ノ臣道ヲ実践シテ之ガ克服ニ膺ルベキノ秋ナリ曩ニ大政翼賛会ノ成立ヲ見タル所以ハ実ニ茲ニ存シ本村亦其ノ支部ノ結成ト村内体制ノ改新ヲ図リタルモ如上ノ志趣ニ外ナラズ大政翼賛ノ実践的基礎タラシムル為メ擧村一致ノ努力傾クルコト茲ニ数旬今ヤ漸ク其ノ実現ヲ見部落会結成式ヲ挙グルハ是レ部落民愛国ノ至誠ニ出ヅル所ニシテ感謝措ク能ハズ　然リト雖モ刻下喫緊ノ要事ハ如上ノ新体制下ニ在リテ大政翼賛ノ臣道ヲ実践シ克ク其ノ実績ヲ挙グルニ在リ我等ノ任愈々重ク益々大ナリト謂フベシ　庶幾クハ部落民各位其ノ指導ノ任ニアルト否トヲ問ハズ更ニ素志ヲ堅クシ意気ヲ新ニシ相率ヒテ国家非常ノ秋ニ奉シ部落一体国運進展ノ鴻業ヲ翼賛シ奉ランコトヲ一言以テ式辞トス。

昭和十五年十二月十五日

牧曽根部落会長(2)

まことに堅苦しい文章で、これが農民自身の言葉として語られたとは、とうてい考えられない。おそらくは上から下りて来たものであろう。そこには、「部落会」を設置する主旨が、「国家非常の秋」つまり当時の戦争に当たって、「挙国一致の新体制」を構築するためであることが語られている。そのためにどのような事柄が協議されたか。**図表7-1**に牧曽根部落会の協議事項の一覧表をかかげる。一見して翼賛・総動員体制と分類できるような事項が多い。なかでも、国債・貯蓄にかかわる通達がしきりになされているが、これは戦費調達のためである。勤労奉仕もしばしばなされており、松根掘とは、当時飛行機の燃料を作るためといわれていた。さまざまな生活物資も統制のため、配給となっていた。

図表 7–1　牧曽根部落常会協議事項（昭和 15 年 12 月～昭和 20 年 8 月）

事　項		件数	主な内容
翼賛・総動員体制	常会組織	5	結成式、衛生組合等解散吸収、回覧板使用。
	訓示・訓話	5	村長、小学校長等。内原訓練所参加報告。
	一億常会	4	一億常会、ラジオ常会。
	思想動員・統制	10	必勝祈願、敵機初来襲流言厳禁、台湾・比島沖大戦果感謝。
	婦人常会	3	婦人常会、竹槍訓練。
	翼賛選挙	2	衆院選、村議選。
	戸口	5	常住人口調査、国民登録票、食糧人口調査、物品購入高調。
	租税	3	所得税申告。
	国債・貯蓄	24	国債割当消化、国民貯蓄組合、臨時資金調整法、簡易保険。
	兵事	11	出征見送禁止、教育召集者見送、英霊葬儀。
	馬事	9	馬籍登録、保有割当、軍用保護馬の取扱。
	防空	11	砂・水準備、防空壕、灯火管制、警報下児童の退避方法。
	防諜	2	戦時国民防諜強化運動。
	戦災	5	戦時災害保護法、罹災者受入。
	勤労動員	13	勤労奉仕隊、松根掘、高等学校生徒通年動員、蓖麻栽培。
	自給体制	3	製炭、自給製塩。
	生活物資配給	13	薪、木炭、綿布、塩、酒、煙草。飯米配給、節米。 配給受取人夫割。
	戦時物資供出	14	銅、鐵、アルミ、叺、縄、藁、草履等供出。ミシン登録。
	献金	2	戦闘機献納
	各種団体	3	在郷軍人会、軍人援護会寄付、日赤会員募集。
	保健衛生	12	国民健康保険組合、レントゲン検査、婦人血圧、妊婦尿検査。
	生活新体制	6	生活新体制実践要項。励行、改訂。
村落・地域	村財政	1	村財政逼迫寄付要請。
	小学校	5	ラジオ、マイク寄付、50 周年行事、学童給食、教育会。
	青年学校	4	青年学校演習、女子青年学校出席督励。
	部落役員人事	19	部落会長、実行組合長等人事。
	部落予算決算	4	各年度予算、決算。
	社寺維持管理	14	鳥居建設、国旗掲揚竿、雪囲、清掃、宗教団体法登録。
	部落財産	4	公会堂建設、部落財産積立。
	村仕事	5	村山、村道整備、人足過怠金徴収。
	村行事	8	村祭、運動会、敬老会。
	風紀	3	防犯、児童の行動注意。
	生活行事	19	盆・正月行事、伊勢講代参・団体旅行見合すこと。
	防火	3	防火注意。
	災害復興支援	5	近隣町村災害義捐金、最上川復旧工事。
農業・供出	米供出	9	米穀統制、供出割当、督励。
	その他供出	4	白菜、大麦、馬鈴薯等。
	増産	5	増産要請、督励。
	交換分合	6	交換分合、分合委員選出。
	自作農創設	2	自作農創設資金希望申込。
	暗渠排水	2	工事計画通知。
	発芽室	7	発芽室建設。
	苗代・田植	9	苗代面積拡張、薄播、消毒、田植時期。
	堆肥	3	堆肥増産。
	肥料等配給	5	肥料等配給。
	労力調整	8	共同作業、託児所、共同炊事、出征家族援助。
	年雇給料	2	給料賃金払。
	その他農事	7	大臣表彰、家畜保険料、稲番給廃止、除草機修理。
	各種団体	2	共栄組合解散、農業会総代人選出。
	水利	8	水利関係委員選出、堰掃除、潅漑工事人夫割。

注：牧曽根部落会「常会日誌」自昭和十六年度至　　年度、による。

村落・地域に関わる協議事項もあるが、この中のかなりの部分は、従来から部落の寄合で話し合われていた、例えば伊勢講や村祭のこと、村道整備などの協議事項が含まれており、このような元々の部落の機能の上にいわば外皮として付け加えられたのが、戦時体制としての「部落会」だったのである。(3)

(1) これらのことについては、細谷昂「日本の近隣組織のこと――町内会と部落会――」、東北社会学会『社会学年報』第四三号、二〇一四年、二一～三四ページ、において、簡単にではあるが述べておいた。

(2) 牧曽根部落会「常会日誌」自昭和十六年度　至昭和　年度、による。以下同じ。

(3) この旧北平田村牧曽根の「常会日誌」による戦時下の庄内農業、農民生活の状況については、すでに菅野正・田原音和・細谷昂『東北農民の思想と行動――庄内農村の研究――』（御茶の水書房、一九八四年）において取り上げているので、詳細については、この共著の四〇三～四四三ページを参照されたい。また敗戦直後の状況については、四九三～五〇〇ページ、を参照。別の部落の事例として、旧東田川郡広野村上中村部落（現酒田市）の「常会誌」とそこに表れた戦時下の農業と農民生活については、前掲共著、四四三～四五七ページ、を参照。

食糧供出

しかし、権力的に上から設置された機構だから、外皮といっても単なる飾り物ではない。強権的な通達、指示も多く、それはとくに農村の場合、食糧供出に発揮された。庄内地方の場合、その中心は米である。部落会発足直後の一九四一（昭和一六）年一月の記録に、「年雇人ノ給料ハ賃金払トス但止ムヲ得ザル場合ハ切符ヲ発行シ組合ヨリ売却ノ形式ヲ採ルコト（米穀国家管理ニ因ル、組合―産業組合）」とあるのは、前年施行の「米穀管理規則」によるものであろう。供出そのものについては、一九四一年内はあまり具体的な記述は見られないが。「食糧管理法」が成立する一九四二（昭和一七年）になると、「十月以上ニ飯米保有者ハ縣ノ要請ニ依リ供出スルコト割当二十石」といった指示も出され、しだいに厳しくなって来ていることを示している。そして昭和一八（一九四三）年になると、次のような早場米供出割当がなされるようになる（九月八日常会）。

早場米供出の件

	北平田村ニ割当	牧曽根ニ割当
九月二十五日迄	七〇〇俵	九二俵
十月上旬	一、〇〇〇俵	一三七俵
十月中旬	二、二五〇俵	二九三俵
十月下旬	二、三七五俵	三〇八俵
十一月上旬	四、五五〇俵	五九七俵

ところがこの年の供出状況は、「村内早場米ノ供出ハ目標ヲ期間内ニ突破セルモ其後状況容易ナラザルモノアルヲ以テ村常会ニ於テ決定セル供出米完遂申合事項ヲ厳守戦時下最重要ノ食糧ノ供出完遂ニ邁進スル事（申合事項ハ隣組ノ協力、各部落ノ中間調査、督励、横流シノ防止、節米等ヲ含ム）」（一二月九日常会）ということだったようである。申合事項にあるように、この年から「部落責任供出制度」が実施されていた。そして翌昭和一九（一九四四）年度産米についても、「供出米ノ完遂ニ邁進スルコト」（一二月五日常会）とあるように、かけ声ほどには進まなかったことを物語っている。

食糧増産措置

このような状況だから、食糧増産についても、さまざまな通達がなされ、措置がとられている。部落会発足直後、昭和一六（一九四一）年二月二五日の記録には、北平田産業組合技術員の、「内原訓練所ニ於ケル増産推進隊訓練ニ出席シテノ事」の講話があったことが記録されている。この「内原訓練所」とは、先に第五章第三節において見たように、山形県自治講習所で渋谷勇夫や山木武夫など庄内の産業組合のリーダーを育てた加藤完治が、昭和一四（一九三九）年に茨城県東茨城郡内原町（現水戸市）に開設した満蒙開拓青少年義勇軍の訓練のための施設であるが、そこに「増産推進」のために庄内からも産業組合の技術員が派遣され、訓練を受けたことが分かる。これは、いわば増産への精神的動員であるが、具体的措置としても、例えば昭和一七（一九四二）年には部落の「催芽室設置」や「種籾品種統制」、さらに昭和一九（一九四四）年になると「戦時食糧増産非常措置」として、「苗代面積拡張」、「早蒔薄播励行」、「挿秧改善」等々、さまざまな通達督励がなされている。これらの太平洋戦争期の農業技術指導は、著しく国家主導のものになっている点に注目しておきたい。こうして「従来の農業技術指導体系が、地主制と篤農技術との結合による地方分散的なものであったとするならば、戦時の農業技術は国家の統一的農事研究を中心とした統一的技術体系へと転化しつつあった」といわれている。[1] これは『山形県史』の叙述だが、しかし、庄内地方に関しては、先に第六章で見たように、篤農協会の流れを汲む「松柏会」の技術指導と東亜連盟農法の導入があり、必ずしも「地方分散的な」技術伝承、普及だけではなかったことには注意しておかなければならない。

増産にとってとくに大きな問題になっていたのは、肥料と労働力の不足であった。まず肥料配給については、昭和一六（一九四一）年四月二五日の常会記録の追記として、「去る四月二十日ノ村議会ニ於テ説明アリシ如ク昭和十六年度ノ肥料ハ不安ナシ即チ北平田村分配合単肥ノ種類別配布数決定シ値段、成分ヲ考慮シテ各部落ニ配布、各部落購買員ヨリ各人ニ配布割当サルルコトトナル」とあり、この頃はまだしもの状況にあったと見ることができよう。同じ年、堆肥製造についても「大政翼賛会ヨリ示達ノ次第モアリ興亜奉公日タル毎月一日ハ勤労増産ノ日トシ北平田村ニ於テ各部落共堆肥増産デーニ定メ毎朝堆肥ニ取掛ル事」（六月二一日常会）とある。この通達自体は、「興亜奉公日」への精神的動員の面も感じられるが、しかし翌昭和一七年分については、「配給額見込付次第改メテ相談ス」（昭和一六年六月二一日常会）とあり、その後肥料配給についての記事はほとんど登場しなくなる。おそらく「改メテ相談」するまでもないぎりぎりの配給を、実行組合の実務の問題として処理したのであろう。当時の牧曽根部落の副部落長五十嵐富吉の回顧によると、「経営面積別に匁まで計って分けた[2]」とのことである。このように肥料がいよいよ逼迫してくるのは、昭和一七、八（一九四二、三）年頃からのようである。代わって頻々と出て来るのは、堆肥増産の件である。とくに、配給肥料が激減した昭和一九（一九四四）年には、「食糧増産ニ不可欠ノ堆肥ノ増産ヲ計リ昨年ヨリ反当四十四貫増嵩スルコト、尚縣ヨリ反当一円五〇ノ助成金アル筈ナリ時局下堆肥ノ増産喫緊事タリ」（一二月五日常会）とされている。先に見た東亜連盟農法が庄内農村に受け入れられていくのも、このような肥料不足、堆肥増産の要請の中での酵素肥料への期待からであった。

　労力不足に対しては、すでに昭和一六（一九四一）年八月一日の常会で、「時局下労力調整ヲ計リ応召兵入営ノ遺族ノ田耕作ニ後顧ノ憂ナキ様取計ラフコト、労力ノ分布調整ハ隣組ヲ単位トシ部落会長、實行組合長之ヲ統制スルコト」と通達され、次の九月一日常会でも、「具体的に企画すること」と督促されている。その後も昭和一七（一九四二）年八月三〇日の記録には「稲刈ヲ目睫ニ控ヘ労力調整ニ関スル件、労力調整ハ必竟《ママ》共同作業、共同炊事、農繁託児所ノ問題ニ帰着ス」とあり、翌昭和一八（一九四三）年にもやはり稲刈時期に「労力調整ニ関スル件」（九月八日常会）が協議され、さらに昭和二〇（一九四五）年には田植時期について「勝ツ為ノ増産ノ為ノ田植農繁季《ママ》ノ託児所設置方ノ件」

(六月三日常会)が指示されている。このように記録に表れていない場合でも、田植と稲刈の労力調整は実際に行われていたようで、副部落長の五十嵐富吉によると、「実行組合が世話役になって、隣組単位と田の近い人とで班を作って、関わりのある人が皆集まってやった、託児所は松沢家(部落内の一〇〇町歩地主の家)の事務所を借りてやった」という。「ただ、共同炊事については記憶がなく、実際には行われなかったのかもしれない。隣部落の中野曽根では、北平田小学校の裁縫室で婦人会の非農家の人がやってくれた季節託児所に預けた。また食事は、産業組合で昼食と夕食のおかずだけ作って、それを注文してとった」という。[3] この頃、男子労働力が徴兵でいなくなって、女の人でも馬耕をしたともいわれている。[4]

(1) 山形県『山形県史』本編3(農業編下)一九七三年、七八二ページ。
(2) 一九八一年九月時点の筆者の調査ノートによる。
(3) 一九八一年九月時点の筆者の調査ノートによる。
(4) 中野曽根部落の佐藤喜三郎の回顧、一九八二年七月時点の筆者の調査ノートによる。

戦時下の農地政策

戦時下の増産対策としてさらに重要なのは、暗渠排水、交換分合、自作農創設といった、土地基盤および土地所有に関わる事項である。暗渠排水については、昭和一八(一九四三)年九月八日の常会で、「暗渠工事施行割当ノ件、北平田村ニ七〇町歩、縣ハ一萬町歩施行」と通知されているが、同年一一月二八日および一二月九日の常会では、「…(北平田村七十町歩、牧曽根は本年度ナシ)其土管製作ノ労力奉仕ニ協力スル事」、「幹線ハ土管、支線は物資材ノ関係上弾丸暗渠ニスル方針」と説明が追加されている。これはおそらく、いよいよ緊迫の度を加えた食糧問題に対処するべく即効的な効果を狙って昭和一八年八月に策定された「第二次食糧増産対策」によるものであったろう。[1]中野曽根部落の佐藤喜三郎の教示によると、ここでいわれている弾丸暗渠とは、砲弾形の金属の筒を四〇～六〇センチの深さに埋めて綱で引き、土中に穴を穿って、暗渠効果を狙ったもので、北平田村内では大字漆曽根などの泥炭地に実施されたもののようである。國民学校（今日でいえば小学校）生徒が動員されて綱を引かされていたといい、まさに非常時的方法というべきであろう。ここで北平田村における暗渠排水事業について、やはり佐藤喜三郎の回顧によって簡単に見ておくと、一番早かったのは、大正期に本間家が大字中野曽根の所有田に試みたもので、青松葉を埋める松葉暗渠であったという。本間家はその後も自分の所有田に松板の箱暗渠を実施したりした。昭和に入って、昭和六（一九三一）年に中野曽根や漆曽根などで陶管による暗渠工事が行われたというが、[2]これは旧北平田村役場資料によると、山形県事業の「時局匡救農山漁村救済低利資金」によるものだったようである。この頃は、国の施策としても「失業救済農山漁村臨時対策」（昭和五年）や、「時局匡救農業土木事業」（昭和七～九年）などによって、暗渠排水事業が行われていた時期である。[3]先に第六章第二節において見た篤農協会の発足、その流れを汲む松柏会の設立は、まさにこの頃に当たっていた。その後も、詳細は不明ながら、コンクリート管によるものなど小規模ながら断続的に実施され、やがて右に見た戦時下の食糧増産対策へと引き継がれていくわけである。しかし、このような戦前から戦時期の暗渠排水工事は、それなりに効果はあったものの、小規模かつ不徹底であり、戦後、一九五一年に積寒法が適用されて以来、ほぼ一〇年にわたって全村的に施行し直されることになる。[4]

交換分合については、昭和一六（一九四一）年九月一日の常会において、村常会決定として「先般ノ飽海郡協力会議[5]ニモ提案セラレシ耕地交換分合ノ件ハ時局下労力調整ノ為緊要事ト被認ニ付施行ノ事トシ各部落ニ於テ委員ヲ選任スルコト、一場所ニ二反歩以上纏ムルコトトシ村ノ事業トスルコト」と指示されているのが、「常会日誌」に現れた最初で、この日の席上ただちに分合委員として、部落会長、実行組合長、副実行組合長など六名が選出されている。しかしすぐには進捗しなかったようで、昭和一七（一九四二）年一月二四日の常会で「土地ノ交換分合ニ関シ来ル二月三日南平田國民学校ニ於テ縣官二名来村話アルニ付（平田郷ノ関係者集合）北平田村ヨリハ各部落長及実行組合長出席のコト」と通知され、それをうけてか同年二月二五日の常会において、「耕地交換分合北平田村委員」として実行組合長など三名が選出されている。そして、同年八月三〇日の常会では、「土地ノ交換分合ニ関スル件（今秋ヨリ実施ノコト）」とされているが、しかし結局この秋にも実施されなかったようで、翌昭和一八（一九四三）年の五月三日の常会において、「北平田村土地交換分合ノ件ハ昨二日縣耕地課ヨリ大場技手来役場、設立準備委員会を開催、躍進ニ非ル漸進着実ノ交換分合ヲ今秋迄出来スル様取運ブ事トナリタリ、最少先ズ一個所三反歩位トシ耕作地ノ交換分合ニスル事」と通達されて、ようやくこの年から昭和一九（一九四四）年にかけて実施に移されている。これほど延引された理由は不明だが、おそらく地主所有地、したがって部落住民から見れば小作地が多いこの地で、所有関係の抵触が最大の障害だったことは容易に推測できるであろう。北平田村内でも一部の部落では抵抗が強く、実施しても名目だけというところもあったようである。しかし多くの部落で実際にかなり大規模に行われており、牧曽根では、当時の副部落長五十嵐富吉によると明治末の耕地整理の時にできた余剰地（一反未満の端数の田）を寄せて団地化するなどして、ある家など一六ケ所に分かれていた田が四ケ所にまとまったという。(6)

自作農創設については、戦時末期の自作農創設促進の政策(7)をうけて、昭和一八（一九四三）年五月三日の常会において、「国策に則リ自作農創設ヲ計ル為希望者ハ別紙自作農希望申込書ヲ提出スル事」と示達され、さらに九月二六日には、「自作農創設申込書ハ本月末迄部落会長ニ届クル事」とされている。しかし五十嵐富吉の記憶では、牧曽根で実際に自作農創設維持資金で買い取られたのは、本間家所有地五～六反、関係小作人二～三人だけであったという。(8)ただ、隣部落中野曽根などでは、この戦時末期の自作農創設をかなり大規模に実施している。しかも、前述の交換分合による換地を、自創資金を利用して相互に売買する形で行っており、そうした諸事情が重なって、北平田村全体としての戦時期の自作農創設は極めて大きな面積に達するのである。この点については後に中野曽根部落の例で、やや詳しく見ることにしたいが、ともあれこのように、戦時期においてすでに地主制の根幹に触れる自作農創設の政策がとられるとともに、土地所有関係にただちに関わらざるをえない交換分合が労働生産性をめざす「国策」として推し進められたということは、地主制の矛盾が当時の日本国家の農政担当者の目にも明らかになっていたことを物語っている。

その他、農業に関わる事項としては、軍馬徴発や馬籍登録などに関する通達も繰り返し記録されている。三、四町、あるいはそれを越える大経営をしていながら、一度、二度と軍用馬にとられてひどい目にあったとは、多くの人から聞かれた述懐である。肥料等の資材不足、労働力不足、そこに馬不足が追い討ちをかけ、右に見たような増産政策にもかかわらず、戦時末期には反当収量は低下の一途をたどらざるをえなかった（**図表7-2**）。農業生産力の発展と地主制との矛盾は、この時期すでに明確に提起され、解決策はそれなりに試みられていたのであるが、その実現は戦後改革をまたなければならなかったのである。

以上は、旧飽海郡北平田村牧曽根の「常会日誌」に記されている戦時体制下の農業、農村の姿であるが、先に参照した阿部太一の回顧談も戦時期および敗戦直後の頃まで話が及んでいるので、左に掲げておこう。

図表7-2　戦時期における水稲反収の推移

	北平田村	飽海郡	山形県
	石	石	石
1937年	2.345	2.410	2.295
1938年	2.452	2.431	2.230
1939年	2.999	2.736	2.541
1940年	2.679	2.425	2.334
1941年	2.785	2.633	2.166
1942年	2.703	2.753	2.396
1943年	2.654	2.544	2.232
1944年	2.358	2.370	2.207
1945年	2.013	1.965	1.821

注：山形県「山形県における米作統計」1969年による。

阿部太一の回顧（2）[9]

実行組合の役員を三二、三歳から始めた。実行組合長の下の、六、七人いる役員の一人、部落常会の頃、経済班長をした。配給物資の仕事、魚類、木綿等の切符の配布、長靴。肥料は実行組合長が直接。配給は人数に応じて、農家、非農家も考えて組に分ける。白山部落六〇戸位で一〇組。上からの指示は、農家には農作業用のものを、といったことはあった。地下足袋等。終戦近い頃、部落の責任者の人は兵役免除あった。労力不足で、大農家は共同作業を利用しようとしたが、うまく行かなかった。昭和一七、一八、一九年頃、一年に一〇町歩位部落から田が離れた。労力不足で、しかも反別の責任供出、ところが四町も作っていても、反収が下がって自分の飯米も出ないくらい。条件悪い田を他村に貸したものだ。売ろうとしても買う人もいない。まあ、作ってくれ、とこうだ。願って作ってもらったので、何も条件付けずに貸した。一九年一一月現在で、それ以前に貸した分はみな解放。借り手は、近くの部落の小経営の家。戦後の強権発動は二一年、二二年にあった。米軍が来て話があった。チンプンカンプンだったが、おっかなかった。

昭和二〇年の生産低下はウソ。役場自体が下げろ下げろと指示。反収は、白山二石一斗位。肥料ないので下がった。肥料をヤミで入手した者は、二石三斗位とった。例年より少し下がったが。統計上ほどではない。人為的不作だ。役場でも供出割当を下げるためにした。米軍の指示があるので、こわいので。二割位下げろと、役場の指示あった。

戦時中の肥料のヤミ、硫安一俵で米三俵位の価格した。業者から現金買い。魚粕など、闇ルートで買った。米と物々交換。個人でやった。農業会の会長がやがて捕まった。自分も経済班長したので、大山の酒屋とつきあいあって、その人が魚粕もやっているというので、秋田の金浦《このうら》(10)から米を出し、北海道から魚粕を入れた。毎年魚粕五俵位買った。二四貫入りの魚粕一俵に米一俵一六貫の一俵半だったと思う。N分八、九%位で三要素全部入っていて、稲が良くできる。最高だった。

この回顧によると、阿部は、旧西田川郡大泉村の白山部落で戦時中経済班長を務め、物資配給の仕事をしたようで、部落六〇戸を一〇組に分けて、配給したという。生活物資としては魚類、木綿等の切符の配布、長靴などで、地下足袋など農作業用の物資は農家に配るよう指示があった。部落の責任者には兵役免除があったという。労力不足で大規模農家は苦労したようである。しかも反別割の責任供出で、困った家は、条件悪い田は売ろうとしても売れないので、「まあ、作ってくれ」と条件もつけずに、近くの部落の小経営の家に貸した。それが農地改革で「解放」になったわけである。

(1) 農林大臣官房総務課編『農林行政史』第一巻、財団法人農林統計協会、一九五八年、八〇一ページ。この施策における「暗渠排水客土事業四〇万町歩」等は、「十八年度内に急速に拡充実施スルコト」とされていた。
(2) 一九八一年八月時点の筆者の調査ノートによる。
(3) 前掲『農林行政史』第一巻、七七三～七ページ。
(4) これら旧飽海郡北平田村における暗渠排水事業の実施状況については、中野曽根部落の佐藤喜三郎の回顧の他、元北平田村長小松小一の教示による（一九八一年八月時点の筆者の調査ノート）。また酒田市北平田農協青年部『北平田農協だより』第五五号、一九五九年一〇月、の記事、も参考にした。
(5) 大政翼賛会山形県支部庶務部長名の各郡支部長宛の通達によると、郡協力会議とは「町村常会の延長ともいふべきもので、之を町村常会の上に設けたのは之を郡内町村に於ける大政翼賛会運動の推進機関とするため」であって、「従って協議の内容も国民生活上の諸問題、産業問題等各般の問題」にわたるものとされていた（『山形県史』資料編20（近現代史料2）、一九八一年、三四六ページ）。
(6) 一九八一年九月時点の筆者の調査ノートによる。
(7) 大正期に入って激化する小作争議への対策として、府県、産業組合、農会等が小作農の自作化のための資金貸付など、自作農創設維持の対策をとるようになってきていた。それに対する国の政策としては大正一五（一九二六）年の、簡易生命保険積立金を財源とする「自作農創設維持補助規則」に始まる。しかしそれが大きな効果を上げることなく経過したことは、周知の通りである。しかし、戦争遂行のための食糧増産が至上命令となり、「地主的土地所有制度と戦争経済との矛盾は次第に大とならざるをえな」くなるなかで、戦時末期、昭和一八（一九四三）年四月「自作農創設維持事業ノ整備拡充要綱」が決定され、自作農創設維持事業は大幅に拡充されることになったのである（農林大臣官房総務課編、前掲書、五二七〜五三一、六一五〜六三〇ページ）。

(8) 一九八一年九月時点の筆者の調査ノートによる。

(9) 一九八五年八月時点の筆者の調査ノートによる。

(10) 金浦は、庄内地方に近い秋田県南部の漁港、現にかほ市。

第二節　戦時下労働力不足対策としての交換分合

戦時政策としての交換分合

これまで旧北平田村牧曽根部落の「常会日誌」を手がかりに、戦時体制下の農民生活と農業生産の実態についてみてきたが、そのなかには、戦時期の農地政策として、交換分合と自作農創設についての記事が登場していた。これらは、近世江戸時代のある時期から近代の戦前・戦中に至る間、日本の農業・農村を支配した地主制について戦時の日本国家がどう臨み、また農民自身はどのように対応したか、を知る上で重要な内容を含んでいる。そこで以下において、北平田村の一部落の事例によりながら、この問題をあらためて取り上げることにしたい。

まず交換分合について、農政の取り上げ方の推移を概観しておくと、始め明治三三（一九〇〇）年の「耕地整理法」によって法制上の裏づけが与えられて以後、昭和期に入ってからは「農村経済厚生計画樹立方針」のなかに一項目として取り入れられ、また戦時期になると昭和一三（一九三八）年の「農地調整法」によって農地委員会の事業の一つとして規定されていた。しかし、交換分合が積極的に奨励されるようになるのは、日中戦争が長期化して、農村の労働力不足が感じられるようになってから、具体的には昭和一四（一九三九）年の「臨時租税措置法」改正によって登録税が免

図表 7–3 戦時期および戦後における人口の変化

	山形県		庄内全域		庄内三郡	
	総数	うち男	総数	うち男	総数	うち男
1935	1,116,822	549,060	301,132	146,068	232,042	113,694
1940	1,119,338	548,404	299,864	144,377	231,893	112,579
（増減）	（2,516）	（△ 656）	（△ 1,268）	（△ 1,691）	（△ 149）	（△ 1,115）
1944	1,083,569	497,951	295,333	135,081	220,948	102,052
（増減）	（△ 35,769）	（△ 50,453）	（△ 4,531）	（△ 9,296）	（△ 10,945）	（△ 10,527）
1945	1,326,350	612,300	350,034	161,070	265,559	122,673
（増減）	（242,781）	（114,349）	（54,701）	（25,989）	（44,611）	（20,621）
1947	1,335,653	641,447	358,142	170,524	265,824	127,404
（増減）	（9,303）	（29,147）	（8,108）	（9,454）	（265）	（4,731）
1948	1,346,492	652,003	362,321	174,243	268,701	130,266
（増減）	（10,839）	（10,556）	（4,179）	（3,719）	（2,877）	（2,862）
1950	1,357,347	660,555	368,481	177,853	270,172	131,166
（増減）	（10,855）	（8,552）	（6,160）	（3,610）	（1,741）	（900）

注：1935 年 10 月 1 日、1940 年 10 月 1 日、1950 年 10 月 1 日は国勢調査、1944 年 2 月 22 日、1945 年 11 月 1 日は人口調査、1947 年 10 月 1 日は臨時国勢調査、1948 年 8 月 1 日は常住人口調査。『山形県統計書』1949 年版および 1951 年版による。

除され、さらに地方税と不動産取得税も免除の措置がとられるとともに、農地委員会の斡旋に対して一定の助成が与えられるようになってからのことである。[1]

庄内のような大経営地帯では、戦争遂行のための徴兵、徴用による労働力不足はとくに著しかった。**図表7–3**に戦時期および戦後における人口の変化を掲げるが、これで見ると、昭和一五（一九四〇）年の庄内三郡の男子人口は一一二、五七九人であったが、四年後の昭和一九（一九四四）年には一〇二、〇五二人となり、この間約一万人、一割近い減少を示すのである。しかもそれがほとんど青壮年男子だったことを考えれば、労働力不足がいかに深刻であったかを推測することができよう。このような状況の中で庄内で最初に交換分合が実施されたのは、昭和一六（一九四一）年冬から昭和一七（一九四二）年にかけて、旧飽海郡高瀬村（現遊佐町）においてであった。時の高瀬村長阿部忠思の談話を読むと、「満州」移民や「皇国農村」確立といった「国策」をも意識しながら、労働力不足のもとで「決戦体制下における食糧増産」という第一の使命を達成するには交換分合が不可欠と主張している。[2]

（1）農林大臣官房総務課編、前掲書、五八四～五八六ページ。

（2）田中長茂編『皇国農民の道』農業報国聯盟、一九四三年、一一六ページ以下。

中野曽根部落の交換分合

こうして北平田村においても、昭和一八（一九四三）年から昭和一九（一九四四）年にかけて、村ぐるみの交換分合が取り組まれることになる。が、上からの督励があったにせよ、それだけでなく、農民自身の側にもそれに応える姿勢があったと見られよう。むろん部落によって対応は異なっており、とくに、庄内では珍しい同族団的構成の強い部落[1]では、交換分合に対する抵抗は大きく、結局実施しても名目だけという状況もあったようである。このような足並みの不揃いが、先に見たような延引の一因になっていたと見られるが、他方、これに積極的に取り組んだ部落もあった。その代表例が、これまで見てきた牧曽根の隣部落中野曽根であった。中野曽根は第五章で紹介した自小作中上層主導の小作争議の拠点部落であり、そのようなところで、同族支配の強い部落とは対照的に交換分合への積極的取り組みが行われたということは興味ある事実といえよう。行政村全体としては、自小作中上層主導の方向で決定が下されたことになる。

中野曽根の部落文書の中に昭和一八（一九四三）年五月「耕作地調査」と表記されたノートがあった。昭和一八年五月といえば、県から技手が来村して「設立準備委員会」を開催し、交換分合を行うことを決定したその月にあたる。内容は、耕作地一筆ごとに地番、反別、内畦畔、地価、そして所有者を調べ上げたもので、交換分合のための基礎調査と思われる、つまり中野曽根では、交換分合を実施することが行政村レベルで決定されると、農閑期を待つこともなしに、準備作業を開始しているわけで、その熱意のほどを知ることができる。行政村の分合委員としては、部落会長と実行組合長を選出し、部落委員については班ごとに、この二名と（二班と四班）、それが含まれない班（一班と三班）については、それぞれの班に属する副部落長と部落協議員を決定している。その時の実行組合長だった佐藤喜三郎によると選挙にはよらず、事実上、部落会長の指名だったという。北平田村においても、交換分合の最大の狙いは労力不足対策であった。とくに集落範囲の大きな中心部落などでは、耕地が部落の中心から西に一里（約四キロ）、東に半道（約二キロ）あたりまで広がっており、耕作のための移動距離が大きく、分合の必要は痛切に感じられていた。それともう一つ、先に見た「常会日誌」に記されていたように、「苗代拡張」の指示が出され、それは反当一五坪とされていた。それは交換分合とは一応別の指示であったが、中野曽根では交換分合の中で苗代拡張も実現している。つまりそれまで苗代は反当七坪ほどしかなく、それを一五坪にすると部落全体では五町歩程にも達し、差し引き二町五反ほどの増歩になるので、それを交換分合のなかで捻出したのである。

行政村全体の交換分合の基本方針を決定したのは、村の分合委員会であった。それを部落に持ち帰って、今度は部落の交換分合の原案を作り、皆に提示し了解を求める、という方法をとった。中野曽根の場合、佐藤喜三郎の談によると、まず村際で灌漑の便のよいところを狙って苗代候補地を決めていったが、そういう土地は大体大規模経営の家がもっているので、その代替地を見つけるのに苦労した。しかしなんとかよい田を見つけ、そういう家に優先的に配分し、その代わり面積を減らしてもらって、規模の小さい家の田を増やすというやり方で全体の納得をえた。当時、「国策」としての食糧増産という看板があったし、それに部落会長が苗代適地を六反歩も提供したということもあって発言力が大きく、ほとんどもめることはなかった、という。(2)

（1）旧北平田村のなかにも、かつての手作小地主の本家層が所有喪失後も、村外地主の支配人として勢力を維持し、本家としてそれぞれの分家に対して支配的な地位を占めている、という部落があった。ただしこれも、本家が土地の所有権を失っても、その土地の耕作権を保持してそれを分家に貸すことで勢力を維持していたのであり、他地方でしばしば見られる、いわゆる本家地主の分家支配とは性格が異なる点に注意すべきだろう。いわば「又小作」であり、耕作権の借り手は「裏小作」となる。それだけ庄内では、耕作権が相対的にではあるが自立化していたのである。この部落については、塚本哲人「水田単作地帯農村における新集団の展開――山形県酒田市北平田地区」、竹内利美編『東北農村の社会変動』東京大学出版会、一九六三年、二九一〜二ページ、を参照されたい。

（2）以上の中野曽根部落の戦時期における交換分合についての佐藤喜三郎の回顧は、一九七九年八月時点および一九八一年九月時点の筆者の調査ノートによる。

交換分合による階層構成と地主小作関係の変化

交換分合を行う前、中野曽根で極端な事例では、四町程の経営で四〇ケ所にも分散している家があったという。それが、かなりの程度整理された。実行組合長の佐藤喜三郎家はもともと八ケ所程度だったが、四ケ所にまとまった。[1]それとともに、中野曽根では右に見たような交換分合の方法をとったから、大規模経営農家が軒なみに耕作規模を縮小している点が特徴的である。**図表7-4**に、戦時期における交換分合が行われる前とその後の経営規模の変化を掲げるが、ここに見られるように、経営規模の大きい家、とくに四町歩以上、厳密には三町九反以上の八戸全部が縮小している。

最大規模の農家番号1は、前述の部落会長の家であるが、五町二反三畝から四町四反八畝になって約七反五畝の減、続く農家番号2は、五町三畝から四町三反五畝で六反八畝の減、実行組合長だった農家番号3は、四町八反九畝から四町四畝で八反五畝の減であり、他の五戸も、最大一町二反四畝から最小一反二畝までの規模縮小を行っている。このような結果になることを大規模経営農家があえて了承したのは、当時の深刻な労働力不足のもとで、交換分合によって団地化し、しかも良田の配分を受けるという、いわば「量よりも質」をとったためであった。このあたりに、自小作上層主導の部落で交換分合が熱心に取り組まれた理由があったと見られよう。これに対し、二〜四町規模の中間層は、一戸の例外を除き、僅かずつの拡大と縮小で、全体としてはほぼ現状維持であり、約二町、厳密には二町一反以下の小規模層は、僅かながら規模拡大の傾向を示している。

図表 7-4 戦時期における経営規模の変化（北平田村大字中野曽根）

農家番号	1939（昭和 14）年	農地改革直前	変化
	反 畝	反 畝	
1	52.3.10	44.8.07	縮小
2	50.3.08	43.5.05	〃
3	48.9.28	40.4.14	〃
4	47.5.15	35.1.21	〃
5	44.1.05	42.8.19	〃
6	42.2.09	40.7.23	〃
7	42.0.29	39.6.15	〃
8	39.0.20	35.5.20	〃
9	35.0.16	35.0.21	同一
10	33.3.07	31.8.04	縮小
11	33.0.09	33.5.15	同一
12	32.0.12	33.5.15	拡大
13	30.6.27	31.0.29	同一
14	30.5.21	31.3.25	〃
15	30.0.26	31.9.14	拡大
16	30.0.18	28.9.21	縮小
17	29.8.17	31.7.21	拡大
18	29.5.03	30.1.20	同一
19	27.0.28	27.3.26	〃
20	26.5.04	35.8.25	拡大
21	25.9.12	26.1.03	同一
22	23.5.08	23.6.17	〃
23	23.2.20	21.9.20	縮小
24	21.2.14	23.2.14	拡大
25	20.0.15	24.0.24	〃
26	18.4,24	19.0.17	同一
27	16.5.19	20.2.15	拡大
28	14,5.18	16.8.03	〃
29	14.0.25	19.3.13	〃
30	11.2.14	15.2.03	〃
31	10.4.21	10.5.22	同一
32	9.2.28	10.4.23	拡大
33	9.0.16	12.6.25	〃
34	7.7.24	9.5.20	〃
35	6.0.09	8.7.06	〃
36	2.5.12	3.6.21	〃
37	2.5.04	2.7.25	同一
38	7.29	3.9.27	拡大
39	—	9.16	同一
40	—	—	—
41	—	—	—
42	—	—	—

注 1：当時の実行組合長の自筆草稿「中野曽根部落のあゆみ」による。原資料は肥料の配給等のための実行組合文書である。
注 2：面積は畦畔を含まない。拡大、縮小等は、機械的に 1 反歩の変化をめどに注記した。

それともう一つ、交換分合によって地主と小作人との関係が変わったともいわれている。村内地主であった元村長によると、地主と小作人とのつきあいは長い年月をへた親しいもので、小作料を納め終わると、地主は小作人を招いて、「ケセイウェ（皆済祝い）」をした。普段から地主と小作人の間には親密な関係があって、「家の風呂をクレテヤル」（風呂に入れてやる、という意味）というようなこともあった。ところが交換分合で縁もゆかりもない小作人になってしまい、「全くの経済的な関係になった」[2]という。しかしこれは在村地主のことで、村外の町方地主の場合は交換分合の前からすでにこういう関係も薄れ、「全くの経済的な関係」に、少なくとも近づいていたように見える。そしてその分、小作人の耕作権が確立していた。先に「常会日誌」を見た牧曽根部落には、それとは別に従来からの慣行を引き継ぐ「大字申合決議録」が保存されているが、その昭和一二（一九三七）年の記録に、以下のような申合わせが記録されていた。

…（前略）…

十六、当大字住民ニシテ地主ヨリ賃借地ニ対シ従来縁故アル小作地ヲ奸策ヲ講ジ小作権ヲ獲得セザル事
但従来ノ小作人ト熟議ノ上ハ此限リニアラズ
十七、小作人相互間ノ小作権ハ特別ノ契約アルモノノ外ハ過去拾ヶ年ヲ経過シタルモノハ其権利ヲ主張シ得ザル事
但前項ヲ犯シタルモノハ当大字一同ノ協議ニ基キ交通ヲ断絶スル事

…（後略）…。[3]

ここに明らかなように、庄内地方では、地主に対する小作人の耕作権が確立しており、さらには小作人同士の小作権

の貸借さえが行われていたのである。その「敷金」は、永小作で一五俵、一〇年位の年季小作だと一〇俵だったという。永小作の場合は支配人をつうじて地主に申し出、名義を変えてもらったが、年季だとしばしば地主には内緒で、元の小作人に小作料を渡し、その名義で払ってもらうこともあった(4)。このように、小作争議が盛んだった庄内地方では、小作人間で小作権の譲渡が行われ、その際に「敷金」の授受が行われるなど、耕作権の相対的自立化が進んでいたのである。耕作権がすでに大勢としては一定の自立性を確保していたからこそ、時に地主の所有権と抵触しながらも、耕作の論理で交換分合が行われ、それが、なお残っていた村内地主と小作人との人格的関係を断ち切ってしまったものと見ることができる。つまり「敷金」をだしても小作地を増やすことによって経営規模の拡大をめざす動きがすすんでおり、これが先述の、小作争議主導層としての自小作大規模経営の形成につながっていたのである。なかには、このような正式の小作権移動ではなく、「表小作人」からヤミで一時的に小作を譲り受ける「裏小作」が行われることもあった(5)。まさにそのような相対的に自立化した耕作の論理で部落ぐるみで行われたのが、中野曽根など旧北平田村における戦時期の交換分合であった。

(1) 一九七九年八月時点の筆者の調査ノートによる。
(2) 一九八二年八月時点の筆者の調査ノートによる。
(3)「大字牧曽根申合決議録」昭和拾貳年度　部落会長五十嵐吉藏、による。
(4) 中野曽根部落の佐藤喜三郎の談(一九八二年八月時点の筆者の調査ノート)による。近在の漆曽根部落の高橋健治の談によると、「裏小作」は「又小作」ともいい、地主に対する「作徳米」は反当一石五斗三升、「表小作」は「又小作」からそれより若干多くとって、自分の取り分を得た、という(一九八二年一二月時点の筆者の調査ノートによる)。
(5) 庄内における小作権の譲渡慣行については、菅野正・田原音和・細谷昂『東北農民の思想と行動――庄内農村の研究――』御茶の水書房、一九八四年、一二五ページ、を参照されたい。

北平田村における交換分合と自作農創設

いうまでもないことだが、交換分合は、耕地の位置、面積、地味等を勘案して、あくまでも耕作の論理で行われるものである。ところが、対象になる耕地の中に地主の所有地が含まれていると、その土地の所有権と耕作権は別の人物に帰属するわけだから、耕作の論理に従って耕作権の移動が行われるならば、所有権との間にさまざまな問題が起こりうることは当然である。それにもかかわらず、右に見たように耕作権が一定の自立性を獲得し、独自の論理を主張しうるようになっていたからこそ、戦時期の北平田村において、交換分合が行われたのであるが、しかしそれにしても、耕作の論理と所有権との抵触は、なお大きな問題になりえた。この問題を避けるためには、ある部落におけるように、所有権を優先させて、同一地主の所有地の間でのみ耕作者を移動させるという方法もありえたが、しかしそれでは、交換分合は著しく制限され、効果の少ないものになってしまう。そこで、大字中野曽根など交換分合に熱心に取り組んだ部落では、耕作の論理を少しでも優先させて交換分合を効果的に行うために、そこに自作農創設維持事業をからめるかたちで実施するのである。つまり、耕作権の方に所有権を合致させようとするこころみに他ならない。

その具体的な方法を、ここでも当時の中野曽根部落の実行組合長佐藤喜三郎の談によって見ると、およそこうである。第一に、とくに問題になるのは、小作地つまり地主所有地と自作地との間の耕作者の移動であるが、その場合先ず一方の、自作地に移ってきた新しい耕作者つまり元の小作者は、その土地を自創資金によって買い取ることにした。また他方、地主の土地に移って行った自作者は、そのままでは小作人になってしまうので、地主に交渉して、その土地を自創資金で買い取る手だてを取った。地主の側もこれに応じたもののようである。第二に、小作地同士の耕作者の移動の場合には、人は変わっても地主・小作関係自体は存続されることになるが、なかには新しい地主に頼んで、自創資金で買い取った事例もあるという。第三に、自作地同士の間での耕作者の移動の場合は、単純に土地を取り替えればよいようなものだが、実際には面積等の土地条件が微妙に異なるので、自創資金で互いに譲渡、買収することにした。その方が、個別事例ごとにいちいち清算する手数が省け、部落の仕事として交換分合を行うのに、ずっと円滑に進めることができたからである。ところがさらに、この頃になると、交換分合とは無関係に小作人の希望に応じて、あるいはむしろ当人から希望して、土地を手放す地主が増えてきた。これも、自創資金によって買収することにした。これらの自創資金による買収は、むろん資金の借り入れは個人の名義で行われるわけだけれども、しかし中野曽根では交換分合に付随する仕事として、部落の実行組合の事業として行われた。[1] そのために、これらの自創資金の借り入れの記録は、部落の実行組合長の手元に保存されていた。「昭和二十一年十二月　自作農関係納税集計帳　部落会」と表紙に書かれている文書である。内容は、例えば――

佐藤某
八反三・二二歩　　二五一円一〇　税　仁吉分
一、〇・一二　　三一　三〇　税　橋本分
…（中略）…
計五三一　六〇
（…以下略…）[2]

などと記載されている。お分かり頂けると思うが、念のため説明を附記すると、右のうち、先ず最初の佐藤某とは、中野曽根部落の家の名前で、自創資金の借入者である。次の行の最初が買い取った土地の面積、続いて借り入れた自創資金の額、「税」とあるのは自創資金のことである。「仁吉分」等とあるのは、土地を譲り渡した地主あるいは土地所有者名である。

この帳面に当時の実行組合長佐藤喜三郎にお願いして、土地の各筆ごとに、

1　交換分合による自作地の買収

2　交換分合による小作地の買収

3　純粋の自作農創設

と、番号をつけてもらった。一筆毎にだから数は膨大である。しかし、お願いしてから約一ヶ月後に再訪してみると、佐藤喜三郎はみごとにそれをやり遂げていてくれた。調査時点は一九七九（昭和五四）年、実に三三年後のことである。おどろくべき記憶力というしかないが、それほどに、交換分合は真剣な取り組みだったのであろう。「部落の田の一つ一つが頭の中に焼きついて、夜寝床に入ってからも、あそことここを交換したらうまくおさまるのでないか」といった図柄が脳裏に浮かんだ、と語ってくれたことを思い出す。

さて、その集計結果を、**図表7-5**に掲げる。これによって見ると、まず自作地ながら交換分合で換地になったために買収することになった土地は、もっとも多い家で五反余、平均して二〜三反程度で、総面積は九町五反である。次に、もと小作地で交換分合を契機に地主から買収した土地は、最大の家で六反余、普通の場合で一〜二反ほどであり、その総計は六町一反になる。さらに、こうした交換分合とは無関係に、しかしその機会に行われた自作農創設は、多くの家で一〜二町、例外的な場合を除いて少なくとも四〜五反以上になっており、総面積は実に三三町五反に達する。これらの地主から買収した面積を合計すると、その面積は三九町六反である。昭和一五（一九四〇）年時点の中野曽根の部落属地九七町二反五畝のうち、出作分および入作分を除いた小作地は五九町七反一畝であったから、実にその六六・三％

図表 7-5　戦時末期における自作農創設の状況（北平田村大字中野曽根）

農家番号	交換分合による自作地の買収	交換分合による小作地の買収	純粋の自創資金による買収	計	（うち小作地の買収）
	反畝	反畝	反畝	反畝	反畝
1	2.3.00	1.0.13	14.6.03	17.9.16	(15.6.16)
2	—	2.0.24	—	2.0.24	(2.0.24)
3	—	—	1.3.18	1.3.18	(1.3.18)
4	1.0.26	—	7.2.26	8.3.22	(7.2.26)
5	5.2.24	3.4.22	10.1.16	18.9.02	(13.6.08)
6	1.0.04	1.5.18	8.3.00	10.8.22	(9.8.18)
7	—	—	1.0.24	1.0.24	(1.0.24)
8	—	—	—	—	(—)
9	—	—	4.7.12	4.7.12	(4.7.12)
10	3.04	—	—	3.04	(—)
11	2.9.19	5.1.22	13.4.27	21.6.08	(18.6.19)
12	2.8.18	1.0.13	21.3.00	25.2.01	(22.3.13)
13	2.9.00	1.0.14	5.7.06	9.6.20	(6.7.20)
14	4.1.18	1.0.12	20.4.03	25.6.03	(21.4.15)
15	5.1.24	3.4.07	—	8.6.01	(3.4.07)
16	5.1.04	2.6.01	11.3.06	19.0.11	(13.9.07)
17	2.0.24	5.03	6.3.17	8.9.14	(6.8.20)
18	3.27	—	4.1.06	4.5.03	(4.1.06)
19	2.0.00	4.1.18	9.9.00	16.0.18	(14.0.18)
20	1.6.02	—	7.4.27	9.0.29	(7.4.27)
21	2.6.02	1.0.13	2.5.27	6.2.12	(3.6.10)
22	3.4.10	2.9.10	7.4.26	13.8.16	(10.4.06)
23	2.4.18	—	6.3.16	8.8.04	(6.3.16)
24	2.8.09	2.0.24	10.9.02	15.8.05	(12.9.26)
25	3.8.03	2.0.24	15.4.00	21.2.27	(17.4.24)
26	1.0.12	2.0.24	5.8.11	8.9.17	(7.9.05)
27	3.3.28	2.0.24	19.6.04	25.0.26	(21.6.28)
28	1.0.12	1.0.06	9.0.12	11.1.00	(10.0.18)
29	5.6.18	3.0.04	12.9.20	21.6.12	(15.9.24)
30	2.3.20	1.0.12	3.1.08	6.5.10	(4.1.20)
31	—	—	11.7.21	11.7.21	(11.7.21)
32	4.4.20	—	11.7.04	16.1.24	(11.7.04)
33	3.9.18	4.1.18	6.7.16	14.8.22	(10.9.04)
34	2.4.15	1.0.12	14.8.05	18.3.02	(15.8.17)
35	1.8.23	6.6.11	14.5.06	23.0.10	(21.1.17)
36	3.2.16	3.7.23	10.1.20	17.1.29	(13.9.13)
37	4.7.05	4.23	2.0.29	7.2.27	(2.5.22)
38	4.4.29	3.09	11.4.02	16.2.10	(11.7.11)
39	8.23	—	10.6.08	11.5.01	(10.6.08)
40	5.00	—	—	5.00	(—)
41	—	—	—	—	(—)
42	2.02	—	—	2.02	(—)
計	94.6.27	60.9.14	334.8.08	490.4.19	(395.7.22)

注 1：中野曽根部落文書「自作農関係納税集計帳」昭和 21 年 12 月、から集計。
注 2：交換分合による自作地買収、小作地買収、その他の小作地買収の別は、当時の中野曽根実行組合長佐藤喜三郎の教示による。
注 3：面積は畦畔込である。

が戦時期に自創資金で買い取られたことになる。

ただしここで気になるのは、農家番号8の家が、自創資金による買収がないことである。これはどのような家だったのか。先に第五章で掲げた**図表5–3**によると農家番号8は、昭和一五（一九四〇）年時点で中野曽根部落唯一の小作地なしの自作大経営であったことが分かる。ところが、聞き取りによるとその後、投機に失敗して困って自分の田を近くの親戚の名義に変えて、実際は自分で耕作していたという。つまり、おそらくは抵当に入っていたであろう所有地を他人の手に渡らないように親戚の名義に変え、耕作を続けたわけである。名義を変えただけだったが売ったことにして、自創資金を受け取っていた。その親戚は、部落内五軒である。その他にもあるかもしれない、という。そうだとすると、**図表7–5**で農家番号8に交換分合の際の買収がないのは、むしろ売却側だったからであり、その分の面積がこれら親戚の家の買収面積に少しずつ含まれていることになる。(3)

このようにして行われた戦時期の交換分合の結果、中野曽根部落の階層構成はどのように変わったのか。**図表7–6**によって見ると、一町以上を所有する家は四二戸のうち二六戸と大幅に増加し、しかも四町以上所有が二戸、二～四町所有が一二戸に達している。したがって、各家の小作地面積は大きく減少する。つまり大部分の家が、自作ないし自小作に転化した。若干の小作地を残しているにせよ、自作地を中心とする経営になったのである。先に第五章で見た**図表5–3**の昭和一五（一九四〇）年時点では多数存在していた無所有農家は、ここではほとんど姿を消している。ただ、この**図表7–6**の右端計の欄は、所有面積と小作面積の合計であって、かならずしも経営規模を表してはいないという点に注意していただきたい。所有面積には僅かなりとも貸付地を含んでいる可能性があり、そのために、先に**図表7–4**において、肥料の配給等のための実行組合文書で見た戦時期における経営規模の縮小傾向はここには明確には示されていない。

図表 7-6 昭和 21 年時点の所有面積と小作地面積（北平田村大字中野曽根）

農家番号	所有面積 (1)	（自作農創設面積）	小作面積 (2)	計 (1)+(2)=(3)
	反 畝	反 畝	反 畝	反 畝
1	28.6.29	(18.2.17)	11.4.19	40.1.18
2	5.1.24	(—)	—	5.1.24
3	2.05	(1.3.03)	—	2.05
4	8.4.22	(8.1.16)	2.5.00	10.9.22
5	19.7.01	(17.4.11)	10.8.29	30.6.00
6	25.3.14	(10.3.08)	5.7.22	31.1.06
7	1.4.12	(1.0.18)	—	1.4.12
8	—	(—)	—	—
9	4.3.22	(4.2.06)	1.0.14	5.4.06
10	3.03	(2.29)	—	3.03
11	36.6.16	(23.0.16)	—	36.6.16
12	34.9.10	(24.6.21)	9.8.09	44.7.19
13	9.6.20	(9.2.28)	10.0.16	19.7.06
14	27.5.05	(25.1.06)	9.8.06	37.3.11
15	41.2.01	(7.3.01)	5.1.24	46.3.25
16	23.0.11	(16.5.24)	11.7.27	34.8.08
17	12.5.27	(8.6.07)	13.3.24	25.9.21
18	8.0.11	(4.7.10)	—	8.0.11
19	14.9.04	(14.4.18)	3.4.24	18.3.28
20	13.3.19	(8.7.09)	8.4.13	21.8.02
21	3.1.10	(5.0.04)	6.7.25	9.9.05
22	12.5.16	(13.5.18)	3.9.09	16.4.25
23	8.8.04	(8.5.06)	8.9.13	17.7.17
24	32.3.12	(14.0.24)	4.0.13	36.3.25
25	29.8.04	(16.6.02)	1.3.09	31.1.13
26	32.4.06	(7.6.08)	15.3.14	47.7.20
27	35.3.28	(24.0.19)	3.9.14	39.3.12
28	15.0.25	(10.7.03)	13.3.13	28.4.08
29	25.9.03	(20.9.04)	9.5.20	35.4.23
30	5.7.02	(6.2.25)	1.0.09	6.7.11
31	11.1.22	(11.3.14)	21.8.08	33.0.00
32	13.2.09	(14.5.28)	10.7.24	24.0.03
33	13.2.09	(14.2.17)	8.6.15	21.8.24
34	22.5.16	(15.9.02)	1.1.06	23.6.22
35	40.1.08	(22.2.16)	—	40.1.08
36	14.9.21	(14.4.17)	13.1.08	28.0.29
37	5.0.26	(4.9.03)	11.8.15	16.9.11
38	19.2.25	(17.8.08)	13.4.26	32.7.21
39	11.5.11	(11.1.00)	2.7.22	14.2.33
40	5.00	(4.26)	3.8.08	4.3.08
41	—	(—)	—	—
42	—	(—)	—	—

注 1：中野曽根部落文書「自作農創設集計調」および「名寄合計帳」（ともに昭和 21 年 8 月現在）による。
注 2：合計面積には一部僅かながら貸付地が含まれていると見られる。
注 3：自作農創設面積には、交換分合による自作地買上分が含まれている。
注 4：自作農創設面積は畦畔を含まない。

（1）一九八二年八月時点の筆者の調査ノートによる。
（2）「自作農関係納税集計帳」昭和弐拾壱年十二月　中野曽根部落会、による
（3）一九七九年八月時点の筆者の調査ノートによる。

戦時末期における自作農創設の意義

以上、旧北平田村中野曽根部落における戦時期の交換分合とそれに伴う自作農創設について見てきた。それを実質的に担当した当時の実行組合長佐藤喜三郎は、この時のことを「第一回目の交換分合」と呼んでいた。それでは第二回目はいつのことか。それは戦後の、一般に農地改革とよばれる土地制度改革と併せて行われた交換分合である。[1]同様に、戦時末期における交換分合を「一回目」と呼ぶ言葉を、筆者は旧飽海郡本楯村新田目の実行組合長だった杉山良太からも聞いたことがある。「二回目」は一九四七（昭和二二）年だというから、やはり農地改革時である。杉山によると、「新田目を上下に分けておこなった。水利関係、土木関係の長人《おとな》会が上と下と二つに分かれていたので。時期は、一九四三（昭和一八）年。稲ができてから秋にやった。出来上がったのは一八四四（昭和一九）年。若勢がいなくなって手不足だったので。県の係官が来て説明会をした。ほとんど命令だった。一戸で一〇ヶ所もあった。それを二～三ヶ所にまとめた。上・下それぞれ一五人くらいの委員を選んでやった。部落会長、副部落会長、実行組合長、長人会の役員。図面に名札を貼っていった。委員にも欲の深いのがいて困った。また年寄りに動かさないでくれといわれた。もう来年の準備をしているからという理由で。県の指導は地主に関係なく、自由にやってよいということだったが、小さい地主でずらさないでくれというのがあった。自作の人は分合によって所有権も移した。分合した図面を県に差し出しただけで、後の仕事は県に委せた。所有権は県の方で動かした。苗代は動かしたかったが、動かせなかった。苗代は二回目の

時にやった[2]」。

ここも川北飽海郡の村だが、先に見た中野曽根とかなり違うようである。しかし戦時期の土地改革と戦後の農地改革を連続してとらえる認識は共通している。このような戦時期における土地改革と戦後の農地改革を連続して捉える認識は、全国的にはむしろ特殊というべきであろう。とくに、中野曽根のように、交換分合に自作農創設を結びつけて実施して、小作地の六六％強の自作化に成功しているという事例は、極めて珍しいに違いない。そこには中野曽根の辺りに三〇町歩の土地を所有していて、かつては小作争議のターゲットになった佐藤某家が、全面積解放に踏み切ったことが大きく影響していることもたしかである。その点で特殊事例ともいえようが、しかし、本間家はすでに大正末期から自作農創設を奨励する方針をとっていたし[3]、さらに昭和期、とくに戦時体制期に入るとそのような地主の所有地解放の傾向はさらに強まって、北平田村でも例えば、昭和一八（一九四三）年に酒田の松浦家が新青渡部落周辺で約一〇町を手放すなど、まとまった面積を解放した事例も少なくないのである。北平田村農地委員会の資料によると、昭和二〇年七月末までの戦時末期において、実に三一四町一反九畝九歩（水田）の自作農創設が行われている。これは、そのうちにかなりの交換分合による換地分を含めての数字ながら、昭和一六（一九四一）年の小作地面積五五七町二反の五六・四％を占める。それを一〇〇％にまで完成させたのが、戦後の農地改革だったのである。

こうして、自作農創設は戦時下の「国策」であるとともに、もっと大きな意味での時代の趨勢であったということができよう。それと結びつけて実施された交換分合も、所有権と抵触しても経営ないし耕作の論理で生産力発展を推し進めようとする措置として、同様な性格のものであった。中野曽根部落に代表される北平田村の、そしてさらにいえば庄内地方農村の事例は、たしかに数量的にはごく稀な特殊事例にすぎないであろうけれども、しかし当時の「国策」に正面から取り組んでいるという意味だけでなく、もっと大きな時代の動きを先取りしているという意味で、いわば質的に、普遍的意味を指し示す特殊だったということができると思う。

（1）一九八一年時点の筆者の調査ノートによる。

（2）一九八五年八月時点の筆者の調査ノートによる。

（3）この点については、『山形県史』本編3（農業編下）、一九七三年、七二九〜七三二ページ、所収の以下の評論を参照されたい。「当主光弥氏に至り、二、三年前から田地の買ひ入れを避け、専ら山林政策を執り、且つ祖先伝来の田地を十五年賦で小作人に分譲することとなった。といふのは小作争議が頻発するに鑑み、自己所有（地）に少しも（争議が）起らないうちに、利回りの悪い農地経営の煩累から逃れるためであらう。そこで甘く売り逃げやうとするのは、寧ろ当世大地主気質とでも評すべきであらう」（『東北評論』大正一五年五月号、通巻一一二号）。「本間家が、現代のやうな小作争議の絶えない時代に、その煩瑣と不利益から逃れる為めに、社会政策と温情の美名の下に、十五年賦土地譲渡の好餌で、（小作人を経済的に）縛りつけ、（そして）小作人の利己心に訴へて、彼等の（反当収量）を増加せしめる方が、利益勘定からいふて本間家の御都合主義ではなかろうか。かういへば、本間家を悪しざまに言ふたやうに丈け聞ゆるが、強ちさうではない。本間家が斯やうな方針をとったのは、時代の要求だ。……小作人を安じて労働せしめ、向上の余地を与へたといふこと丈は事実上（言うことができるの）であり、その範囲内において、地主と小作人の調和（すること）が出来たのは結構であらう。因んで言ふが、政党者が自作農維持を目論んでゐる間に、機先を制したのは実に本間が聡明だ」（同誌、七月号、通巻一一四号）。

第三節　敗戦後の部落会

部落常会と敗戦処理

以上見てきた旧北平田村牧曽根部落の「常会日誌」は、一九四五（昭和二〇）年八月一五日のポツダム宣言受諾発表後も、しばらくは書き続けられている。そこでこの資料によって、敗戦直後の農民生活の実態をうかがうことにしよう。

敗戦後第一回目の常会は、八月三一日に開かれている。つまり、八月一五日を体験して後常会開催まで二週間ほどの日時を要しているわけで、これは、当時の副部落長五十嵐富吉の述懐によると、「大したショックだった。終戦の詔勅はラジオのある家に集まって聞いたが、仕事も手につかない有様」[1]だったという、その状態を暗黙のうちに物語っているのであろう。この第一回目の常会は、戦時中以来の皇居遥拝、祈念という「國民儀礼」をもって始められている。この「國民儀礼」は次の九月二一日常会でも継続され、姿を消すのは、第三回の九月二六日からである。そして協議内容の点でも、第一回の常会では、「部落会長松沢亮治郎ヨリ去ル八月一四日煥発アラセラルタル大東亜戦争ノ終結即チ『ポツダム宣言』受諾ニ関スル詔書ニ関連シテ説話スルトコロアリタリ」ということの他、「貯蓄（八月分国債貯金割当）ノ件、軍人援護会山形支部資金割当拠出ノ件」といった戦時体制をそのまま引き継ぐ事項が協議されている。しかし、次の九月二一日になると、部落会長から「来ル二十三日ヨリ二十五日迄ノ間ノ予定ヲ以テ酒田市ニアメリカ軍進駐ニ付注意事項萬般ニ就キ」説明がなされ、九月二六日には、「県ヨリノ指示ニヨリ今度アメリカ軍ノ酒田市進駐ニ備ヘ神社、寺院ニ禁札ヲ立ツル事 SHRINE, OFF LIMITS KEEP OUT」[2]と記されている。以後、駐留軍関係の記事が、「左側通行厳守ノ件」（一〇月六日常会）など数多く現れ、とくに、一二月二三日常会では、「酒田駐屯米国進駐軍費割当負担ノ件」が通達され、翌一九四六年一月一九日の常会で、その他の集金とともに「進駐軍経費……ハ来ル二十三日朝……集金」と指示されている。金額等実態は不明だが、米軍進駐にともなう経費が一般の農家まで直接負担させられているのである。

やがて復員、引揚などにより、北平田村にも男たちが戻ってくる。しかし、ついに帰らない人も多かった。「山形県地方世話部（元聯隊区司令部）ヨリ照会ニ係ル復員者ノ調査用紙配布ノ件」（一九四五年一二月一一日）が通達される一方、「英霊二柱舟止橋迄出迎ノ件」（九月二六日）という悲しみの記録が残されており、また年があけて「未復員者家族ノ相談会ニ関スル件（三月一六日於酒田市役所）」（一九四六年三月九日）が通知されたりもしている。ここで、北平

図表 7‒7　年次別戦没者数（北平田村）

年次	戦歿者数	備考
	人	
1877（明治 10）年	2	西南の役
1895（明治 28）年	3	日清戦争
1897（明治 30）年	1	台湾守備中
1904（明治 37）年	1	日露戦争開始
1905（明治 38）年	2	
1933（昭和 8）年	1	「満州」事変
1937（昭和 12）年	2	日中戦争開始
1938（昭和 13）年	3	
1939（明治 14）年	1	
1940（昭和 15）年	3	
1941（昭和 16）年	2	太平洋戦争開始
1942（昭和 17）年	4	
1943（昭和 18）年	8	
1944（昭和 19）年	16	
1945（昭和 20）年	39	太平洋戦争終了
1946（昭和 21）年	6	
1948（昭和 23）年	1	
計	95	

注 1：北平田村役場「戦没者台帳」より集計。
注 2：軍人、軍属とも、戦死、戦病死、公務死を含む。

田村役場資料から村民の戦没者数を**図表7‒7**に掲げておこう。近代になって西南の役以来、戦没者は断続的に現れていたが、昭和期に入って、「満州」事変に突入してからは、まさに「一五年戦争」といわれるように、戦没者は毎年連続するようになり、とくに太平洋戦争の開始後は、年を追って激増していくのである。明治期の戦没者は合計九名、昭和期の「満州」事変から日中戦争までが一〇名、それが太平洋戦争突入後は実に七六名に達している。昭和一六（一九四一）年の北平田村の戸数は三九九戸だから、昭和期に入ってからの戦没者は、ほぼ一〇戸に二名強の割合になる。

（1）一九八一年九月時点の筆者の調査ノートによる。
（2）酒田市史編纂委員会編『酒田市史年表』酒田市役所、一九六〇年、には、一九四五年一〇月の項に、「隊長ヘザリントン大尉以下百二十数名ノ米軍（一個大隊）が酒田に進駐する」とある。

強権発動と第一次農地改革法

農業関係では、敗戦後第一回の一九四五（昭和二〇）年八月三一日常会の記録に、「北平田耕地整理組合設立ニ付部落内必要個所ニ耕地整理施行要否ノ件、本件ハ委員（庶務班、実行組合役員）ニ於テ案作成ノコト」とあり、また九月二六日には、「北平田村耕地整理組合設立同意書ニ記名捺印取纏メノ件」と記されているが、これは、前章で見た戦時体制下の交換分合によって動いた土地の所有権移転を円滑に行うための組合設立といわれている。敗戦というまさに「未曾有」の事態の中で、戦時期に行われた交換分合の仕上げのための事務的処理が粛々と行われていることに驚きを禁じえないのである。また、敗戦後も農家に重くのしかかってきていたのは供出である。それは戦時期以来の「食糧管理法」（一九四二年二月成立）に基づいて行われたが、戦時期よりも状況はむしろ厳しくなっていく。とくに一九四五（昭和二〇年）産米は先に**図表7−2**で見たように、戦時期における生産諸条件の荒廃と天候不順によって著しい不作であり、また「勝つための供出」というスローガンをも失って、[1]割当もその消化も極めて困難であった。

牧曽根部落の一九四五年一一月三〇日の常会記録には、「昭和二十年産米供出割当ニ関スル件、牧曽根部落ニ割当一五八二石、実行組合関係者及部落会長、同副会長協議ノ上適正ニ供出割当ヲ製案シ供出完遂方協力セラレ度シ（本件ハ十二月一日朝ヨリ夜十二時過迄ニ於テ案行決定、十二月二日午前於小走鈴木茂宅各人参集部落会長松沢亮治郎実行組合長今井金太郎殿ノ説明アリ各人割当量ヲ紙片ニ記入通告ス）」とあるが、しかしその消化は容易ではなかったようで、一二月二三日に「供出米督励完遂要望ノ件」を部落会長が申し述べ、明けて一九四六年一月一〇日常会には、「供出米督励ニ付北平田農業会ヨリ会長鈴木啓助殿、伊藤惣治郎殿、高橋検査員殿来会、夫々供出事情、肥料事情、供出報奨物資等ニツキ説明督励スル所アリタリ」ということになり、さらに二月二五日にも「供出米督励ノ件」が協議題にのせられているが、ついに三月一六日には、「米ノ供出不良農家ニ対スル強権発動ノ件、供出期限ハ来ル三月二十日限ナルヲ以テ未供出農家ハ極力数量ノ八割以上ノ供出ヲ期スルコト」と通告されるに至る。以後、強権発動は各地で社会問題化していくが[2]、この年北平田村では実際に強権発動が行われることはなかったようである。しかしその後北平田村に強権発動が行われたことは多くの証言によって確実であり、終戦直後の北平田村長小松小一および中野曽根の佐藤喜三郎によると、それは一九四八年春（したがって四七年産米）であったという。

ここで中野曽根の経験を当時の実行組合長佐藤喜三郎に聞くことにしよう。中野曽根では、四、五〇〇～五、〇〇〇俵位の割当で三三三俵の不足だったという。北平田の中心部落漆曽根の公会堂に各部落会長、実行組合長が集められて、右田副知事が来て「本日強権発動に参りました」と宣言した。その他、県の大場農政課長、食糧事務所の職員が大勢来た。大場さんに「何俵位可能か」といって膝詰め談判された。しかしそれで出たのは知れたもの。中野曽根の三三三俵をお前の責任にするがよいか、と脅された。各部落とも出来秋にヤミで売って、ほとんど米はなくなっていた。その翌日各部落ごとに未完納の人が公会堂に集められて一人一人食糧事務所の職員が談判した。ある未納の人の妹が不作して申し分けないと泣き崩れた。この芝居が効いて大分追及は和らいだ。三三三俵未納のまま、そして四月一日から全戸飯米の配給を受けた。中野曽根は先の大芝居で家捜しはなかった。しかし別の部落では、納戸に土足で踏み込んだ、仏様の引き出し開けた、倉の高窓にもぐって倉に入った、等もあった。他部落もほとんど未納で終わったと思う。皆ヤミ米で売って、事実なかった。処罰受けた人はいない。翌年から、超過供出が三倍の値になったので供出は円滑になり、こういうことはなくなった、という(3)。

先にこの章第一節で見た旧西田川郡大泉村白山部落の阿部太一の回顧でも、強権発動があったことが語られているが、その時に、米軍が来て話をして、チンプンカンプンだったがおっかなかったという。ジープで占領軍が乗り付けて来たとはよく語られていたが、それは実際にあったのである。それから、阿部の回顧で興味深いのは、敗戦の年、一九四五（昭和二〇）年の収穫のことである。一般には、労力不足、肥料不足で収穫が激減したといわれており、そのこと自体は阿部も否定していないが、それに輪をかけたのは「人為的不作」だという。供出割当を下げるために役場自体が二割くらい下げろと指示したという。まさにこの頃の、とくに行政組織の混乱状態を如実に表現している。当然農民側も、しかるべく対応したのであろう。右の牧曽根村の常会誌にある「供出不良農家」とは、そのような状況に対する農民側の対応でもあったに違いない。図表7-2で見た山形県の統計ではこの年の県平均反収一石八斗余となっている。しかし阿部によると白山では二石一斗位、「肥料をヤミで入手した者は、二石三斗位とった」と述べているが、このなかに阿部家自身も含まれていたのであろうか。続けて語られている肥料のヤミの話も面白い。大山《おおやま》（大泉村にほど近い造酒屋が多い町、現鶴岡市）の酒屋がやっていて、米と物々交換で、金浦《このうら》から入ってくる北海道の魚粕二四貫入りの一俵が米一六貫の一俵半だったという。つまり米と魚粕が重さで等量の交換だったわけである。しかしこの肥料は、「最高だった」と回顧している。農業会の会長が肥料のヤミで捕まったとも。

牧曽根部落の敗戦後の常会誌においてもう一点、日本農業の一大変革を意味した農地改革に向けて、一九四六年二月二五日の常会では、「来ル四月五日施行ノ農地委員選挙資格者申告ノ件」が伝達され、また四月一〇日常会では「農地委員ノ選挙ニ関スル件（来ル四月一五日）」と、日程の変更が通知されている。これは、いわゆる第一次改革の際の改正農地調整法に基づく指示と見られるが、周知のようにこの第一次改革に対しては連合軍総司令部側の不満が強く、やがて公布、実施される第二次改革法の時まで、農地委員会選挙も延期されるのである。それは、一九四六（昭和二一）年一二月二〇日から二七日までの間に全国市町村で実施されたはずであるが、北平田村では実際には投票は行われなかった。村の有力者たちの協議であらかじめ銓衡し、その他の定足数を越える立候補者はなかったためであろう。これは、いかにも「遅れた」形態[4]のようにも見えるが、しかし北平田村では、かつての「庄内耕作連盟」の指導者庄司柳蔵の弟で、みずからも農民運動家であった荘司勘作が委員長に就任し、全国でも珍しいくらいの徹底した改革を実施することになる。しかしこの点については、戦後稲作の基礎条件を形作ったという意味で極めて重要なので、次章においてあらためて見ることにしたい。

(1) 時の千石農相は「勝つための供出」に代えて、「國民をして餓えしむるなかれの供出」というスローガンで呼びかけたが(一九四五年八月二一日ラジオ放送)、とうてい影響力はなかった(食糧庁食糧管理史編集室『食糧管理史　制度編　各論(上)』一九五七年、三三ページ)。

(2) 一九四六年五月九日付の内務省警保局「食糧危機の実状と問題点」によると、「強権発動に就いては澎湃たる民主主義思想の勃興による農民の大衆的反対運動に直面して事実上骨抜きの形となり、加うるに、時既に遅く横流し、隠匿等によって現物の収容不可能なる場合多く、遂に所期の成果を納め得ない状態に立至って居る様である」とされている(食糧庁食糧管理史編集室、前掲書、一九九ページ)。

(3) 一九八一年時点の筆者の調査ノートによる。

(4) 財団法人農政調査会内農地改革記録委員会編『農地改革顚末概要』御茶の水書房、一九七七年、五一〇〜五一一ページ。

第八章　農地改革――「第二の交換分合」

第一節　北平田村における農地改革の特徴

戦後農地改革の主要争点

戦後の農地改革について、各地の農村で元地主だった方の話を伺うと「マッカーサーの命令で土地を取られた」という言葉がよく聞かれた。これはどういうことか。まず、当時の日本政府および占領軍の、農地改革をめぐる動きについて簡単に見ておくことにしよう。敗戦直後、まず動きだしたのは、日本政府だった。詳しい経緯は省略するが、一九四五（昭和二〇）年一二月に日本政府は、いわゆる第一次農地改革法を公布する。この日本政府の動きは、法案の原案段階において外国特派員によって「この問題の取扱に当って日本政府は初めて驚くほどのイニシアティブを示した」[1]とさえ評されたのだったが、しかしこの改革法は、占領軍総司令部の容れるところとはならず、その「勧告」に基づくいっそう徹底的な第二次改革法によって初めて、戦後の農地改革は実施されたのである。「マッカーサーの命令」と称された所以はここにあったのであろう。しかしながら、日本政府の第一次改革法がたとえどれほど微温的なものであったにせよ、「これは主要占領政策のうちでも、わが国の官僚の側から先に実現への第一歩が踏み出されたほとんど唯一のものであった」[2]という点をも見落としてはならない。

なぜそうせざるをえなかったかといえば、地主制が農業生産力の発展にとって桎梏になっていたからにほかならないが、だからこそ、すでに戦時期の食糧増産の要請のなかで、自作農創設維持の政策が強化されていたのであり、先に見たように北平田村ではそれを巧みに利用して戦時の労働力不足対策としての交換分合を実施していたのである。戦後になると、いっそうの食糧不足の中で農業生産力の向上は至上命令であり、それが日本経済の再建の枢要点であることは明白であった。このような状況が、日本政府の、微温的とはいえ農地改革への動きを促迫していたと見ることができよう。

占領軍の「勧告」にもとづく第二次改革法は一層徹底的なものであった。[3] この改革に対する地主層の抵抗は、各地において「土地取り上げ・闇売り・分家贈与による所有地の分割」などの形で行われ、[4] 改革は必ずしも順調には進行しなかった。しかし地主制の全面的な展開、いわばその爛熟をみた庄内地方では、大正期以降の小作争議の激発、戦時期における交換分合に伴う自作農創設などの動きが展開したためか、一般的にいって地主の抵抗はきわめて微弱であった。その前提として、これまで見てきたような地主の所有権に対する「小作権」あるいは「耕作権」の自立化という条件があったことを見逃してはならないであろう。そのために、むしろ地主所有地の解放は当然の前提として、その後の自作農民の所有上限の問題が主要な係争点になったところも多い。むろん、全国的に見た場合、地主所有地の解放つまり所有権の耕作農民への移転こそが、農地改革の枢要点であったが、しかし、それと併せて、庄内地方のような大規模経営地帯では、経営規模の問題が、農地改革をめぐって見落すことのできない重要な論点をなすのである。

(1) 農地改革記録委員会編『農地改革顚末概要』御茶の水書房、一九七七年、一〇五ページ。
(2) 石黒重明「農地改革の諸内容」、東畑精一・宇野弘蔵編『日本資本主義と農業』岩波書店、一九五九年、三二七ページ。
(3) この間の経緯については、農地改革記録委員会編、前掲書、一二一～一五二ページ、を参照されたい。
(4) 農地改革記録委員会編、前掲書、九七七ページ。

図表 8-1　市町村農地委員会委員第１回選挙実施状況（山形県）

	総選挙区数（a）	投票施行区数（b）	b/a（%）	備考
南村山郡	20	8	40.0	山形市を含む。
東村山郡	22	10	45.5	
西村山郡	21	13	61.9	
北村山郡	24	19	79.2	
最上郡	19	19	100.0	
南置賜郡	12	12	100.0	米沢市を含む。
東置賜郡	20	19	95.0	
西置賜郡	19	10	52.6	
東田川郡	28	21	75.0	
西田川郡	17	10	58.8	鶴岡市を含む。
飽海郡	27	16	56.3	酒田市を含み、飛島を除く。
計	229	157	68.6	

注１：投票施行区数は、いずれか一階層でも投票したものは投票施行したものとみなしている。
注２：及川四郎・柏倉亮吉・山崎吉雄『山形県農地改革史』山形大学社経研究会、1953 年、178 ページ。

北平田村における農地改革の特徴

以上のような点を念頭に置きながら、以下、旧飽海郡北平田村（現酒田市）の事例によって農地改革の実態を見ていくことにするが、始めに北平田における農地改革の特徴点をおおづかみに列挙するならば、次のようにいえるであろう。すなわち、(1)地主の所有地解放を徹底的に行っただけでなく、(2)県農地委員会において北平田村の保有上限四町四反が決定される前に、独自に各農家の耕作面積上限を三町五反に制限して、そのことを前提に、(3)必要性が指摘されながら実行されることの少なかった交換分合を併せて行ったこと、がそれである。[1]

農地改革の実施機関は農地委員会である。山形県では、一九四六（昭和二一）年一二月二七日に市町村農地委員の総選挙が行われた。その実施状況は、**図表8-1**に掲げる通りだが、これで見ると、最上郡、南置賜郡、東置賜郡において施行率が高く、庄内地方、とくに飽海郡は低率である。北平田村でも農地委員の就職年月は、総選挙日の一九四六年一二月二七日になっているが、しかし実際には飽海郡内の多くの村と同様、選挙は行われなかった。農地改革記録委員会の『農地改革顛末概要』によると、無投票当選には二種類あって、その第一は「進歩的な農民組織や有識者の活動があって、候補者の推薦団体を組織したり選挙民有志者大会を開いたりして、選挙民大衆の意思を充分に訓練した上で無益な競争を省略」した「進歩的意味のもの」であるといわれているが、北平田村ではそのような「活動」の形跡はまったくない。とすると第二の「遅れた意味のもの」、つまり「村の有力者やボスが馴合いで目ぼしい候補者同志《ママ》の協定をとげ、定員数以上の立候補を抑えつけて了った場合」に当たるのであろうか。[2] 詳細は不明ながら、北平田村では、時の村長など一部の「有力者」の話し合いで人選し、とくに「抑えつけ」たわけではないが、他に立候補者はなく、したがって無投票となったもののようである。しかし、右に見た三つの特徴点が明確に示すように、北平田村の農地改革はけっして「遅れた」形態のものではなかったというべきであろう。そもそも、この『顛末概要』の記述は、農民、農村を「遅れた」ものとする認識の上に立っているのではないか。だから「進歩的意味のもの」は、「進歩的な農民組織や有識者の活動」によって「訓練」された場合にのみ成立すると判断しているように見える。このあたりに戦後日本の社会科学に抜きがたく見られた「封建遺制」論の影が読み取れるといえばいいすぎであろうか。

(1) 農地改革記録委員会編、前掲書、三〇五～六ページ。
(2) 農地改革記録委員会編、前掲書、五一〇～五一二ページ。

北平田村における改革主導層

それでは、どうしてそのようになったのか。それは一言でいえば、農地改革を徹底的に遂行しようとするような勢力が、村の有力者の話し合いによっても農地委員に選出され、あるいはその他の場面でも改革に強力な発言権を行使しうるような状況に、北平田村はすでになっていたということに他ならない。いいかえれば、そのような勢力自体が村の有力者の一翼を形成していたのである。その歴史的背景は、先に第五章でみたように、明治期を通じての自小作上層の地位の向上と、そのことに基づく大正期以降の小作争議の昂揚とであった。かれらを主導層とする「部落ぐるみ」の小作争議の指導者たちは、やがて村会議員等の主要役職に進出し、戦時期に入っても翼賛体制の一翼を担って発言力を保持し続けていた。このこと自体「ダラ幹」とさえ呼ばれたかれらの運動の「穏健」な性格を示唆しているが、しかしそれは自小作上層という階級的基盤の性格を、正直に反映したものであったろう。村の大勢が地主ないし自作層の支配から、自小作上層の主導に転換していたことを背景にかれらは村の支配層の一角に食い込んでおり、したがって、他地方でしばしば見られたように村の支配体制の外側から、農民組合等の大衆運動によって圧力をかけ、農地改革への発言力を獲得していくという必要もなかったのである。むろんそこには、敗戦による戦時の抑圧体制の崩壊と、かくて噴出した革新的な人心の動向があった。中規模以下の人から「大きく田を作っていると悪者みたいに見られた」[1]というような雰囲気があった。このような状況のなかで、戦時体制下でも勢力を温存してきた旧小作争議の活動家の発言力が、一挙に噴出したのである。

北平田村において、県農地委員会の保有上限決定の前に、耕作上限を三町五反に切ったということの背景にも、右のような戦後の状況があったことはもとよりである。しかし、それは同時に、そのような中規模以下層の「目」に応えた自小作上層の性格にも注意する必要があろう。庄内地方でも、自作大経営層の主導する村では事情が異なっていた。例えば、旧西田川郡京田村（現鶴岡市）では、地主保有地は県農地委員会決定の一町五反をさらに下廻る一町に抑えておきながら、創設自作農民の所有上限については、自作大経営層の強い主張によって、山形県内でも最大の四町四反としている。[2]ところが北平田村では、独自に耕作面積上限を三町五反に縮小し、さらにそこに交換分合をからめている。この対照のなかに、あくまでも土地所有に執着する自作大経営層と、経営あるいは耕作の論理によって「量よりも質」をとった自小作大経営層との性格の違いを読み取ることができるであろう。しかも北平田村は、すでに戦時期にその経験をもっていた。その時にし残した仕事の総仕上げ、それが北平田村民の意識した農地改革だったのである。以下、その具体的経過と結果について、やや詳しく見ることにしよう。

(1) 一九七九年八月時点の筆者の調査ノートによる。
(2) 菅野正・田原音和・細谷昂、前掲書、二〇一～二ページ。

第二節　農地改革の実施過程

全戸加盟の農民組合と交換分合委員会の活動

右に見たように、北平田村の農地改革は、地主所有地の解放を徹底的に行っただけでなく、創設自作農民の所有面積上限をきびしく制限したこと、および交換分合を併せて行ったこと、に特徴があるのだが、実際の進め方としては、まず耕作面積の上限を三町五反で切ることにして交換分合を行い、その結果に基づいて農地委員会が所有権の移転を行う、という手順で実施された。つまり、正規の機関である農地委員会の仕事が開始される前に、耕作面積を制限する決定と交換分合の作業が進められていたわけで、それを行ったのは、村および部落の交換分合委員会だったようである。しかしこの点についての村役場文書は見いだされていない(1)。ただ一つ、後に紹介する北平田村農地委員会資料に「在村耕作地主の保有地」を「本村耕地分合委員会の決議に基づき積極的に解放する様措置すること」との記述が見られるのみである。しかし、多くの人びとの証言から知りうるこの委員会の活動内容は、およそ以下のようであった。

旧北平田村漆曽根の高橋健治の証言によると、耕作上限を三・五町に切ることを主導したのは農民組合で、その中心は農民運動家の庄司勘作だったようである。庄司勘作は、第五章で紹介した、かつての荘内耕作連盟のリーダーでありその後村議をつとめた庄司柳蔵の弟で、自らも農民運動の活動家だったが、この頃、戦後できた全戸加入の農民組合の組合長であり、かつ村農業会の会長をしていた。[2] 高橋はこの農民組合の執行委員をつとめた人だが、その回顧によると、庄司勘作はワンマンでめんどうくさいことはしない。書記などもおかなかった。だから書類などはないが、農民組合が交換分合の地ならしをしたようなもの。しかしその背後にあって三・五町のアイデアを出したのは、後の農協長伊藤惣治郎であった。伊藤は実務能力抜群の人だった。その意味で古いタイプの農民運動家で闘士の庄司とは対照的。渋谷勇夫の産業組合の実質的バトンタッチを受けたのは伊藤だったが、この頃は追放で参事をしていた。おそらく東亜連盟の関係で追放に引っかかったのだろう。伊藤は自作六町、貸付二町もある人だったが、その人が富の平等ということで自分が犠牲になって主張したので、説得力あった。他に一二、三町もありながらが、面積よりもよい田をということで賛成した人もいる。その頃は固定資産税が高かった。[3] ここで、やや脇道になるが、この頃北平田村のさまざまな面で力を発揮した庄司勘作の名刺を紹介しておこう。

鳥海上水道組合議会議長
酒田市議会議員

庄　司　勘　作[4]

酒田市大字漆曽根腰廻一三
電話（呼出）北平田四一番

経　　歴

北平田関係

北平田村農民組合長
北平田村議会議員
北平田村農会長
北平田村農業会長
北平田村農地委員会長
北平田村農業協同組合長
北平田ＰＴＡ会長

郡関係

飽海郡農民組合長
飽海郡両止井皿溝水利組合議員
飽海郡日光川水害予防組合議員
飽海郡暗渠排水指導員
飽海郡食糧調整委員会長
飽海郡農村振興対策委員長
飽海郡農業協同組合会長

山形県関係

山形県森林会議員
山形県食糧調整委員副会長
山形県東北食糧調整委員会代表
山形県食糧調整委員山形代表

中央関係

（総理大臣辞令）
中央農業調整審議会委員
（総理大臣辞令）
中央米価審議会議員
全国農業協同販売組合理事

酒田関係

酒田市議会議員
　議会運営委員長
　経済委員
　港湾常任理事
観光協会理事
酒田北校議員

山形県方面委員
山形県地方裁判小作調停委員
山形県人事調停委員
山形県農業協同組合会副会長
山形県水害対策委員長
山形県農業共済評価委員
山形県農業共済監事
山形県農地委員会副会長
市立高等学校理事
鳥海上水道組合議長

庄内関係

庄内販売農業協同組合会長
庄内開拓農業協同組合副会長
庄内青果物株式会社会長
庄内米穀株式会社取締役会長

これは一応名刺としたが、その時の肩書きだけではなく、経歴が記してあるので、資料的価値があるだろう。ここに見るように、まことに多くの肩書きが列挙してあり、農民運動関係者がこれほどの役職を歴任するということは、小作争議が盛んだった飽海郡、なかんずく北平田村における農民運動関係者の地位の重さを知ることができよう。このなかに必ずしも理解できない役職もあるが、一つだけ、右の高橋健治の談にもあった「北平田村農民組合長」、および「飽海郡農民組合長」といわれている「農民組合」について解説しておくと、戦後飽海郡に結成された全戸加盟の農民組合である。当時この組合の結成に関わった飽海郡旧西平田村大多新田の太田賢治の証言によると、農業協同組合の結成が課題になった頃、新しい農協をどう作るかで有志が集まって話し合ったのがきっかけだという。戦時中の農業会の延長ではならない、同じボスが出てきては困るということで、監視の役目を果たした。また農協に金がない頃で、農協に金を流せの運動をやった。農協組合員即農民連盟会員ということで全戸加盟、一党一派に偏しないことを狙って作った。

発足は一九四六（昭和二一）年春、この人の回顧談には発足時の有志の主な顔ぶれが語られているが、その中には庄司勘作を含めて数人の戦前の小作争議関係者が含まれている。新設の農協単位に村レベルの「農民組合」を置き、それらの連合会として郡レベルの「飽海郡農民連盟」を組織したのだという[5]。また高橋健治の回顧によると、北平田では、庄司勘作が初代組合長であり、庄司は同時に酒田飽海組合連合会長（農民連盟のことか）をも務めた。自分もこの時の執行委員をしたが、当然、有志加盟の日本農民組合の下部組織としての農民組合とは別であり、戦後一時期、飽海郡には二系列の農民組合が併存したことになる。日農系列の農民組合の組合員も全戸加盟の農民組合には参加していたという[6]。「農民連盟」とは、他の地方ではなじみのない珍しい組織であるが、太田賢治の談によると、北海道にも同じようなものがあって、全国で二つだけだったという。昭和二二年（二三年か）に農協発足。始めは農協の資金として低利融資の獲得運動だった。代議士になった神林与一郎を通じて運動した。当時の庄内経済連の建物に中央会の前身指導協会と一緒に、職員をもつ事務局を置いた。一九四九（昭和二四）年、シャウプ勧告から税対策に活動が切り替わった。仙台の国税局に行ったり。税の農業者標準を米について作るのに、われわれが教えてやった。農家の自主申告に当たっては組合の役員が講習をしたり、書いてやったりもした。また農業共済の基準の不合理を是正させるために、共済組合の解散運動などもした。おかげで法改正になった。日農とは、末端でまさつはあったが、こちらは全戸加盟なので、対抗にならなかった[7]。別の関係者の談だが、解散は一九七六（昭和五一）年だという。この頃になると一部に無力だといって脱退する人が出てきた。農協から助成金をもらっているのはおかしいなどの批判も。

さて、北平田村の交換分合について戻ると、この事業は右に名前を挙げた農業会会長が渋谷勇夫と庄司勘作にまたがる時期に進められていったと見ることができる。高橋賢治の談によると、村農業会が中心になって、部落長、実行組合長、農業会役員など各部落の代表者五〇人ほどが集められ、村全体の基本方針の決定が行われた。そこには、農民組合

（全戸加盟の）の役員も出席していて、にらみを利かせていた。耕作面積上限を三町五反に制限して交換分合を行うという方針や、また当時課題として提起されていた新制中学校の敷地を村内全部落の共同減歩で捻出するという方針は、この席で決定されたが、そこには、農民組合の圧力が強く作用していたようである。その決定事項を各部落にもって帰って同意を求めた。部落によっては、農民組合の役員が同意の署名捺印をとって歩くということも行われたという。(8)

（1）したがって、この委員会の正式名称も確認されていない。しかし、多くの人びとが、村及び部落の交換分合委員会と呼んでいるので、ここではその名称に従っておく。

（2）村農業会の会長は一九四六（昭和二一）年四月から一九四七（昭和二二）年二月までが戦時期の産業組合の専務理事、組合長だった渋谷勇夫、同年四月から一九四八（昭和二三）年三月までが、庄司勘作である。

（3）一九八二年一二月時点の筆者の調査ノートによる。これらの点には先に紹介した、庄内地方における耕作権（小作権？）の確立という条件があるが、このことについても、高橋の興味ある証言が記録されているので、ここに紹介しておこう。小作人から又借りする小作は、「表小作」に対する「裏小作」、「又小作とか水呑」といって、今でも「水呑割」という地名が残って居る。地主から表小作が借りる時には「契約金」といった。表小作から又小作に貸す時には敷金取らない。作徳米（小作料）は反当二石四斗位しか上がらないところでも一石五升三合納めていたが、又小作からはそれより若干多く取って、その差額を、貸し手の小作人が自分の利益にした（一九八二年一二月時点の筆者の調査ノートによる）。

（4）一九六一年の筆者との面会時に交換した名刺である。用紙の大きさは、ほぼＢ５判ほどもある。

（5）一九八二年七月時点の筆者の調査ノートによる。

（6）一九八二年一二月時点の筆者の調査ノートによる。また「全戸加盟」の農民組合については、菅野正・田原音和・細谷昂『東北農民の思想と行動――庄内農村の研究――』御茶の水書房、一九八四年、五三四～五四三ページ、を参照されたい。

（7）右の一九八二年七月時点の筆者の調査ノートによる。

（8）右の一九八二年一二月時点の筆者の調査ノートによる。

耕作上限三町五反の決定

第二次改革法案と呼ばれる「自作農創設特別措置法案」と「農地調整法改正法律案」との内容は、すでに一九四六（昭和二一）年八月一二日に新聞発表され、同年一〇月二一日には正式に公布されていたので、その頃北平田の人びとにとっても周知のことになっていた。[1]同年一二月二七日には、村の農地委員も選任されていた。しかし、創設自作農民の保有上限については、いろいろな噂は流れていたものの、未決定だった。ちなみに、中央農地委員会で都道府県別の保有面積が決定されたのが一九四七（昭和二二）年三月二八日（山形県四町）、それが四月一〇日に告示された後、山形県農地委員会において各市町村ごとの保有上限が決められたが、北平田村の場合、それは四町四反であった。[2]これらの決定が下される前、一九四七（昭和二二）年一月二六日、[3]北平田村の交換分合委員会は、改革をにらみながら耕作面積上限を、田畑合計三町六反五畝（畦畔を除く）、うち本田三町六反未満、つまり村の人びとのいう三町五反、という方針を独自に決定したのである。

この方針を提起し、かつ会議を終始リードして決定に持ち込んだのは、庄司勘作だったという。庄司は、戦前の小作争議の活動家、当時は北平田農民組合長であり、そうした面で発言力をもっていたことは前述の通りだが、同時にその頃県の食糧調整委員をつとめ、しかもその山形県代表として中央の会議にも出席していて、そうした情報量の豊富さが、庄司の発言力を強めていたようである。また、農業会専務理事だった伊藤惣治郎が、その立場からこの方針を支持したことが大きかったといわれている。伊藤は、県農会の技手等の経歴をもち実力を村の中で広く認められていたし、またその家が若干の貸付地をもつ自作大経営農家で、耕作上不利になる立場にあったことも、その発言に重みを加えた。伊藤は、一九四七（昭和二二）年二月二八日、公職追放によって専務理事の地位を退いた後も、農業会職員の立場で、交換分合の実施に大きな役割を果している。

しかしそれにしても、四町を越える大規模経営が少なくない北平田村において、耕作上限を三町五反に切るという無理とも思える方針が通ったのはなぜであろうか。むろん大経営農家からは反対の声が上がった。しかし、みずから反対の立場をとった人の記憶でも、それほどもめることなく決まってしまったという。前述のように、戦後の「革新ムード」があり、北平田農民組合の力もあった。戦時期の労働力不足の記憶もまだ新しかった。が、何よりも決定的だったのは、三町五反という上限決定が、交換分合と組み合わされていたことであろう。北平田の大規模経営層は、ふたたび「量よりも質」をとったのである。やがて来るべき農地改革による買収、譲渡によって、この耕作面積は所有面積に転化することは当然予想されたはずだが、それには固執せずに経営の論理をとった北平田農民の行動は、やはりあの自小作上層の性格が反映していたと見ることができよう。そして逆にまた、後に見るように交換分合が比較的順調に行われえたのも、耕作上限を設定することによって中規模以下層に多少とも規模拡大の利が与えられたためであった。

(1) 農地改革記録委員会編、前掲書、一二八、一三六ページ。
(2) 農地改革記録委員会編、前掲書、二二九～二三〇ページ、及び及川四郎・柏倉亮吉・山崎吉雄『山形県改革史』山形大学社経研究会、一九五三年、一八八～一九四ページ。
(3) この年月日は、塚本哲人「水田単作地帯農村における新集団の展開――山形県酒田市北平田地区」、竹内利美編『東北農村の社会変動――新集団の生成と村落体制――』東京大学出版会、一九六三年、三〇六ページ、による。報告者自身はこの年月日の確認はできなかったが、多くの人びとの証言により、中央および県農地委員会の保有限度決定の前であることは確実である。

戦時期の事業の総仕上げ

そして、このような判断を北平田農民が下すに当たっては、やはり戦時期における交換分合と自作農創設の経験が大きかったと見ることができよう。全国的には、「政府の機関によって大量の土地の移譲が行われる今回の様な場合は地所（所有権）の総合を行うには最好の機会である」（対日理事会における英連邦代表提案）と指摘されながら、実際には、農地集団化の強行が「農地開放《ママ》そのものの進行を阻害してはならない」から「一般農地の買収、売渡事務の指導に支障を来さぬ範囲内で重点的に指導する」と、農地解放と交換分合とを対置的にとらえる立場を越えることができず、結局、売渡の進捗を急いで、農地集団化は少数の例外を除きほとんど実現されずに終わったのである。[1]

　これに対して、戦時期の経験をもつ北平田農民は、むしろこの両者の組み合わせによって、「理想的な改革をやろう」（当時を回顧しての一農民のことば）としたのだった。先に第七章で見たように戦時末期に行われた交換分合と自作農創設による所有権移転は、おそらくは一九四五（昭和二〇）年冬に設置された北平田村耕地整理組合の手によって登記に移されていたが、しかしこの仕事が完了するまでは、敗戦後しばらくを要したはずである。先にも述べたように、村の人びとはそれを「第一回目の交換分合」と呼ぶ。その後処理が完全には終わらないうちに「二回目の交換分合」、つまり戦後の農地改革をにらんだ交換分合の話がもちあがった。こうして、この二回の交換分合は、村の人びとからは連続性をもつものと理解され、戦後のそれは、戦時期にやり切れずに終わった分の総仕上げと意識されていたのである。そのような成り行きの線上にあったからこそ、地主層、自作層、あるいは自小作大経営層と、それぞれに抵抗があってしかるべき北平田村の戦後改革、耕作すなわち所有面積上限三町五反と交換分合とを前提とする農地改革の方針が、さほど大きな反対の動きもなく、まさに時代の趨勢として受け止められることができたと考えられよう。

（1）農地改革記録委員会編、前掲書、三〇五～六ページ。

部落交換分合委員会の活動

さて、このようにして村の交換分合委員会で決定された方針が各部落に持ち帰られ、今度は部落の交換分合委員会の仕事として、各農家間の交換分合が行われたわけであるが、それは、一九四七（昭和二二）年から四八（昭和二三）年にかけてのことであった。しかし実際の仕事の進め方は、部落の事情によって多少異なっていたようである。ある部落におけるように、個別の農家間の内々の話し合いが先行した事例もあったが、中野曽根部落などでは、部落の交換分合委員会が責任を持って分合案をまとめ、各農家に提示するという方法をとった。だから分合委員の苦労は、大変なものだったであろう。戦時期の苦労にさらに重ねて、である。

この時の中野曽根部落の交換分合委員も、始めは事実上部落会長の指名の形で選ばれた、その顔ぶれは、戦時期に分合委員をつとめた部落会長、副部落長、実行組合長、および一名の部落協議員がそのまま残り、それに、その他の部落協議員三名と会計、小作代表農地委員、有力家一名を加えて構成された。この時点までは、戦時期の交換分合時における部落会長の指導性が、まだ残っていたと見ることができよう。こうしてようやく、分合原案の図面を発表するところまでこぎつけた。ところがそれを見て、寄合いはもめてしまった。一つには、中学校敷地の問題があった。つまり、新制中学校の敷地分として隣接の牧曽根部落から、交換分合によって寄せてきた三反を受け取り、中野曽根では四反を出して、合計七反を村の中央の部落に寄せて行く計画だったが、それがみな上田だったので、部落の人びとの納得が得られなかったわけである。また、人によって狙いどころの欲しい田があった。そこで、四月の選挙で選ばれた新村長に来てもらい、その仲介によって五名連記の選挙をした結果、部落長自身を含む三人の分合委員が入れ替わるかたちになって、ようやくおさまった[1]。

このようなもめごとは、多かれ少なかれ、各部落にあったことだろう。なにしろこれまでの所有関係はまったく無視して、耕作上限を三・五町とし、地味、家からの距離等を勘案しながら団地化する、という方針で大がかりな交換分合案が作られていったのだから、個々の農家の事情による不満が出ない方が不思議なくらいだった。しかし、そうした多

図表 8–2　時期別買収進行状況（北平田村）

年次		田	畑	計
	年月日	町反畝	町反畝	町反畝
第 2 回	1947. 7. 2	144.9.8.14	1.0.2.03	146.0.0.20
第 4 回	12. 2	175.3.2.20	1.4.6.03	176.7.8.23
第 5 回	1948. 2. 2	2.4.1.18	3.1	2.4.4.28
第 6 回	3. 2	3.2.3.24	8.06	3.3.2.00
第 7 回	7. 2	6.2.8.21	8.29	6.3.7.00
第 10 回	12.31	1.7.19	—	1.7.19
第 11 回	1949. 3. 2	1.15	—	1.15
第 12 回	7. 2	1.1.16	2.00	1.3.16
第 13 回	10. 2	1.4.2.14	5.07	1.4.7.21
第 14 回	12. 2	7.12	2.25	1.0.07
第 15 回	1950. 3. 2	2.6.9.14	—	2.6.9.14
第 16 回	7. 2	1.8.7.14	23	1.8.8.07
計		338.6.2.24	2.7.9.16	351.4.2.10

注：北平田村農地委員会資料（1950 年 7 月現在）。但、管理替（物納分）を含まない。

少のもめ事はあったにせよ、全体としては大きな遅滞なく進んだと見るべきであろう。というのは、このような各部落の交換分合計画に基づいて、次に北平田農地委員会が法律に基づく買収をかけていったわけだが、**図表8–2**に示すように、主として不在地主を対象とした第二回買収一四六町の後、同年一二月の第四回買収一七六町で、物納分を除く総買収面積の九二%を終了しているからである。後述するように、第四回買収分のうちには、交換分合によって自作地が買収対象になった分も、かなり含まれていたはずであり、ほぼこの頃迄には、多くの部落で交換分合計画は立て終わって買収が行われたと見られるのである。

以上見てきたようにして、村および部落の交換分合委員会の仕事は終わり、それをうけて、法律に基づく正規の機関である北平田村農地委員会の仕事が始まる。先に述べたように、北平田村では選挙は行われなかったが、この時の農地委員選挙人名簿によると、地主一七、自作八五、小作二七〇という階層構成である。農地委員の構成は、法律通り小作五、地主三、自作二となっているが、このうちに、かつての小作争議の活動家が、委員長の庄司勘作を始め三名が含まれているのが目を引く。そのうち二名は、翼賛村議でもあった。当時の北平田村は、選挙によらなくともかつての農民運動家が農地委員に選ばれ、しかも委員長の地位を占めるような状況になっていたのである。

（1）一九八一年八月時点および同年九月時点の筆者の調査ノートによる。

保有上限三町五反の正式決定

さて、北平田村における農地改革で決定的に重要な点は、各農家の耕作面積上限を三町五反に制限して交換分合を行い、それを前提に買収、売渡を行う、という決定にあった。それは、すでに一九四七（昭和二二）年一月二六日、村の交換分合委員会で決定されていたはずであるが、この件が北平田村農地委員会「議案綴」に初めて登場するのは、同年一二月二八日開催の協議会協議事項としてである。おそらくはこの間、右のような村分合委員会の基本方針が各部落に持ち帰られて、先に中野曽根部落の事例で見たような、部落としての交換分合計画が練り上げられていたのであろう。それに基づいて、同年一二月二日の第四回買収で、ほとんどの買収を終わらせてしまう。そのことを受けて、いよいよこれから本格的な売渡作業を開始するに当たって、上限三町五反という分合委員会の方針を正規の機関である農地委員会の決定に持ち込むべく、まず開催されたのが一二月二八日の協議会だったと考えられる。そして、翌一九四八（昭和二三）年二月一八日の農地委員会において次に掲げるように、上限三町五反が農地委員会の正式の議題として上程されたのである。

　　第十二号議案

自作農創設特別措置法第二十六条ノ規定ニ依ル政府ノ所有ニ属スル農地ヲ同法施行令第十五条ノ規定ニ依リ売渡農地最高面積ヲ左ノ通リ定メル

一、農地（田畑）参町六反五畝歩トス（畦畔ヲ除外スルコト）

但シ稲田ハ三町六反未満トスル

二、特別ノ事由ニヨリ特ニ農地委員会ノ承認アリタル者ニ対シテハ左ノ反別ヲ超エテ売渡スコトヲ得(1)

ここでいうまでもないことではあろうが、「政府ノ所有ニ属スル農地」とされているのは、戦後日本の農地改革は、したがって北平田においても、地主の土地をまず政府が買い上げ、それを基準に基づき耕作者に売渡すという手順で進められたからである。こうして、北平田交換分合委員会の基本方針が、法律に基づく正規の機関である農地委員会の「売渡要綱」として正式に決定された。それをふまえて、同年三月五日の協議会で「売渡最高面積三町六反五畝歩以上の農地（自小作貸付地）処理に関する件」が協議された。つまり、自作であれ小作であれ耕作者として、三町五反を越える面積を耕作している者があったから、その超過分について、具体的にどの土地を買い上げるかの問題である。その結果、「別紙の通り通牒を発し申請人の希望を取り纏め処理することに決定」している。しかし実際には、三町五反を越えるどの土地を手放すか等については、すでに部落の交換分合計画のなかに織り込まれて決定済みだったはずである。先の**図表8−2**で見たように、すでに一九四七年一二月二日の第四回買収で、買収もほとんど済んでいた。それだからであろう。この時の通牒は三月六日付なのに、回答は三月八日までに求めるという早業であった。だからこの時の通牒の基本性格は、部落の交換分合委員会の計画として決定済みの内容を、正規の機関である農地委員会決定として追認する、という点にあったと考えられるのである。[2]

（1）北平田村農地委員会「議案綴」による。

（2）実はこの間の決定にはなお、論議されなければならない点があった。つまり法的には認められていた在村の耕作地主の小作地をどう扱うか、あるいは右に掲げた農地委員会の議案にある「特別の事由」とは交換分合に関することだけか、等である。右の本文にはあまりに煩雑になるので、この問題は省略した。詳しくは、菅野正・田原音和・細谷昂、前掲書、五七二〜三ページ、を参照されたい。

図表 8-3　北平田村在住の被買収者数と面積

部落名	被買収農家戸数	被買収人数	被買収面積		
			田	畑	計
	戸	人	反	反	反
漆曽根	129	129	968.212	3.322	971.704
新青操	53	49	379.312	2.222	381.604
久保田	11	13	111.911	2.701	114.612
曽根田	13	11	38.003	2.625	40.628
古青渡	11	6	18.310	0.015	18.325
円能寺	19	21	123.103	1.416	124.519
布目	23	10	92.404	1.008	93.412
上興野	8	11	48.101	0.524	48.625
中野曽根	43	54	385.017	2.413	387.500
牧曽根	57	47	771.417	15.816	787.303
計	377	351	2936.000	32.512	2968.512

注 1：農家戸数は、1949 年 6 月 20 日現在の農地委員会選挙人名簿により、被買収人数および面積は、北平田地区農業委員会「買収面積調書（属人主義）」1966 年 9 月、による。
注 2：被買収人数は、被買収耕地面積 1 反歩以上の者のみ。社寺有や共有も 1 人として数えてある。また、1 戸に 2 人以上の名義人がある場合もある。
注 3：被買収面積には、1 反歩未満のものも含む。

売渡・譲渡の実態

以後、この件に関する議題は、北平田村農地委員会「議案綴」に登場することはない。農地委員会の仕事は、なお残る若干の買収と、そして主要には譲渡に集中していくのである。その買収と譲渡の具体的なやり方は、およそこうであった。耕作面積三町五反を前提とする各部落の交換分合計画は、所有関係を無視して、面積、地味、家からの距離等を勘案しながら団地化するという方針で作成されていたが、農地委員会はその計画に基づいて、ある田の所有者と新たにその田を耕作することになった人との間に従前から地主・小作関係があったものと見なして、前者から買収、後者へと譲渡という手続きをとったのである。そのために、もともとは自作地であっても、小作地として買収された農地も多く、したがって**図表 8-3** に示すように、北平田村においては、買収を受けた在村地主が統計上膨大な数に達している。しかし、この被買収人数のうちには、社寺有地や共有地も一人として算入されており、また同一家でも名義が二人に分かれている場合も含まれている。そこで、中野曽根部落の事例によって具体的に見ると、図表8‐4に掲げるように、農地改革前の農家四二戸のうち、買収を受けていない家はわずかに六戸、他の三六戸は、多かれ少なかれ「地主」として買収されたことになっている。このような状況だから、北平田村の農地改革資料については、買収を受けた人数も面積も、本来の地主数とその被買収面積よりも過大に表われているので注意を要する。同じ表の右側の欄に、各農家が農地改革によって譲受けた面積を示しておいた。このうちカッコ内が交換分合関係分、つまり元々耕作していた小作地を買受けたのではない分である。これで見ても、交換分合によって動いた面積の大きさを知ることができよう。

このようなやり方だったから、最後に問題として残ったのが、在村不耕作地主に認められた保有地一町五反だった。北平田村の場合、そのような家は、医師、神官など三戸あった。交換分合によってたまたまその保有地に耕地を移すことになった農家は、小作になってしまう。しかし、これに対して法的に買収をかけるわけにはいかない。そこで、もと農業会長の渋谷勇夫、元農業会専務理事で当時追放によって農業会職員をしていた伊藤惣治郎らの村の有力者と、農業会書記とが相談して仲介に入り、地主から反当五万円で譲渡してもらうことで解決したという。その折衝過程で、交換分合前の旧小作人が半額を負担するか否かという問題ももちあがったが、結局は新しい耕作者が大部分を負担することで決着したもののようである。時のインフレーションがこれに幸いしたと見ることができよう[1]。こうして、北平田村交換分合委員会決定の耕作面積上限三町五反は、例外的な事例を除き、所有面積上限を意味したのである。

(1) 北平田村における具体的な農地改革の実施過程については、当時の農地委員会書記佐藤帙雄の教示をえている(一九七六年八月二四日時点の筆者の調査ノートによる)。

図表 8-4　農地改革による被買収・買受実績（北平田村中野曽根部落）

農家番号	被買収面積	買受面積	（うち交換分合関係分）	農家番号		被買収面積	買受面積	（うち交換分合関係分）
	町反畝	町反畝	町反畝			町反畝	町反畝	町反畝
1	11.4.17	—	—		26	1.0.12	1.4.03	(　3.21)
2	24.2.26	21.1.25	(19.1.01)		27	3.4.19	19.6.20	(12.6.09)
3	23.6.04	13.7.17	(13.4.10)		28	5.1.21	7.2.29	(　5.2.05)
4	47.4.21	29.2.05	(11.7.25)		29	11.0.07	7.7.08	(　5.3.23)
5	7.9.12	13.9.23	(　8.8.09)		30	3.7.13	4.3.27	(　4.2.13)
6	14.1.24	18.4.11	(17.5.10)		31	1.0.14	.16	(　.16)
7	14.4.07	19.0.10	(13.8.16)		32	3.1.08	2.2.10	(　2.2.10)
8	22.5.28	20.0.03	(18.1.04)		33	—	7.04	(　7.04)
9	1.2.07	6.8.06	(　4.6.10)		34	1.0.14	2.9.01	(　1.8.18)
10	9.5.27	7.7.21	(　3.6.09)		35	—	3.2.24	(　1.21)
11	3.5.24	15.0.07	(　4.5.19)		36	—	2.7.28	(　2.7.16)
12	7.9.06	19.6.23	(19.2.12)		37	—	2.2.19	(　2.2.19)
13	1.5.18	4.8.14	(　4.8.14)		38	7.2.18	5.24	(　5.24)
14	19.8.06	16.3.09	(11.7.15)		39	—	5.05	(　5.05)
15	1.1.05	6.4.00	(　—)		40	3.1.06	—	(　—)
16	12.4.03	21.1.23	(10.8.05)		41	03.3.27	1.08	(　—)
17	8.3.07	13.3.22	(　—)		42	—	9.12	(　3.01)
18	9.3.29	6.5.23	(　4.1.29)	改革過程・後の分家	43	—	6.3.25	(　—)
19	4.7.11	13.9.16	(　7.8.16)		44	—	.13	(　.13)
20	12.4.24	15.2.10	(　7.4.12)		45	—	.13	(　.13)
21	2.4.18	12.7.29	(　6.7.20)		46	—	.13	(　.13)
22	8.7.06	13.5.03	(　8.3.03)	共有地・社寺分	47	20.9.02	—	(　—)
23	1.8.20	20.5.25	(　4.9.07)		48	11.5.13	—	(　—)
24	4.2.29	11.6.17	(　2.5.16)		49	20.1.05	—	(　—)
25	5.2.03	9.6.14	(　9.6.14)	計		387.5.00	413.4.28	(253.2.18)

注 1：買収された面積は、酒田市北平田地区農業委員会「買収面積調書（個人主義）」1955 年 9 月、による。1 戸に複数の名義人がある場合は、1 人にまとめてある。
氏名は被買収 1 反歩以上のもののみ。計の面積には 1 反歩未満のものを含めてある。

注 2：買受面積は、北平田村農業委員会「所有地及耕地に関する申告書」1953 年 8 月 1 日、から集計した。この面積は北平田村内所在の分のみである。交換分合に関係したか否かは、中野曽根部落の佐藤喜三郎の教示によった。

注 3：面積はともに田畑合計である。

注 4：農家番号 42 までは農地改革直前の農家、43 番以降は改革過程・改革後における分家、社寺・共有地。

図表 8-5　自作地・小作地面積の変化（北平田村）

	自小作地別	田	畑	計
一九四一年		町 反 畝	町 反 畝	町 反 畝
	自作地	255.9.9.00	5.8.2.00	261.8.1.00
	小作地	557.2.0.00	2.9.3.20	560.1.3.20
	計	813.1.9.00	8.7.5.20	821.9.4.20
一九五〇年	自作地	809.8.4.05	7.4.5.11	817.2.9.16
	小作地	1.9.7.05	4.20	2.0.1.25
	計	811.8.1.10	7.5.0.01	819.3.1.11

注：北平田村農地委員会資料

図表 8-6　自作農創設の状況

	田	畑	計	備考
	町 反 畝	町 反 畝	町 反 畝	
1938 年末	25.6.4.06	1.2.11	25.7.6.17	村勧業係
1945 年 7 月末	314.1.9.09	4.7.23	314.6.7.02	農業会
1950 年 3 月末	424.2.3.23	2.9.7.12	427.2.1.05	農地委員会

注：北平田村農地委員会資料

自作農創設の結果

以上見てきたような過程を経て実施された農地改革によって、北平田村の土地所有関係と農民の階層構成はどのように変化したのであろうか。まず**図表8‐5**を見ると、昭和一六（一九四一）年時点では、北平田村の水田八一三町のうち小作地が五五七町、自作地は二五六町であった。それが、一九五〇（昭和二五）年には、自作地が八一〇町となり、小作地はわずか一町九反七畝五分に減ってしまう。しかし、これまで見てきたように、北平田村ではこの両時点の間に二段階の変化が見られた。すなわち、戦時期の自作農創設と戦後の農地改革とがそれである。自作農創設維持事業は、むろん戦時体制に入る前から実施されていたわけだが、**図表8‐6**に示すように、北平田村の場合も、昭和一三（一九三八）年まではごく僅かの面積にとどまっていた。それが、この年から後、昭和二〇（一九四五）年七月末まで、つまり戦時末期までに村農業会の事業として行われた自作農創設は、実に三一四町に達している。戦時期にいかに熱心に取り組まれたかを知ることができよう。そして、戦後の農地改革時の自作農創設は四二四町で、戦時期をやや上回る。が、それにしても、戦後の農地改革に対する戦時期の解放面積の比率約四対三ということの多さは、やはり特筆に値するといえよう。

交換分合の結果

しかしそれにしても、この戦時期の三一四町と戦後の四二四町、合計して七三八町という解放面積は、先に見た昭和一六（一九四一）年の小作地面積五五七町をはるかに上回る。これは、前述のように、戦時期にも戦後にも交換分合が行われ、それによって自作地が小作地の形をとって買収された分が含まれているからに他ならない。機械的に七三八町から五五七町を差引きしてみると、それに当たるのが一八一町ということになる。二度にわたる交換分合がいかに大規模であったかを知ることができよう。そこで**図表8−7**によって、交換分合による団地化の状況を見ると、昭和一六（一九四一）年から昭和一八（一九四三）年の間、つまり戦時期の交換分合によって団地数が三、四一七から一、五一九へ、一団地面積が二反二畝から五反へ、一農家当り団地数が九・三六から四・〇一へと変化しているのである。それが一九四七（昭和二二）年には、団地数一、二五二、一団地当り面積六反一畝、一農家当り団地数三・三三となっている。これで見ると、二回とも大規模な交換分合ではあるが、どちらかといえばむしろ戦時期の方が変化が大きかったといえよう。そしてこのこと自体、当時すでに地主制が大きく変化していたことを物語るものであることは、すでに述べた。

図表8−7　交換分合による団地化の状況

	団地数	1団地当面積	1農家当団地数
		町反畝	
1941年	3,417	2.2.12	9.36
1943年	1,519	5.0.16	4.01
1947年	1,252	6.1.03	3.33

注：北平田村農地委員会資料

階層構成の変化

このような二段階にわたる自作農創設によって、**図表8−8**に見るように、昭和一六（一九四

図表 8-8　自小作別農家戸数の変化（北平田村）

	自作	自小作	小作	計
	戸	戸	戸	戸
1941 年	37	142	186	365
1950 年	351	21	6	378

注：北平田村農地委員会資料

図表 8-9　経営規模別農家戸数の変化（北平田村）

	5 反未満	5～10 反	10～15 反	15～20 反	20～30 反	30～50 反	50 反以上	計
	戸	戸	戸	戸	戸	戸	戸	戸
1938 年	37	40	54		64	95	12	302
1947 年	49	53	48	38	70	116	—	374
1950 年	44	51	48	42	67	126	—	378

注：北平田村農地委員会資料

一）年の自作三七、自小作一四二、小作一八六という構成が、一九五〇（昭和二五）年には自作三五一、自小作二一、小作六と大きく変化した。例外的な事例を除き、自作農体制はここに確立したのである。この間の変化を次に経営規模別で見ると（**図表8-9**）、昭和一三（一九三八）年の五町以上一二戸、三～五町九五戸が、一九四七（昭和二二）年には、五町以上ゼロ、三～五町一一六戸になった。つまり、戦時期における労働力不足への対応として、五町以上の大経営層が規模を縮小して、三～五町層が増大したのである。ただし、先に見た中野曽根部落の事例からも知られるように、このなかには四～五町層がかなりの割合で含まれていたはずである。それが、戦後の農地改革時に経営上限を三町五反に画することによって、三～五町層がさらに増大して、一二六戸になる。その内容は、厳密には三～三・五町前後層であることは繰り返すまでもない。総農家戸数は一九三八年の三〇二戸から一九四七年の三七四戸、一九五〇年の三七八戸と激増している。これは敗戦後の復員、引揚等に対応した分家創設などによるものであろう。**図表8-10**に掲げるように、庄内三郡の男子人口は、昭和一九（一九四四）年の一〇二、〇五二人から一九四五（昭和二〇）年の一二二、六七三人へと、戦時期の労働力不足から一転して、大量の労働力還流を示しているのである。まさにこのような、戦災と敗戦によって生じた膨大な過剰人口を、農業、農村部面に吸収するこ

図表 8–10　戦時期および敗戦後における人口の変化

	山形県		庄内全域		庄内三郡	
	総数	うち男	総数	うち男	総数	うち男
	人	人	人	人	人	人
1935 年	1,116,822	549,060	301,132	146,068	232,042	113,694
1940 年	1,119,338	548,404	299,864	144,377	231,893	112,579
（増減）	(2,516)	(△ 656)	(△ 1,268)	(△ 1,691)	(△ 149)	(△ 1,115)
1944 年	1,083,569	497,951	295,333	135,081	220,948	102,052
（増減）	(△ 35,769)	(△ 50,453)	(△ 4,531)	(△ 9,296)	(△ 10,945)	(△ 10,527)
1945 年	1,326,350	612,300	350,034	161,070	265,559	122,673
（増減）	(242,781)	(114,349)	(54,701)	(25,989)	(44,611)	(20,621)
1947 年	1,335,653	641,447	358,142	170,524	265,824	127,404
（増減）	(9,303)	(29,147)	(8,108)	(9,454)	(265)	(4,731)
1948 年	1,346,492	652,003	362,321	174,243	268,701	130,266
（増減）	(10,839)	(10,556)	(4,179)	(3,719)	(2,877)	(2,862)
1950 年	1,357,347	660,555	368,481	177,853	270,172	131,166
（増減）	(10,855)	(8,552)	(6,160)	(3,610)	(1,471)	(900)

注：1935 年 10 月 1 日、1940 年 10 月 1 日、1950 年 10 月 1 日は国勢調査、1944 年 2 月 23 日、1945 年 11 月 1 日は人口調査、1947 年 10 月 1 日は臨時国勢調査、1948 年 8 月 1 日は常住人口調査。『山形県統計書』昭和 24 年版および昭和 26 年版による。

とによって体制的危機を乗切るというのが、農地改革の一つの大きな政治的社会的効果であった。こうして豊富な労働力を取戻しながら、農地改革時に所有上限を、北平田村の事例では三町五反に画されることによって、戦前よりも一回り小粒化した新しい自作上層の分厚い層、これが改革後における庄内農業の担い手となるのである。**図表8–11**は、先に掲げた**図表7–4**の資料に農地改革直後の経営規模を付け加えたものである。そして、三つの時点間の変化を不等号で示したが、ただその間の差が一反未満のものについては等号を記してある。このうち、農地改革直後の面積だけは畦畔込みなので、やや大きく表われていることに注意して頂きたい。例えば、農家番号8は、農地改革時に一反強ほど拡大しているように見えるが、畦畔を反当一二歩と見ると、ほぼこの程度の差になるはずなので、農地改革時の規模拡大はなかったものと判断すべきであろう。これで見ると、改革直前の四町前後以上層はすべて規模を縮小して、村の交換分合委員会の申し合わせ上限三町五反前後のところに集中している。三・五町層の四戸は、ほぼそのままの面積を維持、続く三〜三・五町未満層は、申し合わせの規模上限三・五町まで拡大することなく、そのままを維持、

図表 8-11　戦時末期および農地改革時における経営規模の変化（北平田村大字中野曽根）

農家番号	1939 年		農地改革直前		農地改革直後
	反 畝		反 畝		反 畝
1	52.3.10	>	44.8.07	>	34.6.26
2	50.3.08	>	43.5.08	>	37.2.01
3	48.9.24	>	40.4.14	>	36.5.25
4	47.5.12	>	35.1.21	=	36.4.21
5	44.1.06	>	42.8.19	>	33.2.13
6	42.2.09	>	40.7.23	>	36.8.10
7	42.0.29	>	39.6.15	>	35.4.16
8	39.0.20	>	35.5.20	=	36.8.11
9	35.0.16	=	35.0.21	=	36.6.05
10	33.3.07	>	31.8.04	>	22.7.20
11	33.0.09	=	33.5.15	>	32.1.10
12	32.0.12	<	33.5.15	=	33.9.28
13	30.6.27	=	31.0.29	>	28.7.24
14	30.5.21	=	31.3.25	=	33.2.13
15	30.0.26	<	31.9.14	>	29.5.13
16	30.0.18	>	28.9.21	<	31.7.10
17	29.8.17	<	31.7.21	=	32.9.03
18	29.5.03	=	30.1.20	=	31.3.23
19	27.0.28	=	27.3.26	<	29.4.04
20	26.5.04	<	35.8.25	=	36.2,15
21	25.9.12	=	26.1.03	=	27.6.05
22	23.5.08	=	23.6.17	<	27.5.03
23	23.2.20	>	21.9.20	<	26.2.06
24	21.2.14	<	23.2.14	<	28.3.20
25	20.0.15	<	24.0.24	<	25.0.00
26	18.4.24	=	19.0.17	<	24.1.19
27	16.5.19	<	20.2.15	<	23.4.06
28	14.5.18	<	16.8.03	>	15.7.06
29	14.0.25	<	19.3.13	=	20.7.05
30	11.2.14	<	15.2.03	<	17.8.25
31	10.4.21	=	10.5.22	=	11.6.02
32	9.2.28	<	10.4,23	=	11.5.09
33	9.0.16	<	12.6.25	>	6.7.03
34	7.7.24	<	9.5.20	<	12.5.22
35	6.0.09	<	8.7.06	>	4.8.12
36	2.5.12	<	3.6.21	<	5.0.29
37	2.5.04	=	2.7.25	<	5.5.06
38	7.29	<	3.9.27	<	5.5.01
39	—		9.16	<	1.9.17
40	—		—		7.9.29
41	—		—		12.5.22
42	—		—		2.7.09
43	—		—		17.4.08

注 1：**図表 6-4** の資料および北平田村農地委員会「中野曽根牧曽根世帯表」から作成。
注 2：農地改革直後の面積は畦畔込みである。
注 3：変化が 1 反未満の場合は＝の記号をつけた。農地改革直後については畦畔による誤差を見込んである。

ないし若干縮小している。これに対して、二～三町の中間層は大部分の家が規模拡大、そして二町未満層は三戸を除いて拡大しているが、ただその程度は小さい。

これを戦時期の動向とつなげて見ると、昭和一四（一九三九）年における四町前後以上層七戸がすべて規模を縮小している点が特徴的である。三～三・五町層は、例外的事例はあるものの、一般に規模の変化は目立たない。これに対し三町未満層は、これも家による違いはあるものの、総じて規模拡大傾向にあるといえよう。そしてこのような耕作規模の動向には、これまで繰り返し述べてきたように、交換分合が結びついていた。中野曽根の大規模経営層は二度にわたって、「量よりも質」を取ったのである。**図表8–12**は、そのことをよく示しているといえよう。戦時期以来、規模を縮小してきたと見られる大規模経営層三戸はまったく水害田をもっていない。そして、規模を拡大してきたと見られる中規模以下層に、被害面積割合が目立って大きくなっているのである。

図表8–12　農地改革後の不良田所有状況（北平田村大字中野曽根）

番号	水田経営面積	水害を受ける面積	被害面積割合
	反	反	%
(1)	37.9	—	—
(5)	36.0	—	—
(6)	36.3	—	—
(10)	33.3	14.0	42.0
(12)	33.0	—	—
(14)	30.2	4.0	11.8
(16)	29.1	5.0	17.2
(17)	29.1	16.0	55.0
(18)	28.1	20.0	71.5
(19)	27.6	5.0	18.5
(21)	24.9	13.0	52.3
(22)	25.0	17.0	68.1
(23)	23.7	14.0	59.1
(25)	22.7	3.0	13.2
(26)	23.9	?	?
(27)	20.7	18.0	87.0
(28)	17.7	15.0	84.8
(29)	14.8	3.0	20.2
(31)	11.6	7.0	60.3
(33)	11.2	7.0	60.2
(34)	10.4	10.4	100.0
(35)	7.2	?	?
(36)	6.6	3.5	53.1
(37)	5.6	5.6	100.0
(41)	3.4	3.4	100.0
(42)	3.3	?	?

注1：全国農業会議所「大経営農業の発展形態と問題点についての調査研究」1961年、7ページ、から引用。
注2：農家番号は、他の表で用いているものとは異なる。

第九章　農作業と家、村における分業体制

第一節　農作業の移り変わり――明治・大正・昭和

二人の古老の回顧

戦時期の労働力不足の時とはいえ、大規模経営層が部落内の話し合いで経営規模を縮小したとは、機械化が進んで規模拡大が至上命令のようにいわれている現在から見ると理解しにくい面があるかもしれない。しかしそこには当時の農作業の方法が関わっていたのであり、ここで古老の書き残してくれた文書によって、かつての庄内稲作の農作業の様子について回想することにしよう。

一つは、旧北平田村大字中野曽根で大規模層の規模縮小を含む戦時期の交換分合の際に中心的役割を果した佐藤喜三郎が書き残してくれた手書きの文書「中野曽根部落のあゆみ」のなかの一節「農作業の移り変わり」である。執筆は一九八一（昭和五六）年、佐藤喜三郎はこの文書を、「農業の進歩発達のあとを探求する一つの方法として農機具の変遷をたずねることが近道」といわれており、「したがってその地域の農業技術の水準も亦使用農機具の実態によってレベルの如何を比較推測することが可能である」と書き起こしている。そのような観点から「我が中野曽根部落」に焦点を絞って、戦時期から農地改革という経営規模縮小の時代から、機械化が始まる頃までの農作業の様子を記述したのが、この文書である。(1)

それともう一冊、酒田の本間農場で研鑽を積んだ佐藤金蔵[2]の編述とされている『私の田圃日記』という著書がある。これは、刊行が昭和三（一九二八）年であり、佐藤喜三郎の文書よりかなり古い時代、明治、大正から昭和初期の農作業の様子がよく分かる。冬期間の「準備作業」から春、夏、秋を経過して、年末の内仕事までの詳細な記録であるが、ただ文章に句点（。）がないなど、かなり読みにくい。そこでここでは、現代にすぐ接続している佐藤喜三郎の概説を基本に、それに佐藤金蔵の記述で補足しながら、かつての庄内稲作の農作業について見ることにしたい。

なおその他に、明治二六年から昭和九年に至る庄内農民の毎日の農作業と生活の記録として、旧飽海郡本楯村大字豊原の後藤善治という一農民の日記がある。これはまことに貴重な記録であるが、農業総合研究所の研究者達の懇切な解説が附されて『善治日誌』として刊行されており、よい参考になる。また、これについての大場正巳の詳細な解説が、『「善治日誌」を読む――明治二六～昭和九年、山形県庄内平野における一農民の「働き」の記録[3]』として刊行されている。併せて参照頂ければと思う。参考のために同書の目次を左に掲げよう。当時の農作業について、簡単ながら、見通しが得られるだろうからである。

1　「馬ノ物切リ」―馬の飼養・使役
2　「肥取リ」―丹蔵家の肥料史
3　「土引キ」―畝歩農法から明治農法へ
4　「苗代」―通苗代・短冊（乾田）苗代、苗止メ
5　「田植」―春作業の変貌
6　「草取リ」―手取リ除草から水田中耕除草機へ

7　「稲刈リ」―畔立乾燥から「青カケ」乾燥へ
8　「庭」―千把扱ぎ、土臼籾摺り
9　「藁業」―「俵編ミ」、「私縄」、縄買
10　家事労働―畑作、燃料採取など
11　「米・縄買出」―善治の分家問題
12　家族―協業、協働記録
13　「ダミカチキ（担ぎ）」―村人の死と生と
14　「イ（遺）骨迎ヒ行ク」―15年戦争への道(4)

(1) 佐藤喜三郎「中野曽根部落のあゆみ」（手書き草稿）、二三～二六ページ（一九八一年執筆）。
(2) 佐藤金蔵『私の田圃日記』正法農業座談会、一九二八年。佐藤金蔵にはもう一冊、『荘内に於ける稲作の研究』（荘内農藝研究会、一九二四年）という著書がある。この本は、庄内在住の在野の農政評論家佐藤繁実によって、「庄内最初の稲作技術の本」といわれており、その内容が高く評価されている。その「自序」によると、佐藤金蔵は明治一四（一八八一）年、飽海郡内郷村（現酒田市）生まれ、家の事情により小学校中退、独学によって学び、各地の農業を体験した後、この著書を公刊した頃は本間農場において研究に従事していた。本間農場の初代農場長である。
(3) 豊原研究会編『善治日誌――山形県庄内平野における一農民の日誌――』東京大学出版会、一九七七年。および、大場正巳『「善治日誌」を読む――明治二六～昭和九年、山形県庄内平野における一農民の「働き」の記録』、二〇一三年、自費出版センター。
(4) 大場正巳、前掲書、一〇ページ。

発芽室の建設と共同芽出し作業

佐藤喜三郎の「農作業の移り変わり」は、まず「発芽室の建設と共同芽出作業」から書き始められている。「昔は春

の天気の良い日に宅地に種籾を広げ日光であたため芽出しをしたそうであるが、大正時代から家族がはいる浴槽（据風呂）に入れて温度を加え藁蓆《むしろ》でおい《ママ》、全くカンを頼りに発芽作業をやっていた。それで何戸かの農家が高温等で失敗し部落内外の世話になることが毎年のようにくりかえした。戦時体勢に入り増産運動の一環としてこの失敗をなくしようと生産実行組合単位で種籾の発芽室《むろ》の建設が奨励された。中野曽根の組合でも昭和十六年二月集会所の西に十二尺に十六尺（約三・六メートル×四・八メートル）の発芽室を建てた。この室での発芽作業は昭和四十六（一九七一）年共同育苗ハウスを新設するまでつゞいた。同発芽室の建設費は三百五十一円を要した」（二二ページ）。この発芽室の建設は戦時体制下の増産運動の一環とされているので、佐藤喜三郎が実行組合長としてその責任者であった時のことであり、そのため関係文書が手許に遺されていて、費用金額まで記載することができたのであろう。

他方の佐藤金蔵の『田圃日記』は、発芽作業の前に、まだ二、三月のうちの「準備仕事」を詳細に説いている。例えば二月上旬頃、「種籾の交換及購入」として、「近年品種改良に熱心する者多き為に一つの流行の様になり」と書いているが（七ページ）、これは昭和三（一九二八）年のこの本の刊行の頃、乾田化が進み飽海の耕地整理も済んで多くの農民の関心が品種に向いたことを示すものといえよう。「金肥の購入」（三二ページ）という項も、同様に乾田化が前提になっていると見られる。二月にはまた「俵、縄、筵の製造」として、「家の者や奉公人等屋内の作業場に寄集い或ひは村の習慣にて若勢宿に集まり等して先ず自家用の俵、縄、筵等の藁細工を始める……一日掛かって擦縄は二百尋中縄即ち普通の縄は三百尋位を一人前とし……」、「俵は昔時五斗俵で鞘掛けであったが穀物検査法実施せられてより全々四斗俵に改まり……」（一三〜一四ページ）とある。後に第三節で見るように、筆者が一九七〇年に佐藤喜三郎に面接した際のノートに、青年会の前は「若連中」といって「主として年雇の集まり」だった。「かたまり休みばかりして大変だったので青年会にした」という回顧が記されている。[1] 佐藤金蔵は別の部落だが、「若勢宿」とは、年雇者たちが集まる場所が部落の中に決まっていて、そこで藁仕事などをしたのであろうか。「かたまり休み」の相談だけではなかったのである。

また佐藤金蔵の著書には、三月末から四月のところに「塩水選及浸種」について記されており、塩水選については「今日普及せる村と未だ普及せざる村とあって……」とされている（五八ページ）。種籾の塩水選は福岡県農試横井時敬の「発明唱導」にかかる新農法であったが、[2] 庄内地方では、先に見たように飽海郡の郡会決議に基づき、明治二四（一八九一）年に横井時敬の推薦により伊佐治八郎を招聘して西南農法の導入に努めたので、その一環として乾田化および馬耕の導入などとともに、塩水選の方法ももたらされていたのであろう。その後の普及状況を文献の上でたどってみると、明治二六（一八九三）年に本間家がその「小作人をして鹽水撰種を行はしむ」[3] とあり、また系統農会の『中央農事報』によると「一　鹽水撰普及の事　本郡（飽海郡）に於て従来種子を撰擇するには颺扇撰なりしが、種子の良否は収穫に大なる関係を有し、農事改上忽諸に附す可からざる事項なるが故に、明治三十一年より町村農會に於て、各農家の採取したる種籾を、各部落毎に可成共同鹽水撰を行わしむべき決議をなし、……大に之が實行を促して怠ることなかりしが、漸次普及するに至れり」とされている。[4] ここでいわれている「颺扇撰」とは、文字からしておそらく風による選別であろうが、如何なる道具を使うのかなど、具体的な方法は分からない。佐藤金蔵のいう「唐箕撰」とはどう違うのであろうか。しかし右の佐藤金蔵の著書では、塩水選は、昭和初年においてなお「今日普及せる村と未だ普及せざる村」とがあるとされており、必ずしも順調な普及のあゆみではなかったようである。

佐藤金蔵の著書では、催芽については、「極稀に陽合せと稱して籾に陽熱を利用して籾に温度を與ふるものもあるが……」と書いているが、これが佐藤喜三郎のいう「昔は春の天気の良い日に宅地に種籾を広げ日光であたため芽出しをしたそうである」という方法であろうか。しかし佐藤金蔵の時代にも「普通は温湯に浸して温度を與へる或ひは俵のま丶にする者或ひは俵より種籾を出す者それはその人の経験から手加減でよいが要は種籾の全部に平均の温度を與ふる様にする……種子を伏せてから約半日位經つと床に手を入れて温度を検するその後は餘り時を經てず時々手を入れて見て何時も身肌より少し温い位に調節しておくさうして若いものにその手加減を習わせるのであるこの種子床の手加減は口で説明するより事実の體験の方が妙理を究め得るもので仲々口で説明の付かぬ点が多い」とされており（六七～八ページ）、佐藤喜三郎の時代でも、中野曽根において「何戸かの農家が高温等で失敗し部落内外の世話になることが毎年のように」あったので、戦時の増産対策として、催芽室を部落で建設して失敗を防ぐ手だてを取ったわけである（二二ページ）。

（1）一九七〇年八月時点の筆者の調査ノートによる。
（2）太田遼一郎「明治前・中期福岡県農業史」、農業発達史調査会編『日本農業発達史』改訂版1、中央公論社、一九七八年、五五六～七ページ。
（3）本間家事務長「山形縣本間家農事経営一班」、産業組合中央会『産業組合』第五八号、明治四三（一九一〇）年八月一日、四〇ページ。
（4）「飽海郡農會最近五年来事業の梗概」、全国系統農會『中央農事報』第二一号、明治三四（一九〇一）年一二月二〇日、四二ページ。

運搬手段と耕耘手段の機械化

佐藤喜三郎の「農作業の移り変わり」として次に注目されているのは、「運搬作業の進歩」である。「大正の中頃まで堆肥運搬等は冬期積雪期をえらび人橇で、大正の後半は馬橇が使われた。荷車や荷馬車の金輪がゴムタイヤに改良されて来た。終戦後はこのゴムタイヤ化は急速度に普及し、中には小型飛行機の着地用車輪が出回り、これを装備した低い小型の畜力二輪運搬荷車を使用する者もいた」。小型飛行機の着地用タイヤが使われていたとは、筆者も知らないが、敗戦後の軍用品の放出でもあったのだろうか。「とにかく戦後しばらくは米輸送等は荷馬車によることが多く、これを副業とする農家も多かった。しかし間もなく運搬用三輪オート貨物車を購入するようになった。除雪作業が進むにつれて小型貨物トラックが普及するようになった」（二二一ページ）。三輪オート貨物車というのも懐かしいが、現在のような小型貨物トラックの普及は道路の除雪が行われるようになってからのようである。

次に佐藤喜三郎の「農作業の移り変わり」で語られているのは、「耕耘作業の動力化」である。「昔は株切りと云って稲株に一々切れ目を入れ、三本鍬（備中鍬）でおこしていた。湿田（ヤッコ田）時代は平鍬で起こした名残りで今のような乾田になるとこれは大変重労働で且つ非能率的である」。湿田をヤッコ田といったようであるが、これはおそらく乾田化が進む過程で、湿田がまだ混在していた頃の呼び名であろうか。「乾田に移行後間もなく馬耕が導入され耕耘の主流となった」。この記述でも明らかなのは、よくいわれる西南農法の「乾田馬耕」の導入ではなく、乾田化が先行し、乾田では耕耘作業が重労働、非能率的なので馬耕が後に導入されたということである。「しかし砕土は田た丶きと称し三本鍬の頭で馬耕で起こした荒土をた丶きながら土地をくだいた。この作業は馬ずかい《ママ》以外の働き手の老若男女のもちまえで馬耕とともに早春の風物詩であった。あとでは牛馬で引く砕土機を使用するようになった。この頑丈な砕土器は今でも蔵の軒場等に残っている農家があるかもしれない。荒くり、代掻《かき》も昔は専ら人力で、後、畜力利用に進歩した」（二二一〜二二三ページ）。この「農作業の移り変り」が記されたのは一九八一（昭和五六）年だから、今から見れば三〇年以上も前のこと、「頑丈な砕土器（機?）」がなお残っている家ははたしてあるだろうか。佐藤喜三郎の回顧は続く。

「次が動力耕耘機の導入の時代に移行する。昭和二十年に中野曽根では二戸或は三戸が共同して秋山式の耕耘機を七、八台購入した。この耕耘機の購入には農協で一台につき三万円の補助金を交付した。その後昭和四十一年に酒田方式の農業構造改善事業の一環として佐藤弥治右エ門の前に農業機械の格納庫を建てトラクターを購入して全戸が加入し、春作業から田植まで全面協業にふみきったのである。」（二二三ページ）。

このように、一九八一年に書かれた佐藤喜三郎の「農作業の移り変り」では、農業機械化にまで触れられるのであるが、佐藤金蔵の著書では先に第三章第一節でも紹介したように、湿田時代を振り返って、四月上旬の「本田荒起」について「昔であると荘内地方も皆湿田で泥深く春の田打ちには実際骨の折れたもので毎日吹く『ナカセ風』の為に飛ぶ泥は體に遠慮なくかゝって泥まみれとなり夕方になると大概の人は目ばかり光って丁度泥人形の様で餘り見てよい姿ではなかった」。「今の田打はそれから見ると大變に楽である第一馬の力を藉り田地に水がなく皆乾田である脚絆がけで鷹匠足袋を穿いての仕事だ頭には相當高價な帽子を被って居る時代の轉變は百姓の姿にまで影響する今の百姓は昔から見ると餘程仕合せだ若いものは餘り澤山の不平を並ぶべきでない……」（八六～七ページ）と、乾田化に伴う馬耕の導入が農作業を楽にした事を強調している。この後、佐藤金蔵の著書では、乾田化後の「堆肥施用」、「本田鋤返」、「金肥施用」、「本田潅水」、「本田荒代掻」、「代掻」、「植代掻」と順に説かれているが、当然ながら機械の導入についてはまだ全く触れられていない。そして「本田挿秧」となるが、「今日から我が家の田植である……一週間位で終わるであらうから終わったら隣の家にも手伝ひし早く了へさして喜ばしてやらう……近年諸方に共同田植が行はるゝ様になったのも斯ふした意味から人情の極地に達し共存の本能を発揮した現代的適応の施設であると考へる縣、郡農会に於ては之れ又相当の奨勵金を交付して是等の美擧を助長せらるるのは當局として誠に當を得たやり方であるとおもふ」（一一〇～一一一ページ）とあり、昭和初期から共同田植が試みられ、それに農会から奨励金が与えられることがあったことが分かる。

田植の具体的作業としては「田地は最早水を落して植型が付けてある型付には縦八寸一坪五十株植の田植型定木を用ひて一日一人一町歩から上手なものになると二町歩くらいは楽だと云って居る定木枠を用ひて田植をするのであるから如何なる田でも皆正條植である……框を用ふるには始めの一回は張縄に依るを便とするも次回からは田面に印せる型を定木にして枠を回転しつつ付け終わるのである苗取は苗代に入り緑の毛氈の上に家より携へて来た野手藁を拡げて苗を

取り始むる……苗は七寸位の丈で丁度植丈である葉も七枚位あって葉鞘も三寸近くあり幅も廣く白根も出始で苗の根も疲れず剛育ちで緑色の褪せないものを良苗とする又植時とする苗取りは早乙女二人分を一人で取る様務むる一度苗が追はるゝとその日一日は遅れに遅れ追はれ通しで夕方まで遂に助からない他人に笑はるゝ男一匹斯の如き不覚を取ってはならぬ……」とある（一一二〜一一三ページ）。機械田植の現在から見ると、ずいぶん苗が大きいものである。また、田植は「早乙女」の仕事、苗取でそれに追われるのは「男一匹」である。田植型は庄内独特のものがあったようで、『農村通信』二〇一四年九月号に、阿部順吉が絵と解説を寄せている。遊佐町富岡の石川治兵衛が明治二九（一八九六）年に開発、実用に成功したとある（三四ページ）。田植機が導入されるのは、一九七〇（昭和四五）年前後のことであり、それまで右のような田植風景が見られたわけである。佐藤喜三郎の「農作業の移り変わり」にも、田植の機械化については触れられていない。

除草作業の推移

佐藤喜三郎の「農作業の移り変り」は続けて、「除草作業の推移」について述べている。「大正の中頃まで雁爪で一株づつ手で中耕除草をしていたが、大正の末頃から手押の二条式除草機を使用するようになった。螺旋型、俵型、爪型と、種々と普及した。普通農家では縦横二回づつ押して手とりとあわせて三回で終了する。このやり方はしばらく続いた、昭和三十年頃から除草剤が開発され、数年前からは動力除草機が普及してきた」（一二三ページ）。

佐藤金蔵の『私の田圃日記』では、六月中旬に「本田雁爪打」とある。「昔であると田植が遅く自然苗も老熟のものを用ひたから活着も長くかゝっ」たが「近代の稲作になって見ると總じて十日位早くなり……昔の様に挿秧後二週間を經て雁爪を打ち《ママ》ものなりなどと呑気にして居る譯には行かなくなった……雁爪施用期を失して止むを得ず今流行の除草機を用ひて仕事を急ぎ間に合はす様になる然し挿秧後様八日目位を中心に雁爪打を行へば稲作上何等の被害もなく昔同様雁爪の効能は充分あるのであるが若し二週間も經過し又はそれ以上も經過してから雁爪打を行ふに於ては却って発育を害するから斯くの如き場合は除草としては不完全でも除草機を用ひて間に合はすべきではあるが然し努めて一番除草には雁爪を用ひて株間の田土を轉廻して空気と陽熱とを土中に導き肥料の化熟を促進せしめ根部の伸長を助けて稲をして早直りする様仕向けねばならぬ」と（一二三〜一二四ページ）、ここでいわれている除草機とは動力ではない。除草機が導入されてもなお雁爪打の除草以上の効果が強調されていることに注意したい。

続いて六月中下旬の「本田追肥」。佐藤金蔵によると、「今より三十年の昔荘内地方四萬町歩は全部湿田であったその當時から乾田實施初めの頃までは持久肥料たる堆肥単用の稲作であって金肥等は一向用ひぬ只藁灰等自家産のものを一部の田地に用ひる人のあった位で……現今は反當三石以上も普通収米して居るのであるから従って多施せなければならぬ殊に金肥を多用する今日であって見れば分施を要するのである……追肥には窒素肥料燐酸肥料加里肥料を用ふのであるが反當大概大豆粕であれば一斗以内人糞尿であれば六斗位硫安であれば二貫目位鰊〆粕であれば七斗位過燐酸石灰であれば二貫目位熿炭であれば十貫位を標準にすると間違ひがない……」（一二六〜一二八ページ）。ここで「分施」ということばが語られているが、先に見た田中正助の「分施法」が伝えられるより前であり、庄内農民が独自に工夫した「分施」が行われていたのであろう。

この後、佐藤金蔵の著書では、「雁爪直し」、「畦草刈」、「三番除草」から「五番除草」と続き、それから「本田取干」である。「取干しというのは豫定通り全部の除草を終へた直後に田地を一旦乾すから名付けられた名稱かと思ふ……倒伏を免るゝ為めに取干し法を實行して先ず田土を固め肥料の吸収を遮断して稲の莖葉他幾分でも発生する雑草を防ぐのである……とや角する中に穂孕期になるから油断して長く田地を乾す様なことがあってはならぬ……極浅水にして白根保護の為に灌けた水を継続する必要がある……田地は除草も終へ取干しも行へば仕事も一段落となりお盆も来るのであるから百姓達は一先ず安心である……」（一四五〜一四六ページ）。

続いて述べられている「乾田株揚落水の準備」という一項に注意しておこう。八月上旬「稲田の落水期に至るも充分排水行われず田地不乾燥」の場合「斯る田地は特に要所を見計って畦側に添ひ一株並びに稲株揚を行ひ小溝を作って水抜を拵へ落水時の準備をすれば落水後田地の乾燥もよく至極好都合なものである」。「株揚げは稲株を隣に移すのであるから時期を見て行ふべきものなることは云ふまでもない分蘖も終り茎葉も緊りて愈々穂の形成に取りかゝらんとする直前見計って行へば大抵大過はないその頃であれば稲も未だ元気のある時期であるから田土も軟らかであり新根直ちに分枝して勢力を恢復するから稲の発育に支障を生ずる様なことはない」（一四八ページ）と。これは後の「作溝」技術の農民なりの工夫ではなかろうか。筆者の一九八五年時点の山形県農業試験場庄内支場における面接によれば、「作溝」とは「ここで開発された技術」であり、「六、七月頃中干前」に、一定間隔の株間に浅い溝を掘って灌排水を円滑にする作業とされている。筆者が一九八六年に、庄内稲作において機械化によって総労働時間が減少しているにもかかわらず管理労働の時間がむしろ増えていることに疑問をもって、酒田普及所における面接で質問したところ、それは「作溝」によるところ大きいのではないか、との答であった。そして、これは「元々は農民から出た稲刈前の排水のための技術だった。昔から一株ずつ左右の株間に上げていって、秋作業のために排水した。上げた株もそれほど減収しない」という説明を受けた[1]。また、ある農協の指導員の話では、「すごい手間がかかる。一回だと土が崩れるので、二回押している」とのことである。この佐藤金蔵の著書でいう「乾田株揚げ」は八月とされ、庄内支場でいう「六、七月」とは時期は違うが、後の作溝に当たる「農民から出た技術」のように思われるがどうであろうか。

それから八月中旬の「本田第二回畦草刈」があって、「出穂時の湛水」となる。「今より三十年前我が荘内において湿田を乾田に改めたる當時即ち新乾田時代は稲の生育状態に遅速があってもそれに頓着なく夏土用半ばに至れば何れの田地も皆落水して何處へ行ってもその頃になると水のある田地などは殆ど見当たらぬものであった……今となっては熟乾田となり地盤も固まり少し照ると土中水分の缺亡を来すのであるから昔の様に呑気をしては駄目である是非出穂期には特別深水するの必要あるのである」（一五一～一五二ページ）。そして八月下旬になると「本田の落水」である。「出穂當時花水として一時多分に灌けた水は穂揃になって平水に復せしめその後漸次浅水に取扱ひ乳熟期糊熟期と穂の成熟も漸次進んで穂先が重なって垂れ始むる頃には最早田地には灌水し置くの必要はないのであるから全く落水して田土の乾燥を計ってよい……」（一五四～一五五ページ）。九月上旬になると「稗取」作業を行う。「稗取には小形の鎌を用ひることもあるが可成ならば手にて根抜きをする方完全である……」（一五八ページ）。

（1）一九八五年三月時点の筆者の調査ノートおよび一九八六年八月時点の筆者の調査ノートによる。

収穫作業の近代化と調整の電化

以上のような手仕事の作業は、「農機具の変遷」をたずねることによって「農作業の移り変わり」を明らかにしようとしている佐藤喜三郎の記述には出てこない。佐藤喜三郎の説明は、次は収穫作業と調整作業の変化に移る。「稲は長い間鎌で一株づつ刈り取っていた。稲刈りである。この稲は数株を一把とし杭《くい》がけをして乾燥し十把を一束としてまとめ、人力、畜力、荷車や馬車で家まで運び、稲倉に収納できない分は庭に積み、雨よけに屋根形の所をボタをかけ、順次稲倉に収納した。明治に入って千歯と称する稲こき即ち脱穀をする。これだけでは不完全であるので籾よし《ママ》ではなし、唐箕《とうみ》で籾殻を吹とばした。唐箕の風力をおぎなうため藁筵を両股《もも》の間にはさみ両手でバタバタさせて風力を補強した。後ではこれにかわって三枚羽の大型扇風機を歯車附とはいえ人の手で廻したのである。……よりわけた籾は土臼で籾殻をとり唐箕でそれを飛ばし万石とうしで選別して玄米を得たものである」（二三～二四ページ）。

さらに「大正の中頃から足踏みの脱穀機が普及して来たが我が部落では昭和十一（一九三六）年に十一戸の農家が渡辺一郎（大正期、中野曽根の初代実行組合長、耕作規模四町余）の指導をうけて電気モーターを導入し重労働から解放され、能率が大いにあがった。これは真に画期的な進歩で後世迄伝える価値があると思う。その頃飽海郡内で電動機を導入していたのは、南遊佐村樋ノ口しかなかったので視察に出かけた。その帰途農村の風習により本楯の料亭にあがり宴席をつくらせた。その宴会費は一人七十銭、今なら更《ざら》西洋紙一枚の値段で驚く他はない。又電気モーターを道《ママ》するというので飽海郡電燈所（当地区に電力を送っていた会社でのち東北電力に吸収された）に社長の池田某を訪問した。すると社長は『うちの電力を使ってもらうのは有難いことだが、米調整を早く切り上げて、長野県のように東京にでも出稼ぎに行くつもりなのか』といわれたそうである。……この調整電化の設備費は全部で百八十円であった、内訳は半馬力のモーターが三十五円、アイユー脱穀機単胴型三十五円、岩田式動力用衝撃《ママ》型（中古）十八円であった」（二四ページ）。本楯の料亭に上がった話などは本筋と関係ないが、電力会社訪問などとともに、中野曽根がかなり先駆的な調整作業の電化を行った当時の雰囲気をよく伝える話なので紹介しておくことにする。そして、中野曽根の「刈取作業も昭和四十（一九六五）年頃からバインダーに踏み切った。ハーベスター（自走式脱穀機）、次の四十六（一九七一）年にはコンバインが取り入れられ、そのためには籾乾燥機も当然に必要になった。これ等年々改良され含水率をセットすればその率で自動的に停止する装置になっている」（二四ページ）。

二人の古老の回顧のまとめ

佐藤喜三郎の一九八一（昭和五六）年筆記の「農作業の移り変わり」は、以下のような言葉で締めくくられている。

「このように稲作全体が機械化近代化が目ざましい勢いで導入されている。一方農家の経済は大型機械にふりまわされて苦しい時代であると言ふことが出来る。ともあれこの近代化により四つんばい農業労働から開放《マヽ》され圃場の整備が進めばコストダウンは目に見えている」（二四ページ）。これに対して、それより五〇余年前「四つんばい農業労働」の中にあった昭和三（一九二八）年刊の佐藤金蔵の『私の田圃日記』は、最後の「結論」として、以下の様に述べている。「矢張りやる丈のことは年中通じて間断なくやって置かなければ稲は人並みに出来ないのであるどうせする丈の仕事は仕遂げなければならないのであるからそこを観念して心に楽しみながら働き稲に生き仕事に生きなければならぬ昔の人はよく『生きて働く』と云はれたが即ち仕事に興味を持ち労苦の為に精神の左右を受けず楽しみのもとに働くと云ふ意味なるべきを感じて田圃日記を作る」（一八九ページ）。佐藤金蔵の著書では、年間の農作業についてはまことに詳細に記述されているが、経済的な意味での経営についてはほとんど全く配慮されていない点が特徴的である。これに対し、機械化が進行し始めていた佐藤喜三郎の文書では「近代化により四つんばい農業労働」から解放されたが、他面、「大型機械化にふりまわされて」農家経済の「苦しい時代」であることが指摘されている。

第二節　家における農業労働力編成

家族と経営との統一としての家

以上見てきたような稲作作業は、農民の家と、それを背景から支える村とによって担われてきた。まず家について見るが、家についてはこれまで多くの研究があった。法学分野では川島武宜の古典的労作『日本社会の家族的構成』(1)や玉置肇の『日本家族制度論』(2)は、「イデオロギーとしての家」あるいは「習俗としての家」を背景に置きながらも基本的に法的な意味での「家族制度」を主要な対象としてきたのに対して、社会学分野における家研究は、法的な意味での家制度を背景に置きながら、むしろさまざまな身分、階層の人々のいわば生活実態としての家を取り上げてきたといえよう。例えば、商家を対象とした中野卓の綿密な実証研究『商家同族団の研究――暖簾をめぐる家と家連合の研究』[3]や、また実証研究のおそらくは困難な華族を対象にしながらそれを見事に克服した森岡清美の『華族社会の「家」戦略』[4]を、社会学的な家研究の優れた成果として上げることができる。これらは商家や華族を対象とした研究であるが、農民の家、つまり「農家」についての研究は、農村社会学分野において、有賀喜左衛門の『日本家族制度と小作制度』[5]や竹内利美の『家族慣行と家制度』[6]を始め、ほとんど枚挙にいとまのないほどである。

しかしこれらの農村社会学の家研究は、一般に家を家族の一形態として取り上げてきた。そこには、明治民法において家は家族として取り上げられ、家族法のなかで規定されていたことも反映していたのかもしれない。[7]しかし筆者が庄内農村の調査研究で学んだのは、家は家族であるとともにそれ自体経営体であるという認識であった。「家」というと、何か「古い伝統」とか、「家長の権威」とかいうようなイメージを持ちがちであろうが、しかし筆者が庄内農家で出会ったのは、親と子、夫と妻などの家族員が互いに協力しあいながら日々の農業経営に懸命に取り組んでいる姿であった。家族は、むろん子供の養育を含む消費生活を共にする生活集団であるが、その集団は同時に農業経営のための協業組織であり、それらの生産と消費の営みが日々織りなしている諸関係の総体が「家」なのである。

こうして筆者は、家を経営と家族との統一と規定する。家族によって営まれている経営、経営を営んでいる家族が家なのである。しかし、実態としての農民の家を対象にしたはずの農村社会学者の家研究も、実は経営と家族という二側面のうちの経営の側面について目を注ぐことが、相対的に少なかったのではなかろうか。有賀喜左衛門の「石神（村）モノグラフ」も、大屋斎藤家と分家名子との関係を綿密に描き出しているが、しかしその関係によって担われたはずの経営の営みについては意外に薄い(8)。大屋斎藤家が営んだはずの漆器業はどのように営まれたのか、そこに分家名子はどう関わっていたのか。そこが分からないと、大屋と分家名子との関係も明確には分からない。筆者の庄内農村研究の目で見た時、日本農村社会学の家研究について持った疑問はこういう所にあった。

以上見てきたような稲作の農作業を家のメンバーの誰がどのように担ったのか。むろん経営の営みは、農作業だけではない。経営計画を立て、経営費を計算し等々、現場の労働には解消されないさまざまな工夫と努力がそこに含まれなければならない。が、しかし、それらも結局は農作業の実践に集約されなければならない。それをどのような家のメンバーが、どのように担うのか。この点で参考になるのは、佐藤繁実が描いた「農業労働力編成(原基形態)」の図とその説明である。

(1) 川島武宜『日本社会の家族的構成』学生書房、一九四八年(『日本社会の家族的構成』岩波現代文庫、二〇〇〇年)。
(2) 玉城肇『改訂日本家族制度論』法律文化社、一九六〇年。
(3) 中野卓『商家同族団の研究——暖簾をめぐる家と家連合の研究』未来社、一九六四年。
(4) 森岡清美『家族社会の「家」戦略』吉川弘文館、二〇〇二年。
(5) 有賀喜左衛門『日本家族制度と小作制度』上・下(有賀喜左衛門著作集Ⅰ・Ⅱ、未来社)、一九六六年。
(6) 竹内利美『家族慣行と家制度』恒星社厚生閣、一九六九年。
(7) この点、米村千代は、明治の法体系整備に当たって、「『家業』として一体化していた系譜と経営組織を民法と商法という別の法体系に分断して法制化した」。そのことによって「経営組織は、会社法人として近代法制度の俎上に載せることが可能となったが、民法上に規定されることのなかった複合の『家』は、法的根拠をもたないことになった」と指摘している(『「家」の存続戦略——歴史社会学的考察』勁草書房、一九九九年、一四〇ページ)。
(8) 有賀喜左衛門『大家族制度と名子制度——南部二戸郡石神村における——』(有賀喜左衛門著作集Ⅲ、未来社、一九六七年)を参照されたい。

上層農家の農業労働力構造（原基形態）

佐藤繁実が描いた庄内の上層農家における「農業労働力構造（原基形態）」を図表9-1に掲げる。[1]これは庄内在住の在野の農政評論家であり、営農指導者であった佐藤繁実[2]が、昭和三〇年代、若者の都市への流出が始まって、それぞれの家と村の中で「点」になってしまった「あととり」たちの意識について、それらの青年達とともに行った調査の結果報告書の中に掲げた図である。

この図はなんらかの調査結果によって描かれたものというよりは、庄内地方のある村の大規模農家の出身であった佐藤自身の生活体験の中から描かれた形態であると見ることが出来るように思う。佐藤がこの「原基形態」を、いつ頃を想定して描いているのかについては、はっきりとした説明はない。しかしいつ頃からのことか。「馬使」という役割があるが、庄内地方では馬耕開始前から上層農家では馬が運搬用などに飼養されていたので、この役割の存在から直ちに馬耕段階と見ることはできない。しかし、佐藤は昭和五（一九三〇）年生まれだから、おそらくは昭和一〇年代の戦前から戦中頃を想起して描かれたものと見ることができよう。ただし、先に見たように戦時末期になると、戦争への動員によって農村部でも労働力不足が著しくなり、若勢を置くことが困難になるから、その一時期を除いた戦中である。また、これも先に見たように、ほぼ一九四九（昭和二四）年頃に完了する農地改革後は、所有上限が画され五町歩を越えるような大規模経営は姿を消すので、若勢を何人も置くような労働力編成は見られなくなり、年雇そのものは存在したが、一戸当りの数は一〜二名程度になっていった。したがって、この「上層農家の農業労働力編成（原基形態）」とは、昭和一〇年代の戦前、戦中（ただし戦時末期を除く）から戦後の農地改革前、とくに高度成長期以前の段階に当たるものと見ることができる。

（1）佐藤繁実『農業経営の若い創造力——庄内平野における「あととり」農民の意識と行動——』（日本の農業——あすへの歩み——

図表 9-1　上層農家の農業労働力構造（原基形態）

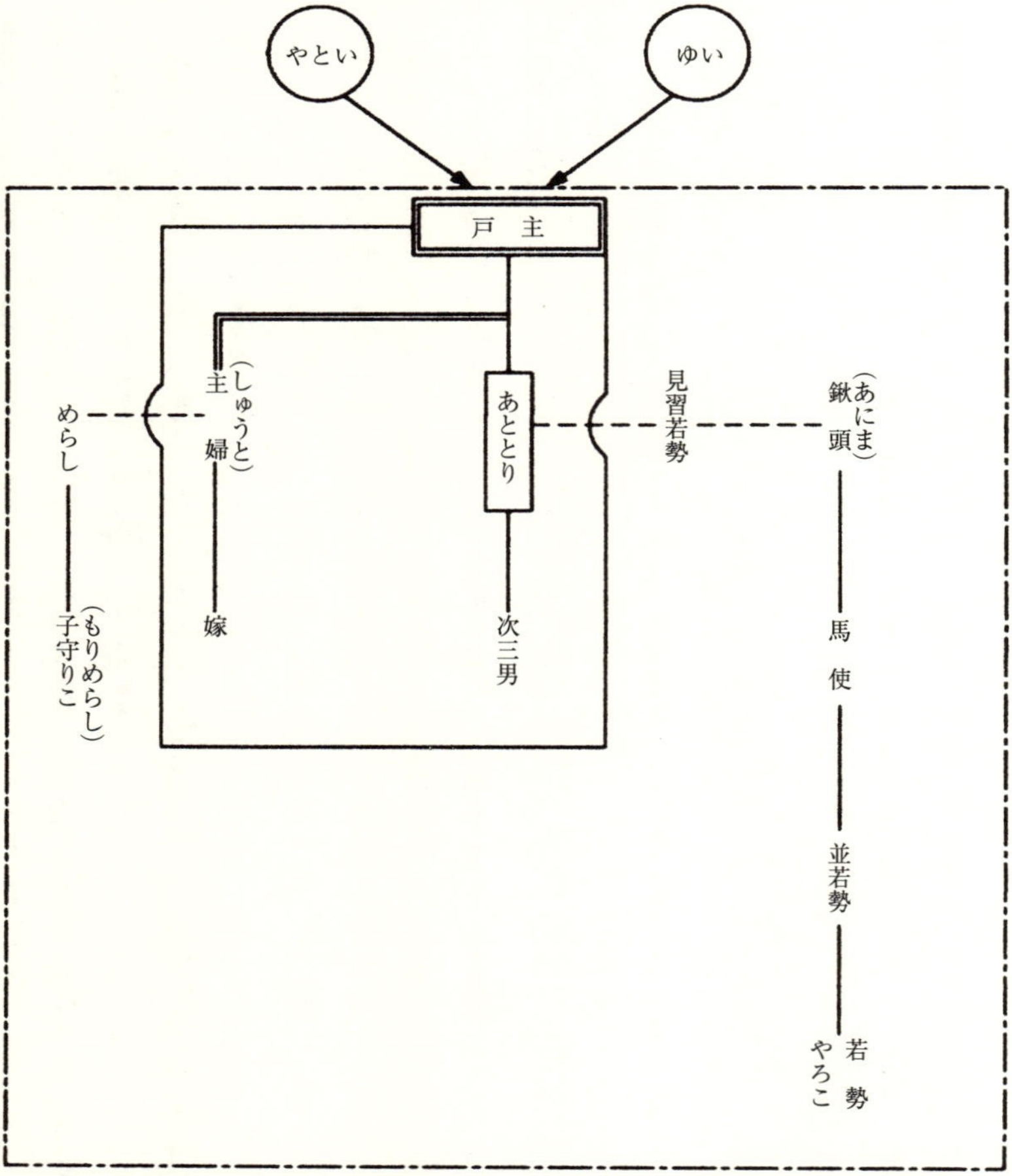

注：佐藤繁実『農業経営の若い創造力—庄内平野における「あととり」農民の意識と行動』（「日本の農業—あすへの歩み—」41、農政調査委員会、1965 年、14 ページ）

41）一九六五年、農政調査委員会、一四ページ。

（2）佐藤繁実は、旧飽海郡八幡町大字大島田（現酒田市）に、大規模経営農家の次男として生まれ、県立酒田中学校（現酒田東高）卒業、明治大学政治経済学部卒業、同大学院修士課程修了、帰郷後、庄内在住の在野の農政評論家、農業経営指導者として活躍した人物である。より詳細には第一〇章第二節で「庄内農村問題研究会」の指導者として紹介することにしよう。

直系家族形態

図において、中の実線の四角い囲いの中が近親者からなる家族員である。ここではあまりに当然のこととしてとくに言及はないが、メンバーの中「あととり」は一人が想定されていると見てよい。「嫁」とあるのは、その後継者の妻であり、したがってこれも一人だけである。これに対し、次三男はいずれも未婚者が想定されている。若く未婚のうちは実家の農業を手伝うが、結婚する年代になると、分家するか、あるいは他の職業に就くかして、家の外に去るのである。つまり、多くの日本の農家がそうであるように、庄内においても、この時代、直系家族が一般的な家族形態だった。直系家族が形成されるのは、一子相続でその他の子供は結婚とともに他出するからであるが、その一子は、少なくともこの時代には長男が原則であった。

しかし長男相続という慣行が何時から始まったかはなお検討を要する。なぜなら、明治と年号が変わった直後、したがって藩政末期の実態を示していると見られる明治三（一八七〇）年の牧曽根村の「戸籍并人別帳」から筆者が集計したところでは、筆頭者つまり当主について養子ないし婿の数を数えて見ると、五二軒中二〇人で三八％を占めていた。つまり、なお藩政期の状況が残る明治初年には、女子に跡を継がせ男の養子ないし婿を迎えることが極めて多かったのである。次に後継者が養子ないし婿である事例は九軒あったが、しかしそのうち実子として男子がいない事例は三事例だけであり、その他の六事例は実子の男子がいる。それなのに、何故養子あるいは婿を迎えなければならなかったのか。それは男子がいつ生まれるかだったのではないか。これら六事例について、当主の年齢から実男子のうち最年長者つまり長男の年齢を差し引きして見ると、当主が三〇歳代半ば頃になっても男子が生まれない場合には、養子を迎えることを考えたようである。そうすればその養子が一〇歳代後半くらいになって農作業に耐えられるほどになった頃、父親は五〇歳代半ば位にもなっていよう。つまりこれは、当時の湿田、人力耕の農作業を、家の中の誰かが担ってゆくためには必要な配慮だったのである。それが明治に入って馬耕が導入されれば、父親の農作業の担い手としての寿命はもう少し延びたであろう。ところが、大正生まれのある古老に尋ねたところ、「自分の子供の頃はアニ（長男）が跡継ぎと決まっていた」という。ここには、明治三一（一八九八）年施行の明治民法の規定が関わっていると見ることができるのではないか。[1]

しかし、この時期、それが可能であったのは何故、如何にしてか。この間の庄内稲作の変化としては、明治二〇年代に始まり三〇年代から四〇年代には普及定着する、乾田化と馬耕の導入とを中軸とする明治農法を上げることができよう。その内容については先に第三章で見たので再論することは避けるが、明治農法とは、耕起作業での畜力利用だけでなく、金肥の導入や塩水選の採用など稠密な肥培管理による多収農法を意味していた。したがってそれは、各地で馬耕競犂会が行われていたことが示すように、耕起作業過程を馬耕技術の習得を必要とするものに変えるとともに、肥培管理に関しても熟練した技術を必要とするものに変化させ、こうして庄内稲作を、若い男子労働力の力任せの作業から、習得過程の必要な技術労働に変えたのである。このような変化は、オヤジが農業の担い手である期間を延長したに違いないし、また将来の家の農業の担い手となる後継者の農業労働をも、しかるべき技術の習得期間を必要とするものに高度化したであろう。そしてこのことは、長男の成長を待つことを可能とさせるとともに、親から子への技術伝承の必要性から（「家の田一枚一枚のクセを覚える」など）、長男に継承させることを望ましくもしたのではなかろうか。

さらに右の「上層農家の農業労働力構造（原基形態）」の図において注意すべきは、「若勢」あるいは「めらし」と呼ばれる年雇を構成員に取り込んでいる点である。家族形態が直系家族と決まれば、そのメンバーの数は限られてくる。むろん生まれてくる子供の数、性別はさまざまでありうるけれども、しかし、経営規模や農法によって決まる必要労働力に応じて、それらの数を自在に変化させるわけにはいかない。その不足分を補うために、庄内農村で伝統的に取られてきた方法が、年雇の雇傭だった。今伝統的といったが、直系家族形態とそれを補う年雇雇傭という形態がいつ頃から取られるようになったかについては、先の第二章で見たように、庄内藩領西野村（後東田川郡余目町大字西野、現庄内町）の「彦右衛門記録」[2]による筆者の検討によると、近世初期の下人等と呼ばれる従属的な労働力による粗放な大規模経営から家族労働力による集約的な経営に転化して、不足する労働力は、それ自体親元に独自の家の経営を持つ雇傭労働力に依存するようになるのは、ほぼ元禄前後の頃（一七世紀末から一八世紀始め）であり、その成立をもたらした要因は、一方、外的には寛文期の河村瑞軒の西回り航路の開発による商品経済の発展、そのことによる下人等の従属的労働力の流出、他方、内的には集約的農法の一般化、にあると見られるのであった[3]。

（1）この点については、拙著『家と村の社会学――東北水稲作地方の事例研究――』御茶の水書房、二〇一二年、五八五～六〇〇ページ、を参照されたい。

（2）余目町教育委員会編「西野　伊藤氏記録」、『余目町史　資料編　第1号（日記・家記類）』、一九七九年、九ページ以下。ただしこの「記録」のなかで、記録者が伊藤を名乗っていたわけではない。自らは「彦右衛門」と称しているので、筆者は「彦右衛門記録」と呼ぶことにしている。

（3）前掲拙著、四六八～四九八ページ、とくに要約的には、四九三～四九六ページ、を参照されたい。

年雇労働力による補完

佐藤繁実の「上層農家の農業労働力構造（原基形態）」の説明に戻ると、この図が表現していた昭和一〇年代の戦前、戦中から戦後の高度成長期に至るまでの頃、庄内の上層農家では、「家族労働力の不足分を補完するもの」として「若勢」と呼ばれる年期奉公人が「『いえ』に抱合されていた」が、かれらには図に示すような「明確な序列があって、家族労働力の序列に対応していた」。まず「若勢」のもっとも低い段階として「やろこ若勢」があった。つまり「子供達のすべてに教育を十分行うことができなかった下層農家は、教育の中途で『やろこ』（男の幼少者を『やろこ』と庄内ではいう）を『若勢』として上層農家に奉公に出す」のである。この場合、「奉公料は、雇主側の気持程度を親もとに支給し、『やろこ』には小遣い銭と作業衣を給する程度である」。このような「やろこ若勢」が解消するのは、戦時段階に入って義務教育制度が、農村にも充実するようになってからである。この「やろこ若勢」を一農家で数ヵ年勤めて、一応農作業がほぼ人並みに行えるようになると、「並若勢」として扱われるし、奉公料も正式に支給される。小学校卒業以上のものはすべて「並若勢」となった。

おそらくは昭和一〇年代から戦時半ば頃までの想起だが、さらに次のような説明がなされている。「この『並若勢』を最低一ヵ年やって、はじめて馬の使用が許可されるから『馬使い若勢』となるのである。これは雇われる家の『たんぼ』の『くせ』がわからないままで馬耕を行うと、収量にも影響するということからだといわれている。『あととり』が幼少の場合には、この『若勢』を『鍬頭《あにま》』として稲作に関する権限を与えるようになる。このとき『鍬頭若勢』は夫婦で雇われるし、しばしば夫婦が雇主のところに同居して生活している場合があり、ここでの勤務状態によっては、分家と同様に独立させてもらう例が多い。したがって、同じ家に『若勢』として『やろこ』から『鍬頭』まで働くことによって二〇数年から三〇年近くなって、はじめて二一〜三〇アールの小作地を『わけてもらって』（一般的にはこれを

『ホマチ田』による農業労働力確保といわれている）一家として独立するのである。こうした『ホマチ田』制度が『鍬頭』のみに適合されたわけではなく、次三男を農業労働力として『いえ』のなかで長期間確保した場合にも慣行とされていた。しかし、庄内地域においてはこの『ホマチ田』制度の慣行は分家制度を極力抑制したこととの関係で広範には存在せず、『鍬頭若勢』のすべてが『ホマチ田』による独立をみせたとはいえない」。「この『若勢』序列制を崩壊させたのは、義務教育の充実であり、戦後の動力耕耘機の普及であったが、完全に解消されるまでには至らなかった。たとえば、酒田市中平田農業協同組合における年雇給金の協定表によると、昭和三四年度でさえ『鍬頭』五～六万円、『馬使い』四～五万円、『並若勢』二～四万円となっている。このような年雇給金のうえでの序列がやや失われてくるのは、昭和三六～七年ごろである」[1]。

ここで筆者の注釈を付け加えておくと、先に見た佐藤喜三郎の「農作業の移り変わり」において報告されていた中野曽根では一九四五（昭和二〇）年に二、三戸が動力耕耘機を導入したとあったが、これはかなり早い方で、一般には昭和二〇年代後半以降、馬耕から動力耕耘機への切り替えが急速に進んだと見てよいであろう。しかし小形で歩行型の動力耕耘機は、後のトラクターほどの労働力排出力はなく、また日本経済の回復による労働力吸引もまだ弱かったために、先行研究が指摘しているように、一九五〇（昭和二五）年から一九五五（三〇）年頃には、年雇労働力の総数は減少せず、むしろ一部の大規模経営農家において動力耕耘機の導入と併行して年雇労働力が増大するという現象さえ示されたのである[2]。それが、一九五五年以降の日本経済の「高度成長」の開始とともに、急速に減少して行く。例えば、酒田市北平田地区において、一九五六（昭和三一）年に三町以上層一二六戸のうち年雇雇傭農家数一〇四戸、年雇数は住込み一〇六名、通い九名で、合計一一五名であったが、一九六〇（昭和三五）年二月にはなお雇傭農家数一〇一戸、年雇者数一一八名であった。つまりこの時期にはまだ「高度成長」による労働力吸引が庄内農村にはまだ波及せず、年雇者は減少していなかったのである。ところが翌一九六一（昭和三六）年四月の北平田公民館調べでは、わずか一年の中に年雇者数五九名と半減し、さらに一九六五（昭和四〇）年になると雇傭農家数一三と、ほとんどいないという状況になってしまうのである。[3] 佐藤繁実が「年雇給金のうえでの序列がやや失われてくる」と指摘していた「昭和三六〜七年」とは、まさにこのような激変の開始期に当たっていたのである。

佐藤繁実の説明の続き。「他方、『あととり』も家風と農業技術を学ぶため『見習い若勢』として一〜三年程度、他家に働きに出ていた。この場合、小作農家は自作農家に、自作農家は地主自作農家に、という具合に、一段階上層の農家に『見習い若勢』となるのが通例であった。そして、無償で働き、かつ、小遣い銭も実家からというものであったが、食事などの席順は後に述べるように、必ず戸主側に決まっていた」。「この『見習い若勢』の解消は、教育の普及や篤農技術を中心とする講習会の普及と、交通機関とくに自転車の発達による視察範囲の拡大によってもたらされた（昭和一〇年段階）。なお、小地主層や自作地主層の『あととり』は、おもに農学校に進学し、中大地主層は大学まで進学するのが一般的であった」。

「また、女の年雇の『もりめらし』は『やろこ若勢』に、『めらし』が『並若勢』に、それぞれ見合うものとして存在していたが、年季奉公料は『めらし』で『並若勢』の三分の二程度である」。「このように、年季奉公人はたとえば、次三男が『馬使い若勢』および『並若勢』に、『あととり』が『鍬頭』に、嫁が『めらし』に、というように、常に家族労働力による労働体系を補完していたのであり、その『いえ』で、最小限必要な農業労働者という線を通じて年季奉公人の数は決められたのである」。

「このように、庄内農業における上層農家の農業労働力構造は、その基幹に自家労働力が存在し、この補完労働力として『若勢』と『めらし』が存在していた。当時の稲作技術水準の低さは、自家労力のほかにこれを補完する労働力をこのように確保しておかなければならなかったのである。とくに、農繁期の田植、除草、稲刈、脱穀調整過程においては、多くの労働力が必要とされた。その必要労働力を充足するために、『やとい』と『ゆい』慣行とが広く存在していた」。ところが、一九五五（昭和三〇）年以降の日本経済の「高度成長」による農業・農村部面からの労働力流出によって「若勢」と「めらし」の確保が困難になり、また「農家の内部においては、次三男の進学率の上昇と、早期他出とによって、次三男労力を『いえ』の農業労働に充当することも不可能」になって、いまや「点」となった「あととり」は、「鍬頭」として自家農業の重責を担うことになったのである。[4]

（1）佐藤繁実、前掲書、一三～一五ページ。
（2）塙遼一『変革期の日本農業』未来社、一九六八年、九五ページ。
（3）一九六〇年と六五年はセンサス各年次、一九六一（昭和三六）年の北平公民館調べは、一九六一年時点の筆者の調査ノートによる。
（4）佐藤繁実、前掲書、一五～一七ページ。

食事時の着座位置

佐藤繁実のこの論文には、「農業労働力構造（原基形態）」についての図と説明に続けて、「食事時の着座位置」についての図とその説明が付け加えられている。これらは、以上のような農業労働力構造における序列を、家族生活の側面から端的に表しているので、次に参照することにしよう。**図表9-2**である。この図には、やや分かりにくい点があるが、佐藤繁実の説明はこうである。「まず、一家の主人は、仏壇または床の間を背にして着座する。つぎに着座するのは、家族であるか、年雇であるかにかかわらず、農業労働力として格の高いものであった。すなわち、『あととり』農民が鍬頭的な役割を果していれば、戸主のつぎに着座するが、まだその役割を果せない間は、雇い人のつぎに着座する

図表 9–2　食事時の着座位置

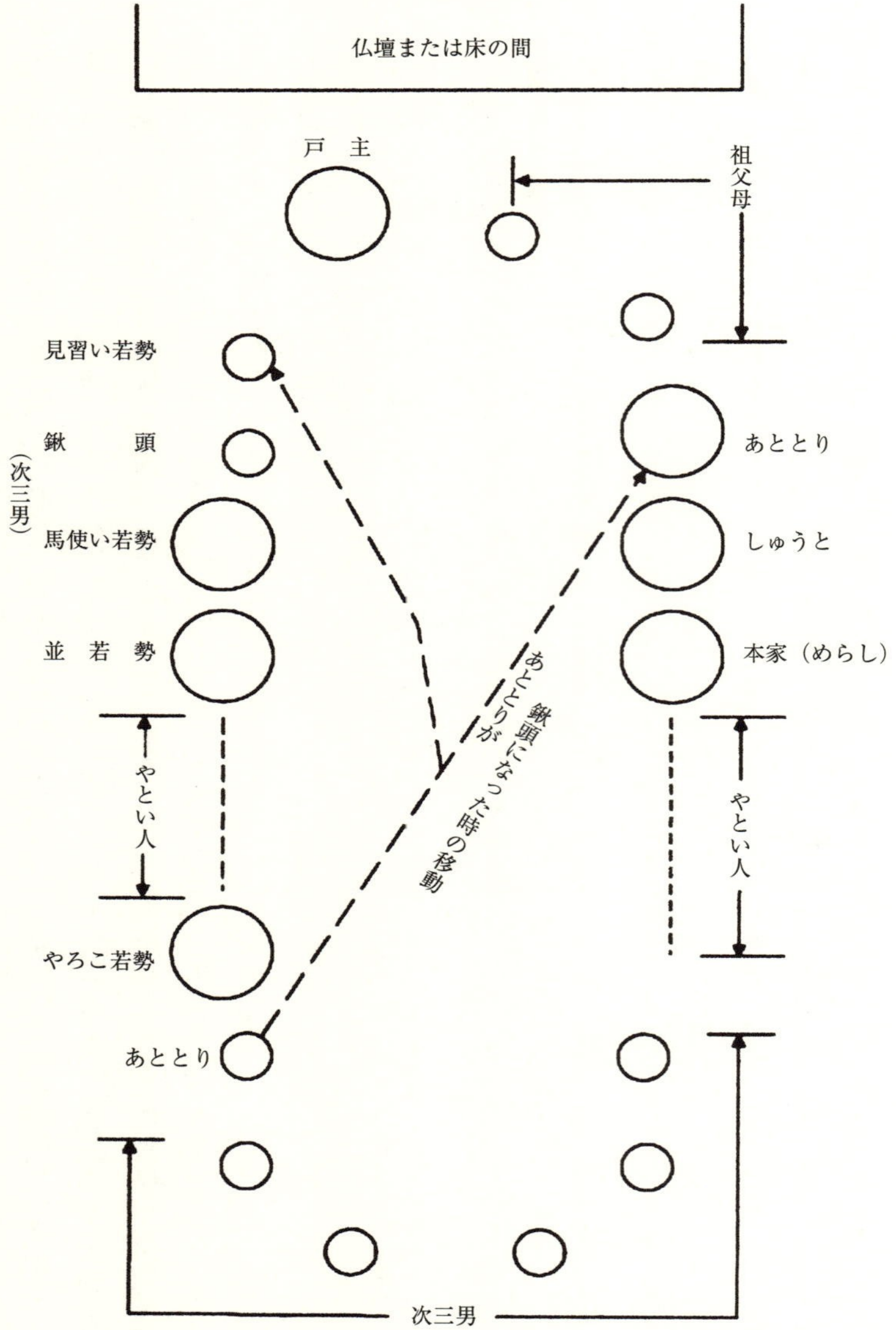

注：佐藤繁実『農業経営の若い創造力—庄内平野における「あととり」農民の意識と行動』（「日本の農業—あすへの歩み—」41、農政調査委員会、1965 年、18 ページ）

のが普通とされていた。また、農業労働力のうち、『若勢』が中心の場合は、彼らは次三男より上位に、次三男が中心になってくれば、次三男が上位に着座する。嫁と『めらし』との間でも同様の関係があった」[1]。

以上のような着座位置は、先に見た「農業労働力構造（原基形態）」と同様、佐藤自身の生活経験に基づくものと考えられるが、ここで注意しておきたいのは、家における着座位置さえが、農業労働力としての序列に従っているという点である。「あととり」の長男だからといって、自動的に上座に着くわけではない。奉公人であっても、一家の農業の現場における指揮者の任務を果す「鍬頭」になれば上座に着く。協業組織としての家における序列は、まさにその協業組織における役割によって決まるのである。「伝統」やイデオロギーによるのではないのである。

しかし前述のように、一九五五年、とくに一九六〇年以降、日本経済の「高度成長」の中で年雇労働力が流出して雇傭労働力としては臨時雇だけになることによって、「『あととり』になったとたんに、戸主の側に着座するようになっている」。このことは、たんに着座位置の問題だけではなく、「『あととり』と『いえ』との関係における変化を意味する」ことに注意しなければならない。「すなわち、従来『鍬頭』段階になるまでは、単なる基幹労働力の一人にすぎなかった『あととり』が、現状では、非常に若い『鍬頭』としての役割をになうようになったことである」。この佐藤繁実らの調査では、一七〜二六歳というごく若いあととりが、家の農業の「大部分か全部を自分で行なえる」と答えた割合は、約四割に達していた。このようにあととりが若いうちに家の農業を任されるようになってきた理由としては、(1)「『あととり』農民を農業になるべく定着させるため」、(2)「親たちの自作農民としての悩みからの逃避」、つまり親たちの世代は、農地改革後の農業を『鍬頭』として担ってくる中で「年雇の不足、臨時雇いの不足や賃金上昇」あるいは「弟妹たちの進学率の上昇」などの難問を抱え、しかもしばしば「四石の壁」といわれた水稲反収の停滞に突き当たり「もう疲れてしまった」という状態に追い込まれていたのである。(3)「動力耕耘機から中型トラクターに代わってきたために、機械に明るい若い世代の地位が向上したこと」、(4)「地域ぐるみや『むら』ぐるみの農業が多くなってきたために、慣行としての『むら』組織の再編を迫られていること」などが上げられている。[2]

以上、自ら庄内の農家の出身であり、庄内に根を下ろした農政評論家ないし営農指導者として活躍した佐藤繁実によって語られた庄内稲作の家の内部構造の実態は、われわれにとっても教えられるところが大きいといわなければならない。ただし、庄内地方の一般の農家が、図示されたような数と構成の労働力を実際に抱えていたわけではない。これはむしろ「原基形態」のモデルであり、農業労働力の「序列」を示したものであって、重要なのは、そこに貫いている家の内部構造の論理である。つまり、繰り返し述べているように、家は家族であるとともに経営体であり、その経営の要請に従って、非血縁者をも不可欠の構成員として組み込む。したがって、食事時の着座位置が示すように、家における序列は経営におけるそれぞれの順位によって決まる。嫡長男だから上座につくのではない。鍬頭だから上座につくのである。家を家族とのみ見る不十分さはこの一事によっても明確であろう。

(1) 佐藤繁実、前掲書、一八ページ。
(2) 佐藤繁実、前掲書、一九～二〇ページ。

第三節　村における職能分化

部落組織の機能分化

以上は、稲作の労働力編成の観点から見た家の構造であった。次は、稲作との関連で見た村つまり部落の組織である。その点で、庄内の村において見逃すことが出来ないのは、「鍬頭協議会」である。庄内地方でいう「鍬頭《くわがしら》」とは、右に見た佐藤繁実の「農業労働力編成（原基形態）」の図にも掲げられていたが[1]、一言でいえば、農作業は一人前に果しながら、経営主からその日の仕事の指示を受けて現場に行って指図、仕事の段取りをする。農作業の現場での人夫配りと、とくに夏は水の見回りが大きな仕事である。このように農作業での中心的役割をはたす存在であり、それだけの責任を果しうるようになった後継者が務めるのが一般的であった。佐藤の説明に見たように、経営規模の大きい「上層農家」の場合には、そして、後継者がまだそこまで成長していない場合には、「若勢」がその仕事を担当することもあった。

村つまり部落の中での、そのような鍬頭たちの集まりが「鍬頭協議会」であるが、佐藤繁実の談によると、「部落は、明治中期まで諸機能が統一していたが、部落会の中にブランチが分化してくる。鍬頭会と若勢会。資金は部落会が補助。それが出て来る背景は、牛馬耕技術の導入で、その担当層の育成を部落会がするため、若勢、鍬頭に教えるため」。やがて「小作争議以降、鍬頭会が自立性を強める。更生経済時代に実行組合の組織化が行われた。部落会と実行組合が並立して、実行組合が農業生産についての協議などを行うようになった。冠婚葬祭は部落会で。その時実行組合にとって重要なのは、分施技術だった。若勢会は実行組合と違って、主体性を失ってくる。田植後に雇い主から経費をもらってやるサナブリと土洗いなどで若勢会は名目は続くが、青年学級教育が根を張ってくることによって、主体性を失って青年学級に吸収される。それを解体に導いたのが耕耘機。……実行組合は農地改革後、後継者の経営権の独立が早まり、実権が若い方に移って独立性を強めた。それが集団栽培によって一層強まる。オヤジたちの部落会は農業への発言権を完全に弱めた。むろん、部落組織そのものは解体しないが[2]」。他方、中野曽根部落の佐藤喜三郎が筆者に語ってくれたところによると、「明治三五年、鍬頭協議会結成、ほとんど水利関係のこと。大正一二年実行組合結成、稲作生産指導もやるということで。中野曽根で一七名しか組合員はいなかった。農会から五円、部落会から一〇円の補助金をもらって作った。大正一四年の改選の時から三七名全員になった。……中野曽根青年会が大正四年にできたが、その前は『若連中』といって主として年雇の集まりだった。『かたまり休み』ばかりして大変だったので、青年会にした」という。(3)先に第三章において、村役場資料によって（**図表3-4、3-5**）、北平田村においては明治二六、七年頃に乾田化が進み、それに三年程遅れて馬耕が導入されて行くことを見たが、佐藤喜三郎のいう明治三五年とは、北平田村において乾田化と馬耕が一般に普及していった頃と見られ、佐藤繁実のいう担当者の育成のために若手の組織が分化して来るという状況にあったと見られよう。佐藤喜三郎の証言では、鍬頭協議会は、ほとんど水利関係の仕事であったようである。「鍬頭の人は、年若いので、昔は水争いの時、出て行ったもの」などともいわれている。

右の二人の回顧は、「若連中」のこととか「かたまり休み」のことなどは佐藤繁実の回顧には語られておらずやや違いがあるが、これは部落の差か大正二（一九一三）年生まれの佐藤喜三郎と昭和五（一九三〇）年生まれの佐藤繁実との年代差か分からない。しかしおおよそのところは平仄が合うといえよう。つまり乾田化が進む中で水利に関わる技術と、また馬耕が導入されその新技術とを教えるためにオヤジたちの部落会が年雇達の「若勢会」や後継者たちの「鍬頭会」を部落組織の中に分化させたということである。中野曽根では三七戸のうち鍬頭会の会員になったのは始め一七名だけだったというのも、この組織が部落レベルでの任意組織であったことを示しているといえよう。

関連して、中野曽根には『部落史』があり、それにも鍬頭協議会についての記述があるので、右に見た佐藤喜三郎の回顧と部分的に重複するが参照しておこう。すなわち「記録に残っているのは、明治三五年にこの会が組織され、協議委員で灌排水の相談や、それに要する経費の割当等をやっていたようである。その後、同協議会は継続されたが、大正一二年に中野曽根実行組合が発足した。多収穫競作田とよんで、出品田を春のうちに決定し、増産に励んだようである。……大正一四年に、全農家が加入して会員が三七名になった。この時から、鍬頭協議会を発展的に解消して（部落の一部の実力者より抵抗があったようである）系統農会の指導を受け、田畑の生産指導、並びに灌排水、それに要する経費の割当や、徴収等も実行組合で行うようになった」と。[4] つまり、部落レベルの任意組織だった「鍬頭協議会」が、大正一二年に系統農会の下部組織になって「実行組合」として制度化され、それに対応して鍬頭協議会は解散したのである。

(1)「鍬頭」には、佐藤の図では「あにま」とルビが振ってあったが、筆者が庄内地方のあちこちで面接したところでは「かがしら」というこ とばも聞いたし、むしろ普通の読みで「くわがしら」と語る人が多かった。時代の変化であろうか。
(2) 一九六七年七月時点の筆者の調査ノートによる。
(3) 一九七九年八月時点の筆者の調査ノートによる。
(4) 中野曽根部落会『中野曽根の部落史』一九八七年、六五ページ。

鍬頭協議会と農事改良実行組合

中野曽根には、右に見てきた佐藤喜三郎の証言や『部落史』の他には、鍬頭協議会と実行組合結成に関する文書は残されていなかった。しかし佐藤喜三郎の証言では、「今でも東部（旧北平田村の東部、具体的には新青渡部落を指す）には残っている」とのことであった。そこで新青渡部落で尋ねたところ、次のような文書が保存されていた。つまり、「大正拾参年五月　鍬頭規約」という書類と「大正拾壱年四月以降　北平田村大字新青渡實行組合　規約并組合員名簿」という書類である。中野曽根とほぼ同じ時期だが、一、二年ずれることの他、鍬頭規約の方が新しく、実行組合の文書の方が古いという食い違いもある。しかしこれらの文書によって、鍬頭協議会と実行組合の内実についてかなり詳しく分かるので、次にその検討を試みよう。まず、大正一一（一九二二）年の「農事改良實行組合規約」である。

北平田村大字新青渡農事改良實行組合規約

第一條　本組合ハ北平田村大字新青渡農事改良實行組合ト称ス

第二條　本組合ハ農業ノ改良発達ヲ図ルヲ以テ目的トス

第三條　前条ノ目的ヲ達スル為メ左ノ事項ヲ行フ

一、農業ノ指導奨励ニ関スル施設

二、農業ニ従事スル者ノ福利増進ニ関スル施設

三、農業ニ関スル研究調査

四、其ノ他農業ノ改良発達ヲ図ルニ必要ナル事業

第四條　本組合ノ事業年度ハ四月一日ヨリ翌年三月三十一日マデトス

第五條　本組合員資格ハ大字内ニ居住スル者耕作地五畝歩以上ノ耕作者ヲ以テ組合員トス

……（以下略）……[1]

この規約自体には年次は書いていないが、表紙に「大正拾一年四月以降規約并組合員名簿」とあり、役員として「組合長池田平吉創立大正十一年四月七日當選」と記録されているので、大正一一（一九二二）年発足は間違いないであろう。後に酒田市に合併する大字広野の『農業生産組合の歩み』に、「県下の実行組合は昭和の初め頃から各地に生まれた様だが、その後法人組織としなければ農事実行組合といえず、他は農業改良実行組合と呼ぶ《ママ》様に県の方から指示され準則等も示された様である」と記されているので[2]、年次はやや違うが、この新青渡の規約も県から下ろされてきた「準則」によっているのであろう。内容的にも、「農事ノ改良発達ヲ図ル」という「目的」や、行う「事業」として「一、農業ノ指導奨励ニ関スル施設」、「二、農業ニ従事スル者ノ福利増進ニ関スル施設」、「三、農業ニ関スル研究調査」という項目を掲げているなど。大正一一年に公布された新農会法と同じであり[3]、「県の方から指示」されたものと見て間違いな

いと思う。新青渡部落には、これとともに次のような大正一三（一九二四）年の「規約」という文書が保存されていた。

規約

第一條　本規約ハ当大字区内ノ百姓灌漑排水ノ便ヲ計ルニ依リ一定ノ動作ヲナサシムルヲ以テ目的トス

第二條　前項ノ目的ヲ処理センガ為メ若干名ノ役員ヲ置ク但シ役員ノ任期ハ満一ヶ年トス

第三條　灌漑ハ従来ノ刻限ニ依リ実施スル事

但シ旱魃ノ際ハ鍬頭総会ヲ開キ特別刻限ヲ定ムル事ヲ得

第四條　必要ニ応ジ集会ノ場合通知ヲ受ケタル時ハ時間励行ヲ旨トシ一時間内ニ集合スル事

第五條　協議ノ件ハ鍬頭半数以上ノ出席者ニ於テ決議スル事但シ出席ナクシテ決議事項ニ意儀《ママ》申サザル事

第六條　第三四条ノ規約ヲ犯シ単独ノ行動ヲナシタルモノハ鍬頭一同ヲ以テ認メタル時ハ処分トシテ灌漑ノ要ヲ禁止ス

第七條　規定ヲ変更スル場合ハ鍬頭半数以上ノ同意ヲ得ルニ非レバ実行スル事ヲ得ズ

大正拾参年五月廿三日　鍬頭総会ニ於テ決議ス但シ実行ス[4]

この規約は「鍬頭総会」で決定されたものとされており、「鍬頭会」の規約に他ならない。これで見ると、鍬頭はそれぞれの家の水管理を担当していることが分かる。その担当者たちによる灌排水に関わる申し合わせがこの「規約」なのである。この文書の頃大正期になれば、乾田化は進み定着して、灌排水、施肥などの庄内稲作の明治農法は確立し、その担い手としてそれぞれの家の若い後継者つまり鍬頭がその責任者になっていたのである。むろん家の経営責任者であり部落会のメンバーであるオヤジ達の了解のもとに、である。というよりもむしろ、乾田化に伴う新技術はオヤジ達ではなく、若い後継者たちに担われて発展し定着したのであろう。この規約によると、通知後一時間以内に出席することが義務づけられており、こうして出席した過半数の鍬頭たちによって決議された事項については、欠席者は異議を申し立てることはできず、決定に違反した場合は水の配分を停止されるという、まことに厳しくかつ民主的な規約になっていることに注意したい。これまで述べてきたように、庄内の農民の家は、江戸時代のある時期以降相対的に自立した家になっており、それぞれが永代の存続を追求している。そしてそのことを互いに認め合っている。だからこそ水稲作にとって決定的に重要な水の問題は厳しくかつ民主的に決定されなければならないのである。

この決議の年月は、先の農事改良実行組合の設立より新しい。しかし内容は「従来の刻限」等と表現されていることからも推測できるように、これまで各家の「水門守《みともり》」を務める鍬頭達によって守られてきた規制を、明文化したものと見ることができよう。なぜこの時点で明文化されたのかは分からない。あるいは、右に見た「農事改良實行組合」の規約制定に刺激されたものでもあろうか。なおここで「水門守」といったのは、後に、改めて取り上げることにすることにするが、ここで一言でいえば、それぞれの家の水利の仕事あるいはその仕事を担当している人のことであり、一般にはその家の鍬頭が務めたもののようである。

いずれにせよ、これまで各家の鍬頭たちの任意に委ねられてきた農事改良が、おそらくは県農会からの指示によって、統一的な規約のもとにおかれ、農事改良実行組合として組織化されたのである。ただし新農会法の第三条「事業」の中の第四「農業に関する紛議の調停または仲裁」がこの新青渡の「農事改良實行組合規約」から外されている点には注意しておきたい。大正一一年といえばあの義挙団の小作争議が全面勝利に終わり、北平田村を含む川北の村々で次々に耕作人組合が結成されていた頃である。新青渡もまたそのような動きと無縁ではなかった。[5] おそらくそのような動きを念頭において、あるいはむしろそれに期待して、「紛議の調停または仲裁」の項目を外したのではなかろうか。新青渡の農民達が、その「農事改良實行組合」の事業を純粋に農事改良に絞ったところに、小作争議の拠点村だった北平田村の性格が表われていると見ることができるように思う。

さて、右に見た「規約」であるが、この文書には、「協議会」という組織名称は記されていないが、佐藤喜三郎のいう「鍬頭協議会」と同じものと見ることができよう。その冒頭第一条に、「当大字区内ノ百姓灌漑排水ノ便ヲ計ル」とされていることに注目したい。つまり、新青渡部落の灌排水は、「百姓」の鍬頭たちの権限、あるいは任務として行われていたのである。この「百姓」という身分については、旧東田川郡余目町の『余目町史』上巻では、西小野方村の事例として、「一石以上の高持を百姓、それ以下を水呑と区別していた」として、庄内近世の歴史家安倍親任の「田制」から、「持高壱石以上ヲ百姓ト称、壱石未満ヲ水呑百姓ト唱来レリ」との言葉を引用している。ちなみに、旧北平田村牧曽根部落に残されている寛文九年の「御水帳写」によって見ると、高一石とは、上田で約六・七畝、中田で約七・八畝、下田で約九畝程度である。現代のわれわれには、この面積表示の方が分かりやすいが、要するに一反歩弱程度の所持面積であって、それ以下の「水呑」とは、「葺師、大工、銅屋などの職人を兼ねた者や、いさば、糀屋などの小商、及びその他の雑業に従事する者が多かった」という。『余目町史』ではさらに「百姓株の条件は、村々によって異なっていたものと思われる」とされているが[6]、しかしこの項の課題にとっては、庄内藩領においても、「百姓」と「水呑」という身分差があったが、しかしその区別は「持高」によったのであって、灌排水の仕事を担っていたのは、大まかにいって一反歩弱程度以上経営の、いわば農民らしい農民としての百姓たちだったということが理解できればよいであろう。むしろ問題は、この身分の区別が近代に入って大正期になっても残っていて、村つまり部落の中の役割に反映されていたのか、という点であろう。この点に関連して、同じ旧北平田村の牧曽根部落に残されていた明治初期の、官地に編入されてしまった秣場払い下げの請願書があり、それに署名しているのは、村民五二名全員ではなく、おそらくは藩政期の「百姓」三六名だけという事例もある。つまり、稲作にとって不可欠の資源である「草」に関する協議、共同の組織も藩政期には「百姓」のみによって担われており、その慣行が明治に入っても、しばらくは維持されていた。(7) 百姓によって担われていた水に関する協議、共同も近代に入ってからもその慣行が維持され、新青渡村ではそれが大正期にまで及んでいたと見られるのである。

右に見た新青渡部落の「規約」という文書には、末尾に三六名の氏名が列記され捺印がなされている。つまりこの三六名が藩政期の新青渡村の百姓だったと考えられる、他方、大正一一年の「新青渡農事實行組合規約」の文書には、組合長などの役員名の後に、おそらくは「組」毎に記載したのであろうか、「組合員」の氏名・捺印が一〇数人から二〇数人ずつ区切って記されている。総計七二名である。しかもその名前には「創立」、「創立・何々年退」、「何々年加入」などと、その進退について注記されている。この注記に従って集計してみると、総員七二名のうち、大正一一年の「創立」時の組合員は、三九名である。その後の「加入」者は三三名いるが、そのうち、「創立・何々年退」とされている人と同じ年に「加入」して、しかも「組」が同じでかつ姓が同じ人を後継者と見ると、それに当たる後継者は二四名、おそらくは孫世代とみられる者をも含めると二六名いる。これらの条件に当てはまらない「何々年加入」とされている者は、おそらくその年の新加入者なのであろう。そのような人は七名いる。合計三三名である。

ここで、この二つの名簿を対照してみると、鍬頭規約に氏名が列挙されていた三六名の中、実行組合を「創立」したメンバーとして名前が記されているのは、三三名である。つまり藩政期の百姓として水管理の仕事を担っていた家のうち三人が実行組合の設立に参加していないということになる。その理由は分からない。しかしともかく、中野曽根では実行組合に「全農家が加入」した時点で解散した鍬頭協議会が、新青渡では解散されずに残ったのは、このような両者におけるメンバーのずれが原因だったのではないか。中野曽根でも「部落の一部の有力者より抵抗があった」とされている。新青渡では、百姓の鍬頭たちが担ってきた水管理の仕事を、メンバーが違うので、実行組合に吸収することができなかったからであろう。しかし、新青渡に残されている「沿革誌」と題された手書きノートには、「農事実行組合設置　大正十一年　右は農事改良及増産研究団体として組合結成し各戸必ず加入する事にした」とある。[8]そのことの反映であろうか、「新青渡農事實行組合規約」には、「鍬頭規約」に名前のある三三名の他に、子・孫世代の後継者と思われる人をも除いて、なお七名いる。これらの人びとは、藩政期以来水管理の仕事をしてきた「百姓」ではない家で、「実行組合」には「各戸必ず加入する事にした」との方針に従って新たに加盟したメンバーであろう。

(1) 旧飽海郡北平田村新青渡部落の「大正拾参年五月　鍬頭規約　大字新青渡」という表題の冊子に綴じ込まれた「大正拾壱年四月以降　規約并組合員名簿　北平田村大字新青渡實行組合」文書による。
(2) 広野地区生産組合長会編『農業生産組合の歩み』一九七七年、一〇ページ。
(3) 農林大臣官房総務課編『農林行政史』第一巻、財団法人農林協会、一九五八年、一二〇〇ページ。新農会法の成立に関しては、小倉武一「第一次世界大戦以降の農業経済及び農会」、農業発達史調査会『日本農業発達史』改訂版7、中央公論社、一九七八年、二四五ページ以下、を参照。なお、明治三二年公布の旧農会法においては、「農事ノ改良発達ヲ図ル」とされていたが、「農事」という語では「意味が狭く単に農業に関する生産技術のみを指す」と解される恐れがあるところから、大正一一年改正の新農会法において「農業ノ改良発達ヲ図ル」とされたとのことである（農林水産省『日本の農業団体と農業協同組合』御茶の水書房、一九八六年、一三一ページ）。
(4) 旧飽海郡北平田村新青渡部落の「大正拾参年五月　鍬頭規約　大字新青渡」という表題の冊子に綴じ込まれた「規約」という文書による。
(5) 酒田市史編さん室編『酒田市合併町村史』第三巻（東平田・中平田・北平田）、二〇〇一年、三五六ページ、によると、北平田村で耕作人組合が結成されたのは、漆曽根、中野曽根、新青渡、布目、曽根田、上興屋、牧曽根と、一〇部落中七部落に達する。
(6) 高橋正雄・佐藤貢・日野淳編著『余目町史』上巻、余目町、一九八五年、七八二〜七八四ページ。

（7）この点については、拙著『家と村の社会学——東北水稲作地方の事例研究——』御茶の水書房、二〇一二年、六七八〜六八〇ページ、を参照されたい。
（8）旧飽海郡北平田村新青渡部落の「沿革誌」と表紙に記された手書きノートによる。

系統農会と農事改良実行組合

それでは、この農事実行組合とは、どのような組織だったのであろうか。右に見た中野曽根の『部落史』には、「系統農会の指導を受け」ていた旨が記されていた。続く記述。「昭和二年に信用組合が設立され、昭和五年信用、購買、販売、利用の四種兼営の組合に事業を拡大するようになったので、実行組合でも産組にも手伝わされるようになり、組合長が購買委員の依嘱を受けていた。……昭和五、六年頃は米価が五、六円迄値下りし、農村恐慌期であったので、産業組合より肥料を共同購入するようになった。……又昭和五年には、実行組合の系統機関である北平田村農会は、飽海郡農会の賦課金が多額であるということで、郡農会より脱会し、北平田興農会を組織」したとある。[1] 北平田村の産業組合については、小作争議との関連で第五章第三節において略述したが、農会の系統組織として設立された実行組合が北平田村では、産業組合の下部機関として活動することになるわけである。

ここで他の地域の実行組合設立の事情について、各地の「部落史」などによって見ると、例えば東田川郡の大和村（後余目町、現庄内町）においては、大和村農会が「上意下達の徹底と農事改良の実践推進を計る目的で、各部落に『農事改良実行組合』を作る様強力に指導した」ので、「大正一二年四月、大和村では各部落一斉に農事改良実行組合が設立され、同一三年からは補助金も交付される様になった」という。[2] また同じ大和村の『沢新田・連枝部落史』によると、この農会指導の農事改良実行組合は「集落の農家全戸が参加することとされていた」ようである。[3] これに対し同じ東田川郡ながら旧広野村（現酒田市）の『農業生産組合の歩み』では、「大正十三年」あるいは「大正十四年」が「一番古い様」だが、「その頃は実行組合とは呼ばなかったのではないか」といわれ、現存する「広野村農事改良実行組合準則」は「昭和十年四月一日決定とある」とされている。[4]

これに対し、旧西田川郡栄村（現鶴岡市）では、西田川郡興農会の栄村支部として発足したという。ここでいわれている西田川郡興農会とは、明治三一年山形県技師堀尾某の講習会に参加した「一団の青年」が組織した「西田川農事講究会」の後身として結成された組織であり、農事改良、とくに乾田化と馬耕の導入に熱心に取り組んでいたことは、先に第三章第二節において簡単に紹介した通りである。その栄村支部は、「会員は大正三年現在で三十二名に過ぎなかったが、有力なる栄村中堅青年によって組織され、会費は徴収せず、村農会からの補助によって運営し、事業を行っていた」という。それが、「昭和二年郡興農会の組織が変更された際、栄村支部は独立して栄村農事改良実行組合に発展した。実行組合の会員数は四百余名に及び、栄村の中堅青年が幹部となって、その活動は目醒《ママ》ましいものがあった。……昭和七年栄村農会が故あって解散された時、此の農事実行組合が村民の要望によって村農会の事業を代行した」といわれている。[5]栄村実行組合の実践活動は次の様なものであった。

記

一、水稲原種の栽培　一、稲田地下排水施設　一、稲生掛乾燥奨励
一、農業薬品共同購入　一、塩水選の実行　一、苗代調査
一、野菜種子斡旋　一、農事講話並究研会開催　一、農事視察員派遣
一、養鶏奨励　一、牛馬共進会開催　一、貯金奨励

一、倉庫燻蒸薬共同購入斡旋　一、病虫害予防駆除　一、兎皮ヲ陸軍へ販売斡旋

一、除草機共同購入　一、野鼠駆除　一、稲作収穫坪刈調査(6)

これらの項目には、後の各部落の農事実行組合と同様なものもあるが、なかには、当時の時代背景を物語るものも含まれている。ただし、この「栄村農会が故あって解散」したという事情は筆者には不明である。また、先に紹介した阿部太一の回顧によると、旧西田川郡大泉村白山には、西田川郡興農会の役員をしていた人が発起して「隆耕会」という部落単位の自主的な農業技術研究の会が設立され、それが、大正期から昭和にかけて、各家の堆肥舎を建設するなど、活発な活動をしていた。この会は、郡農会の影響下にあり、「農会の技術員の指導」をえていたという。これが、実行組合の「前身」といわれている。このようにして見ると、西田川、東田川、飽海のそれぞれに、農事実行組合の最初の結成事情、結成年時はかなりさまざまのようである。しかし、農会との関連のもとに農事の改良、普及に取り組んだ組織であることは共通であった。

農会はやがて戦時体制の下で、産業組合と合体して「農業会」となり、農業、農産物統制機関としての役割を負わせられることになる。(7) 実行組合も、戦時体制の末端組織としての「部落会」の一翼として、農業統制、食糧供出の担当機関としての役割を負わされたことは、先に旧北平田村牧曽根部落の「常会日誌」によって見た通りである。そして敗戦後、一九四七（昭和二二）年公布の農業協同組合法により、農業会は農業協同組合として再編され、その部落レベルの下部組織は、庄内では一般に「生産組合」と呼ばれたようである。しかし、旧東田川郡新堀村の落野目部落では、すでに昭和元年（一九二六）年に「落野目農事実行組合」が設立されていたが、戦後実行組合長の引き受け手がいないなどの困難を経て、一九七三（昭和四八）年に、農事実行組合の総会において、「圃場整備事業と石油問題（オイルショッ

ク）から発した社会、経済、金融情勢の激変により、私達の今後の農村及び農家経営に数多くの疑問点が生じた」ので、新堀農業協同組合長山木恭一に依頼して、部落の農業生産組織再編の計画案を作成し一九七四（昭和四九）年、部落実行組合とすでに設置されていたトラクターなどの「近代化施設利用班」を解散して、「落野目農業生産協議会」を設立している。(8) これは、極めて慎重に検討して「農業生産協議会」を設立した例であるが、多くの部落では、農事実行組合の再編によって組織された「生産組合」が、実質的にはトラクターの共同購入、共同利用などの担当組織となって、後に述べるような「水稲集団栽培」などの結成、運営に当たったと見ることができる。

(1) 前掲『中野曽根の部落史』六五ページ。
(2) 大和郷土史編集委員会『大和郷土史』大和地区地域づくり推進会議、一九九〇年、一四二～三ページ。
(3) 沢新田・連枝部落史編集委員会『沢新田・連枝部落史』沢新田部落会・連枝部落会、一九九九年、二一四ページ。
(4) 広野地区生産組合長会『農業生産組合の歩み』一九七七年、一〇ページ。
(5) 斎藤正一『栄村史』栄村史編纂委員会、一九五七年、一八九ページ。
(6) 斎藤正一、前掲書、一八九～一九〇ページ。
(7) この点については、菅野正『近代日本における農民支配の史的構造』御茶の水書房、一九七八年、八三九～八五一ページ、を参照されたい。
(8) 落野目五百年史編集委員会編『五百年のあゆみ　落野目村史』落野目自治会、一九九二年、二九二～三〇四ページ。

堰守と水門守

ところで、右に見てきた飽海の北平田村の事例では、部落レベルの灌排水の管理は、近代になっても江戸時代の「百姓」の系譜を引く家々の鍬頭によって担われているのだったが、戦後の事例ながら一九六五年前後に旧西田川郡京田村の林崎堰の「堰守」を務めていた梅木豊太の水利慣行に関する証言があるので、以下に紹介しておきたい。水利施設の

図表 9-3　京田地区関係用水路（大規模圃場整備前）

取入口	用水路	関　係　部　落
第 1 分水工	安丹堰	安丹、平京田、中野京田 / 布目（大泉地区）
第 2 分水工	林崎堰	林崎、西京田、安丹
同上	高田堰	高田、北京田、福田、豊田 / 平田（栄地区）、辻興屋（西郷地区）
第 3 分水工	荒井覚岸寺堰	荒井京田、覚岸寺

注：1971 年 3 月時点の筆者の調査ノートによる。

組織がすっかり変わってしまった今となっては、まことに貴重な資料といえよう。

旧西田川郡京田村（現鶴岡市京田地区）の水源は、庄内平野南部の大河川赤川であり、そこから取水する人工河川青龍《しょうりゅう》寺川《じがわ》の水が三つの分水工によって、第一分水工から安丹堰、第二分水工から林崎堰と高田堰、第三分水工から荒井覚岸寺堰と、四つの支堰を流れて京田地区の各部落の田を灌水し、排水路である大山川に流れ出ていた（**図表9-3を参照**）。その頃、林崎堰の「堰守」をしていた梅木豊太の、一九七一（昭和四六）年時点の証言によると、豊太自身は一九六四（昭和三九）年から堰守を務めることになったが、その前は、昭和一〇年代から二〇年代にかけて祖父、父と二代にわたって堰守になっており、その後別の家の人が務めたが、また豊太が務めることになったので、梅木家が併せて三代の堰守を出したことになるという。梅木豊太によると、「堰守」の仕事は、水利に支障のないよう「見守ること」と「水を公平に分配すること」である。つまり、大雨が降れば大山川に落とす水門を開けて流す。渇水の時は青龍寺川（土地改良区）に要請して流してもらう。それに林崎堰関係三部落を調整する役、であるという。林崎堰に関係するのは、林崎の他、西京田、安丹の両部落であり、かつてはこれら三部落で「林崎堰水利協議会」を作っていた。林崎から三人、西京田二人、安丹一人の委員が出ていた。後に「京田土地改良区」に合併してからは、各部落一名、併せて三名の水利調整委員が出るようになった。林崎堰の堰守は、これら三名の上にいる調整役である。京田地区全体では、前記の四支堰に関係する京田地区の一一部落からそれぞれ一名、ただし安丹部落だけは二つの堰に関係しているので二名、他に地区外の辻興屋（西郷地区）と平田（栄地区）が高田堰に関係していて各一名、布目（大泉地区）も安丹堰に関係していてここからも一名、以上合計一五名の委員だったが、それらを統括する委員長は青龍寺川土地改良区の理事長が兼務するようになっている。委員一五名が集まるのは、年一度、委員長の挨拶の後、堰ごとに分かれて検分をする。委員は、検分の結果によって、補修等の計画を作り予算を立てる。これには堰守も同道して意見をいう。費用の徴収は反別割、委員、堰守の手当は、四堰合同で協議、委員は年三、〇〇〇円、堰守は年四、〇〇〇円、工事等は各堰ごとに独自で行う。堰ごとの総会は七月上旬、予算決算を行う。

梅木豊太の証言によって、年間の仕事をもう少し具体的に見ると、まず三月下旬の一日、上述のように委員と堰守が出て堰検分を行い、それに基づいて修理、護岸、改修等の協議を行う。そしてそのための資材を取り揃え、運搬等を業者に依頼する。四月下旬、堰普請、資材の玉石を買って運ぶのは林崎堰としてやるが、道路から堰までの小運搬、普請は関係三部落がそれぞれにやる。林崎部落の例でいうと、一戸一人一日、ここは林崎堰の下流なので、砂土がたまる。それをダム式にして大山川に落とすところ六ヶ所（鍬代落し、中堰落し、前堰落し、善波田《ぜんなみだ》落し、油田落し、地神《じがみ》様堰落し）が壊れるので、玉石を四トン車二〇台くらい運んで入れる。五月上旬、一日、本線の堰掘り（泥上げ）、三部落から一戸一名、林崎三二名、安丹一〇名、西京田二六名が出る。堰の各所への人夫配分は堰守、監督は委員、七月下旬藻引《もくび》き、堰に生える水草取りである。やはり三部落から一戸一名で、人夫配分は堰守、監督は委員。

部落で水掛けの日取りを決めるのは、生産組合である。そして堰守に連絡する。堰守は青龍寺川、他部落に連絡とって、水掛けに備える。他部落とぶつかると、堰守と委員とで話し合って調整する。渇水期、多くは八月のお盆頃だが、三部落同時に水が掛からない時には、三部落の六〇余名が集まって協議する。その調整は、堰守の仕事。協議に当たっては、まず林崎分一〇〇町歩、安丹分三〇町歩、西京田三〇町歩という部落ごとの基準になる反別が決まっており、それが第一、次に第二に、昔から林崎は水の要るところだと縷々述べてこじつける。大山川沿岸砂質で水が要るというので、堰守は離さない。こういうことは近ごろは四~五年に一度くらいである。逆に水が要らなくなった時、青龍寺川に電話して、林崎堰に入る水門を閉じる連絡をする。水をかけるので水門を開けるという連絡も。青龍寺川土地改良区では堰守の連絡がなければ開閉しない。堰守は鍵をもっていて、開閉する権限がある。開閉はそう頻繁にはない。普段は開けっ放し。ただ大雨が降ると、水門番が閉めることはある。大山川の改修が進んで、冠水はなくなった。一九六〇(昭和三五)年着工、一九六二(昭和三七)年くらいまで林崎関係分の改修工事。それまで大山川の沿岸はよく冠水した。

梅木豊太の話は続く。青龍寺川の四つの堰相互の水の配分の協定はとくにない。昔からそれぞれ勝手に取り入れていた。高田堰は土地が低く、昔からわりに水の便はよかったが、林崎堰は土地が高く、水の便が悪かった。とくに林崎の田は大山川沿いで砂質壌土で水を吸収する。昭和三八年頃の改修まで、よく渇水になった。そういう時には、部落の「水門守《みともり》」が全員出て、石を積んで水をせき止め水位を上げて林崎堰に流し込んだりした。下流から見回りが来て喧嘩になったこともあった。部落の中でも、渇水の時には、各家の水門守をみな公民館に集めてカンヅメにして、一人が出て行って掛けて帰ってくると、次にその下の人が行くという風に、順番を決めて水掛けをしたこともある。これは生産組合の仕事だった。林崎堰と通称している水利組織の正式名称は、かつては「林崎水利組合」といった。その後京田地区で合併して、「京田土地改良区林崎堰」となった。林崎堰の関係三部落でとくに協定の文書はない。水が足りない時は、前述のような議論をして決める。(1)

(1) 一九七一年三月時点の筆者の調査ノートによる。

家における分業体制と村における職能分化

　ここで「水門守」とは、それぞれの家の水利の仕事を担当している人のことだが、一般にはその家の鍬頭が務めたもののようである。先に、大正期の川北飽海郡北平田村大字新青渡の、「農事改良實行組合」が発足した時の「規約」と「鍬頭規約」を掲げたが、戦後のものとして一九六五（昭和四〇）年時点の、川南鶴岡市小淀川の「水門守規約」と「鍬頭規約」が『青龍寺川史』のなかに掲載されているので、やや長くなるが、次に紹介しておくことにしよう。

　　水戸《ママ》守規約

一、この規約は灌排水路、暗渠排水等の維持管理を目的とする。
一、水戸《ママ》守は一戸一名とする。
一、苗代期前には責任を以って水路水門の整備を行う。
一、村東は午前六時……午後六時迄揚水する。
一、大上、甚太郎揚げは隔日に揚水する。
一、馬場揚げは午前中高揚げ午後、二・五枚夜間二枚とする。
（…中略…）
一、村西は流水の状況を勘案し関係者で決める。
（…中略…）
一、流水状況に応ず《ママ》番水制を行う事もある。
一、他人の揚水中無断で払わぬ様にする。

一、揚げ水不可能の時は水門を受けぬ様にする。
一、他人が揚げ水中は便乗的行為はせぬ事。
一、揚水以外は水門を全部払う事。
一、水門底面は堰床より低くする事。
一、水門等、塞ぐ時は農道他人の土は用いぬ事。
一、水門の戸板は他の水門のものは使用せぬ事。
一、水門は規格品を用いる事。
一、寺田堰の分岐路等の協議は両部落責任者若干者で協議する事もある。
但し協議内容は機会ある時に報告する。

鍬頭規約

一、鍬頭の諸行事には万障繰合せ出席する事。
(不在居の時は代人も可能) 但同一家族とする。
一、除草中農道境畦畔等に雑草放置せぬ事。
一、境畦畔には豆類を植ぬ事。
一、境畦畔の巾は三分を維持すること (一尺八分)
一、道路農道の草は作業に支障なき様刈取る事。
一、稗 (ヒエ) は水路道路上に散乱放置せぬ事。

（…中略…）

一、道路、農道には稲架はせぬ事。

一、水上の境畦畔には稲架はせぬ事。

一、淹水路は淹水する者五分溝は落水者が掃除清掃を行う。

排水路は落水者が掃除を行う。

耕作者のない場合は関係者協議の上実施する、

（…中略…）

以上の規約は総会の席上1/2以上の賛否で改廃できる。

紛争解決委員会規約

一、前記規約に照合せ利害相反する事柄が生じた時其紛争の調停解決するを目的とする。

一、委員会構成は委員五名とする。

委員は、年長者順とする。最年長者を以て委員長とする。

他に実行組合長並生産部担当理事を加える。

一、任期は一年とする。

一、紛争解決の手段方法等警告其の他の処置を講ずる

右決定する。

昭和四十年六月十八日

小淀川農事実行組合(1)

ここで注目しておきたいのは、水門守は一戸一名であること、それぞれの水の取入れ口ごとに揚水時限が決められていること、京田地区について梅木豊太が証言していたように、必要に応じて番水制がとられていること、など厳密に用水のルールが決められていることである。また併せて鍬頭規約が定められており、灌排水路や畦畔の管理等を含めて、庄内地方における稲作が村の秩序を背景にもつことによって、支障なく営まれていることが分かる。しかも、その秩序に問題が生じた場合には、紛争を解決するための委員会までが規約をもって定められている。庄内稲作の生産力は、先に見た農法つまり農業技術の問題であるとともに、このような家における分業体制と村における機能分化によって支えられ、齟齬なく営まれているのである。

(1) 佐藤誠朗・志村博康『青龍寺川史』青龍寺川土地改良区、一九七四年、八二二〜三ページ。

第一〇章　庄内稲作と構造改善事業

第一節　農地改革後の生産力発展と「農業の曲がり角」

再出発点としての農地改革

農地改革は、たしかに日本農業、農村の再出発点だった。その基本は、いうまでもなく地主所有地の小作農民への解放であり、この改革によって、地主所有地はほとんど失われ、これまで小作料を支払って地主所有地を耕作してきた小作農民は、自ら土地を所有する自作農民に転化したのである。具体的な手続きとしては、国家が地主所有地を買い上げ、それを小作農民に売り渡すという方法で行われた。これは有償であったが、当時のインフレのなかで、売り渡しは順調に進んだ。こうして、かつての小作農民は自らの所有地を耕作する自作農民になった。その経済的地位が大きく改善されたことはいうまでもない。このことは全国的にもよく語られているが、とくに庄内地方は、論者によって「千町歩地主地々帯」といわれたように(1)、地主制、とくに町方の大地主の土地所有が大規模に発達した地域であり、その変化は著しかった。しかし庄内地方の場合、耕作農民が地主制の重圧の下にあったというだけでなく、むしろそれ故に、先に見たように地主、とくに町方地主に対して小作争議が果敢に闘われた地域でもあった。しかも、これも先に第七章第二節でも見たように、小作農民の小作権（耕作権か—面接による聞き取りの際、このどちらにも聞こえた）が相対的に確立していたことも見落してはならない。そのような条件の下で、戦時期の労働力不足のなかで交換分合が実施され、その順調な進行のために自作農創設が行われ、第八章で紹介した旧飽海郡北平田村の事例などでは、大幅な小作地の解放を実現しているのである。ここでは戦後の農地改革は、この戦時期の交換分合の「総仕上げ」として取り組まれたのであった。そして庄内地方の場合は、創設自作農民の所有上限がむしろ問題であった。むろんこれは、地域の実状によって、かなり異なった動きを示した。これも先に述べたように、自作大経営層の発言力の強い村では、山形県農地委員会決定の上限四町四反としたところもあったが、しかしそれでも戦前の五町歩を越えるような大規模経営面積からは下回っていた。他方、小作争議の拠点村であった旧飽海郡北平田村（現酒田市）では、県農地委員会決定に先だって独自に三町五反に決定しているのだった。

こうして、かつての大規模経営層の経営地は縮減され、その分の土地が中規模ないし小規模層に付け加えられて、戦後つまり農地改革後の庄内稲作を担う新しい層が形成された。つまり戦前より一回り小粒化した自作農民の分厚い層である。この層が改革後の稲作の発展を担うのである。とくに北平田村では、他の村よりも一層規模を縮小した「三・五町層」がその担い手であった。先に掲げた**図表8-9**を参照願いたい。まず一九三八（昭和一三）年の五町以上一二戸が一九四七（昭和二二）年にはゼロとなっていることが目を引く。つまり五町以上の大規模経営層が戦時期の労働力不足によって規模を縮小して三〜五町層に移ったのである。その三〜五町層は一九四七年の一一六戸が、一九五〇（昭和二五）年に一二六戸と増大している。これが農地改革時の変化であるが、ただしここで統計資料によって三〜五町層とされている層は、実は「三・五町層」なのである。つまり、例えばかつての四町前後層も若干規模を縮小してこの層に移ったはずであるし、また逆に二〜三町層から規模を拡大して三・五町層に移った家もここに含まれているはずである。このように農地改革後に顕著に数を増やした北平田村の「三・五町層」には、かつての自作地主、自作、自小作、小作など所有関係においてさまざまな家がすべて自作化して含まれている他、経営規模においても大規模層からの縮小、中規模層からの拡大などさまざまな性格の家が含まれているのである。

（1）山田盛太郎『日本農業生産力構造』岩波書店、一九六〇年、七三～七七ページ。

庄内稲作の新しい担い手

こうして、戦後の農地改革によって、かつてよりやや規模を縮小した庄内稲作を担う新しい上層農家が生み出された。北平田村の場合は、それがやや極端に現れているが、一般的にも、全農民の自作化と大規模層の一回り小粒化は農地改革後の庄内稲作の担い手の特質であった。

それとともにもう一点、先に掲げた**図表7-3**に見るように、戦時期に庄内三郡において約一万人、一割近い減少を示した男子人口が、敗戦直後一九四五年一一月には二万人の増に転じている。つまり戦時期に労働力不足に悩んだ庄内の上層農民は、敗戦後、戦地からの復員、あるいは植民地や占領地からの引揚げ、また戦災で廃墟に帰した都市部からの帰郷などによって、豊富な労働力を取り戻すことになったのである。戦前あるいは戦時期の四町、五町を越すような大規模層は改革によってなくなり、したがって年雇者を二名、三名と雇傭する経営はなくなったわけだけれども、しかし三町歩を越す経営とあれば、家族員だけで耕作することは困難である。ここでも北平田村の事例を取り上げるならば、一九五六（昭和三一）年の三～五町層は一二六戸であったが、この年の農業年雇雇傭農家数は一〇四戸、年雇者数は住込み一〇六名、通い九名となっている。[1] 時期はやや遅れるが、一九六一（昭和三六）年時点の筆者の面接記録でも、三町ちょうど位までは家族労働力だけでやれるが、その線を越えると年雇に頼らざるを得なくなる、といわれているから、北平田村の三・五町（前後）層のほとんどすべてが、年雇を一名程度雇傭する労働力編成をとっていたと見ることができよう。[2] 農地改革後の新しい庄内農業の担い手は、このような状況にあった。

(1) 一九五六(昭和三一)年二月一日の山形県農林水産業調査による(昭和三〇年『山形県統計書』一九五七(昭和三二)年三月刊、所収)。
(2) 一九六一年六月時点の筆者の調査ノートによる。

改革後生産力発展と篤農技術

このような新しい上層農を先頭に立てて庄内農民は生産力発展に懸命に取り組んでいった。その成果を、**図表10-1**によって北平田村の水稲反収の推移に見ると、敗戦の年一九四五(昭和二〇)年の反収二石には、先の第七章第一節で見た阿部太一の言葉にあったような「ウソ」という側面もあったかもしれないが、しかし労働力も生産資材も欠乏した戦時期の農業荒廃による収量低下は否定出来ない事実であろう。それが農地改革時には戦前水準を取り戻し、一九五四(昭和二九)年には反収三石二斗、八俵の水準に達するのである。さらに翌一九五五(昭和三〇)年には、反収三石六斗、九俵の記録を達成する。この発展を支えたのは、先ず始めは、戦前から継承されてきた篤農技術だったようである。後に農協青年部の指導的メンバーの一人として活躍する大字久保田の渋谷譲治によると、その中心は分施技術、育苗技術で、本楯村の杉山良太や北平田村大字牧曽根の五十嵐彦作などの田を見学に行き、教えを乞うたという[1]。先に第五章で見た庄内農村の「青田巡り」の伝統が、戦後の青年たちにも生きていたのである。また大字中野曽根の阿曽敏勝によると、部落内の二つのグループがそれぞれに、本間農場の中鉢幸夫と松柏会講師の五十嵐長蔵を呼んで、稲作技術の習得に努めたという[2]。このことには、先の第六章で紹介した、昭和二〇年代後半頃東亜連盟との関連で部落を二分したという出来ごとが関わっているのかもしれないが、しかしここで重要なのは、昭和二〇年代に、多くの部落でこのような篤農技術の習得が行われたということである。一九四七(昭和二二)年には、『荘内農村通信』の刊行も開始されていた。創刊の頃の内容は、第六章第四節でも紹介したように、林友治郎、杉山良太、白石伝吉の苗代や施肥についての座談会、高橋保一の催芽法の記事等、やはり篤農技術を中心とするものであった。それは、「復員帰り」の人たちをも含めて、多くの青年たちに歓迎され、急速に普及していったのである。北平田村でも、一九四八（昭和二三）年から四九（昭和二四）年頃にかけて、部落単位または数部落集まって、この雑誌の読者による農事研究グループが生まれたという。[3]やや時期は下るが、一九六一（昭和三六）年時点で北平田における『農村通信』の普及部数は一〇六部、総農家戸数三七三戸の二八％に達する。なかで新青渡部落の場合は五四戸のうち二一人が読者で、月に一度の集まりをもち、また北平田全体でも、年に三回は集まって、稲作技術の向上に努めていた。[4]そこにおいては、先に『農村通信』の記事に見たような、「稲でもよく観察すると日々どんどん變化している」、「立派な稲を作らうと思へば、少なくとも四、五年前頃からの今月今日は稲の状態がどうなってゐたか位は、ハッキリ判っていなければいけない」というような、極めて緻密な技術が要求されていたが、農民の側でも、豊富な労働力を取り戻しながら一回り規模を縮小し、しかも外延的拡大は不可能とされたが故に、緻密な肥培管理による反収増という、いわば内包的な発展をねらって、このような篤農技術的指導に応えたのである。

図表 10-1　水稲反収の推移

年時	北平田村	山形県
	石	石
1945	2.013	1.821
1946	2.552	2.240
1947	2.321	2.158
1948	2.895	2.691
1949	2.651	2.203
1950	2.739	3.360
1951	2.692	2.280
1952	2.759	2.446
1953	2.790	2.338
1954	3.200	2.726
	kg	kg
1955	547	461
1956	519	435
1957	533	456
1958	523	438
1959	482	460
1960	537	488
1961	514	475
1962	515	471
1963	552	476

注：山形県「山形縣における米作統計」1969 年による。

（1）一九八一年八月時点の筆者の調査ノートによる。
（2）一九八二年三月時点の筆者の調査ノートによる。
（3）酒田市北平田農協青年連盟『農協だより』第五号、一九五五年九月、の記事による。こうした読者の会を結集して、一九四九年一二月に、「両羽興農会」が組織された。

（4）一九六一年時点の筆者の調査ノートによる。

新生産手段の導入

この過程で、次第に新しい各種の農薬、肥料が普及し、また農業機械が取り入れられる。この段階ではまだ乗用型ではなく、歩行型の小形の耕耘機だったが、馬耕から機械耕へと転換して行く。**図表10-2**に見るように、北平田村では一九四九（昭和二四）年に最初の一台が導入され、ついで一九五〇（昭和二五）年に六台、五一（昭和二六）年一五台、五二（昭和二七）年一九台、と漸増した後、一九五三（昭和二八）年に五六台、五四（昭和二九）年に八五台と急増し、一九五八（昭和三三）年には一四一台に達している[1]。これは総農家戸数三七三戸の約三八%、三町以上の農家は一二四戸だから、そのすべてに普及してそれ以下にまで導入が広がっていることを示している。つまり、豊富に取り戻した労働力だけでなく、生産資材の面でも集約的投下を行って生産力発展を志向しているのがこの時期の特徴なのである。その主体は、右に見た、自作化してかつてよりは一回り小粒化した新しい上層農に他ならない。

図表10-2　動力耕耘機普及状況（北平田）

1949年	1台
1950	6
1951	15
1952	19
1953	56
1954	85
1955	90
1956	98
1957	131
1958	141

注：『北平田農協だより』第46号、1959年1月、による。

ここでこれまで見てきた明治以降の庄内農業における耕耘手段の展開過程を振り返って見るなら、湿田時代の人力耕から明治二〇年代以降進められた乾田化を前提に、馬耕が取り入れられて行くのはほぼ明治三〇（一八九七）年前後の頃だったから、それから一九五八（昭和三三）年で約六〇年になる。馬耕は時に伝統的などといわれ、長く続いたもののような印象もあるが、それが廃れて耕耘機時代となったのが右に見たように一九五五（昭和三〇）年代、さらに乗用のトラクターが普及していったのが一九六五（昭和四〇）年代だから、機械耕の時代はもはや六〇年になる。

（1）第九章第一節で見た佐藤喜三郎の証言では、「昭和二十年に中野曽根では二戸或は三戸が共同して秋山式の耕耘機を七、八台購入し

図表 10-3　農業労働力と耕耘手段の変化（北平田）

	農家数	農家世帯員	農業常雇	役肉牛	馬	耕耘機	トラクター
	戸	人	人	頭	頭	台	台
1950 年	378	2,638	57	69	202	—	—
1956	373	2,579	115	133	152	80	—
1960	374	2,460	118	181	63	156	—
1965	367	2,130	13	160	2	229	8
1970	365	1,975	3	97	1	107	82

注 1：1956 年は山形県農林水産業調査。但、耕耘機台数のみは 1955 年の臨時農業基本調査（市町村別統計表）による。その他の年次は、センサス。
注 2：1965 年と 1970 年の農業常雇は、雇傭農家数である。

た。この耕耘機の購入には農協で一台につき三万円の補助金を交付した」とある。右の農協青年部の調べには、佐藤が中野曽根で昭和二〇年に行われたと述べている導入台数は含まれていないようである。この食い違いは、「耕耘機」といわれるものの名称の違いなのかどうか、佐藤のいう「耕耘機」が後に一般に動力耕耘機といわれるものだったとすれば、昭和二〇年という証言はいささか早すぎるようにも思うが、この食い違いの理由は分からない。

改革後庄内稲作の発展から「農業の曲がり角」へ

以上見てきたように、農地改革後一九五〇年代の庄内稲作の発展は、敗戦による復員、引揚げなどによって豊富な労働力を取り戻し、年雇に依存して経営を展開することが出来た時期のものだった。この頃の庄内稲作を担った労働力と耕耘手段の状況とその後の変化を見るために、**図表10-3**を掲げておこう。これによると、農地改革直後の一九五〇（昭和二五）年に五七人だった北平田村の年雇者は、以後急増して一九五六（昭和三一）年に一一五人となり、この人数は一九六〇（昭和三五）年までは維持されている。北平田村の三・五町層一戸にほぼ一人の割合である。この間、動力耕耘機の導入も急速に進む。このように、一方において農業機械化が進みながら、しかし他方において雇傭労働力は減らないという現象が現れたのはなぜか。そこに「農民層のブルジョア的分解傾向」、つまり雇傭労働力による資本主義的経営の「萌芽」を見る見解もあったが[1]、現実はそうではなくて、先に見たような戦地からの復員、植民地や占領地等からの引き揚げ、戦災地からの帰村などによって農村部に蓄積された膨大な過剰人口、その結果とし

図表 10-4　主要農作業協定賃金の変化

	春一般作業		田植	稲刈		秋一般作業		機械作業	
	男	女		男	女	男	女	耕耘	代掻
	円	円	円	円	円	円	円	円	円
1960 年	300	250	450	500	400	350	250	—	—
1963	450	400	750	800	700	450	400	1,100	550
1966	720	680	1,280	1,280	1,120	720	680	1,500	1,000

注 1：1960 年と 1963 年は北平田地区、1966 年は酒田市全域についての協定賃金である。
注 2：機械作業は 1 反当り、他は 1 日当りである。
注 3：菅野正・田原音和・細谷昂『東北農民の思想と行動――庄内農村の研究――』御茶の水書房、1984 年、659 ページ。

ての低賃金こそがその基盤だったのである。佐藤繁実が報告する昭和三四年度の酒田市中平田農業協同組合の年雇給金協定表によると、鍬頭で五～六万円、馬使い四～五万円、並若勢二～四万円という水準であり、「このような年雇給金のうえでの序列がやや失われてくるのは、昭和三六～三七年ごろである」[2]という。**図表10-4**は、一日当りの農業労賃に一日の賄評価額を加えたものであるが、一九六〇（昭和三五）年までは、農村物価（家計用品）の上昇に追いつくかどうか、といった程度の上昇率にすぎなかった。

しかし、農地改革後の庄内農業を支えたこのような基盤が揺らいでくるまでには、それほど時間はかからなかった。**図表10-3**に見るように一九六〇（昭和三五）年を過ぎると年雇者は急激に減少して、五年後の一九六五（昭和四〇）年には一三人と、ほとんどネグリジブルな数になる。しかしこれはセンサスの統計数字なので、五年という期間の変化しか示していないが、報告者の調査ノートに記録された北平田公民館調べでは一九六一（昭和三六）年に五九人とされている[3]。一一八人を数えた一九六〇年の一年後で半減である。そして一九六五年の一三人へと続くわけである。一九六〇年といえば、日本経済のいわゆる「高度成長」の開始期である。これは、都市部における労働力需要による労働力吸引の結果に他ならない。そのことは、**図表10-5**に掲げる職業紹介状況によって明らかといえよう。これは山形県の数字だが、一九六〇年以降、求人数が急増している。それは当然に労賃水準に反映する。**図表10-4**に掲げた農業労賃は一九六〇年以降急上昇を開始している。この頃から、「高度成長」を開始した日本資本主義の労働力吸引が、直接にここ庄内地方にも押し寄せてきたのである。

しかもこのような外部的要因に、農業内部の要因が相互規定的に作用する。先に掲げた**図表10−1**に見るように、一九五五（昭和三〇）年に「史上最高」を記録した水稲反収は、以後「高位安定」を続けるが、それは裏を返せば、発展の停滞に他ならなかった。「四石のカベ」とは当時よく語られたことばであるが、平均的にはそのかなり手前のところで足踏みせざるをえなかったのである。反収は停滞するなかで、年雇労働力は不足し労賃は上昇する。そこで家族労働力で経営しようとして機械化に向かえば、機械購入のための経営費は膨張する。こうして一九六〇年は、まさに庄内稲作にとって「農業の曲がり角」だったのである。この事態に対して、庄内農民はどのように対処しようとしたのか。その主体は、年雇や次三男をも組み込みつつ、低賃金水準に基盤をおく、これまでの上層農民の農業労働力編成、その「家」ではありえない。かれらの「家」は、今や世帯主夫婦とあととり夫婦、そして年少未就労の孫たちという、単純な構成に変化している。一戸あたり、一九五五（昭和三〇）年六・七人、一九六〇（昭和三五）年六・四人、一九六五（昭和四〇）年五・九人という、農家家族員数の急減がそのことを物語っていよう。佐藤繁実はこの事態を、「昭和三〇年以降の農業から他産業への労働力流出は、上層農家の『あととり』を厚く守ってきた、やとい、『若勢』、次三男をつぎつぎと上層農家の労働力構造から分離していった。こうして『あととり』のみが孤立した形で『いえ』の農業を守る最後のとりでとして、まさに『点』として残ったのである」と表現している[4]。そして、残る貴重な「あととり」農民は、たんに

図表 10−5　職業紹介状況（山形県—一般、新規）

	求人	求職
	人	人
1950年	15,298	39,413
1951	19,726	43,708
1952	20,896	43,729
1953	21,510	40,457
1954	25,649	49,137
1955	28,885	50,862
1956	30,339	57,784
1957	51,090	72,043
1958	41,463	67,702
1959	45,193	76,049
1960	62,006	85,389
1961	70,426	84,551
1962	82,060	97,702

注：「山形農林水産統計年報」各年次による。

基幹労働力としてのみでなく、同時に非常に若い「鍬頭」としての役割を担うようになっていた。(5) 若い「あととり」層が舞台の前面に立ち現れるのは、まさに戦後的特徴といえるであろう。その時、政策の側から提起されたのが、「農業構造改善事業」であった。

(1) 塙遼一『変革期の日本農業』未来社、一九六八年、九六ページ。
(2) 佐藤繁実『農業経営の若い創造力』日本の農業41、農政調査委員会、一九六五年、一五ページ。
(3) 一九六〇年六月時点の筆者の調査ノートによる。
(4) 佐藤繁実、前掲書、一七ページ。
(5) 佐藤繁実、前掲書、一九ページ。

第二節　「庄内農村問題研究会」と構造改善事業の「酒田方式」

「庄内農村問題研究会」と酒田「革新市政」

ここで、農地改革後の庄内農業が「曲がり角」に直面した頃、政策の側から提起された「農業構造改善事業」に対して、庄内農民がどのように対応したかについて見ることにしよう。当時「酒田方式」として有名になった庄内独特の構造改善事業と、これも庄内独自の「部落ぐるみの集団栽培」を取り上げることにしたい。それは、「家」を主体とし、「村」によって支えられた庄内稲作の特質をよく反映していると思われるからである。しかしそこには、少なくとも酒田市域に関する限り、一九五九（昭和三四）年に成立した小山孫次郎市長の酒田「革新市政」が大きく関わっており、またその背景には「庄内農村問題研究会」という農村青年たちの研究グループの活動があったので、まずその経緯について見ることから始めよう。

「庄内農村問題研究会」の中心人物は、酒田在住の在野の農政評論家であり、農業経営の指導者でもあった佐藤繁実であった。筆者は一九六七（昭和四二）年七月に佐藤繁実の肝煎りでこの研究会のメンバーと座談の機会を持つことが出来たが、その席に集まったのは、農村通信社の丸藤政吉の他、それぞれ農業経営を営んでいる酒田市域の四名ほどの青年だった。この時の座談の主内容は当時庄内稲作の中心課題となっていた集団栽培に関してであったが、集団栽培の具体的内容については以下にいくつかの事例によって紹介することにするので、ここでは座談の内容については割愛しておきたい。その中心人物佐藤繁実については、先に第九章第二節で、その「上層農家の農業労働力編成（原基形態）」に関する所説を紹介したが、ここであらためて簡単にその経歴を紹介しておくと、旧飽海郡八幡町大字大島田（現酒田市）に、大規模経営農家の次男として生まれ、県立酒田中学校（現酒田東高）卒業後明治大学政治経済学部卒業、同大学院修士課程修了、その後、山形県農業協同組合講習所講師、農村通信編集委員、農政ジャーナリストの会会員、農林水産省農業者大学校や東京大学などで特別講師として講義を担当した。しかし、遂に「宮仕え」はせずに、在野を通した人物である。また、中国にもしばしば赴き、稲作をはじめとする農業経営の実地指導を行い、河北大学日本研究所で論文指導に当たるなどして、河北大学名誉教授となり、河北省人民政府栄誉賞を受賞した。佐藤に捧げられた追悼文集に日中両国の執筆者による『追悼　佐藤繁実先生文集』があるが、その編集委員の一人阿部順吉が「あとがき」のなかで、「誰もが佐藤先生については、強烈な印象をもっているけれども、それは繁実さんのある一面であって、誰も彼の全体像を知ることは出来なかった」と書いており、ここで「在野の農政評論家」と書いたのが当たっていたかどうか、筆者にも自信はない(1)。

さて、酒田革新市政を担った小山孫次郎は、鶴岡の出身で、酒田の大地主小山家(2)に養子として迎えられていた人であるが、東京大学農学部に学び、卒業後満鉄調査部勤務、戦後農林省総合農業研究所勤務という経歴からも分かるように、農業問題については見識を持った人物だった。佐藤繁実によると、小山市長登場の背景には、まず第一に「湯野浜問題」が大きかったという。この「湯野浜問題」とは、『酒田市史』改訂版・下巻にも記述されているので[3]、ここで詳細にわたることは避けるが、要するに庄内の著名な温泉場である湯野浜が鶴岡に合併するか酒田に合併するかで、一九五四（昭和二九）年から足掛け四年の長きにわたって争われた出来ごとであり、その利権問題で対立候補に市民の批判があったことを指している。第二として、当時の第一次革新首長登場の背景がある。これについて佐藤自身なかなか難しい問題で、自分でも回答に困ると述べているが、しかし小山自身はその著『地方十万都市』の中で「昭和三四年当時は全国を見渡しても革新自治体の数は寥々たる状態であった。東北地方で革新市政と銘うって成功したのはその前年二月の、仙台革新市政がはじめてであった。酒田市労連は早くもこの時期に、秋田市とともに東北二番目を目指して、その年の選挙に賭けたのである[4]」と述べている。佐藤は第三として、一九五五年頃の農村社会の急速な変貌をあげている。戦後の食管改正がクローズアップされていて、それへの対応が迫られていた時期である。そういう状況の中で、小山は一九五五年前後から酒田で農林省農業総合研究所の駐在研究員をしていた。その頃、学者たちが農業問題の研究のために庄内詣でをしていたが、小山や、また佐藤を頼って来る人が多く、そういう機会に農業問題に意識のある農民が小山の周りに集まっていて、農業問題に詳しい人という評価が定着していた。第四に、これまで当主ではなくとも、末家が関与して長く酒田市政を牛耳ってきた本間家の力が弱まって、そこからの離脱が容易であったことがある。この人なら、本間家の息のかかった従来の市政とは違った市政をやってくれるだろうという期待感があった。第五に、第一次革新自治体登場の背景と同じだが、酒田飽海地区の労働組合の最盛期といってよい時期だった。末端の組合員まで政治への意識が高く、そういう時は投票率が高く、革新自治体が誕生する。なお、佐藤繁実によると、戦前の農民運動とのつながりは全くない。一部そういう人物が関係して来たことはあるが、それは後からついて来ただけだという。小山を押した中心勢力は第一に地区労青年部、第二に農村の三〇歳前後の青年たちだった。

小山孫次郎は、一九五九年二月に立候補声明を行ったが、佐藤繁実によると、実はその前、一九五八年一一月に、だれか学者が来た時に、小山の周りに集まっていた人たちが郷土を考える会のような会を作って今後連携を取り合おうということになっていた。そこに立候補声明があったのであわてて「庄内農村問題研究会」を発足させたという。なお、ここで小山の著書『地方十万都市』を見ると、小山に立候補要請を行ったのは、社共両党と地区労だったようで、その「執拗な勧誘」に抗し切れず立候補を了承したのが、この一九五九年二月の立候補声明だったようである。(5) ここまでは、各都市の革新首長の支持母体と同じである。しかし小山によると、「地方十万都市」は、昭和二八年の町村合併促進法によって人為的につくられたもので、人口四、五万の町が「周辺を合併してたてよこに拡がっただけのことなので、都市とは言っても、その実質の何倍も広い田舎を抱え込んでいるのが普通である」(6)。酒田もそのような「地方十万都市」だとすると、単に都市部の住民だけでなく、「何倍も広い」農村部の住民の要求にどう応えて行くかが重要なはずであった。まさにそのような「何倍も広い」、しかも「曲がり角」に差しかかっていた農村部の住民の要求を集約して、「革新市政」に反映させようとしたのがこの「庄内農村問題研究会」だったのである。

この選挙は、「十万市民の予想に反して」、小山孫次郎が二万六千四百八十二票で当選した。対立候補は二万六千四百七十三票で、その差実に九票であった。「手間どった開票は市民たちの興奮と怒号の渦の中で翌五月一日の朝まで続いた。十万市民はこのきわどい接戦と予期しない結果に沸き返った」(7)。こうしてこの研究会の活動は、もはや選挙対策ではなく、むしろ小山市政の農政が如何にあるべきかの研究と提言に向かうことになる。佐藤繁実の回顧によると、例えば一九五九年秋には、研究会メンバー一〇人ほどで、長野県のリンゴと酪農を結びつけた経営の見学に行った。個別経営だったが、リンゴの防除機などは共同だった。帰りに新利根農協を見学、その際に農技研と農総研の人たちと話し合った。帰ってきて、その報告会を農村問題研究会でやった。この頃が一番人数が多くて、酒田、八幡、遊佐、余目、平田の人たち七〇人余がメンバーだった。一回会合をすると少なくとも三〜四〇人は集まった。それがきっかけになって、共同化を考えるということになっていった。共同化について模索していたのは、一九五九年暮からである。筆者が前著で紹介した北平田農協青年部が共同化に目を向けだしたのも、この頃からだった。[8] そして一九六〇年、全国的にも有名になった北平田の太成農場、[9] 中野曽根の共同養豚[10]の他、北部農協の共同酪農、平田町楯橋共同養豚、八幡町誠勝農園、などの共同化が一斉に発足することになる。酒田市政は、そのような取り組みを育成すべく一九六〇年暫定予算を組んで、市単独で共同化前の取り組みであった。「曲がり角」農政の中での一つの模索として、これらは農基法よりもに対して一部助成を行った。六一年以降は、共同作業、共同利用の促進育成事業として助成を行った。また過剰投資を防ぐために近代化資金の融資に一定の条件をつけ、若干の利子補給も行った。しかしこの時期は、まだ耕耘機段階だった。

（1）以下、佐藤繁実の談によって記述を進めるが、その面接は、一九七八年八月、一九八一年七月、および一九八三年四月に酒田市内において行われたものである（これら時点の筆者の調査ノートによる）。なお、筆者がはじめて庄内の集団栽培を訪問したのは一九六六年だったが、その時に案内してくれたのも佐藤繁実だったし、その時以来、数えきれない程の面接の機会を与えて頂いている。ここに紹介するのは、そのほんの一端である。また筆者に中国農村調査の機会を与えてくれて、一緒に中国の村を歩いたのも佐藤である。そのような縁で、筆者（細谷）が、右の追悼文集の編集者代表をつとめさせた頂いた。なお、この時の中国農村調査の報告書として、細谷昂・菅野正・中島信博・小林一穂・藤山嘉夫・不破和彦・牛鳳瑞『沸騰する中国農村』御茶の水書房、一九九七年、がある。

（2）小山家は、大正一三年の「五十町歩以上の大地主」調査によると、田八〇・二町歩、畑二・〇町歩、合計八二・二町歩を所有しており、本間家（信成合資会社）の田一、六八一・四町歩、畑六八・二町歩には遠く及ばないが、しかし酒田町住の地主としては四位に位置する堂々たる大地主である（但し、この資料にはある地主の住所に疑義があり、その人を酒田町住とすると、第五位となる）。

（3）酒田市史編纂委員会編『酒田市史』改訂版・下巻、酒田市、一九九五年、九二五〜九二九ページ。

(4) 小山孫次郎『地方十万都市——ある初期の革新市政はなにを体験したか——』第二版、地方十万都市刊行会、一九七七年、一〇ページ。
(5) 小山孫次郎、前掲書、八ページ。
(6) 小山孫次郎、前掲書、二ページ。
(7) 小山孫次郎、前掲書、一〇ページ。
(8) 菅野正・田原音和・細谷昂『東北農民の思想と行動——庄内農村の研究——』御茶の水書房、一九八四年、五八九〜六四五ページ。
(9) 「太成農場」については、阿部順吉・渋谷譲治・渋谷昭治『やってみないわけにはいかない——太成農場の設立をめぐって——』酒田市、一九六〇年、という、いわば自己紹介的パンフレットが公刊されている。
(10) これら「太成農場」と「中野曽根共同家畜組合」については、農林省農林経済局『続・農業共同化』一九六一年、三六〜五八ページ、六三〜七〇ページ、を参照されたい。

庄内経済連の「モデル事業」

佐藤繁実の話の続き。一九六二(昭和三七)年から、一三〜一七馬力位のトラクターの実用化のめどがつき、それから徐々に入り始めた。市政としては、できるだけ共同利用計画を立てさせて近代化資金を貸すようにした。一九六三(昭和三八)年、下藤塚(藩政村、明治初期の豊里村、当時は酒田市)にいわゆる集団栽培が出て来る。庄内経済連(山形県庄内経済農業協同組合連合会)もモデル事業としてとりあげて、数ケ所が指定になった。ここでモデル事業といわれているのは、経済連が、一九六三(昭和三八)年以降実施した「水稲集団栽培モデル地区設置」事業のことである。その「設置要綱」によると、対象地区は、「原則として二〇ha以上」、「水系別条件を具備し、地区農家の自主的意欲ある集団地」とされ、その必須事項として、(1)品種の統一、(2)用水管理の統一、(3)施肥の統一、(4)病虫害共同防除の他、(5)実施可能な地区より実施する作業として、共同苗代、耕起に関して合理的作業の分化、集団ごとの共同田植、共同刈取、脱穀調整に関しては所有農機具の効率的利用を掲げていた。そしてその組織は、「集団栽培に参加する農家全員の意志による自主的組織とする」として、名称は「水稲集団栽培推進委員会」とし、農協が「協力組織」とされていた。ここで注目したいのは、それが各農家の「地区」ごとのまとまりとそれへの自主的参加が強調されている点であろう。また指定した地区の農協に対しては「経費の一部助成を行う」が、その経費とは、品種統一の場合の種籾代、共同防除の農薬代、施肥基準による化成肥料代、用水管理の労力費、あるいは事務費助成などである。また「モデル地区の指定は原則として一地区一年限りとし継続しない」となっている。[1] これで見ると、この地区指定とは、自主的な共同化の動きの「モデル」としての認定であって、助成も共同化にかかるいわばソフト面の経費だけで、機械の購入経費などは想定されていない。初年度つまり一九六三年には、五集団がモデルとして認定されているが、それらの集団栽培組合の多くは、広瀬農協管内の上野新田、押切農協管内の三本木、余目農協管内の平岡、八栄里農協管内の近江新田など藩政村の名前をつけている。これらの藩政村は、明治の町村制によって新行政村が成立して以降は大字ないし小字となっており、これら集団は、明治以降の日常的用語でいえば「部落」において「自主的」に形成された集団だと見ることが出来よう。[2]

（1）庄内経済連「昭和三八年度水稲集団栽培モデル地区設置要綱」による。
（2）やはりこの時指定を受けている大沢農協の「白玉川」だけは川の名前であって、何らかの理由でその地域を流れる川の名称をとって集団名としたのであろうが、その事情は分からない。

大型ではなくまず中型トラクターから

佐藤繁実の話はさらに続く。他方一九六一（昭和三六）年から構造改善事業が出て来る。余目でそのモデル事業をやろうとしたが失敗。実施できないでしまう。一九六〇～六一年に外国製の大型トラクターを使って（大部分「新農村」[1]を使って入れた）深耕密植の試験をやった。稲の姿は変わったが、「四石のカベ」を破ることはできなかった。教訓として、大型機械をすぐ入れるのは難しい。中型の方が収量を安定させることができる、ということだった。一九六二、三年頃、小淀川[2]での実験集落事業でも、大型トラクター、大型コンバインでやったが、それよりも中型の方がよい、大型はうまく行かない、という結論になった。そういう判断で出てきたのが集団栽培だった。一九六四年である。蕨岡の法人[3]もこの年に発足している。

一九六四年六月頃、小山市長、農村通信の丸藤政吉、佐藤、酒田市の板垣農水産課長が仙台に行って、久我通武東北農政局長[4]に面会して直談判した。構造改善でいらない機械まで導入させるのはおかしい。今一番欲しいのは中型トラクターだ、今は近代化資金でやっている。格納庫なども入れたい。いらないアタッチメントなどは買わせない方がいい。酒田に見に来て下さい、といってきた。久我さんは、それを裏付ける計画書を作ってきてくれといった。一九六五年、東、北、南と三つに地域区分した計画を立てた。最初、東部が該当になったと思う。久我さんは局長の頃、三回くらい庄内に来ている。大名旅行もあったが、車で一人くらい連れて来たものである。よく見てくれた。

久我さんに伝えたのは、基盤整備をやれば大型を使うことになろうが、しかし今は大型技術は未整備だ、今四石のカベを破るのは中型だ、という基本的考え方だった。四石のカベを破るようになれば基盤整備の動きも出て来るといった。最上川等の灌排水事業が始まったばかりなのに、今末端の基盤整備事業をやらせるのはおかしいといって、基盤整備事業を抜きにして中型トラクターの導入に絞った構造改善にすべきだと主張した。これが酒田方式として有名になったが、それはしかし、農政局向けの理屈として使ったので、主な意識ではない。

むしろ重要だったのは、一九六一年から、東京大学の川田信一郎グループが庄内で稲の根の研究を始めた、その結論だった。川田先生自身がその論文集の序文で書いているが、[5]小山さんから、市で一〇万の助成をするから四石のカベを破るためにやってくれと頼まれて始めた研究である。もう一つは、将来の増収のための土壌とはどういうものかを、稲の生理の面からやってくれと頼まれた。助成は三年くらいだったが、実際は一〇年ほどもやった。一九六五年頃になるが、それで分かったのは、根が張れる田の条件とは、水を自由にコントロールできる田だということだった。今でいえば透水性と間断潅水である。そこから、本格的に基盤整備に着目し始めた。そして一九七〇年から、基盤整備が本格的になる。減反政策が出てからのことである。こういう川田先生たちに研究してもらっていることを話して、基盤整備は後回しにしてもらった。一九六三年頃から米が余りそうと農林省はいいだしたが、しかし、それでも四石のカベを破ることは必要ということは、久我さんは理解してくれた。以上要するに、小山市政は、一九六一年から近代化資金の利用をチェックして共同作業、共同利用に助成を行った。しかしそれには自治体では限界がある。何らかの補助金が必要だ。ということで構造改善を結びつけていった。今の田でも中トラなら可能だ、それで四石のカベを破るきっかけにしよう、という考え方だった。

(1) 新農山漁村総合対策事業とは、「農林漁業の生産性の向上を図り他の産業部門と均衡のとれた発展を促進する」ことを目指して、昭和三一年度以降実施された事業である。

(2) 藩政期の小淀川村、明治二二年の町村制下において大泉村の大字となり、昭和三〇年以降は鶴岡市に合併。経営規模の大きい部落で山形県農試が中心になって機械化、共同化の実験を行った。

(3) 飽海郡遊佐町蕨岡地区の上小松および下小松の農事組合法人のことである。このうち上小松の法人については、第一三章で取り上げる予定である。また、劉文静・細谷昂「法人化協業組織における個と集団——農事組合法人上小松生産組合の三五年——」、日本村落研究学会『村落社会研究』第五巻第一号(通巻第九号)、一九九八年九月、三三〜四四ページ、においてすでに報告しているので、参照願えれば幸いである。

(4) 華族の家柄の出身だが、「農林統計の親」ともいわれた人で当時東北農政局長を務めていた。

（5）川田信一郎『水稲の根——その生態に関する形態形成論的研究——』論文集、農山漁村文化協会、一九八二年。

構造改善事業の背景

さてここで、やや回り道になるが、当時の構造改善事業について触れておくと、それは一九六〇年の新日米安全保障条約の締結を受けて制定された農業基本法を背景に持っていた。文字通り基本線だけの説明になるが、一九六〇年六月二三日に締結、発効した日米安保条約は、いうまでもなく安全保障条約つまり軍事条約であるが、その第二條には「経済的協力の促進」つまり経済条約の内容を含んでいた。それはやがて「貿易の自由化」を予想させるものであり、日本農業の国際競争力の強化が課題とされた。こうして構想、制定されたのが農業基本法であり、そこに提起されたのが構造農政だったのである。この一九六〇年の安保条約の締結こそが、それから五〇年を経過した今、二〇一〇年代に集団的安全保障の可否が論議され、いわゆるＴＰＰ交渉が緊迫した課題になっている、その出発点をなしたのである。以後日本農政の基調は規模拡大、大規模機械化によるコストダウンにおかれることになる。当時発表された「農業構造改善事業の計画樹立指針（案）について」によって、稲作の部分を見ると、土地基盤整備として、トラクター農業のための耕地条件を作ることを目標として「長辺の長さ　おおむね一〇〇メートル以上、短辺の長さ　おおむね三〇～四〇メートル、一区画は、おおむね三〇アール以上の規模とする」とされ、それに対応して「一作業単位二—三台のトラクター（二〇—三五馬力）および付属作業機械のセットを導入する」ことになっていた。[1] しかしこのような大型圃場、大型機械のセット導入という構造改善事業の方針には、農民の抵抗が大きく、容易に進まなかった。一九六四年時点の東北大学農学部の川相一成の報告によると、「われわれの知りえた一〇二の地域で、……なんらかの形で農民の抵抗にさらされ、問題が表面化したものだけでも六八地域におよんでいる。約七〇％が怒りと不満と不安を呼び起こしていることが分かる」という状況だった。[2] 小山市長を始め酒田市の代表団が久我局長に迫ったのは、このような大型機械導入とそれを想定した土地基盤整備事業を抜きにして当面農民の要求であった中型トラクターの導入のために助成をおこなうことだったのである。

佐藤繁実によると、庄内地方において集団栽培に流れ込んで行く共同作業、共同利用がおこなわれるようになった背景は、一九五七~八年以降、年雇、次三男労働力の激減にある。次三男不足は高校への進学率が上がったことにもよる。そこを一歩前に進めようとしたのが一九六〇年以降の共同化ブームだといえる。競争を避け入手可能な労働力をうまく、仲良く利用しようということだ。四石のカベの問題も、労力不足で適期作業ができないということもあった。又、品種選択が個々の農家でやっていたので、労力配分との関係で複雑になっていた。集団化以前にも苗代様式の変化などで、個別に対応していた。それでも不足で、一九五八~六二年頃、共同田植、共同炊事などが出て来る。

(1) 吉田寛一「米作地帯の構造改善」、近藤康男他日本農業年報編集委員会編『日本農業年報XI 構造改善――その意図と現実――』御茶の水書房、一九六二年、二〇~二一ページ。
(2) 川相一成『危機における日本農政の展開』大月書店、一九七九年、一一四ページ。

第三節 酒田方式構造改善事業の受容――北平田地区中野曽根部落の事例[1]

構造改善事業と酒田市農政

右に見たように、全国的に推し進められていた構造改善事業に対して、小山孫次郎の酒田「革新市政」は「酒田方式」と呼ばれた独自の方式で導入を計画した。そこに若い農村青年達の「庄内農村問題研究会」の活動があったことも紹介した。これらの動きを承けて当時の酒田市農水産課が展開した事業について、その「事業概要」によりながら具体的に見てゆくことにしよう。まず一九六一（昭和三六）年二月（したがって昭和三五年度末）のそれには、構造改善事業に触れた記述はなく、市単独補助事業（第一次）として、一四個所ほどの農協等に「共同利用農機具」、「共同畜舎」等に対する補助がなされている。先に見た佐藤繁実の回顧に、小山市政成立後「昭和三五年暫定予算を組んで、市単独で共同化に対して一部助成を行った」とされていたが、それがこれにあたるのであろう。その後、佐藤の談にもあったように、「昭和三六年から構造改善事業が出てくる」のであるが、それに対する酒田市の取り組みを農水産課の「事業概要」によって追って見ることにしよう。まず一九六二（昭和三七年）二月（昭和三六年度末）の「事業概要」に、最初の「農業構造改善事業」への言及が登場する。

酒田市農水産課「事業概要」に見る構造改善事業への取り組み

……（一九六一年）七月に至り国の対策の表示に呼応し、農業構造改善推進要覧等により全市の意向をまとめ、広野地域（約六三〇町、三四〇戸）のパイロット地域指定を計画したが、採択基準等の調整不能のため次いで河南地域を農村計画地域指定に切替申請をしたが、一〇月に至り全市域を対象とする一般地域指定に三転しその構想と方向を示す申請調書により三六年度指定の受入態勢をととのえた。このことはさらに本年一月に入り農産物の主産地形成化政策を中心とし、市と県における目標の設定について接渉《ママ》を重ね、目下本省において審査の段階にある（一九六二年二月）。

四月にだされた農業委員会の答申書及び酒田市農業構造改善推進協議会の対策方針等と併せ一般地域計画推進の運動を展開したが次の諸点から実施に踏切る地区態勢の確立に至らぬため、八月一三日実施年次を一年延期することに決定した。(1)とくに水稲栽培における機械化の体系が確立されていない。(2)土地条件整備において、今直ちに環境条件にマッチさせることが困難である。(3)農家負担の大きく、投下資本に対する経済効果の見通しが不安である。(4)改善の主要重点目標を何に求むべきか困難である。今後の対策としては各地区の自主的推進組織の活動を強化し、改善問題の研究を推進して具体的な実施態勢の確立を図るべく努めている(一九六二年一二月)。

本政策の推進は未だ実施に踏切るべき具体的計画の策定に至らず、昨年に引続き一般啓蒙と計画策定地区の確定に意を用い、併せて県の実験圃場である小淀川の実際について研修員を派遣する等の方法により研究に努めた。現在これらの情勢から計画策定地区の気運が生じつゝあり、今後この地区に対し先進的に施策を集中して推進を図ることとしている(一九六三年一二月)。

昭和三六年計画地域指定以来、検討を重ねてきた農業構造改善事業は昭和四一年度から着手した。実施地区は米、乳牛、肉豚を基幹作目とする河南地区(新堀、広野)と、米、肉豚を基幹作目とする中部地区(北平田、上田、本楯、西荒瀬)で、その事業内容と進捗状況は、別紙調書のとおりである。なお、本事業の第二次指定として、北部地区(南遊佐)と東部地区(東平田、中平田)を取りあげ四二年度事業着手を目標に計画を樹立し、現在は農林省と予備協議の段階である(一九六六年一一月)。

昭和三六年度計画地域指定以来検討を重ねてきた農業構造改善事業は、第一次指定地区が昭和四一年度から事業着手し、実施地区は米、乳牛肉豚を基幹作目とする南部地区……と米、肉豚を基幹作目とする中部地区(北平田、上田、本楯、西荒瀬)で三ヶ年の補助事業一九六、五三二千円と融資単独事業の二九七、三〇三千円で総事業費四九三、八三五千円となっている。更に昭和四二年度から第二次指定地区六事業に着手し、実施地区は、米、肉豚を基幹作目とする北部地区(南遊佐)と、米、乳牛、肉豚を基幹作目とする東部地区(東平田、中平田、酒田市南部)で三ヶ年の補助事業一五七、八二三千円と融資単独事業の二二七、四一七千円となっている（一九六八年二月）[2]。

このように、一九六二年一二月の「事業概要」には「実施に踏切る地区態勢の確立に至らぬ」とか、一九六三年一二月には、「具体的計画の策定に至らず、……小淀川の実際について研修員を派遣する等の方法により研究に努めた」などの記述が続く。これは佐藤繁実の談にもあったように、大型トラクターの効果について疑問があり、小淀川の実験集落事業などで種々の試験を行っていた期間に当たるのであろう。そして佐藤によると、小山市長を始め市の農水産課長を含むメンバーが東北農政局長に面会したのが一九六四（昭和三九）年六月頃、それに対して久我農政局長が「それを裏付ける計画書を作ってきてくれ」と述べたとされているが、佐藤によると、それを承けて「東、北、南と三つに地域区分した計画を立てた」というのが一九六五（昭和四〇）年であり、こうして、一九六六年一一月の「事業概要」にいうように、一九六六（昭和四一）年度から河南地区と中部地区で事業に着手し、その他の北部地区と東部地区は第二次指定を目指して農林省と予備協議に入る、という段取りになったようである。さらに一九六八年二月の「事業概要」によると、六六年から第二次指定を目指して予備協議に入った北部地区と東部地区も、一九六七（昭和四二）年から指定を受け事業に入っている。

この間の一九六七（昭和四二）年に、やはり酒田市農水産課の「酒田市農業の現況と構造改善事業について」という文書があり、それを次に掲げる。

各地区における問題点の指摘と「酒田方式」

昭和三七年三月計画作成の一般地域指定をうけ、市農業構造改善推進協議会及び各地区協議会その他農業団体との間で種々検討を重ねたが、国の施策としての趣旨については理解されるが、実施基準に基づく現地の受け入れについては、次のような多くの問題点が指摘された。

(1)実施対象地区が一部に限定されるため、行政上公平を欠く。

(2)大型機具の導入とこれを前提とした土地基盤整備、とくに大型圃場造成についても技術的な問題を含め、未だ試験段階であり直ちに取り入れることは困難である。

(3)現在各水系毎に国・県営によって土地改革事業が進められているなかで、部分的な基盤整備は将来手直しを必要とする危険性がある。……等々。

かような情勢のなかで本市農業の動向も、とくに労働力激減の対応から乗用トラクターの共同利用、或は集団栽培への作業の共同化が漸次進展の度を高め、昭和四〇年度には市単独事業として育成を講じたものでも、集団栽培三一集団、参加戸数九六九戸、面積一、七〇〇haとなり、農家の自主的な改善方向が注目されるようになった。

従って本市としては、これらの実情をふまえ、実現可能なものから積み上げて大系《ママ》化を図る方針のもとに、基盤整備については現計画の推進時点で、別の大圃場整備土地改良等の制度を活用し、構造改善対策事業では水稲作の近代化施設の整備として、大型トラクターを中心とした諸施設の導入を計画し、地域農業の実態に即した形で取組むこととなった。

この間東北農政局においても数度の現地調査がおこなわれ、農家青年層より「酒田市における農業構造改善事業の進め方について」アンケートを徴する等、また県の強力な推進指導を得て一般に称する「酒田方式」の構造改善が実現する運びとなった。(3)

これで見ると、一九六二（昭和三七）年三月に農林省からの一般地域指定を受けた後にも、現地においては種々の論議が起こったようで、そこで論議された問題点が紹介されている。それによると、⑴実施対象地区とそれからはずれた地区との「行政上公平性」という一般的な問題の他、⑵大型農機具の導入を前提とした大型圃場整備はなお技術的問題についてなお試験段階であり、直ちに取り入れることは困難であること、⑶他方で国営、県営の大規模水利事業が進められている中でそれを待たずに末端の基盤整備を行っても将来問題が出て来る可能性があること、という諸点が問題として論議されたようである。これらのうち、⑵と⑶は、先に佐藤繁実の証言によって見た問題点と同じであり、各地区においてそのような問題を指摘して議論したのは、おそらく「庄内農村問題研究会」のメンバーを含む若者たちが中心であったと推定される。そのような論議を踏まえ、先の佐藤繁実の談にあったように、それを農林省に承認させた上で作成されたのであろう一九六六年四月付の山形県酒田市「農業構造改善事業計画書」には、次のように記されている。

酒田市構造改善事業計画

本地域内を東西に縦断して流れる最上川、赤川、京田川、新田川、日向川等の各河川流域には、現在水系ごとに国営、県営、団体営を通した灌排分離の水利構造や基幹農道の整備及び再区画整理を含む大規模な改善事業が進められ、ここ五～一〇年後の本市農業基盤整備の確立が急がれておる。

この計画推進を前提として、平坦稲作地帯の農業生産は、農業機械化施設の整備を促進して、労働力の節減と耕地の高度利用による乳牛、肉豚の増殖を図り、……（以下略）……。(4)

すなわち「本地域内を東西に縦断して流れる最上川、赤川、京田川、新田川、日向川等の各河川流域には、現在水系ごとに国営、県営、団体営を通した灌排分離の水利構造や基幹農道の整備及び再区画整理を含む大規模な改善事業が進められ」ており、「この計画を前提として、平坦稲作地帯の農業生産は、農業機械化施設の整備を促進して、労働力の節減と耕地の高度利用による乳牛、肉豚の増殖を図り……」と、右の諸問題のうちとくに(3)が指摘され、灌排水の「大規模な改善事業が進められて」いることを「前提として」と、基盤整備が事実上事業計画からはずされていることが述べられている。ただしこれは、佐藤が「農政局向けの理屈として使ったので、主な意識ではない」と述べていた、その「理屈」であって、行政文書としてその「理屈」が大きく前面に打ち出されているのであろう。そして結論的には、先の一九六七（昭和四二）年の酒田市農水産課の文書にあるように、「基盤整備事業については……別の大型圃場整備土地改良の制度を活用し、構造改善対策事業では水稲作の近代化施設の整備として、大型トラクターを中心とした諸施設の導入を計画し、地域農業の実態に即した形で取組むこととなった」のである。それをこの農水産課文書では、「一般に称する『酒田方式』の構造改善が実現する運びとなった」とみずから謳っている。ただし、佐藤の談にあったもう一点、すなわち久我通武東北農政局長に面会して直談判した「構造改善でいらない機械まで導入させるのはおかしい。今一番欲しいのは中型トラクターだ」という点については、なお「大型トラクターを中心として」という形で、農林省の方針が残されていることに注意しておきたい。

（1）以下に見る酒田市中野曽根部落の集団栽培についての調査は、後に紹介する鶴岡市林崎調査に引き続く、菅野正、田原音和との共同調査である。この調査の結果は、菅野正・田原音和・細谷昂『東北農民の思想と行動——庄内農村の研究——』御茶の水書房、一九八四年、の一部として刊行された。この共著の中で、中野曽根部落の集団栽培の経過と展開過程については筆者（細谷）が担当している。そのなかでかなり詳細な説明をしているので、詳細については、この前著を参照されたい。しかしこの章の記述は、そこにおける記述との重複を避けて、具体的な文書資料や当時の関係者の語りに依拠して、改めて執筆している。

（2）酒田市経済部農水産課『農水産課業務概要』各年次による。

（3）酒田市農水産課「酒田市農業の現況と構造改善事業について」酒田市農水産課、昭和四二年　月、一二三ページ。
（4）山形県酒田市「農業構造改善事業計画書」昭和四一年四月。

酒田市中野曽根部落の構造改善事業の受容

以上、酒田市農水産課文書によって、市レベルでの構造改善事業に対する対応の経緯について見てきたが、このあたりで、われわれの事例、酒田市旧北平田村中野曽根部落の集団栽培に目を移すことにしよう。そこでまず、当時北平田農協にあって構造改善事業を地域で手がけた佐藤喜芳の回顧である[1]。すなわち、上では早くから議論があったのだろうが、しかし村では酒田方式に変わって実施年度に入って期限付きになってから、これでやるかどうかといって出されてきた。北平田で議論して、部落の過半数位で認めるかと議論して八〇％以上賛成しなければダメということにした。北平田独自でそういう申し合わせをして厳しい条件にした。市の方でも北平田に注目している感じで、あいまいにできなかった。しかし部落座談会をやる時間はなかった。そこで、トップクラスの人五〇～六〇人に農協に何遍も集まってもらって、各部落の意見を纏めてもらったら八〇％かそれ以下といろいろだった。中野曽根でも一〇〇％ではない。それを指導者の阿曽敏勝さんが、私の方で受けましょうと責任を持っていい切ったので、受け入れた、リーダーの決断だった。それから阿曽さんの家に行って、徹夜で書類作り、翌日阿曽さん宅から弁当をもらって出勤した記憶がある。よそは全地区一本だったが、北平田は一本になりそこねた。中野曽根に上興屋が加わって、中野曽根一～四班プラス上興屋が五班、他は融資単独でやった。他の地区は青のフォード、北平田はファーガソン、その後は、他地区は久保田、北平田は芝浦と違う。メーカーの売り込み、農協の対応も大分独自の行動をとった。機材の性能などを調べてその方が良いと独自の判断。見た目悪いが頑丈だ、という判断。当時は庄内久保田が経済連トンネルで広く普及、芝浦は純粋に農協に来て、反骨精神もあった。中野曽根と上興野で「北平田近代化施設利用組合」を作った。融資の分はほとんどの部落で二～三戸のトラクター共同だけ。補助はセット事業で堆肥散布機、トラクター、プラウ、など。

佐藤喜芳の話の続き。中野曽根では、地下水排除試験もやった。地下排水を高めようというので、ポンプアップ事業を二町やった。暗渠して、それを一ヶ所に集め、ポンプで汲み上げて排水し、そして夏には再灌漑に戻す方式。田を交換して二町に寄せて試験した。部落の養豚共同のメンバーが主力。若い人たちで、お父さん、お母さん達を二晩説得した。酒田市、県、農協から補助を得た。アイデアは市。重粘地帯なのでやってみよう、となった。設計を飽海地方事務所に頼んだら、これはいいというので、補助出してくれた。ここで「アイデアは市」といわれていることに注目すると、先の佐藤繁実の談話に、東大の川田グループに依頼して稲の根の研究を行い、「透水性と間断潅水」の重要性に着目したといわれていたが、そのことが「庄内農村問題研究会」と酒田市農政との結びつきから、「アイデアは市」として北平田農協に伝わったのではないか、と推定できよう。中野曽根のリーダー格だった阿曽敏勝も「庄内農問研」のメンバーだった。佐藤喜芳によると、中野曽根ではその他にも、湛水直播、牧草、餌用蕪、レンゲ等々さまざまな試験を行ったが、それは常日頃から中野曽根は研究心があり、リーダーに纏める力があった。その頃、市の農水産課、農協、部落の人と三者が部落の公民館でしょっちゅうコップ酒を酌み交わしながら話し合っているうちに色々話がでて、それではやってみようか、ということになったものだ。一九七〇年経済連の事業で各農協が機械の稚苗田植の展示圃を五町歩設置した時も中野曽根が受けた。稚苗植は七一年に一般はまだ三〇％だった時に、中野曽根は五〇％になった。七二年からは一般化した、等々、佐藤喜芳の話は続くが、この辺りで中野曽根部落で当時の実行組合長だった阿曽敏勝の話を聞くことにしよう。(2)

阿曽敏勝によると、構造改善事業については一九六六（昭和四一）年に酒田市から農協に話があり、農協から生産組合長会で説明があった。期限ぎりぎりだった。北平田で一〇〇町歩以上の補助事業を受け入れれば、他も付帯事業として融資事業を受け得ることができる、ということだった。生産組合長の会議は、三度くらい集まった。その間、部落に持って帰って、話し合いをした。一九六五年の田植で共同の形ができていたし、トラクター共同利用の考えは部落の話し合いの中で出ていたので決断できた。翌日、農協営農課長の佐藤喜芳、農協技術員、普及員、部落の生産組合幹部三人が阿曽の家に集まって、徹夜で書類作りをした。トラクターは五台、一五馬力四台あればいいといったがファーガソンの大型一台入れなければだめという条件がついていた。他にハロー、肥料散布機等セットでという条件だった。これらも必要ないが入れざるをえなかった。大型三〇馬力は使いこなせなかった。今なら皆三〇馬力だが、当時はそれだけの技術がなかった。これは一番最初に三年くらいで払い下げた。

（1）この佐藤喜芳との面接は、一九八一年九月、酒田農協で行われた（その時の筆者の調査ノートによる）。

（2）阿曽敏勝も、ほとんど数えきれないほど繰り返し筆者に面接の機会を与えて下さったが、この中野曽根の集団栽培に関する説明はその一端であり、一九七二年八月、一九七五年八月、一九八三年七月に、中野曽根の同氏宅において行われた（それぞれの時点の筆者の調査ノートによる）。

中野曽根部落における集団栽培の経過

以下、その後の経過について、阿曽敏勝の他、佐藤福弥、佐藤辰雄など集団栽培の役員経験者数人の証言をも併せて、追跡して見ることにする。まず一九六六（昭和四一）年からトラクター五台で共同耕耘、代掻を始めた。内一台は、右の阿曽の談話にあった「使いこなせなかった」三〇馬力だから、実質的には四台である。班ごとでなく、全体で行った。

一九六七（昭和四二）年から品種統一して、ササニシキを導入した。この年から部落の全戸四二戸参加の集団栽培になった。生産組合で話し合って、作付団地を設定して、それで共同防除も部落全体で一斉にやれる。水管理も、中干しを共同で、また稲刈前の落水期も共同で決めた。トラクターは四班単位で、作業は属地的にやった。管理責任、オペレータは班ごとに。時間計算で賃金を払った。昼も休まず交代でやった。この頃は農外に働きに出る人はほとんどいなかった。一九六七年からはバインダー一五台を入れて刈り取りも一斉にやっている。作業は班単位だが、所有は全体で。一九七〇（昭和四五）年に機械田植の試験的実施。部落の約三分の一、四〇町歩位（これは右の佐藤喜芳の談話にある庄内経済連の事業であろう）。この田植機の試験は結果が非常に良かった。白葉枯病も出ず収量も良かったので、大量導入の予想。そうなると作期が前に来る。トラクター五台では間に合わないと予想。

そこで一九七一（昭和四六）年、トラクター更新の時に台数を増やした。近代化資金。班長指揮の下、作業単位を班単位にして、所有権も班に移した。三五馬力三台、二五馬力二台とパワーアップした。前からの二〇馬力二台は継承。作業を班単位にしたのは、その方がスムーズに行くので。全体だといろいろ無理が出てきて、リーダーが容易でない。しかし水管理、田植の日取りなどは生産組合の全体で相談して決める。この年、バインダーを班所有に移し、経理も班単位。この過程（昭和四五、六年）でバインダーとセットで使用するハーベスターが班あるいは有志共同、個人で入ってきている。この段階での中野曽根部落の集団栽培はかなり複雑になってきているので、整理して示すと**図表10-6**のようになる。育苗は組合員一戸の休耕田四反を借りて、パイプハウス方式、四二戸全員で四棟。この施設で育苗は部落全体。硬化管理まで全面的に生産組合でやった。同年、今までの借地では不十分、大型共同育苗施設を作ろうというので田を購入。平均割五〇％、利用割五〇％で賦課金徴収して購入した。ところがその名義を代表者個人にしておくと、人が代わる毎に譲渡になって、税金がかかる。そこで、一九七一（昭和四六）年一二月に法人化。前からの格納庫など

図表 10-6　中野曽根部落集団栽培の機械装備と作業形態（1971 年）

	戸数	面積	トラクター	田植機	バインダー	ハーベスター
	戸	町反		台	台	台
1 班	10	18.6	25ps1 台、20ps1 台	3	3	4
2 班	12	23.8	35ps1 台、25ps½台	4	4	2
3 班	9	24.1	35ps1 台、25ps½台	4	4	2
4 班	10	23.5	35ps1 台、20ps1 台	4	4	5
計	41	90.0	35ps3 台、25ps2 台、20ps2 台	15	15	13

作業形態	育苗	生産組合全体（田植機分）
	耕耘・代掻・田植	班単位
	水管理（幹線管理）	生産組合全体
	防除	生産組合全体
	除草	個人
	刈取	班単位
	脱穀	1 班は個人（班内受託）、2・3 班は班単位（一部加入せず）、4 班は有志共同と個人
	調整	個人

注：菅野正・田原音和・細谷昂『東北農民の思想と行動』御茶の水書房、1984 年、683 ページ。

の所有権も法人に移した。生産組合の全体が農事組合法人になった。育苗と防除だけ。育苗は全く新しい技術なので、全戸が纏まって生産組合に任せるやり方でないとうまく行かない、ということで全戸纏まった。ただし農協の集まりに出るときは生産組合の資格で出る。生産組合の総会で秋作業までの年間計画を立て、それに応じて班ごとに耕耘、代掻……とやる。育苗、水管理は法人が握っているので、それに合わせて。だから年間の作業計画も法人が立てることになる。賃金などの班ごとの協定も法人が計画を立てる。各班の班長が法人の理事者になっている。

　秋作業は一九七二（昭和四七）年から変わった。一部の家一七戸（二班八戸、三班九戸）でミニライスセンターを作った。「中野曽根稲作生産組合」という名称。二班のうち四戸抜けた。規模の大きい家。自由にやりたい、そして受託によって規模拡大したい、という気持だったのだろう。これまでトラクター、バインダーは共同でやってきたが、刈取が適期にできないという不満がバインダー共同の時からあって、それがミニライスセンターの時に表面に出た。また複合経営（養豚）のために、ミニライスに入ると時間の融通がきかないので困るという理由で入らなかった家が二軒あった。ミニライスの一七軒は、育苗、硬化、トラクター、田植、コンバイン、調整と共同、別なのは除草のみ。自脱コンバイン四条刈四台（全員で統一的に使う）、コントロール・センターに乾燥機三〇石入れ七基、テンパータンク（貯蔵タンク）三〇石入れ七基、を設置。資金は一、〇〇〇万円が近代化資金、残り八〇〇万円余が自己資金（自己所有のバインダー、脱穀機などを処分して四〇〇万位捻出）。県単事業で利子補給がある。それで利子が三分になる。自己資金、償還等すべて加入反別割で出す。このミニライス導入には農協の指導方針が関わっている。一九七二（昭和四七）年の四月酒田農協に合併。機械化一貫作業のモデル組織を作るという方針。それが六月頃に各部落に下りてきて、七ヶ所の申し込みがあり、その条件をクリアして指定されたのが中野曽根。農協では生産組合単位で三〇～五〇町という条件だった。中野曽根では班単位で相談してもらったら二、三班が取り組もうということになり、併せて五〇町、一部不参加があって四五町で出発した。その動機は、バインダーとハーベスターのセットで四五年からやってきたが、とくにバインダーが四三年頃から更新期に入っていたところに、酒田農協の方針が示されたので。一、四班が纏まらなかったのは、農外就労が多いため。またハーベスターの入り方がばらばらで、その点でも意見が合わなかった。

翌一九七三（昭和四八）年は、秋作業のみ変化。コンバインが一部個人有あるいは有志共同で導入。共同についても話があったが、ハーベスターの入り方に違いがあって纏まらず、規模の大きい専業農家が待ちきれなくて個人あるいは有志で入れたもの。

この年、一九七三（昭和四八）年秋からコイル巻作業を始めた。ミニライス、コンバイン導入により、秋作業の労力が余った。七四年には、農協の入庫人夫に女子労働力を使ってもらった。また川べりの舗装工事で働いたりもした。しかし部落の中で年間通して何か労働力燃焼の方途を見つけようということで、部落の中の一軒の稲倉を借用してコイル巻き作業を始めた。年間通して一〇名ほど、女子労働力。これを作るに当たっては、農協と酒田市が仲介して地元企業と話し合いをし、現場を見せてもらったりした。余剰労力といっても女子だけしかない。ところが男子を含めないと、他に適当なものが見つからなかった。酒田のある企業が仲介。S電線の下請けとして独立してやっている。機械と材料はS無線の貸与（無償）で工賃だけ取る。四七年の人夫賃は女子一、二〇〇円、男子二、〇〇〇円だった。その人夫賃並みに貰えればということで始めた。出来高賃金だが、現在は大分慣れて一日二、三〇〇〜二、四〇〇円位になる。借地料、電気料、暖房費などの負担分を差し引くと、二、〇〇〇円位。

一九七四（昭和四九）年は変化なし。田植機が増加。二班、三班、四班でそれぞれ二台ずつ。

一九七五（昭和五〇）年の変化。田植機を一班で四台更新、二班、班所有の田植機を個人に払下げ、個人で購入するものもあり、一〇台になった。一〇戸で一〇台（新規導入は四台）。また、作業請負に出すようになった家もある。三班は三台追加。四班は変化なし。[1]

一九七七（昭和五二）年、全ての班でトラクターによる耕耘・代掻から、機械田植に至る作業過程がすべて個別化してしまう。育苗だけは播種から出芽までは共同で行われているが、苗を硬化床に運んでからは個別に管理することにした。こうなれば水管理や作業日程等も個人に任されることになった。この年で集団栽培は解体した、と見てよいであろう。増産運動の頃で、個人でやりたいようにやる、という意識だった。米価が上がり、反収も上がるで過剰投資を考えなかった。

一九七八（昭和五三）年から減反、ただしこの年は青刈だけ。減反への対応で、農外就労が増えた。

一九七九（昭和五四）年から大豆など植え始めた。個人で、青刈も。

一九八〇（昭和五五）年から大豆生産組合が発足。畜産やっている人は個人で牧草を転作しているので、大豆の組合には入っていない。この年から防除も個人化した。[2]

(1) 以上の阿曽敏勝、佐藤福弥、佐藤辰雄等との面接は、一九七五(昭和五〇)年八月に行われた(この時点の筆者の調査ノートによる)。
(2) 一九七三年以降の変化については、中野曽根部落の阿曽敏勝の他、佐藤守弘、佐藤秀雄の教示を得た(一九八一年九月時点および一九八三年八月時点の筆者の調査ノートによる)。

中野曽根部落の集団栽培の特色

以上、阿曽敏勝を始め、酒田市中野曽根部落の指導的な人びとの談話によって、中野曽根部落の集団栽培の経過についてみてきたが、かなり複雑である。各人がそれぞれ独立の家として、その経営の事情に応じて、できるだけ有利な道を求めて、共同したり個別化したりしているのである。ただ注目すべきは、しばしば他の部落で見られるような農外就労との関連で解体したというよりも、むしろ増産への意欲が共同を解体させて行ったということであろう。当時、庄内経済連の「八〇〇キロ米作り運動」(一九七三~七五年)の下で一九七五(昭和五〇)年に庄内平均六二〇キロという「空前の豊作」を実現した後、八〇〇キロ技術を点から線、面へという「八・八運動」が展開されつつあった。「減反」だからこそ増産をという庄内農民の意欲が、共同して縛られるよりも自分でやりたい、という意識を強めて行ったのである。

また、中野曽根では、後に見る林崎部落におけるような、集団栽培に至る前の世代交代に伴う部落態勢の合理化、体制変革と言った動きは少なくとも表面的に目立った動きとしては報告されていない。あるいは、戦前期の小作争議、それを踏まえた戦時期の交換分合、戦後の所有上限を三・五町に画した農地改革の激変という、むろん外的要因もあったが、むしろこの辺りの稲作農業の展開に即した動向が、部落態勢自体をしかるべく変革してきたという条件があったのかもしれない。

また、ミニライスセンターの設置や、あるいはコイル巻作業場の開設など、中野曽根独自といっても良いような試みがなされていた。とくにコイル巻作業を始めた動機については、ミニライスセンターやコンバイン導入などによる労働力の余剰化という、客観的条件は語られていたが、この条件自体は他の部落でも同様にあったはずで、それにもかかわらず中野曽根だけがなぜ部落内にコイル巻という工業を導入するという解決法を模索したのかという点については、右の回顧には何も語られていなかった。そこに、東亜連盟の思想との関連はないのだろうか、というのが筆者の疑問である。当時の中野曽根生産組合長だった佐藤秀雄は、「コイル巻作業の下請は阿曽さんがもってきた」と述べているが、[1]戦後農協青年部の幹部として、また部落の生産組合長として指導力を発揮した阿曽敏勝は、戦時期から「東亜連盟はかなり熱心にやっていた」と自ら語っている。その談によると、北平田支部は二〇人くらい、中野曽根に多かった。「世界最終戦論」のパンフの学習会を皆でやった、という。部落の中では一〇町歩程度の小地主だった有力家なども会員だったという。[2]しかしここでの問題は、世界最終戦論ではなく、東亜連盟の思想に農村工業論があったということである。東亜連盟の荘内支部のパンフレットに、「庄内の天地に多数の精密工業を起すことは、今日の人々には恐らく痴人の夢の如く考へられるだらう。然しそうではない。工業未発達の時は工業立地の基礎条件は原料、動力、運賃等が主要なもので、自然工業は大都市の周囲に集中せられたが、今日は既に労働力が最も重要な条件と変化しつゝある」と述べてある。[3]阿曽自身は中野曽根のコイル巻工業と東亜連盟との関連については何も語っていないが、右のような東亜連盟の発想が、遥かに戦後庄内に反響していたと考えるのは無理であろうか。

(1) 一九八三年時点の筆者の調査ノートによる。
(2) 一九八二年三月時点の筆者の調査ノートによる。
(3) 平田安治編『東亜聯盟とは何か』東亜聯盟荘内支部、一九四二年、六〇ページ。

第一一章　庄内平野を覆う水稲集団栽培

第一節　庄内における集団栽培形成の条件と経過

水稲集団栽培形成の条件

中野曽根だけでなく、この頃庄内地方には水稲集団栽培が普及して行くのであるが、しかしこの「水稲集団栽培」という名称は庄内に始まったものではなく、もともと愛知県農試技師西尾敏男らの提唱にかかり、愛知県ではすでに一九五七（昭和三二）年以降試みられてきたものだったという。[1] しかし、一戸あたり耕地面積〇・六六町、専業農家率一三・八％（一九六五年センサス）、平均反収三五九キロという愛知県は、庄内地方とは大きく条件を異にし、名称は同じでも、内実はまったく異なると見るべきである。やや後になるが、筆者は一九六七（昭和四二）年秋に、愛知県御律農協（現豊川市）を訪問して、そこで行われている水稲集団栽培について見学したことがあるが、その実体は、一言でいえば、農協で大型トラクターを所有し、オペレーターを雇傭して組合員の農家から受託する作業受託のようなものであった。[2] 庄内の場合は、先に見た庄内経済連の「モデル地区」の規定にあったように「地区農家の自主的意欲ある集団地」であって、あくまでも個別農家の経営の自立性を前提に、その間の自主的な話し合いに基づく共同化だったのである。しかもその共同は、多くの場合、藩政期の村つまり部落を場に行われていた。

それでは、庄内地方において水稲集団栽培が普及していった条件は何だったのか。それはこれまで紹介してきた佐藤

図表 11-1　農業従事者と兼業従事者数の変化（庄内—1960〜65 年）

	家族員数	（1 戸当り）	農業労働力 仕事を主とする農業就業者数	（1 戸当り）	年雇雇傭農家数	臨時雇のべ人数
	人	人	人	人	戸	人
1960 年	188,395	（　6.4）	59,429	（　2.0）	4,747	1,215,808
1965	169,228	（　5.9）	49,234	（　1.7）	864	1,107,598
差　引	△ 19,167	（△ 0.5）	△ 10,195	（△ 0.3）	△ 3,883	△ 108,210
増減率	10.20％		△ 17.2		△ 81.8％	△ 8.9％

	被傭兼業従事者数 総数	（1 戸当り）	職員勤務	恒常的賃労働	出稼ぎ	人夫・日雇
	人	人	人	人	人	人
1960 年	18,534	（　0.6）	3,617	4,949	2,582	7,386
1965	32,861	（　1.1）	4,887	5,269	8,449	14,256
差　引	14,327	（　0.5）	1,270	320	5,867	6,870
増減率	77.3％		35.10％	6.5％	227.2％	93.0％

注 1：農業センサス各年次による。
注 2：菅野正・田原音和・細谷昂『東北農民の思想と行動——庄内農村の研究——』御茶の水書房、1984 年、658 ページ。

繁実の談話の中にも示されていたが、ここであらためて統計資料によりながら確認しておくことにしたい。**図表11－1**は、集団栽培が形成されて来る時期の庄内地方の農業従事者と兼業従事者数の変化を示したものである。この表によると、一九六〇（昭和三五）年から一九六五（昭和四〇）年の間に、農家家族員数と、そのうちの農業就業者数の減少、年雇雇傭農家の激減が示されている。年雇の減少については、すでに前章で北平田の事例で見たが、それが庄内全域の動向だったのである。しかしその割に、臨時雇のべ人数の減少率は小さい。むしろ横ばいといってもよいような状況である。他方、被傭兼業従事者数を見ると、総数においてかなり増加しているが、その内容としては、職員勤務や恒常的賃労働の増加率は小さく、とくに出稼ぎ、そして人夫・日雇が激増していることが分かる。つまり、年雇や次三男の労働力は中央労働市場の吸引力によって流出して、農家の家族構成は単純なものとなり、残る世帯主夫婦や「あととり」夫婦のうち、中規模以下の層は兼業化したが、しかし地元に有利な兼業機会が少ないために主として零細規模層からなる一部の安定兼業農家層の他は、出稼や日雇といった不安定な形態に止まらざるをえなかった。その限りにおいて、なお不完全燃焼の労働力を抱え込んでいたのであり、まさにこの出稼ぎ、人夫・日雇層が農繁期には臨時雇として、大規模経営層の補助的な農業労働力になっていた、ということなのである。

このような、中央労働市場の吸引による年雇ないし次三男労働力の流出、そこに先に見た佐藤繁実の談にもあったように高校進学率の上昇が拍車をかけて、若年労働力の不足が著しくなる。しかしなお小規模層の中高年者が勤めるべき安定兼業は近在にはない、という事態は、当然ながら農業労賃の水準に、他方において地価あるいは農地異動の状況に、一定の規制力として作用せざるを得なかった。まず労賃水準についていえば、一九六〇（昭和三五）年以降急上昇が始まっていたが、しかしそれでも、例えば一九六四（昭和三九）年における山形県の男子農業労賃の平均七八一円は、土工・日雇賃金の九五四円にもはるかに及ばない。その意味では安定兼業に恵まれない中で低賃金メカニズムはなお作用していたといわなければならない。それにもかかわらず当時の庄内では、しきりに労力不足、労賃高が語られていた。そこには、ほぼ一九五五（昭和三〇）年以降に確立された「中・晩生種の早播、早植の多肥栽培」といわれる庄内稲作の技術体系が関わっていたといわれている。つまり、この技術体系は「春の農繁期の労働需要をいちじるしく短期間に集中して高め、同時に、稲刈時期の集中化が秋の農繁期をも高めることとなっている。……農村労働力の流出にともなう労働力不足、高い賃金は、このような稲作技術体系、労働力需要の特質と結びついて庄内においては顕著にあらわれる」。「とくに田植賃金の高さが問題」だった。[3] 先に見た**図表10－4**は、酒田市域における協定賃金の例であるが、一九六〇（昭和三五）年以降農繁期、とくに田植時期の労賃の急上昇は目を見張るものがあるといえよう。一般的にも、「一九六〇年を一〇〇・〇とすると、男子田植労賃は、六五年に二五〇・九、同稲刈賃金は二四四・五」といわれている。[4] このようにして全般的にはなお低賃金メカニズムが働く中で、田植をはじめとする農繁期の労賃が特殊に高かったのである。こうして解決されなければならない問題は、農繁期の労力対策ということになる。

このような状況は、他方、土地異動ないし地価の動向にも、一定の影響を与えずにはおかないだろう。酒田市農業委員会資料によって一九六〇年代の酒田市の農地異動の状況を見ると、集団栽培が普及して行く直前の一九六一（昭和三六）年から一九六三（昭和三八）年にかけて一・五町～三町という中間層の譲受超過と三町以上の大経営層の譲渡超過が示されていた。また農家戸数の増減を見ると、この時期、二～三町層の増、三町以上層の減となっていた。これらを合わせて判断すると、この頃の規模拡大は、三町限度、つまり年雇労働力が減少する中で、耕耘機によって家族労働力によってやって行ける限度に限られていたと見ることができよう。酒田市北平田地区において共同経営「太成農場」を結成した三人の青年たちのパンフレット『やってみないわけにはいかない』は一九六〇年の刊行であるが、そこには「一町歩の耕作面積に対して一人の労働力」が「米作地帯の常識」と記されている[5]。兼業化の急速な進行によって、家族労働力を補う労働力がこれまでのように安価に得られなくなる見通しの中で共同化が志向されたのであった。しかしその兼業化の主流が、なお人夫・日雇、出稼に留まる限り、たとえ零細な土地であっても容易に手放すわけには行かない。この「土地が動かない」状況のなかで、しかも「毎年上作して所得が増加しながらもっと大きな速度で借金が殖える」[6]という事態の中で、なお家族労働力にゆとりのある中間層はその完全燃焼による所得の増大を目指して、少々無理をしてでも規模拡大を図る。こうして押上られた高地価の中では、耕地を拡大すれば雇傭を増やさざるをえず、それが労賃支払となってコストを増大させることになる三町以上層にとっては「割に合わない」ということになって、規模拡大欲求は抑えられる。むろんそこには、都市近郊において、宅地化等のために高価格で土地を手放した農家が代替地を求めて買いに入って来るという事情も関わっていたであろう。酒田市と鶴岡市とを結ぶ国道周辺の事例では、一九六六（昭和四一）～六七（昭和四二）年の冬までに一反歩約八〇万円の水準に達し、一九六七（昭和四二）年～六八（昭和四三）年の冬には、一町一反の団地が一、五〇〇万円との価格さえ聞かれた[7]。

（1）西尾敏男他「水稲の集団栽培」『日本の農業』第一集、農政調査委員会、一九六一年、を参照。
（2）一九六七年一〇月時点の筆者の調査ノートによる。
（3）馬場昭「東北農業の動向と最近の稲作」、木下彰教授停年退官記念論文集編集委員会編『資本主義の農業問題』日本評論社、一九六七年、一七五ページ。
（4）佐藤繁実「集団栽培プラス中型トラクター稲作の必然性」、日本農業年報XVI『米作――新しい波』日本評論社、一九六七年、一二八ページ
（5）阿部順吉・渋谷譲治・渋谷昭治『やてみないわけにはいかない』酒田市、一九六〇年、六ページ。
（6）阿部順吉・渋谷譲治・渋谷昭治、前掲書、四ページ。
（7）一九六七年七月時点および一九六八年二月時点の筆者の調査ノートによる。

集団栽培形成の経過

このような、高地価、したがって規模拡大の困難、そして一方では日雇、出稼などの低賃金労働を残しながら、他方では農繁期における労賃高騰、という条件の中で、一九六〇（昭和三五）年以降の稲作の停滞状況をいかにして突破するかが、農民たちに課せられた課題であった。そこに、農民たちの日常の農作業の中で、さまざまな試みがなされて行く。先ず第一に、農繁期、とくに田植期の労力不足への対応として、例えば、異なる苗代様式の組み合わせや播種期を段階的にずらして行う、いわゆる「段播き」などによって作業適期の延長を図る、といった個別の解決策として試みられた。あるいは部落の中で個別の家どうしの「ゆい、手間替え」が増加する等の動きとして見られたが、それが次第に部落内の話し合いに基づく「共同田植」という形態をとるようになる。つまり、なお残る日雇、出稼等の臨時雇労働力を部落の中につなぎ止め、活用して、できる限り部落内で解決を図るという方策である。その結果、「庄内地方における田植の共同作業農家率は〔昭和〕三七年に一八・三％であったが、三九年には三四・〇％と増加し、山形県の一〇・

図表 11-2　トラクター台数の変化（庄内―1963～68 年）

	11～20 馬力	21～30 馬力	31～40 馬力	41 馬力以上	計
		台		台	台
1963 年	42		2		44
1964	154		19		173
1965	468		29		497
1966	820		46		866
1967	1,184		73		1,257
1968	1,413	114	81	12	1,620

注：山形県農業改良普及課資料による。

八%、東北の一四・七%（農林省農業調査）よりもきわめて高い」[1]という状況が現れていた。

第二に、共同防除の契機がある。庄内における共同防除は、一九五三（昭和二八）年頃、粉剤の導入とともに主として部落生産組合を実施主体として開始され、その後一九五七年（昭和三二）年～五八（三三）年頃、大型防除機（長管多頭口）の導入によって一層徹底されることになった。この共同防除が稲作にとってもった意義だけでなく、その作業過程に「属地主義の芽生え」が見られること、そしてさらにそれがすでに品種の統一、作付団地の設定への要請をはらんでいることに注意すべきであろう。事実、一九六〇（昭和三五）年頃から、部落生産組合毎に作付品種の話し合いが進められつつあったという[2]。しかし実際には困難が多く、この点の問題は後の集団栽培の中に持ち越された。

以上のような稲作各部面における、農家各自あるいは部落内の共同の動きを踏まえ、それを総括しつつ、愛知県に倣って集団栽培という名称を採用して、一九六三（昭和三八）年以降、庄内経済連の「モデル地区」設置など意識的に取り組まれるようになったわけであるが、この動きに耕転手段としてのトラクター導入がからんで行く。この点が第三の、そして決定的な契機であった。庄内地方における牛馬耕から耕転機耕への転換は、先に第一〇章第一節（**図表10-2**）で見たように、一九五〇（昭和二五）年頃に始まり、とくに一九五三（昭和三八）、五四（昭和三九）年以降急速に進むが、それが一九六五（昭和四〇）年頃から、一五～二〇馬力程度の中小型トラクターに切り替えられて行くのである。

図表11－2に見るように、以後急速に伸びて、一九六八（昭和四三年）には、一、六二〇台に達している。このようなトラクター普及の契機としては、労力不足の状況の中で、早期に導入された耕耘機がすでに更新期に来ていた、という事情もあったであろう。しかし、そういう内発的な普及だけでなく、庄内経済連の集団栽培普及指導にトラクター導入が結びつけられて行ったこと、またそこに「構造政策」の浸透が、とくに酒田市の場合には、一九六六年（昭和四一）年以降、先に見た「酒田方式」の構造改善事業の実施があったこと、をも見逃しはならないであろう。

（1）農林水産技術会議『集団栽培および請負耕作の諸方式とその発展傾向に関する研究』一九六七年、六四ページ。
（2）佐藤繁実、前掲書、一三四ページ。

集団栽培の内容

庄内地方の集団栽培は、以上のような経過を辿り、これらの契機を包括しながら成立した。したがって、その内容は、トラクターの共同購入・利用による耕耘・代掻き、共同田植、共同防除を三本柱とし、そこに品種その他の協定事項を絡ませながら実施されていった。**図表11－3**は、そのような庄内の特徴をよく示しているといえよう。しかもこれらの共同を部落の話し合いによって、部落の共同として実施した点に、庄内の決定的な特徴があった。対象数は少ないが、そのことを示す統計表を**図表11－4**として示しておく。この点については、かつて詳しく述べたことがあるので、ここで再論することは避けるが、庄内に典型的な一〇～五〇戸程度の部落生産組合では部落ぐるみで集団栽培を実施しているところが多いが、それよりも小さいと集団栽培は実施しにくくなり、また反対に大きいと部落ぐるみの形よりは有志結合的な集団によるものが多くなる、という傾向が示されていた[1]。

このような部落を場とする庄内の集団栽培は、「農協を中心とする『技術信託』の形が圧倒的に多い[2]」とされた愛知

図表 11-3　集団栽培の実施内容（庄内）

	協定事項			共同作業		
	施肥	水管理	防除	催芽	苗代	耕耘
	%	%	%	%	%	%
1967 年	94.2	58.7	100.0	14.9	13.6	57.9
1969	90.3	92.1	100.0	40.1	15.6	59.4

	共同作業					
	田植	防除	除草	水管理	刈取	調整
	%	%	%	%	%	%
1967 年	89.3	92.1	2.1	7.4	4.5	2.1
1969	83.4	98.3	4.0	6.2	27.2	3.7

注 1：実施集団数の総集団数に対する割合。
注 2：庄内経済連および農協中央会庄内支所の「水稲集団栽培実施計画書」各年次から集計。

図表 11-4　集団栽培の推進主体（山形県）

	土地改良団体	部落生産組合	研究会など	計	（実数）
	%	%	%	%	
庄内	3.1	95.4	1.5	100.0	(65)
最上	16.7	58.3	25.0	100.0	(12)
村山	39.5	42.1	18.4	100.0	(38)
置賜	17.2	44.8	38.0	100.0	(29)
計	16.6	68.2	15.2	100.0	(144)

注：山形県水稲集団栽培推進協議会『集団栽培の組織化と農業法人の実態』1967 年、から引用。

県尾張地方などのそれとも、また、個々の農家間の相対請負が「水稲生産力の発展と規模拡大に密接に結びついて」展開しているとされた新潟県蒲原平野の動きとも、大きく異なっていたというべきである。[3] この庄内の特殊性を農業経済学者の伊藤喜雄は、(1)用排水未分離の水利構造のうえに、農家個々の圃場が分散して存在している場合、「水路ごとに協定を結んで、潅水・排水を統一的におこなわねばならず、集団栽培が必然化してくる」という点、および(2)当時の庄内における地場労働力市場の相対的未展開のゆえに、出稼ぎや人夫・日雇等の不安定兼業にとどまり、下層農家の農業離脱が阻止されていたことが「部落ぐるみ」の集団栽培を可能とした、という点から説明していた。[4] 筆者は、かつての論文においてこれらの条件が庄内地方における集団栽培形成の基礎条件になっていることは「うたがいえない」と承認しながらも、しかし社会学の立場から「このような基礎的条件のうえに、村じたいのもつ性格、そのいわば生命力の問題」がある、と指摘した。[5] この表現は極めて曖昧といわざるをえないが、その後筆者は、庄内の村、つまり近代になってからの通称でいえば部落について、以下のような特質があることを明らかにしているので、ここで簡単に説明を追加しておくことにしよう。

(1) この点についての詳細については、細谷昂「水稲集団栽培と『部落』——山形県庄内地方の一事例——」、村落社会研究会編『村落社会研究』第四集、塙書房、一九六八年、一七五〜一八一ページ、を参照されたい。
(2) 農林省農政局『稲作生産組織調査報告書』Ⅱ、一九六七年、一六八ページ。
(3) 農林水産技術会議『集団栽培および請負耕作の諸方式とその発展方向に関する研究』一九六七年、一八〇ページ。
(4) 伊藤喜雄「農業生産力の新展開」『日本労働協会雑誌』一九六七年、一二月号、二九〜三一ページ。
(5) 菅野正・田原音和・細谷昂『東北農民の思想と行動——庄内農村の研究——』御茶の水書房、一九八四年、六七四ページ。

庄内の部落の特質

庄内地方つまり庄内藩領においては、元和一〇（一六二四）年以降、幾度かの検地が行われるが、その際の「村切り」によって一円の村の土地が区画され、その土地に住み、耕作する人びとが村人と定められて、「村請制」によって年貢納入の責任を負わされた。[1] このように、村は支配・行政の立場から上から設定されたものであったが、しかしその一円の土地とは一般に水系を共にする田地であり、したがって村人の水の共同の範囲でもあった。また同時に村は、農業を営む上で不可欠の草や、生活のために必要な萱を刈る草谷地の管理をも任されていた。さらに、村は祭り等との関連で農休み、逆にいえば労働日の取り決めをも行った。これらの水、草、人に関する協議、契約、共同を始め、その他、例えば田植や稲刈時のゆい、手間替え、あるいは神社や寺に関する行事、建物の管理等々、生産と生活に関わる必要事項の協議、契約、共同の組織として機能していたのが庄内の村だったのである。[2]ただし近世初期には、なお中世的性格を残す地付きの小領主が、それに従属する下人等を駆使して粗放な大規模経営を行っていたようで、そのような段階では、まだ小経営農民の家々からなる村ではなかった。それが、次第に農法の集約化が進んで家族労働力による家の経営として安定化し、一子相続によって永代存続を追求するようになるのは元禄前後つまり一七世紀末から一八世紀初めの頃と考えられた。この頃から小領主とその家族、および従属民からなる集落ではなく、相対的に自立化した小経営農民の家々からなる村に進化して、かれらの協議、契約、共同の組織となったのである。[3]

庄内地方つまり庄内藩領における村とはこのようなものだったが、明治二二年の町村制施行の際、いくつかの藩政村が合併されて新行政村を形成した。しかし旧村は、そこに住む農民たちの生産と生活にとって必要な協議、契約、共同の組織だったから、支配・行政上の村ではなくなっても、引き続き維持されなければならなかった。その意味で生命力を持ち続けたのである。こうして、これら旧藩政村は新行政村の中の行政区画としては大字と呼ばれ、それに属する家々の集団としては一般に部落とよばれた。ただし庄内地方では、明治九年の地租改正の際、ごく小規模な藩政村、おまかにいって二〇戸未満程度の村は合併させられて、新しい明治初年の村とされた。そのような場合には、この範囲が町村制以降は大字あるいは部落と呼ばれた。筆者の計算では、前者つまり藩政村がそのまま部落になった場合がほとんど（旧藩政村の七七・五％）であり、地租改正時に合併させられて出来た部落は少数（二二・五％）であった。[4]しかしこれら地租改正時合併の村つまり後の部落でも集団栽培を実施していたところもあり、部落としてのまとまりが悪いとも必ずしもいえないようであった。この点には、地租改正時の合併が隣接する小村の合併であり、おそらくは水の共同の関係のある隣村との合併であったことが関わっていよう。[5]

（1）細谷昴『家と村の社会学——東北水稲作地方の事例研究——』御茶の水書房、二〇一二年、五一五〜五三七ページ。

(2) 細谷昂、前掲書、五三八～五六二ページ。
(3) 細谷昂、前掲書、四九三～四九六ページ。
(4) 細谷昂、前掲書、五六五～五八三ページ。
(5) 細谷昂、前掲書、五六八～五七〇ページ。

第二節　酒田市広野地区上中村部落の事例

上中村部落の概況

以上、庄内地方において水稲集団栽培が簇生した条件と経過を見てきたが、筆者はその盛期に、数カ所の集団栽培について詳細な調査を行い、その形成から実施、展開、そして解体に至る経過とその際の事情について検討したことがある。前章において酒田方式の構造改善事業による集団栽培として取り上げた酒田市中野曽根はその一例であるが、以下においてはさらに二つの事例をとり上げ、とくにその中心になった人物の語りと現地で記録された文書によってその実態を紹介することにしよう。

まず第一は、酒田市大字広野字上中村（酒田市に合併前は東田川郡広野村）、一九六五年センサスで総農家戸数三六戸、但しそのうち一戸は全水田を請負に出しているので、実質戸数は三五戸。そのうち水田耕作面積四町以上が二戸、三～四町が二戸、二～三町が一一戸、一～二町が一一戸、一町未満が九戸であった。専業と第一種兼業が大部分で、第二種兼業農家は三戸に過ぎない。ただし隣接して九戸の末広部落があるが、この部落はすべて一町未満で、第二種兼業となっているので、上中村の集団栽培に組み込まれていた。広野地区は酒田市域でも集団栽培の盛んなところといわれ、広野農協管内の一三部落のうち八部落で実施され、しかもそのうち七部落では完全に部落ぐるみで集団栽培が実施されていた。しかも八集団中六集団が前述の酒田方式の構造改善事業による中型トラクター導入と結びつけて集団栽培を実施していたことも注目に値する。

この広野の辺りは近世江戸時代の新田地帯でもあり経営規模が大きく、とくに年雇雇傭の多い地域だった。上中村部落においても一九五五年頃の最盛期には、二町程度以上の規模の家ではほとんど年雇を雇傭しており、最大規模層では一戸当り四～五人にも達していた。しかし一九六〇年頃以降、ここにおいても年雇は減少の一途を辿った。その中で「ゆい、手間替」による対応なども行われたが、さらに臨時雇の入手難も激化するなかで、一九六五年頃には中規模以上の農家にとって労力問題は深刻なものとなっていた。この間、一九五七年から一九六四年頃には、一町以上のほとんどの農家で牛馬耕から耕耘機耕への転換が行われ、一九六五年頃にはとくに導入の早かった大規模層においてその更新期にさしかかっていた。他方、共同防除は一九五三年、動力散粉機の導入に際して、広野農協の指導で「広野地区病虫害防除協議会」が組織され、各部落生産組合毎に「防除班」が置かれることによって開始され、その後大型防除機の導入によって、一層徹底化された。また、ここ広野地区では、農協の指導下に共同催芽が行われており、上中村部落でもそれは実施されていた(1)。

(1) 上中村の集団栽培の調査は、筆者一人の調査行であったが、毎回、そのリーダーの黒田弘の家に宿泊させてもらって、部落の集団栽培構成員に面接させて頂いた。この上中村部落の集団栽培については、かつて、細谷昂「水稲集団栽培と『部落』——山形県庄内地方の一事例——」、村落社会研究会編『村落社会研究』第四集、塙書房、一九六八年、として公表した。

「上中村農事研究会」と集団栽培の開始

このような経過を辿って、上中村部落では一九六六年から集団栽培に移るのであるが、そのことについては、後に酒田市議になる黒田弘[1]を中心とする「上中村農事研究会」グループの人びとの力が大きかったようである。一九六七（昭和四二）年七月および九月時点の黒田弘の回顧によると、この研究会は、大正末から昭和初めの頃生まれの人たち、この時点でいえば四〇歳前後から三〇歳代後半の人たち約二〇人が、まだ家の経営責任を負う前に行っていたもので、稲作講話会や多収競技、視察旅行など、主として稲作技術研究を中心とする集まりであった。それがやがて、それぞれの家の稲作を担当する鍬頭になり、部落生産組合のメンバーになって行く。そしてさらに、このグループの人びとが生産組合の役員を担い、黒田が農協理事に選出されるようになる。研究活動の例としては、一九六一（昭和三六）～六二（昭和三七）年の頃、横川の石川長治の話を聞いたり、五十嵐長蔵の大泉村に先進地視察に行ったり[2]、構造改善のパイロット地区の視察に行ったりしていたが、このような研究で部落としてのムードが盛り上がって行った。その間、右に見てきたように、一九六三（昭和三八）年頃から庄内経済連の「モデル地区設置要綱」など庄内地方においても水稲の集団栽培という方式が提起されるようになっていた。その後さらに各地への視察旅行や講師を招いての講習会、あるいはメーカーを呼んで話を聞くなど研究を重ねる中で、次第に関心が高まり、一九六五（昭和四〇）年秋には、部落の人々が連日のように黒田の家に集まって議論を戦わすまでになったという。ただ、部落の全戸加入という基本線は守って、急がないでじっくり話し合っていたが、とくに一九六五（四〇）年頃になると、耕耘機の更新期に入って、トラクター導入の必要性が強く意識されるようになった。そこで個人でも買うぞという動きが出てきた。それを買われてしまってはダメなので、ちょっと待てといって待って貰った。小規模農家（一町二～三反以下）は、耕耘機も後で買ったので、未だ更新期でない、それで気が進まないということはあった。また共同作業では労力面で大きい農家に利用される、という警戒もあった。そこで耕耘機は部落で買い取ってもいいといったが、結局、畑で使うし、また運搬もするので売らなくていいとなった。そこに、広野農協管内で有志でトラクターを入れた部落があって、それの成功が刺激になった。折から一九六一（昭和三六）年、「酒田方式」の構造改善事業が開始され、一九六六（昭和四一）年にその助成を受けることになったのを機会に、部落ぐるみの集団栽培に移ったわけである。

その時、「広野地区農業近代化施設利用組合」の「上中村利用班」で導入したのは、トラクター二〇馬力三台とトレーラー三台（いずれも補助事業）および耕耘機六馬力三台（融資単独事業）であるが、その他苗代用に小型耕耘機四馬力一台を自己資金で購入し、セットで使用することにした。事業総額は三、二三〇、〇〇〇円、そのうち補助額が五〇％で一、六一五、〇〇〇円、融資額が四〇％で一、二八〇、〇〇〇円、始めからの自己負担額が一〇％で三二三、〇〇〇円であった。この自己負担分の支払いと融資分（及びその利子）の返済とを七年間で行うわけであるが、その各年次の支払額および油代、修理代は各農家が水田反別割で負担することになる。一九六六年度には、反当一、一〇〇円だった。[3]

(1) 黒田弘は、先に第六章第二節において紹介したように、一九四五（昭和二〇）年に菅原兵治を庄内に招聘するに当たって自らその居住地宮城県志波姫村に赴いて、来庄を懇望した人である。また、この部落ぐるみの集団栽培を形成して後、農協理事から酒田市会議員に選出され、市会議長まで務めた。

(2) 先に第六章で紹介したように、石川長治は旧東田川郡横山村横川の人、また五十嵐長蔵は旧西田川郡大泉村山田の人、ともに庄内における著名な篤農家である。

(3) 一九六七年七月時点および九月時点の筆者の調査ノートによる。

集団栽培と労力問題の解決

以下、上中村部落の集団栽培の内容について、一九六七（昭和四二）年七月に黒田弘宅で行った佐藤賢太、佐藤辰弥等集団栽培役員の集団面接調査によって見ておくことにしよう。すなわち、上中村部落の集団栽培の実施内容の主な点を拾うと、品種・苗代様式・作付団地の協定、浸水・消毒・催芽の共同作業、苗代作りの共同作業、堆肥散布・耕耘・代掻の共同作業、共同田植、共同防除などである。これは、庄内全体の動きと較べても、かなり高度の共同ということができよう。ただし、苗代管理と分施、灌排水など収穫に直接影響する微妙な技術を含んだ本田管理は、原則として個別に任されていた。

さて、このような集団栽培によって、労力問題はどのように解決されたのであろうか。上中村部落の場合、堆肥散布・耕耘から代掻までの春作業と、防除作業とは、部落属地七四町を完全に属地主義で実施していた。この水田のうち、一一町は先に簡単に紹介した隣接の末広部落など、他部落の人びとの田地の請負であるが、その分は労賃と経費を取って行った。それについては別として、集団栽培の各班長から提供してもらった資料により、部落内の家々について一九六七（昭和四二）年の労力の提供と利用の関係を経営規模別に算出して見たところ、**図表11-5**のようになった。まず堆肥散布・耕起・代掻という春作業については、三町以上層の四戸は平均の経営規模が四町、その分の春作業の所要時間が一戸当り二七九・四時間、これら四戸から出た春作業の労働は一戸当り三二一・二時間、従って差引すると平均マイナス四一・八時間と大幅な出役不足であった。つまりそれだけ、不足する労力を集団栽培によって補っていたのである。同様に計算してみると、二・五〜三町層も一戸当りマイナス二二・七時間でかなりの出役不足、これに対して二〜二・五町層は一戸当りの出役が一八〇・八時間、その経営面積に必要だった労働時間は一七九・一時間で、差引一・七時間でほぼプラス・マイナス・ゼロであった。そして、右のような大規模経営層の労力不足分を補完しているのが、一

図表11-5　水田経営面積別　1戸当り　出役時間と所要時間との差引（酒田市上中村、1967年）

	A.　堆肥散布・耕起・苗代代かき・水田代かき					B.　田　植				
	戸数	水田面積	出役時間数	所要時間数	差引	戸数	水田面積	出役時間数	所要時間数	差引
	戸	反	時	時	時	戸	反	時	時	時
3町以上	4	40.0	279.4	321.2	△41.8	3	37.0	429.0	759.0	△330.0
2.5〜3町	3	26.5	190.2	212.9	△22.7	3	26.5	269.0	506.0	△237.0
2〜2.5町	8	22.3	180.8	179.1	1.7	4	22.6	417.0	426.0	△　9.0
1〜2町	7	15.5	176.4	124.6	51.8	3	14.7	245.0	259.0	△　14.0
1町未満	13	8.3	55.7	66.5	△10.8	8	7.4	262.0	141.0	121.0
末広部落	—	—	—	—	—	5	2.8	77.0	57.0	20.0

注1：A.は部落内全戸の数字だが、B.は資料を入手しえた5つの田植班の分のみ。したがって戸数、平均水田面積はA.と合わない。
注2：末広部落は、田植の時だけ上中村部落の共同作業に参加したものである。
注3：細谷昂「水稲集団栽培と部落―山形県庄内地方の一事例」、村落社会研究会編『村落社会研究』第四集、1968年、199ページ。

戸平均五一・八時間余という大幅な出役超過を示す一〜二町層だったのである。そしてさらに規模の小さい一町未満層は、マイナス一〇・八時間と、かえって労力の受取側になっていた。これはどういうことか。出役超過で労力面の貢献が大きかった一〜二町の小経営層は、この時点では兼業に出ていても日雇、出稼などだったから、部落の仕事として行われる集団栽培の作業には、兼業労働に出ないで戻ってきて春作業に従事してくれたのであろう。ところが、もっと規模が小さい一町未満の零細経営層は、この時点ですでに常勤の第二種兼業になっていたために、集団栽培の春作業といっても、部落に戻って農作業に従事することはほとんどなかったのである。

このような出役の過不足は、一時間一〇〇円の賃金で決済していた。この賃金額は、地区の協定賃金一時間九五円を若干上回っていたこと、またトラクターのオペレーターも堆肥散布等の労働と同額であったこと、が注目されよう。つまり上中村は平均経営規模が大きく、それだけ労力不足が著しかったために地区の協定を、若干なりとも上回ったのであろう。それだけにまた中大規模農家の青年層からなるオペレーターが多数存在したために（中型トラクター三台に八人）、堆肥散布などの一般作業と格差をつけずに部落の仕事として我慢してもらったのであろう。このように、集団栽培が「部落ぐるみ」で行われる意味はたしかにあったのである。

このような春作業に対して、田植はいわば属人主義で、部落内三五戸を一班当り八町、植人九人をめどに八班に編成して、この班ごとに共同田植を行った。その場合、以前からゆいを行っていたグループを基礎に、そこに、個別で人手を頼んで田植をしていた家を右の水田面積と植人の数の基準で加えたが、しかもそこに、苗代や本田の隣接という契機をも絡ませて編成していた。まことに慎重な配慮に基づく班編成であり、そのためか、この田植班の編成の仕方にはほとんど不満は出なかったとのことであった。**図表11-5のB**を見ると、資料を入手しえた五つの班の分だけの集計だが、三町以上層はマイナス三三〇・〇時間で大幅な出役不足、二・五〜三町層もマイナス二三七・〇時間とかなりの出役不足になっている。そして、二〜二・五町層においてマイナス九・〇時間と、ようやく差引ゼロに近くなる。そして一町未満層において、大幅な出役超過になっている。それとともに田植作業に組み込んだ末広部落の五戸も出役超過になっているが、その時間数はごく少ない。つまり春作業において農業から手を抜く傾向を見せていた一町未満層が、大量の人手を要する田植においては部落に戻ってきて、不足する労働力の補充源として重要な役割を果しているのである。このあたりにも、集団栽培が「部落ぐるみ」で行われる意義があったとみることができよう。ところが、隣接の末広部落の五戸は出役超過ではあるが、その時間数はごく少ない。上中村部落の一町未満層は、一町未満とはいえ一戸を除きみな五反以上の水田を持ち、したがって第二種兼業になっているとはいえ、なお臨時被傭など不安定兼業が多いのに対して、末広部落の方は、五戸の平均面積は二・八反に過ぎず教員などの職員勤務と常勤労務が多かった。そのために田植にさえ出役しなくなっていたのである。なお、これらの出役の過不足は一時間一七〇円の協定賃金で決済されていた。[1]

（1）以上は、一九六七年七月時点および九月時点の筆者の調査ノートによる。

稲作機械化の進行

以上見てきたように上中村においては、トラクターの導入を契機に、文字通り「部落ぐるみ」で集団栽培が形成され、とりあえずは労力問題の解決に貢献したのであったが、その後、農外就労の増加とともに稲作機械の導入が進み、集団栽培の内実の変化が進行して行く。筆者は、上中村部落の集団栽培のその後の変化についても、数度の面接調査によって追跡しているので、その要点を紹介することにしよう。

まず、一九六九年三月、黒田宅における生産組合あるいは集団栽培役員の佐藤賢太、佐藤勝雄、佐藤誠一の三人に対する集団面接であるが、その際の証言によると、一九六八（昭和四三）年に、秋作業機の導入が始まる。最初はトラクターの利用班で導入することが検討されたが、雇いを入れての手刈との損得を見るべく手控えしている内に、個別で入り始めて、それからは完全に個別の導入になった。一九六八（昭和四三）年に、四町以上の最大経営規模の家にバインダーが一台入る。同年、経営規模三町以上の大規模経営の一戸にコンバインが一台入る、また規模二町三反余と一町八反余の中規模二戸共同と二町三反余の中規模層一戸にそれぞれ一台のハーベスターが入る。この年、作付け品種は、奥羽二五四号二八・六％、フジミノリ二六・七％、奥羽二三七号一三・六％、ササニシキ七・八％。[1]

次に一九七〇年四月の黒田宅における面接によると、翌一九六九（昭和四四）年、利用班で使っていた耕耘機三台はやめて一四馬力トラクター二台を近代化資金で導入、共同防除の大型防除機はやめて背負の動噴（粉剤）にした。労力不足で、とくに女性の出役が増えたためである。堆肥散布も減った。翌一九七〇（昭和四五）年からは個別にした。作付予定調べ、奥羽二五四号、二三七号はやめる。フジミノリ二三％、ササニシキ二一％、デワミノリ一七％。メーカーが田植機を試験用に持ってきたので、四町以上の一戸が一反歩を貸して行った。しかしあまり成績よくない、黒田弘は来年は自分でやって見ようと思うと語っていた。二町八反の家がバラマキ式機械を借りて一反歩テスト。この年、秋作業機は昨年に加えて、バインダーは四町三反一戸と二町二反の一戸がそれぞれ一台導入、それに二町三反と一町八反の二戸共同で一台導入（このバインダー三台は利用班名義で近代化資金を借り入れて導入したが、実質は個別）、また四町九反と二町六反の二戸がハーベスター各一台、二町八反の一戸がコンバイン一台導入。つまりこの年は、バインダー計三台、ハーベスター計二台、コンバイン一台が入ったことになる。(2)

また一九七〇年八月の黒田宅における面接によると、この年つまり一九七〇（昭和四五）年に、庄内経済連の「機械田植モデル農協設定要領」により、庄内一〇ヶ所のうちの一つとして広野農協が指定され、上中村で試験を実施した。機械はヤンマー一台、各田植班に呼びかけ有志に田を提供してもらい各一町余の四団地合計四町八反九畝でテスト。品種はササニシキ、トヨニシキ。他は各田植班ごとに共同田植を行った。労力不足の中で、個人で田植機をやってみたいという人もいた。この年、堆肥散布は個人に任せた。六八、九年秋からのコンバイン、ハーベスターの導入で、堆肥を使わない家が出てきたこと、又労力不足で堆肥を作れない、六九年に倒伏で堆肥入れない、等による。オペレーター以外の家は事実上作業委託になる。ただし全面委託はない。作付品種計画調べ、ササニシキ三一・二％、レイメイ二四・三％、デワミノリ一八・五％。皆で話し合う機会なくなり、役員のなり手が少ない。集団栽培の役員手当は六九年から生産組合の役員としての手当三、〇〇〇円のみ、これは全員同額（六八年までは二、〇〇〇円）。今後は、日当計算して支払う必要があろう。秋作業機導入。バインダー六台（二～三町層個別五台、一～二町層二戸共同一台）、ハーベスター一台（二～三町層、これは翌七一年に刈取機つけてコンバインに[3]）。

さらに一九七一年八月の黒田宅における面接では、その後の変化が次のように報告されている。一九七一（昭和四六）年、田植機導入五台。内訳は四町以上層一戸一台（稚苗）、四町以上一戸と二～三町層一戸の共同一台（稚苗）、三～四町層一戸一台（中苗）、三～四町層と二～三町層の共同一台（稚苗）、二～三町層二戸の共同一台（稚苗）。これらの中、稚苗植の場合は、育苗施設を作った。七〇年の試験導入は解散。田植機は部落の予備機としたが、二町三反の家が借りて九反歩ほど植えた。導入した八戸（個別、共同）も、全面積を切り替えたのではなく、一部の面積を機械植にしたもの。その他、未導入の家の分を合わせて、手植分は田植班による共同で植えた。ところが晩霜による苗の被害が五町歩分ほど出て、その補植を機械植で行った。機械は、五台借入れ（経済連一、農協一、メーカー二、個人一）。来年田植機導入予定の家、個別六戸六台、二戸共同二組二台、合計八台。プラス・アルファーは、採卵鶏一戸一〇〇羽、ブロイラー一戸三、〇〇〇羽、酪農六戸（規模は最大二〇頭、他は皆一〇頭未満[4]）。

筆者は、この後しばらく他の対象地の調査行のため上中村訪問は途絶えざるをえず、次は一九七九（昭和五四）年の調査である。この年に得られた情報の概略は以下の通りである。一九七一年の補植で田植機を使った経験で機械に信頼感を持ち、七二年に急速に導入になった（右の一九七一年の調査では、個別あるいは二戸共同で一〇戸、合計八台導入予定とされていた）。七三年中にほぼ七〇％が機械植になった。この間並行して手植分は共同田植が残るが、機械の増加によって田植班は次第に消滅し、一九七五年には機械植がほぼ一〇〇％になる。機械は若干の有志共同の他は個人有で、所有しない家は作業委託に出すようになる。トラクターは、共有の二〇馬力三台を一九七三年に更新したが、この時個人有と有志共有に切り替わる。一九七八年に再更新、二四馬力になる。トラクターの利用組合は七五年までが事業年度だったが、七四年に解散宣言した。この最後の頃のことについては、これ以上の詳しい事情は分からない[5]。

（1）一九六九年三月時点の筆者の調査ノートによる。
（2）一九七〇年四月時点の筆者の調査ノートによる。
（3）一九七〇年八月時点の筆者の調査ノートによる。
（4）一九七一年八月時点の筆者の調査ノートによる。
（5）一九七九年八月時点の筆者の調査ノートによる。

第三節　鶴岡市京田地区林崎部落の事例

川南京田地区の概況

第二の事例は、鶴岡市旧西田川郡京田村林崎部落の集団栽培である。右に紹介した上中村の調査は、筆者一人の調査行であったが、林崎部落については、菅野正・田原音和との共同調査であった。そのため報告書もこの三人の共同執筆の著書として刊行されている。(1)この共著においては、庄内地方、そしてとくに林崎部落が所在する川南《かわみなみ》(2)の歴史的特性、諸条件等についても詳細に検討、記述されているので、それらの点についてはこの共著に譲って、ここではごく簡単に、川南西田川郡は、自然的・地理的条件のためか川北《かわきた》飽海郡に較べて、歴史的に平均の反当収量が少ないこと、それに関わるのか平均の一戸当り耕作面積が大きいこと、だけを指摘するにとどめたい。平均反収についていうと、前共著では、山形県の統計資料によりながら、「大正四年（厳密には大正三年）から山形県・飽海郡・西田川郡ともに反収二石の段階的水準に達する」が、「なかでも飽海郡は、すでに明治三四年に二石水準に達して」おり、「庄内稲作の高生産力水準を先駆的に担当してきた」。「これにくらべて西田川はやや低く、京田村は後者からさらに四、五年の遅れをみせ、しかも不安定である」と指摘している。経営規模について見ると、「一戸平均二町歩ちかい経営規模は庄内に独自の特徴」

であるが、西田川郡全体の統計では「西田川郡内にかなりの山間地を含んでいる」ために明白にはあらわれないが、純稲作地である京田村について見ると「昭和元年以来、二町以上の経営規模階層は七〇％を越す高率であり、農地改革直前には七七％という驚異的な高率を占め」ており、「なかんずく三町以上層の厚さは壮観というほかはない」といわれている。その「壮観」といわれた三町以上層の比率は、昭和五（一九三〇）年において五六・〇％と過半を占め、戦時期の労働力不足によって大規模層が経営を縮小していた農地改革の直前一九四七（昭和二二）年においても四一・四％を占めていた。[3] むろん所有規模は、地主制の発達した庄内地方のこと、これよりずっと少なくなるが、このような改革前の経営規模の大きさを反映して農地改革後は各農家の所有・経営規模は大きく、一九五〇（昭和二五）年の京田村農家の所有・経営規模は、総農家戸数二四三戸のうち三町以上層が一三八戸と、実に五七％を占めている。ただし農地改革は所有上限を設定したので、三町以上層とは実は三～五町層のことであった。[4]

（1）菅野正・田原音和・細谷昂『稲作農業の展開と村落構造——山形県西田川郡旧京田村林崎の事例——』御茶の水書房、一九七五年。ただし、集団栽培の形成、展開の過程については、菅野正の執筆であり、以下は、筆者がこの機会に改めて執筆しているが、右の共著を参照しながら論述する。したがって、三名の共著からの引用は、主として菅野正の執筆部分からの引用である。
（2）庄内地方では、最上川を挟んでその南と北を、「川南」、「川北」（あるいは「河南」、「河北」）と称することが一般に行われており、事実住民の気風、生活慣行などについてもかなり顕著な対照がみられる。それは気候風土の違いにもよるであろうが、それぞれの中心都市が川南は城下町鶴岡、川北は港湾都市酒田であることから来る社会経済的条件の違いにもよるように思われる。稲作については自然条件の相違からか、歴史的に反当収量は川北の方が比較的に高い。地主制については、川北には日本一の大地主本間家を始め酒田の町方の地主、つまり筆者のいう地主第一層が多い。これに対し川南には、在村の地主が多く、それらが例えば第2章で見た乾田化や馬耕の導入に力を尽くした等の事績が目立つ。つまり筆者のいう地主第二層である。
（3）菅野正・田原音和・細谷昂、前掲書、四一～四二、四四、四七～四八ページ。
（4）菅野正・田原音和・細谷昂、前掲書、一七三ページ。なお、京田村、とくに林崎における農地改革の具体的な実施過程および結果については、菅野正・田原音和・細谷昂、前掲書、一九七～二一五ページ、を参照されたい。

「庚申講」中と部落運営

林崎もこのような特徴を持つ川南西田川郡の一村であったが、部落運営は、原則として部落全戸の寄合における協議によって決定されるという庄内の村に一般的な慣行によっていたようである。しかし佐藤正安、梅木豊太の回顧によると、林崎に特徴的だったのは、部落の有力家による「庚申講（おこし講）」があり、その場で村の重要事項が話し合われ、その合意事項が全戸参加の部落寄合に持ち出されて最終決定が行われるという慣行が何時の頃からか行われていたことである。(1) 近隣の豊田部落には、先に第三章第二節で紹介したように、明治期に乾田化など新農法の導入に指導的役割を果した八〇町歩地主土門家があり部落運営もその主導の下に行われていたようであるが、**図表11-6**に見るように、ここ林崎にはそのような小作料収取に依拠する本格的な地主は存在せず、部落の上層といっても農地改革前の所有規模五町歩から一五町歩程度であり、基本的に自作大規模経営というべき性格の家々であった。そのため、それらの有力家の話し合いが正式の部落寄合より前に行われ、その場として庚申講が利用されていたのであろう。先に第九章第三節で紹介した、一九七〇（昭和四五）年時点で堰守を務めていた梅木豊太の話では、メンバーは彼の若い頃、つまり大正時代には、土地所有の順序でほぼ五町以上所有の自作大規模経営の五戸が有力家とされ、さらに二戸ないし三戸の自小作ないし小自作大経営がそれに続いていたという。稲荷神社で行われた元日の部落の新年会にアンカケのカンダラ（寒鱈）料理を持参して部落の人びとに振る舞うのは、その五戸だったといい、庚申講中はこの五戸を中心に、それに続く二戸ないし三戸を加えた、七～八戸によって構成されていたようである。明治期までそのメンバーだった一戸が、郡会議員に立候補してその土地を喪失し小作に転落するとともに自ら申し出て（「このつきあいならぬ」と排除されたという話もある）庚申講を退いたともいわれており、地主のいない林崎でも耕作農民相互の土地所有規模の差が家の序列を決める決定的な要素になっていたとみることができる。「オヤカタ」という呼称は、豊田の土門家に対していわれるが、この部落の中ではいわない、との証言もある。[2] つまり所有規模八〇町歩の地主は「オヤカタ」だが、五～一〇町歩程度の自作大経営は「オヤカタ」ではないのである。このように、有力家を決める基準があくまでも経済的な土地所有規模であって、本家地主か分家かというような意味での家格ではなかったことに注意しておきたい。[3]

図表11-6には、庚申講中の家を附記してある。表中、途中の横線から上が経営規模の大きい年雇雇傭農家である。⑤⑨⑱⑳㉘の五戸が所有規模も大きい。カンダラを振る舞う側である。それに⑧⑰㉖を加えた八戸が庚申講中の家々で

（鶴岡市林崎）

戦前の役職	備考
区長（明治）	庚申講中
区長（明治・大正）	
戸長時代の村長、村長（昭和）	庚申講中
区長（明治）	庚申講中
実行組合長（昭和）	（庚申講中）
収入役（大正）、堰守（明治～昭和）	庚申講中
区長（昭和）	庚申講中
区長（明治、大正）	庚申講中
実行組合長（昭和）	
区長（昭和）	庚申講中
村議（昭和）、区長（昭和）	庚申講中
区長（昭和）	
区長（昭和）	

より、年雇、兼業については、聞き取りによる。

図表 11-6　戦時期の年雇雇傭農家と被傭農家

番号	所有（昭 14）	経営（昭 13）	自小作別	労働力		年雇		馬（牛）	兼業
				男	女	若勢	めらし		
	反	反		人	人	人	人	頭	
④	4.1	33.6	小自作	2	2	1		1	
⑤	117.2	66.9	自作地主	4	2	2	1	2	
⑦	0.4	31.5	小自作	2	1	1		1	
⑧	0.1	46.0	小自作	2	1	2	1	1	
⑨	47.9	65.6	自小作	4	1	2	1	2	
⑬	0.0	38.6	小作	2	2	1		1	
⑰	2.1	64.6	小自作	3	2	2	1	2	
⑱	183.9	122.5	自作地主	6	3	5	3	3	（他に常雇 2～3 人）
⑳	87.5	73.5	自作地主	4	3	2	1	2	
㉒	5.5	46.3	小自作	2	3	1		1	
㉓	5.9	69.1	小自作	3	2	1		1	
㉖	2.7	51.3	小自作	3	1	1		1	
㉘	38.6	57.2	自小作	3	2	2	1	2	
①	—	—	不耕作			⑰へ			出稼（樺太）
②	—	—	不耕作			⓴、⑲へ			
③	0.6	29.5	小自作	2	1			1	日雇（鶴岡）
⑥	0.1	6.0	小作		1				仕立職人
⑩	11.9	—	不耕作			⑨へ			
⑪	—	—	不耕作			⑤へ			出稼（樺太）
⑫	—	—	不耕作						
⑭	0.1	6.1	小作		2	隣部落へ			魚行商
⑮	—	3.9	小作		1	⓲へ			
⑯	0.4	38.3	小自作	2	2	⑳へ		1	
⑲	0.7	—	不耕作		1	⓲、⑰へ			出稼（樺太）
㉑	—	10.6	小作	1	1				屋根職、行商
㉔	—	—	不耕作			隣部落へ			
㉕	0.1	25.5	小作	2	1			1	
㉗	0.0	9.5	小作	1	1	⓴、⓲へ			
㉙	0.8	9.5	小自作	1	1				左官
㉚	—	14.6	小作	1	1	⑰へ			
㉛	—	7.0	小作		1	⑧へ			屋根職
㉜	—	3.0	小作		1	⓲へ			

注 1：経営規模と労働力、牛馬は、京田村農会「京田村における農業労働力調査」（1938 年）に
注 2：⓪は 1 戸から 1 人、⓿は若勢もめらしも出る。

ある。かつては⑬も、庚申講の仲間だったが、土地を失って庚申講中から外れた。庚申講中のなかでも⑤⑱⑳が経営規模よりも所有規模が大きく、若干の貸付地を持つ自作地主だが、その貸し付け規模はそれほど大きくはなく、基本性格は地主というよりは大規模自作層といえよう。なかでも最大の⑱佐藤家は、戦時期一九四〇（昭和一五）年頃、所有規模一八町、その内一四町を自作し、「日本一の大規模経営」とさえいわれたという。[4] 後に部落の運営態勢改革の先頭に立つ佐藤家の後継者正安は、若かった時代を振り返って、学校を出た時、家には鍬頭《カガシラ》年雇がいたのでそれを見習いつつ馬使いをやった。馬三頭で、二月から始めて一四町起した。昼間の仕事終わってから一四町の水落しと水掛け、一四町もあると掛かっているかどうかの見回りだけで夜九時までかかった、という。兵隊から帰ってきてからは、自分が鍬頭で働いていたが、自家労力は一人だったので、年雇が住込七〜八人（男五、女三）、通いを入れると一二〜三人いた。自分が出征後も八人位の雇いで一四町を続けた、と述べている。

戦時中、労力不足で、北海道、樺太方面の出稼ぎをやめさせて村に労力を残すため、実行組合での相談で大きい家が土地を貸して村に留めるという方針を取った。このように、林崎の場合には、大規模といっても基本的に自作的性格であり、土地の貸付も小作料収取のためというよりは、自作地の労働力確保が目的だったのである。農地改革では所有上限四町四反という線だったが、それを越えた分は、家に働きに来ていた人に優先的に譲ったという。佐藤正安によると、自分が兵隊から帰ってきた時、父が年取っていたので、二二〜三歳から村の集まりに出ていた。そうしたら、旧地主層の二〜三人で話が決まって、自分は若僧で相手にもされない雰囲気だった、という。佐藤はこのように述べているが、しかし旧地主層といっても、実質は自作大規模層だったはずで、だからこそ誰か一人の独裁はありえず、かれらが上述のように「庚申講中」を構成して、その中の話し合いによって方針を決め、村寄り合いに持ち込んだのであろう。それを、実は最大規模だった佐藤家の後継者正安は、兵隊から帰ってきてみたら「自分は若僧で相手にもされない」と感じたわけである。そこで同年くらいの人たちと雰囲気を破ろうと話し合って、仲間というかグループを作った(5)。

ここで注意しておきたいのは、佐藤正安は「旧地主層二〜三人」といい、かつ「自分は若僧で」ともいっているが、このどちらが中心問題だったのであろうか。つまり所有階層対立の問題か、世代間対立の問題かである。庚申講中の構成などを見るとこの両方だったのであろうが、しかし「同年くらいの人たちと話し合って」グループを作ったという点から見ると、むしろ世代差が大きかったようにも見える。つまり、高齢の部落の主立ちが旧来の部落運営の方法を墨守していたのに対して、いわばその合理化を目指したということである。そのことは、例えば部落費の徴収方法などによく現れているように思う。かつて部落会計をつとめたことがある佐藤彦一によると、かつては部落の予算はない。一二月の決算を「年前勘定」といって、一年間にかかった部落の費用を各人に割って徴収した。必要なお金はかつては部落長が立て替え、昭和一〇年代からは農協から部落名で借り入れ、実業義会(6)から借りたこともある。各人への賦課の仕方は、総額の二分の一が平等割、二分の一が反別割だった。部落費をあらかじめ徴収するようになったのは、一九六三(昭和三八)年七月の見込徴収から、前年度秋に三分の二を見込徴収、その年秋（一二月）に宮田の米代金が入るとそれを当年度に使う。稲荷神社の宮田は二反、部落を三班に分け、一班一〇〜一一戸が交代で耕作（だから三年毎に来る）。田植と除草だけは全戸出る。実行組合の仕事もかつては区長がすべてやっていた。戦時中、経済班ということで分かれた(7)。

つまり、予算もない、実行組合をも含めて部落長がすべてを切り盛りする部落運営の態勢が、若手から見て問題と感じられたのであろう。報告者の手許に、「昭和三十七年度林崎公民館　総会順序（昭和三八・二・二四日）」というガリ版刷りの文書がある。その冒頭に、左に掲げるように、「職務分担の明示」として各部の仕事の分担について具体的に記され、また一九六二年度の決算と昭和三八年度の予算が提示されており、かなり整備された総会資料になっている。

おそらくこれが「総会」に文書化された資料が提出された初めてではないか、と思う。

昭和三十七年度林崎公民館「職務分担の明示」

一　土木部長（駐在員兼務）は土木委員（道水路査察委員）と道水路を査察し必要な資材を購入する　又市当局に対し市道の補修を積極的に促さなければならない。

二　公安部は消火器具置場管理　交通安全等に必要な事業を行う。

三　青年部は青年部活動の一環として図書の管理及びレクレーション的な事業の企画を行う。

四　婦人部は「クリスマス」「敬老会」等の企画実践と共に必要な講習会を自主的に行う。

五　部落PTA役員は部落の補導委員として責任者を立て　青少年の補導教育　その他必要事項のため　講習　講話会を開催しなければならない。

六　衛生部部長は　環境衛生　保健衛生に必要な措置を講ずると共にその実施に当りては隣組長の協力を求めることができる。(8)

（1）一九七一年八月時点の筆者の調査ノートによる。また、菅野正・田原音和・細谷昂、前掲書、二一八ページを参照。

（2）一九七一年八月時点の筆者の調査ノートによる。また、菅野正・田原音和・細谷昂、前掲書、二三四ページを参照。

（3）詳論は避けるが、対照的なのは、有賀喜左衛門のモノグラフで明らかにされた岩手県南部藩領の石神部落であろう（有賀喜左衛門『日本家族制度と小作制度』上下、有賀喜左衛門著作集Ⅰ・Ⅱ、未来社、一九六六年）。

（4）この家については、先に第三章において、地主第三層として紹介している。併せて参照願いたい。

（5）一九七〇年一一月時点の筆者の調査ノートによる。

（6）実業義会とは、乾田化の後、金肥つまり購入肥料が使用されるようになって、その資金のために地主たちが設立した農村金融機関である。この点については、第三章第三節で簡単ながら紹介している。

（7）一九七一年三月時点の筆者の調査ノートによる。

（8）林崎公民館文書（「昭三八・二・二八」と日時の記載あり）

すげ笠会の結成と活動

ここまで「合理化」が進んだのである。しかしそれがなぜこの年なのか、なぜ「公民館」なのか、などの具体的な経緯についてはこの文書からは分からない。そこで次に、再び佐藤正安の回顧を聞くことにしよう。

自分は兵隊から帰ってきて初め青年団に入ったが、幹部とケンカして一人やめて、稲作に没頭していた。そして一九四八（昭和二三）年に分施法を初めて取り入れた。やってみたら、大豊作の年に当たったこともあって、五町余で一〇〇俵も余計に取れた。正安の妻の父が、藤島の篤農家長南七右衛門、その指導で分施法を取り入れた。長南七右衛門は「松柏会」の中心だったが、自分は、そこから分かれ出た「百姓馬鹿の会」に入って勉強した。部落の中では初め批判もあったが、妻の父の指導が支えになった[1]。その年から、他の人を誘ってやった。そうしたら自分についてきた人がよく取れた。当時は一般には六俵位、佐藤家でも七俵位、それが分施法により一躍九俵取れた。それが部落の人の注目を浴び、人が集まって来るようになった。初め一緒に分施法をやったのは、佐藤実と五十嵐源治だった。この三人で一九五三（昭和二八）年に共同で耕耘機を導入した。このように、佐藤正安を中心とする三人が、林崎における新しい稲作の先導役を果したものと見られるが、その組み合わせに注目したい。つまり、先に述べたように佐藤正安家は一八町歩所有、一四町耕作の部落一の大規模自作、佐藤実家は小作大経営、部落外のある地主の支配人を務めていた。五十嵐源治家は零細経営で佐藤正安家の奉公人をしていた。このように、戦前から戦時中の階層を異にする三軒が、農地改革によってそれぞれ規模の大小はあるものの自作化し、しかも所有上限を切られたことで相対的に平準化して、互いに話し合って分施法を取り入れたり、耕耘機を共同して導入したりする仲間になったのである。(2) 併せて指摘しておくなら、かつて五町歩以上も珍しくなく、中には一四町という大規模経営の林崎において、改革によって所有上限を四町四反に制限されたということが、農法の改善、反収増に向かわざるを得なくしたという点も、農地改革の重要な点であろう。

このようにして分施法をやる仲間が出てきたので、翌一九四九年、親睦を主として増産を狙うということで会を作った。佐藤正安によると、初め「親攻撃」として一戸ごと廻って座談会をして、個別指導をした。親睦をかね年を取るまで仲良くやるということを重視して、単なる技術だけでないという意味で「すげ笠会」と名付けた。やがて後継者たちが入り出す。最初の年のメンバーは、当時の鍬頭の世代一三名だった。ここで**図表11－7**を参照頂きたい。表中横線を入れてあるのは、**図表11－6**に合わせて、かつての年雇雇傭農家つまり大規模経営の家である。備考には庚申講中の家を記入してある。これらの点と、すげ笠会メンバーと対照して頂きたい。両者は全く重ならないのである。すげ笠会メンバーはたまたま戦後佐藤正安を中心として「すげ笠会」を結成した時に若い鍬頭で、その趣旨に賛同した人たちである。ここでも庄内農民のお得意の「会」が登場したが、それが農地改革後、かつての土地所有とは全く関係なく、たまたまの該当年齢と本人の意思とによって結成されていることに注意して頂きたいのである。

実績がものをいって、やがてわれもわれもと「すげ笠会」に入るようになった。すげ笠会は、部落の共有田四・三反の内二反を試験田として借受け、稲作の実地研究を行い、収穫の半分は部落に納め残りを会の運営費に充てた。冬は毎晩のように稲作懇談会。年に二、三回の先進地視察など。この辺りは飽海などと違って圃場整備が遅れていたが、一九五四年から五六年にかけて、京田地区の圃場整備が行われることになり、すげ笠会の佐藤正安と佐藤実が、まだ二〇歳代でその役員を務めた。これは若い世代の擡頭といっていい。しかしこの区画整理で試験田を部落に返してしまった。

一、二年試験田なしの期間があったが、費用と、共通の目標がなくなり、会の運営が散漫になった。そこで、正安が頭を下げて廻って各人一畝歩ずつ割いてもらい、その土地だけは倅が自由に設計できる所を設けてもらった。そして取れた分は会費にする、取れなくとも文句はいわない。一等になったら賞品をやるという制度にした。皆一俵位取れて、三〇俵位あがった。村の掲示板作ったりした。こういう活動が五、六年続いた。だんだん会員の年代が若くなってきて、年配層がリードしきれない。それに一般に稲作に熱がなくなる時代になってきて、一九五八年に、三三、四歳で自分は一人でやめた。この頃、各自の競作という方法ではなく、一人一俵ずつ運営費を出すというやり方に変わっていた。同じ頃、最初から自分と行動を共にしてきた佐藤実、五十嵐源治たちの年代の人はやめた。そしてもっと若い年代の人たちがリーダーになったが、ところがそうなると、さらに若い二〇代の人と合わない。そういう年代の人は文化活動、行事に関心。すげ笠会とは分離して青年グループができた。すげ笠会は、ほとんど親睦、リクリエーションになっている。

図表 11-7　農地改革後の所有規模とすげ笠会メンバー

農家番号	昭和 30 年所有面積	昭和 24 年すげ笠会会員年齢	備考
④	48.2	28	
⑤	41.2		庚申講中
⑦	40.0		
⑧	46.0		庚申講中
⑨	45.0	29	庚申講中
⑬	31.7		(庚申講中)
⑰	50.9		庚申講中
⑱	49.3	25	庚申講中
⑳	51.5		庚申講中
㉒	44.6		
㉓	30.2		
㉖	40.6		庚申講中
㉘	51.6	25	庚申講中
①	32.1		
②	24.0	26	
③	34.8	28	
⑥	11.7		
⑩	29.2		
⑪	22.3	27	
⑫	22.1		
⑭	19.1	29	
⑮	22.1		
⑯	40.1	21	
⑲	20.1		
㉑	21.3		
㉔	34.7	24	
㉕	20.3	34	
㉗	21.2		
㉙	28.9		
㉚	27.9	28	
㉛	21.1		
㉜	16.7	22	

注 1：所有面積は昭和 30 年センサス。
注 2：農家番号の順序は、**図表 11-6** に合わせてある。

もっと若い高校出たての人は青年団活動に打ち込んでいる。[3] 以上のように、庄内農民の青年たちの関心が、稲作から次第に離れていって、かつて林崎の稲作の発展に大きな力を発揮したすげ笠会は、次第に性格を変えて行ったのである。

（1）長南七右衛門と「松柏会」については、第六章第二節で紹介した。「百姓馬鹿の会」の意味についてもその個所で説明している。

（2）**図表11-6**を参照。佐藤正安家は⑱、佐藤実家は㉔、五十嵐源治家は㉜に当たる。ただし、㉔の不耕作は疑問。農地改革直前には、かなり大規模な小作をしていたはずで、鶴岡市農業委員会の農地改革時の「買収及び売渡集計帳」から見ると三町歩を買収しているので、その程度の小作をしていたはずである。菅野正・田原音和・細谷昂、前掲書、二〇七ページの**図表7-5**、二一二ページの**図表7-7**を参照。

（3）一九七〇年一一月時点の筆者の調査ノートによる。

部落態勢の変貌と自治公民館の結成

ところで、この間、一九五五（昭和三〇）年に、町村合併促進法によって庄内地方でも行政市町村の合併が行われる。林崎を含む西田川郡京田村も鶴岡市に合併になった。そしてそれが、林崎の部落態勢に大きな影響を与えることになる。ここでも佐藤正安の言葉を聞くと、部落会長が鶴岡市行政の下で「駐在員」と呼ばれるようになり、その権限が低下して小使い的になり、なり手がなくなった。それまでは部落会長の村（行政村）に対する発言力は大きく、村議に匹敵するほどだった。納税を始め一切部落を纏めていた。駐在員になってからは単なる連絡だけ。そのため部落のリーダーがなくなった。駐在員、公民館長、生産組合長など、各種団体が頭を並べて、纏まりがつかなくなった。例えば公民館でも、これは婦人会の炭だ、いやどこの炭だという具合で、それぞれの団体で会計もばらばら。これをなんとか一本化したかった。[1]

そこで設立されたのが、林崎の自治公民館であった。佐藤正安が考えた部落が一本に纏まる体制がこれであり、公民館長を部落会長的役割にして纏め役にするという構想である。その頃、公民館を新築して公民館熱が強かったこともあって、そこを中心にということを考えた、という。佐藤正安は、これは自分の構想だと述べている。しかし各種団体はなかなか賛成せず、いろいろもめて三年かかってようやく実現したという。先に紹介したように最初の総会資料は、一九六二（昭和三七）年度となっている。ただし、この自治公民館とは、一九五九、六〇年頃、田川地方社会教育研修会や鶴岡市の地区公民館連絡協議会などで話題になっていた考え方のようである。[2] それを参考にしたのかどうか、その辺りの経緯については不明だが、少なくとも林崎部落の中では、以上のような鶴岡市への合併後の部落の纏まりのなさを何とか纏めようという狙いで、佐藤正安が提案したもののようである。当時生産組合長だった佐藤実もこれには反対だったという。[3] 先に紹介した「昭和三十七年度　林崎公民館総会順序」なるガリ版刷りの文書は、この、佐藤正安の構想がようやく実現した自治公民館の第一回総会の文書だったのである。その冒頭に置かれた「職務分担の明示」には、土木部長（駐在員兼務）、公安部、青年部、婦人部、部落ＰＴＡ、衛生部という六つの役職ごとに行うべき仕事が明記されている。必ずしも記載の様式なども統一されておらず、ランダムな感じもあるが、これは当時部落の中で具体的に課題として意識されていた問題を列挙したものだからであろう。それらを公民館の中に位置づけ、公民館長によって統括されるようにしたのであろう。しかし、どういう訳か生産組合長については記載されていない、おそらく佐藤正安の構想からすれば道半ばの分担表だったのではないか。次に一九六三（昭和三八）年の林崎自治公民館総会資料を掲げよう。

林崎公民館昭和三八年度総会資料「今年をふりかえって」

進展する近代社会に即応しうる村作りを押し進める為、一昨年我が部落では部落会、生産組合を公民館の中に包合し他に例のない初めの試みとして組織の一本化をはかり、今年度は役員も改選して公民館運動の性格や機能、役割についての認識を新たにして活動を進めてまいりましたが、反省するに、部落の振興あるいは部落に共通する課題の解決というような活動の為の目的がなく、活動は単なる形式的、行事的なものになったことを強く反省されます。

然しながら今年のスローガンである消費生活の合理化をはかるための全戸『簿記々帳』、生産性を高めるための『共同田植を成功させよう』の二大目標をお互い協力し合い実施された事は今年の収穫であります。

1. 家計簿記の記帳
婦人部の御協《ママ》により一〇〇%近い戸数が記帳されている

2. 共同田植の完全実施
共同田植一年目の反省にたって今年は生産部の強力な推進と部落民の自覚により完全実施された

3. 部落会計の一本化
組織一本化に伴い、部落会計、公民館会計を昭和三九年度より一本化す

4. 春の地方選挙の当選
農業委員、青龍寺川総代 農協理事の部落推薦候補者を上位当選させた

5. 環境衛生の強化
衛生部員の計画的な消毒活動により「ハエ」のいない部落にされた

6. 各種体育競技の入賞
体育委員をリーダーのもとに 各種競技に参加し近年にない成績を収められた

昭和三九年二月二二日。(4)

この、一九六四（昭和三九）年二月二二日に開催された一九六三年度の総会資料「今年をふりかえって」には、「一昨年我が部落では部落会、生産組合を公民館の中に包合し」云々とある。このことばからすると、部落内の各部を統一して自治公民館とすることを決めたのは一昨年つまり一九六二（昭和三七）年だったのではないか。しかし、佐藤正安が回顧していうように「いろいろもめて」、なんとか第一回の総会を実施したのが一九六三（昭和三八）年度つまり一九六四（昭和三九）年二月のことだったのであろう。先に見た「昭和三十七年度林崎公民館　総会順序（昭和三八・二・二四日）」には、生産部つまり生産組合の職務については記載されていなかった。生産部も「包合」することは決めたが、実質的には従来通り独自の活動を行っていたのではないか。ところが右の「今年をふりかえって」の中には、生産部の仕事のはずの「共同田植」が「互いに協力し合い実施された」とある。つまり生産部についても、「三年かかって」一九六三（昭和三八）年に完全に統合されたのであろう。このように、自治公民館の下に従来からの各職務を統合することが「もめ」たのは、従来の部落会長主導の部落態勢と、この公民館長を頂点に置く新しい部落体制とではあまりに大きな変更で、部落の人びとにとって違和感が大きかったためではないか。具体的な人も変わった。一九六四（昭和三九）年度の「総会資料」には、役員名簿のトップに「館長佐藤正安」とある。かつての部落会長つまり駐在員の名前は「役員名簿」にはない。三七年度の「総会資料」の公民館長は別の人である。この年には、まだその上に、少なくとも形式的にはその上に、かつての部落会長つまり駐在員が位置していたのではないか。ただ、これは公民館の総会資料なので、そこまでは記されていない。つまり新体制では部落会長と公民館長との位置づけが逆転して、その担い手も変わったのであろう。

ここで佐藤実の回顧を聞くと、自治公民館発足時には、たしかに反発はあったという。高齢の人よりも、その頃部落運営の中心だった七〇歳代位の人が反対した。若い人に任せてうまくゆくかという態度だった。一九六三（昭和三八）

図表 11-8　林崎公民館運営組織図

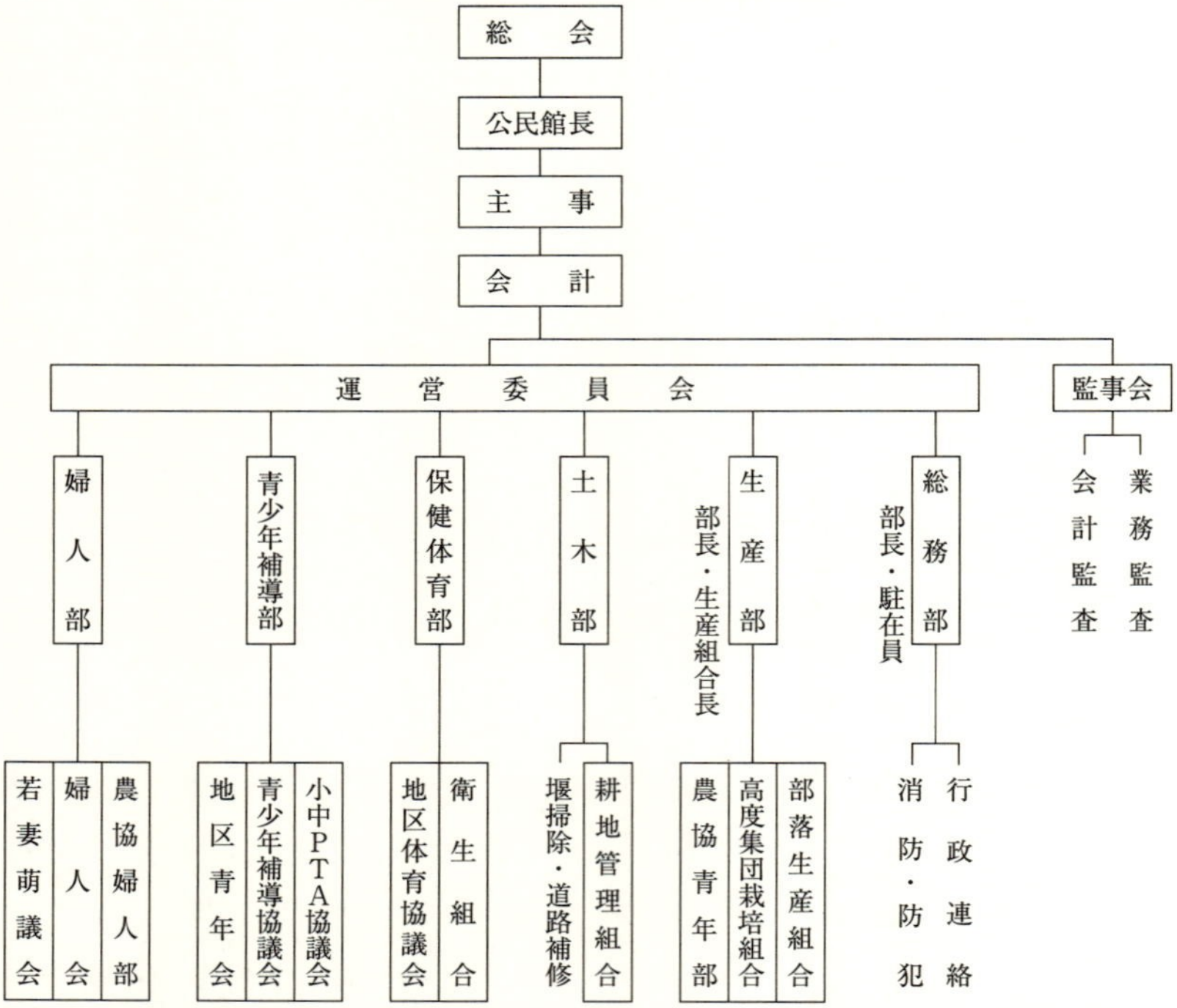

注：これは、昭和 37 年自治公民館発足以来の経験をふまえ、昭和 44 年に一応の確立を見た機構図である。

年三月に初代役員の選出をした。駐在員、生産組合長、公民館長は選挙だった。他は、いろいろな人を入れた選考委員会で推薦というのが多かったという。(5) この回顧を参考にすると、一九六四年度の総会資料に記されている役員が、この選挙で選ばれた初代役員のようである。六三（三八）年度の「総会資料」には役員名簿はないが、おそらくこの選挙で選ばれた初代役員が、六四（三九）年度も引き続いたのではないか、と思う。**図表11-8**は、その後も試行錯誤を経て出来上がった一九六九（昭和四四）年の組織図である。これで見ると、公民館長の下に、駐在員も総務部長として位置づけられ、生産組合長は生産部長となってその下に集団栽培組合が置かれている。つまり、集団栽培が実施されるようになった段階での、林崎部落の全体が「包合」された形が、この組織図なのである。確かにこれは、従来の林崎の部落態勢から見ると、大きな変化といってよいであろう。ある村人の言では、この変革を「古い世代に対する若い世代のクーデター」と称していた。(6)

この自治公民館の運営方法で注目すべきは、一戸二名以上出席の全体協議会である。そこには戸主の他に、後継者あるいは主婦が参加することになった。少なくとも重要な問題の話し合いは、この全体協議会で行う。(7)正式な名前は決めていないとのことであるが、従来の部落の寄り合いが戸主一人の参加だったのに較べて大きな変化というべきだろう。

（1）一九七〇年一一月時点の筆者の調査ノートによる。
（2）菅野正・田原音和・細谷昂、前掲書、二四一ページ。
（3）筆者の前掲ノートによる
（4）林崎公民館文書（「昭和三九年二月二二日」と日時の記載あり）
（5）一九七三年八月時点の筆者の調査ノートによる。
（6）菅野正・田原音和・細谷昂、前掲書、二四八ページ。
（7）一九七〇年八月時点の筆者の調査ノートによる。

集団栽培の形成とその内容

さて、ここで林崎の集団栽培の形成について見ることにしたいが、この点については一九七〇（昭和四五）年八月に、佐藤実、佐藤岩吉、保科直士、阿部武、梅木隆の五人に集まってもらって集団面接を行った。その時の話によると、まず第一歩は、共同でトラクター導入を考えて「大農機具更新貯蓄組合」を設立したことだったようである。一九六三（昭和三八）年から話合いを始め一九六四（昭和三九）年から積立てを始めた。この頃になると全戸に耕耘機が普及し、早い家では更新期に来ていた。それを見て生産組合でトラクター導入を共同でやろうということで反当五〇〇円の積立てをさせた。佐藤実が生産組合長だった。ただし小規模層では耕耘機の導入が新しく、まだ更新期に来ていないため、反対の意見はあった。しかし過剰投資解消という狙いで積み立てを開始し、四二年まで四年間積立てて、約二〇〇万円になった。それ以前から共同田植と共同防除はやっていた。農協でも積立を見ていて集団栽培を育成しようという方向になってきた。そこに一九六五年から国の事業として、「高度集団栽培促進事業」が開始されて、この近くでは北京田部落が初めて指定を受けた。それを学んでここでもと考え、一九六八（昭和四三）年からこの事業を導入して集団栽培を始めた。導入した資金と機械は、以下の通りである。トラクター三〇馬力三台、防除機二台、ハロー三台、以上は一、八九六、九〇〇円の補助、他に防除機一台、トラクター一台は自己資金。集団栽培の狙いはいろいろいえるが、要するに「この部落の九二町どうやって行くか」という発想だった、とのことである。

むろん反対はあった。一戸二人以上参加の全体協議会で激しい議論をした。とくに規模の小さい家は、大きい家に労力面で利用されるのではないか、という理由で。また耕耘機の更新期に来ていない家。なかでも問題だったのは、農事組合法人があったこと。[1]六戸一四町で、経理が一緒、月給制だといって、他の家とは違うんだという主張だった。昭和三八年頃発足、出来てから五年ほど経っていた。そこでこの法人を一つの班にして組み込むことにした。この人たちは機械はもっと小さくてよいといったのを、同一機種に統一するのに苦労した。

全体で四班編成。**図表11-9**に示すように、一班は八戸、二六町四反、二班は七戸、二六町五反、三班は一一戸、二四町一反、四班が法人で六戸、一四町四反。オペレーターは一班三名、二班三名、三班三名、四班二名、合計一一名だった。それぞれの班ごとに、一台ずつトラクターを持って、独立してやる。会計も。修理も各班ごとにやって、費用は各班ごとに集めてまとめる。補助金は三台分。しかしそれを反別に応じて平等に四班に分けた。個人負担は、一、二、三班は面積がほぼ同じなので同じ額になったが、法人の四班は面積が少ないので個人負担は多くなった。但し長期貸付

図表 11–9　集団栽培のトラクター班編成と発足時の各班の作業計画

（1968 年 3 月・鶴岡市林崎）

班	農家番号	反別	田植 必要労働力	田植 自家労働力	田植 過不足	本田耕起 オペレーター	本田耕起 堆肥人夫	本田耕起 割当人夫計	田植班
		反	人	人	人	人	人	人	
第一班	⑤	37.7	75.4	20	△ 55.4		18.5	18.5	㋺
	⑦	26.4	52.8	30	△ 22.8		13.5	13.5	㋺
	⑧	41.8	83.6	30	△ 53.6		20.5	20.5	㋩
	⑨	40.5	81.0	30	△ 51.0	13	7.5	20.5	㋩
	④	44.3	88.6	20	△ 68.6		22.0	22.0	㋑
	③	32.7	65.4	30	△ 35.4	13	3.5	16.5	㋑
	⑬	29.6	59.2	30	△ 29.2	13	1.5	14.5	㋺
	⑥	11.0	22.0	10	△ 12.0		5.5	5.5	㋑
	計	264.0	528.0	200	△ 328.0	39	92.5	131.5	
第二班	⑯	36.9	73.8	30	△ 43.8	13	5.5	18.5	㋥
	⑰	44.7	89.4	45	△ 44.4		21.0	21.0	㋭
	⑱	45.0	90.0	30	△ 60.0	13	9.5	22.5	㋥
	⑳	44.4	88.8	30	△ 58.8		21.0	21.0	㋬
	㉔	35.7	71.4	20	△ 51.4		19.0	19.0	㋬
	㉘	46.6	93.2	20	△ 73.2	13	10.0	23.0	㋭
	㉕	12.0	24.0	30	6.0		8.5	8.5	㋬
	計	265.3	530.6	205	△ 325.6	39	94.5	133.5	
第三班	①	23.0	46.0	25	△ 21.0		14	14	㋷
	②	19.2	38.4	28	△ 10.4		12	12	㋠
	⑩	25.8	51.6	30	△ 21.6	14	2	16	㋠
	⑪	19.1	38.2	28	△ 10.2		11	11	㋷
	⑭	19.5	39.0	18	△ 21.0	14		14	㋷
	⑮	20.1	40.2	28	△ 12.2		12	12	㋠
	⑲	18.7	37.4	20	△ 17.4		11	11	㋣
	㉑	20.2	40.4	25	△ 15.4		12	12	㋣
	㉓	25.7	51.4	25	△ 26.4	14	1	15	㋣
	㉒	32.3	64.6	25	△ 39.6		19	19	㋣
	㉜	17.2	34.4	18	△ 16.4		10	10	㋣
	計	240.8	481.6	270	△ 211.6	42	104	146	
第四班	㉖	36.4	72.8	40	△ 32.8	10	8.20	18.20	㋦
	㉛	20.5	41.0	20	△ 21		10.25	10.25	㋦
	⑫	21.2	42.4	20	△ 22.4		10.60	10.60	㋦
	㉗	20.1	40.4	30	△ 10.4		10.05	10.05	㋸
	㉚	23.3	46.6	40	△ 6.6	10	1.15	11.15	㋸
	㉙	22.9	45.8	30	△ 15.8		11.45	11.45	㋸
	計	144.4	289.0	180	△ 109.0	20	51.70	71.70	

注 1：田植は反当 2 人の労働力を必要とし、10 日間で終了するものとして計算してある。

注 2：菅野正・田原音和・細谷昂『稲作農業の展開と村落構造』御茶の水書房、1975 年、278 ページ。

金の利率は法人の方が安い。そんなこともあって、法人は長く使えるからということで割り切ることにした。作業は、塩水選、催芽、苗代（作り、播種）、耕起、代掻、堆肥散布は班ごとの共同。中干しは協定、刈取り、調整は有志共同、一部個別。防除は生産組合単位。刈取りの有志共同は班と関係ない。バインダー二二戸で八台共同、コンバイン五戸で三台、その他個別の手刈り。去年、まとまって一本で入れたいという話合いもしたが、このようになった。今年どうするか、これからの話合いになる。

今年（一九七〇年）全体協議会で話し合い、トラクターは班編成ではなく、一本でやることにした。経理を一本にしないといけないという行政からの指導があったため。作業の班編成をどうするかはこれから話し合う。法人の償却費が高い分は皆で背負うとにした（ただしこの一本化は結局実現されなかった）。なお残る問題は田植機の導入、バインダーが有志共同であること、オペレーターがこれまで班ごとだったのをどうするか。田植はとくに一、二班は労力不足。よそから雇いを入れている。各戸で雇って、出して、後で決算する。賃金は二、六〇〇円、一時間二〇〇円で四時四五分から一八時三〇分まで。一一時四五分から一三時まで昼休み、その他に、午前二〇分と午後二〇分の休み。朝、昼、夕の食事付き、その他送り迎え付き[2]。

（1）この農事組合法人について、一九七一年八月に法人のメンバーだった佐藤石吉に話を聞いた。それによると、結成は一九六四（昭和三九）年、日農の運動として、初め京田全体で法人結成の動きがあったが、大きすぎるということで、部落単位になった。農民の団結という日農の方針による。初め林崎で二八戸参加。不参加四戸。社会保険制度（失業保険）を受けるという狙いもあった。それが適用にならないというので脱落者が出た。今は六戸。税金対策ということは、あまり考えなかった。砂丘地に一反五畝を共同で買った。メロン、スイカ、サツマイモなど。ほとんど自家用。日曜日など子供連れて行ったり。今は、バックは日農より、「田川地区農事組合法人協議会」の方。いろいろ学習会をやったりしている（一九七一年八月時点の筆者の調査ノートによる）。

（2）以上、佐藤実など五人との面接記録は、一九七〇年八月時点の筆者の調査ノートによる。

機械化の進行と集団栽培の解体

このような経過をたどって形成され、一九六八（昭和四三）年からこのような内容で実施されてきた林崎部落の集団栽培であったが、その後、田植機の導入、またトラクターの買替えを契機に次第に解体の道をたどることになる。この経過についても、一九七五（昭和五〇）年一〇月に佐藤実の回顧を聞いているので、それによって辿ることにしよう。

まず世代交代がある。一九七〇（昭和四五）年が始まり。今の二〇～四〇歳代の耕作者のわがまま。共同によって束縛されることを嫌う。ふところが豊かになった。一〇〇～二〇〇万の機械は年賦なら買う力もっている。

トラクター班ごとの解体の事情を聞くと、それぞれほぼ同じような耕作面積になるよう班を組んだが、全く同じ面積とはいかなかった。一班の場合、四町三戸、三町二戸、三町未満二戸という組合せ。そこで四町とそれ以下との間で、作業面などで意見の対立が出だした。四町クラスのA氏とそれ以下のB氏。一九七三（昭和四八）年から、田植機を稚苗と中苗で二分してしまった。トラクターは一台だが作業を二分するようになった。その間で日程は調整したが。七四（四九）年に新しいトラクターを一台買った（このことの詳細不明）。しかしこの年は形の上では分離しなかった。一九七五（五〇）年から旧いのをB氏のグループ、新しいのをA氏のグループが使って作業した。田植機は、一班では始め稚苗を入れたが、一九七二（四七）年に中苗に切り替え、さらに七三（四八）年に、Aグループと Bグループが稚苗と中苗とを別々に買い、二分してしまった。さらに一九七四（四九）年から、B氏のグループは田植は個人になった。育苗も個人で。育苗は個人では大変、しかし林崎のやり方はハウスを作らない簡易育苗方式なので個人でも可能。集団栽培のトラクターは始めから会計は一本化していなかった。七年賦なので、一九七四（四九）年に償還は終わった。しかしそのために解体というのではない。

二班の場合は、一町余の一戸が離農して、四町クラス五戸（仮にC、D、E、F、Gとする）、三町クラス一戸（仮にH）の六戸になった。田植機は始め中苗二条、この機械を二年使ったが、能率よくないので、一九七三年に更新しようとした。三町クラス一戸（H）の息子が採算合わないと反対して不参加。五人で新しいのを買った。三町クラスのHは前の機械で。新しいのは中苗四条植、三台。これを四九年の田植から、五戸共同で八日かかった。四条植では日数がかかりすぎる。オペレーターから特定の人だけが大変だと苦情が出た。一九七五年から二台足して、一戸に一台とした。最初の三台が共同購入だったので、後の二台も共同で同じ機械を購入、実際の使用は個人。そうこうしているうちに四町クラスのCの息子が身体を壊したため四割くらい委託したいといいだした。しかしかなり大面積だし、引き受けようという人は班の中にも、部落の中にもなかった。しかしこのCの息子は作業に出られないので、残りの四戸が不満。それならというのでCが自分でトラクターを買った。完全な個人。そこで、始めの二班のトラクター三〇馬力の権利問題が出てきた。Cは自分は権利放棄するから代償をくれといい出した。議論しているうちに、このトラクターはかなり古く寿命も短い、処分しようという意見、それももったいないという意見、いろいろ意見出て対立。結論的には処分しないで残存価格を算出して、全員で権利放棄した上で、改めて受け入れる人と新しく買う人とくじ引きで分かれた。古いものを継続したのが三戸（F、G、H）、新しいのを買ったのが二戸（D、E）、共同で。この二戸とCの三戸が権利放棄。新しいのを買った二戸（D、E）と、古いのを継続した三戸のうちHを除く二戸（F、G）の合計四戸は、育苗だけ共同。Cは、全く個人。このように個人単位になってくるとオペレーターは、自分でやるようになる。グループが大きい頃と違って、特定の人でなくともやれるようになった。修理は難しくとも運転は可能。

次に三班。一九七五年の春作業から解体が始まる。中に、共同で仕事が粗雑になるのを嫌う人がいた。他はおとなしくあまり発言をしない人。トラクターは、経済力の問題もあり今のところ一台。利用の仕方は東と西に二分。東は年配者が多く、オペレーターが少ないので、一本で纏まっている。育苗、田植も共同。西はさらに二人ずつ、三つの小グループに分かれている。育苗、田植とも。田植機は始め四台を買ったが、それを東西に分けた。東はその二台を継続して使用。西は三つに分かれたので、二つのグループは古いもの、一つ新しく購入。

四班。トラクターは続いている。ただ、一番大きい三町以上の家の息子が作業をリードしているが、この人の労働が過重になっている。まじめな人で他の人のために尽している。他はみな二町歩前後、そのためほとんど他産業に出ている。自己主張は強い。労働の決済は賃金でやっているが、他産業並みとはいかない。作物は天気などの条件で皆同じにできるものではない。三町以上の一軒の息子は苗の悪いものを自分のところに植えたりさえした。皆によく奉仕した。しかしそれを皆が認めてくれなかった。そこでさすがに嫌気さしたようだ。来年から田植と秋作業は分解するだろう。トラクターは分かれるのは無理なので、分解しないだろう。

秋作業については、最初一九六九（昭和四四）年にバインダーを二三戸共同で導入した。同じ年、他の五戸がコンバインを共同導入した。一九七二（昭和四七）年に、バインダー共同は解散。その中の五戸が先のコンバイン共同五戸に加わり、また一九七三（昭和四八）年にさらに一戸が加わって、合計一一戸による三台のコンバイン共同ができた。これをAグループとすれば、一九七三（昭和四八）年にそれとは別に五戸のコンバイン共同ができた。このBグループは五戸で一台。また同じ一九七三年にCグループ三戸が一台共有。Aグループで四九年夏ころから議論が出てきたが、それは機械そのものへの不満でもないし、それほど苦情が多く出ていたわけでもない。問題はその中から一人が独立したことがきっかけ。つまり彼の労働力が欠けたこと。四町クラスは各戸二名の出役で共同したが、この家からは一人も出ないことになる。このグループ内のある四町クラスの人が、四四町に四條刈りコンバイン三台では無理だと主張した。そこでもう一台足せば良いのではないかといったが、そうするとその分オペレーター一人と補助者二人は必要。モミを入れる袋掛け、モミを乾燥機に運ぶ人の補助。合計三人は必要になる。そうすると、他方の米調整の仕事にも波及して、労働力調整がつかなくなる、という主張だった。しかしそんなことやる気ならできるはずだ。これまでも調整は個別でやってきたし、二〇人いれば、四台に各三人で計一二人なら、後八人は残る訳で、それを順に交代して個別の調整に廻せば良いはずず、と反論した。そんなことで一九七四（昭和四九）年はいっしょにやったが、一九七五（昭和五〇）年は解散になった。五〇年には二条刈が個人三戸、三条刈が個人二戸、二条と三条の二戸共同が三グループ、となった。これらは、古い機械は全部やめて、新しい機械にした。古いものも二、三年は使えそうだったが、機械屋の売り込みもあり、下取りの形にした。七、八〇万の下取りらしい。新しいのは、三条で二四〇万程。二条だと一二〇万。私達には、何考えているのか分からない。手刈りの頃の労賃に苦労して共同したのに、それを今の人は知らないですぐ買ってしまう。機械は自動車と同じでどんどんモデルチェンジして、ちょっと旧型になると安くなる。部品の問題や、手放す時の残存価格の問題。Bグループの五戸は今（昭和五〇年）も続いている。それとは別に、三軒ほどの作業場が狭い。中に乾燥機がない家があって、入れると窮屈になる。そのため倉を建てるといっている。Cグループの三戸は今も問題なく続いている。一番うまくやっているようだ。気心のあった二～四戸位の共同が一番良い。四班の法人は、税法上は今も続いている。しかし作業は完全にバラバラになった。(1)

以上、大変に込み入った経過であるが、とりあえずここで注目しておきたいのは、集団栽培内の各人が、自分の経営の都合、利害によって、自由に発言して、活発に議論を闘わせていることである。先に庄内地方に集団栽培が数多く成立した原因として、庄内地方の村つまり部落が、生産と生活に関わる必要事項の協議、契約、共同の組織として、いわば「生命力」を持っていたと述べたが、しかしそのことは、各人の発言を抑えるような「抑圧的」、「閉鎖的」な組織だったという意味ではないのである。むしろ部落の運営態勢がリーダー達の高齢化によって問題をはらんでくると、「若い世代のクーデター」によって合理化が行われたりもする。「部落ぐるみ」の集団栽培といっても、それが、それぞれの家の経営にとって有利であるが故に、その限りにおいて、結びあった共同なのであり、それ以上でも、それ以下でもないのである。だからこそ、そこに各人の性格が絡んできたりもする。この点を庄内の村或は部落の理解にとって重要な点なので、注意して頂きたい。

（1）一九七五年一〇月時点の筆者の調査ノートによる。

農外就労の増加

以上のような集団栽培の中での機械化一貫体系への歩みには、その背後に農外就労の増加という要因があった。もともと集団栽培は、年雇労働力に大きく依存してきた庄内稲作の、とくに一九六〇（昭和三五）年以降急迫してきた労働力不足が大きな要因となって形成されたものであったが、さらに進んで一九六五（昭和四〇）年前後から農外就労の増加によって臨時雇労働力も不足して来る中で、今度は集団栽培自体を困難に追い込んで行く。**図表11-10**は、京田農協調査による京田地区の農外就労調べであるが、これで見ると、京田地区二二八戸の農家から一九六八（昭和四三）年中の農外就労農家は九六戸で、四二％を占め、人数にして一〇七人、その中「今年はじめて」という人が四七人にも上っている。さらに一九六九（昭和四四）年には、二二九戸の中、農外就労農家は一七四戸、七六％となり、人数にして二〇三人、その中で「今年はじめて」という人は九六人とその激増ぶりを示している。就労先は、この頃はまだ県内が多いが、一九六八年から一九七二年にかけて県外が四〇人から一二七人と、増加傾向にある。県外の行き先は、関東地方が多く、次いで東海・近畿となっている。県内の場合は自宅からの通勤者が多いが、出稼ぎ者は、期間が二〜三ヶ月のものが多く、次いで三〜四ヶ月となっている。これらは農閑期の出稼ぎと見てよいであろう。しかし、県内外を含めて五ヶ月以上にわたるものが一九六八年の一三名から一九六九年には三二名と激増しており、四ヶ月以上を加えると、三

図表 11-10　京田地区農外就労調べ

			昭和 43（43. 2～44. 1）		昭和 44		昭和 45		昭和 47
			県内	県外	県内	県外	県内	県外	県外
県外就労農家戸数			60	36	103	71	111	96	101
農外就労者数			67	40	125	78	140	108	127
年齢別		19 歳未満	1	3	2	11			4
		20～29 歳	25	20	55	34			40
		30～49 歳	39	14	61	32			63
		50 歳以上	2	3	7	1			20
続柄別		世帯主	16	9	14	9			
		あととり	34	29	46	62			
		次三男・兄弟				1			
		世帯主の妻	4	2	41	2			
		その他の婦女	13		24	4			
耕作規模		1ha 未満			8	5			
		1～2ha			13	12			
		2～3ha			40	20			
		3ha 以上			64	41			
勤先	県内	自宅より通勤	65		122				
		その他	2		3				
	県外	関東		26		73			109
		東海・近畿		14		4			16
		その他				1			2
職種別		建設業	27	19	27	54			74
		工業	4	15	26	13			24
		商業	7		40				
		食品加工	8		13				
		交通運輸	11	2	6	7			11
		その他	10	4	13	4			18
出稼期間		2 ヶ月未満	12	4	3	4			
		2～3 ヶ月	24	8	53	34			
		3～4 ヶ月	14	11	46	21			
		4～5 ヶ月	9	12		10			
		5 ヶ月以上	8	5	23	9			
あっせん者		公共職業安定所		5	17	33			
		個人的仲介者	15		13	5			
		知人紹介	30	33	56	36			
		昨年と同じ場所	22	2	28	4			
		その他			11				
出稼年数		今年はじめて	27	20	46	50			
		2 年目	24	13	57	20			
		3 年目	8	2	11	8			
		4 年目以上	8	5	11				
出稼の主な理由		経営資金のため	13	20	35	52			
		生計費補てん	35	6	87	24			
		借金返済のため	3						
		住宅資金のため	2	3		3			
		他所での生活体験		4		4			
		その他	14	7	3	1			

注 1：京田農協資料による。空欄は情報の欠けている項目。ただしゼロの場合もある。
注 2：京田地区の農家数は昭和 43 年度 228 戸、47 年度は 229 戸である。
注 3：菅野正・田原音和・細谷昂『稲作農業の展開と村落構造』御茶の水書房、1975 年、290 ページ。

四名から四二名に増えている。このような長期の出稼ぎは当然家の農業に影響するであろうから、重大といわなければならないであろう。職種別では一九六九年の場合、県外では建設業が多く、県内では商業が多い。出稼ぎ理由としては「生計費補てん」が最も多く、ついで「経営資金のため」である。耕作規模別に見ると、一九六九（昭和四四）年の農外就労人数は、一ha未満で一三人、一～二haで二五人、二～三haで六〇人、三ha以上で一〇五人となっているが、一九七〇年センサスの数字で見ると、京田地区の一ha未満は二六戸、一～二haが二五戸、二～三haが三五戸、三ha以上が一一六戸である（例外規定を除く）。こうして見ると一ha未満は農外就労が一戸当り〇・五人とむしろ少なく、経営規模一ha以上の各層は一戸当り約一名と、規模が大きい層にむしろ多いことになっているが、その理由は分からない。農協調査なので、耕作規模の小さい方で調査漏れがあったのであろうか。それにしても、一ha以上の各層で一戸に一人の農外就労者を出しており、その数は耕作規模に関わらないことは注目すべきであろう。規模の大きい層の農外就労には農閑期の出稼が多いのかもしれない。続柄別では、あととり層がもっとも多く、一九六九（昭和四四）年では、一〇八人と農外就労者の五三・二%、一九六八（昭和四三）年の戸数で除すると四七・四%に上っている。世帯主とその妻も多く、合計で六六人、農外就労者の三二・五%であり、これら家の中心を占める家族内地位のものが農外就労者の合計八五・七%となる。戸数で除すると七六・三%となる。つまり世帯主、その妻、および後継者の全員がそろって家にいるのは、わずか一〇軒に二軒強であり、だれかが農外就労に出ている家が八割近いということになる。反対に、次三男・兄弟の農外就労者はわずか一名と、その他の婦女二八名と較べてもごく少なく、結婚前の娘はなお家にいて外に働きにいっているが、次三男は他出してもはやほとんど家には残っていないという状況を示していよう。二～三ha層、あるいは三ha以上層の場合には県内の通勤兼業の他、農閑期の出稼が多いと思われる。一九六九（昭和四四）年になると、四ヶ月以上の出稼者が四二名もいるが、このような家は農作業からの手抜きが始まっている可能性もあるように思う。

表 11−11　林崎の農外就労状況

			昭和 44		昭和 45	
			県内	県外	県内	県外
農外就労農家戸数			7	24	11	14
農外就労人数			10	26	13	18
耕作規模	1ha 未満	戸数				
	1〜2ha		7			
	2〜3ha		12			
	3ha 以上		13			
	1ha 未満	人数				
	1〜2ha		2	12		
	2〜3ha		5	9		
	3ha 以上		3	5		

注 1：京田農協資料による。
注 2：空欄は情報の欠けている項目。ただし林崎には 1ha 未満の農家はない。
注 3：菅野正・田原音和・細谷昂『稲作農業の展開と村落構造』御茶の水書房、1975 年、290 ページ。

林崎の農外就労の状況を同じ京田農協資料によって見ると、**図表11−11**のようになる。一九六九（昭和四四）年に、県内の農外就労に出ている家は七戸、これはおそらく一〜二ha層の七戸ではないかと思われる。このなかには通勤の安定兼業が含まれているのであろう。われわれの調査によると、先の**図表11−9**で、第一班と第二班に含まれていたそれぞれ一町一反と一町二反の家は、前者は地方公務員、後者は世帯主が店員、後継者が工員で、ともに第二種兼業農家であった。この二軒はやがて、前者は一九七二（昭和四七）年に、後者は一九七三（四八）年に、土地を手放して離農している。県外に出ている二四戸には経営規模では二〜三ha、さらには三ha以上の家も含まれていることになるが、これらの家々には農閑期の出稼ぎが多いと考えられる。

そして以上のような一九六八（昭和四三）年から一九六九（昭和四四）年頃にかけての農外就労の増加の背後には、集団栽培の中での機械化一貫体系の形成が関わっていたと思われる。一九七一（昭和四六）年七月における集団栽培役員に対する集団面接の際、「トラクターとスワス・スプレヤー、さらに田植機の導入によって、今は労働力が余っている」という言葉も聞かれた。「集団栽培開始の翌年あたりは、余った労働力をプラスアルファーや農外就労につぎ込むことについて、部落的に調整することができないかどうかについて真剣に討議がおこなわれさえした」という。しかし「プラスアルファー（主として畜産）については、まず何よりも資金難に逢着し、それに価格変動の不安定性に加えて、水田単作の林崎にとってその伝統と経験がなく」、そのために考えがあれこれすることもあって、部落一本の態勢にまとまることは困難であった。(1) また農外就労については、その性質上部落で調整することは到底無理であり、各人それぞれに、自分で見つけた農外就労機会に飛びつくことになった。

その後、大規模経営の多い林崎でも農外就労はますます増えて、右に見た**図表11-11**の一九六九（昭和四四）年の段階では農外就労者は三六名だったのが、四年後の一九七三（昭和四八）年には、**図表11-12**に示すように六二名と激増している。稼働力九一名のうち六八％である。ただ、この一九七三年八月の資料は、この時点における集団栽培役員の佐藤勉、阿部政広、鈴木豊に対する集団面接の際に得られた資料であり、各戸における面接調査ではないので詳細を欠く点があるが、概略の状況を推測することはできるであろう。農外就労を全くしていない家は、経営規模四町二反余の大規模経営一戸だけである。この家は稼働力が二名と少ないことも関わっているのかもしれないが、肥育牛二頭を置いており、農外よりも農業で生活を立てたいという志向の家なのであろう。その他にも四町あるいはそれ以上の大規模経営は七戸あるが、いずれも農外就労に出ている。しかもここで注意しておきたいのは、一九六九年には、出稼ぎと思われる県外就労者は二六名であったのが、一九七三年には二三名と減少して、反対に六九年に通勤者と思われる県内就労者は一〇名だったのが、七三年には通勤者が三九名と激増している点である。これは、通勤可能な近在の就職チャンスが広がったということであろうし、生活上いろいろと問題が指摘されている出稼が減ったという意味では好ましい変化と見ることができようが、ただその通勤就労が年間を通じての常勤職である場合には、農業という観点からすると、マイナスの可能性もあり注意を要する。四町あるいはそれ以上の家の農外就労には出稼者が多いが、それは農閑期の就労と

図表 11-12　林崎における農外就労とプラスアルファー（1973年）

農家番号	経営規模	農外就労	人数	内訳		稼働力	プラス・アルファー
				通勤	出稼ぎ		
	反		人	人	人	人	
①	23.3	長男＝洋裁、孫（男）＝工員	2	2	—	3	鶏 200
②	14.2	主＝日雇、長女＝女工、孫＝運転手	3	3	—	3	
③	32.7	主＝店員	1	1	—	3	なめこ 200 箱
④	44.3	主＝通勤	1	1	—	2	肥育牛 2
⑤	37.7	主＝出稼	1	—	1	2	肥育牛 2
⑥	（離農）	（長男＝地方公務員、嫁＝女工）					
⑦	27.6	主・妻・長男・嫁＝出稼	4	—	4	4	
⑧	42.6		0	—	—	2	肥育牛 2
⑨	40.5	長男＝出稼	1	—	1	3	豚 30
⑩	25.8	長男＝ガソリンスタンド、嫁＝女工	2	2	—	2	豚 30
⑪	19.1	主・長男＝出稼	2	—	2	3	
⑫	21.7	主＝日雇	1	1	—	2	
⑬	29.6	長男＝出稼、嫁＝女工	2	1	1	2	
⑭	19.5	長男＝左官、嫁＝飲食店	2	2	—	4	豚 20
⑮	12.0	主＝日雇、長男＝運転手、嫁＝女工	3	3	—	4	
⑯	31.6	主＝保険外交	1	1	—	3	なめこ 3,000 箱
⑰	44.8	長男＝自動車学校、嫁＝出稼	2	1	1	5	乳牛 2、鶏 150
⑱	46.6	主＝造園、長男・嫁＝出稼	3	1	2	3	肥育牛 18
⑲	15.7	主＝日雇、長女＝会社員	2	2	—	3	
⑳	46.4	妻・長男・嫁＝出稼	3	—	3	3	豚 30
㉑	20.2	主＝日雇、妻＝女工、長男＝会社員	3	3	—	3	
㉒	26.2	主＝出稼、妻＝セールス、妹＝会社員	3	2	1	3	
㉓	21.7	主＝工員、妻＝店員、母＝飲食店	3	3	—	3	
㉔	40.2	主＝会社員、長男＝出稼	2	1	1	3	
㉕	（離農）	（主＝店員、長男＝工員、五女＝店員）					
㉖	36.4	長男・嫁＝出稼	2	—	2	4	豚 30
㉗	17.1	長男＝日雇、次女＝女工	2	2	—	3	
㉘	46.8	主＝骨董品店、長男＝出稼	2	1	1	4	
㉙	22.9	主＝左官、長男＝運転手	2	2	—	3	
㉚	23.2	主・長男・嫁＝出稼	3	—	3	4	
㉛	20.8	主＝塗装工、長女＝店員	2	2	—	3	肥育牛 1
㉜	17.2	主＝牛乳店員、長男＝工員	2	2	—	3	乳牛 3
計	868.4	農外就労 62 名	62	39	23	91	

注 1：1973 年 8 月の現地インフォーマントへの面接聴取による。
注 2：菅野正・田原音和・細谷昴『稲作農業の展開と村落構造』御茶の水書房、292 ページ。

図表 11-13　耕耘・代掻・堆肥散布出役人数の変化（林崎）

	戸数	1969 年				1971 年			
		総面積	出役時間	所要時間	反当	総面積	出役時間	所要時間	反当
	戸	反	時	時	時	反	時	時	時
第 1 班	8	265.5	1,819.3	1,819.2	6.85	265.5	945.5	945.4	3.56
第 2 班	7	264.8	1,584.0	1,318.5	5.08	266.8	1,324.0	1,324.0	4.96
第 3 班	11	239.3	1,587.9	1,587.7	6.64	231.2	974.0	974.2	4.21
第 4 班	6	144.8	929.1	929.0	6.42				

注 1：各班の記録による。第 4 班の 1971 年は資料がえられなかった。
注 2：1971 年における出役人数の減少は、堆肥散布の減少および田の隅の部分の残耕を各自に委せたことによる。
注 3：菅野正・田原音和・細谷昂『稲作農業の展開と村落構造』御茶の水書房、294 ページ。

いうことにしているのかもしれない。いわゆるプラス・アルファー、つまり稲作以外の農業生産についても聴取しているが、全体に著しい発展というには遠いといわなければならないであろう。先に見た四町二反余の家の他、肥育牛が五戸、いずれも大規模飼養とはいえないが、なかでやや規模の大きい家は一八頭である。それから豚が五戸、乳牛二戸など。畜産以外では、なめこが二戸、内一戸は三、〇〇〇箱とやや規模が大きい。[2]

図表11-13は、一九六九（昭和四四）年と一九七一（昭和四六）年の林崎の集団栽培各班の記録による、耕耘・代掻・堆肥散布という春作業の出役人数である。これで見ると、この二年間に、春作業の出役人数が激減していることが分かる。第一班などは、六九年の春作業反当六・八五時間から七一年には三・五六時間とほとんど半分近くに減少しているのである。この理由は、面接聴取によると、堆肥をほとんど使用しなくなったことによる堆肥の運搬と堆肥散布労働の減少、および田の隅の部分の残耕を各自に委せたことによるという。[3]堆肥を使用しなくなったことは、購入肥料の増加による経営費の増大、したがって経営資金獲得のためという農外就労の理由と結びついてくる。これは農作業からの手抜きともいってよい事態といえよう。そこに、「農作業は女子労働力を主体に集団栽培に任せ、これを男子の通勤前の朝仕事と帰宅後の夕仕事で補う家が多くなる」という状況が見られるようになり、集団栽培への出労と農外就労との間の矛盾、とくに集団栽培の部落ぐるみ的性格のゆえに役員手当と出役

労賃が低額であるのに対して、農外労賃が高額であって、その間の差額の大きさが無視しえないという問題が現れてきていた。とくに、各班二〜三名を必要としたオペレーター確保の問題が大きい。一九七五年八月時点の佐藤実の面接記録によると、オペレーターは農外就労に出られないから、オペレーター賃金を他産業なみにすべきだという意見が出された。集団栽培ではオペレーターもその他の農作業労働も同一賃金で計算しており、しかも農外の労賃と集団栽培の労賃では差がある。農外では年間を通じて働いて高い月給を貰っている。それに対して農作業は一時のことだ。たとえ時間当たりは同じだったとしても一年通しと一時では違う。そこに不公平感が出てくる、とのことであった。「昔みたいにバカみたいに奔走する人はいなくなった」という佐藤実の述懐も時代を表現しているように思う。[4]つまり本人も含めて、「昔」は無報酬で「奔走」していたのである。これも「自家労働評価の高まり」といえば農民意識の変化に他ならないが、それが「部落ぐるみの集団栽培」のような取り組みを困難にして行く。しかしなおこの時点では、「部落ぐるみ」は成り立っていた。

一九七三（昭和四八）年八月時点の集団栽培役員の佐藤勉、阿部政広、鈴木豊に対する集団面接でも、「トラクター班からオペレーターに対して年にわずか三、〇〇〇円の謝礼（その他集団栽培組合からオペレーター会に年額九、〇〇〇円）が出されているにすぎない」とのことであった。[5]しかも一九六九（昭和四四）年〜一九七一（昭和四六）年の春作業への出人夫は、若干の例外を除いて、大方はオペレーターの家の出役超過となっており、一九七二、七三年とその傾向はさらに拡大していった。オペレーターはその技術を持たない労働力では代替できず、したがって他の人が農外に有利な条件で就労しているのを横目でみながら、集団栽培に釘づけされることになる。

筆者達は、「林崎のその後」を知るために幾度かの訪問を行っている。以下、そのなかから一九八〇（昭和五五）年と一九八一（昭和五六）年の記録から変化の状況を探ってみよう。まず、離農が二戸あった。土地を市のバイパス工事の代替地に提供したもの。農作業は共同と個別があるが、共同は同じくらいの人との有志共同。育苗、耕耘・代掻き、田植の春作業の共同。秋作業は共同がやりにくいので、個人。コンバイン四町位なら一週間から八日位、しかし雨も降るので大体一〇日から二週間かかる。すると一戸で一台でいい、ということになる。防除も個別。以前の水和剤は日中掛ける必要があったが、兼業の増加でそれが困難になった。粉剤になって、夕方勤めから帰って七、八時頃、一時間で二町歩位。一斉防除も日取りだけ決めて、自分の田は自分でやる。イモチの粉剤が発達した。散粉機でやる。春作業の共同は、四町以上四戸一七〜一八町、四〜五町二戸約九町、法人五名、三戸共同で五町三反。(6) この頃の大きな話題は、大型圃場整備だったが、この点については、次章でみることにしよう。

(1) 一九七一年七月時点の筆者の調査ノートによる。
(2) 一九七三年八月時点の筆者の調査ノートによる。
(3) 一九七一年七月時点の筆者の調査ノートによる。
(4) 一九七五年一〇月時点の筆者の調査ノートによる。
(5) 一九七三年八月時点の筆者の調査ノートによる。
(6) 一九八〇年八月時点および一九八一年八月時点の筆者の調査ノートによる。

林崎耕地管理組合

さて、以上見てきたように農外就労が増加してゆく中で、もう一点、林崎部落の大きな変化として、一九六八（昭和四三）年一二月の「耕地管理組合」の発足がある。これは、林崎への入作者が増えたために、**図表11-14**に示すように、耕地管理に関わる共同作業等を部落の成員だけでなく、入作者をも含めた部落属地の耕作者全員に負担させるために組織した組合である。先に紹介した三名の集団栽培役員による一九七三年時点の証言によると、一九七一（昭和四六）年

図表 11-14　林崎耕地管理組合事業計画（1973 年）

時期	事業計画	組合仕事	個人仕事
3 月下旬	苗代関係堰掘り	○	
4 月中旬	各人の灌排水路清掃（深さ、巾に注意）		○
	堰検分	○	
	林崎堰、村堰掘り	○	
	水路補修	○	
	総会	○	
6 月下旬	第 1 回灌排水路の草刈り		○
	〃　清掃	○	
7 月中旬	農道検分	○	
	農道草刈り		○
	農道補修	○	
	林崎堰、村堰モク刈り	○	
8 月上旬	第 2 回　灌排水路の草刈り		○
	〃　〃　清掃	○	
中旬	村堰モク刈り	○	
下旬	第 3 回　灌排水路の草刈り		○
	〃　〃　清掃	○	
9 月上旬	農道水切り	○	
10、11 月	農道、水路広畔の草刈りは完了すること		○

注 1：林崎堰とは、林崎、西京田、安丹の 3 部落を貫流する水路で、村堰とは、その中の林崎分を指す（第 8 章の堰守と水戸守の項、および**図表 8-3** を参照）。モクとは、水路に生える水草のことである。

注 2：菅野正・田原音和・細谷昂『稲作農業の展開と村落構造』御茶の水書房、301 ページ。

の入作者は一四名、その耕作面積は七七・三反に達していた。ほぼ八%である。その後、林崎から一戸一〇・二反の離農があって、入作面積八七・五反となった[1]。「この部落九二町の水田をどうするか」といわれた部落属地のうち一割近くが他部落の人の耕作田になったのである。藩政期以来、村の土地が「村切り」によって一円のまとまりを持ち、その村の住人によって耕作されていた庄内地方では、用排水路の管理等に関わる作業は、村つまり部落の仕事として行われてきた。その仕事の中心的役割を務めたのは「堰守」であり、各家の水に関する責任者は「水門守」と呼ばれ、灌排水に関わる仕事に呼び出されるのはこの人びとであった。これらのことに関しては、第九章第三節の「堰守と水門守」の項で述べているので、参照頂きたいが、これらの仕事は、藩政期いらい村つまり部落の仕事として行われ、終われば部落の仲間とともに「一杯飲む」楽しみをも伴った行事であった。それが、部落外の人をも含めての組合仕事として行われるようになって、出人夫賃金の清算が行われるようになった。つまり耕作反別割で負担金が徴収され、出人夫の賃金が時間単位で支払われるようになったのである。労賃は一九七一年で男が一時間一六〇円、女が一時間一四〇円であった。その一九七一（昭和四六）〜七二（昭和四七）年合計の計算書によると、負担金は反当二二六・三五円、部落内三一戸の拠出総額一九九、八二四円、部落外一四戸が一七、四九六円となっている。同じ表によって一九七一年の出夫時間数を見ると、林崎三一戸からの出人夫は五三四時間で八七・五%、部落外からの出人夫は七六時間で一二・五%だから、両者の耕作面積九二%対八%と比較すると、部落外の人もそれなりに出役していることが分かる。(2)

しかし、これらの部落外の人が集団栽培に参加しているわけではない。水路清掃などの耕地管理に関する作業だけである。集団栽培の共同は、先に見たように選種、苗代、耕起、代かき、田植、防除など、秋作業を除く様々な面で行われている。それらについては、部落外からの入作者は無関係である。林崎のある農民の言葉を借りれば「林崎の集団栽培はスプロール化した」のである。「この部落九二町の水田をどうするか」というわけで集団栽培に取り組んだ林崎であったが、なぜこのように部落外に土地が流出するようになったのか。土地を手放すことは先祖伝来の家の財産を失うことであり、それだけに部落の人には知られたくない、むしろ部落外の人に話をかけた方が、という意識があるとは、他の部落でも聞いたことがある。たしかにそういうことはあるのだろう。しかしそれだけではないようである。林崎の辺りだと、鶴岡が近い。都市近郊の開発の進行によって、農地の宅地化、工場用地化、道路の整備等によって、高価格で農地を手放した人が、その代替地を求めて買いに入ってくるということもあったようである。この一九六七、八年頃、一反歩一〇〇万円という価格も聞かれた。反当収量一〇俵と見て当時の米価で一俵一万円とすれば、粗収入で一〇万円である。これでは、到底採算に合う土地価格ではない。宅地化等の代替地として、したがって家産的意味で買いに入ってくるのでもなければ手が出ない価格であり、したがって、部落外に流出するという結果になっていたのである。(3)

(1) 菅野正・田原音和・細谷昂、前掲書、三〇四ページ、一九七三年八月時点の筆者の調査ノートによる。
(2) 菅野正・田原音和・細谷昂、前掲書、二九九〜三〇三ページ。
(3) 菅野正・田原音和・細谷昂、前掲書、三〇四〜三〇六ページ。

林崎町内会の農業・農外就労の状況

筆者達がともかくも継続的に林崎をお訪ねすることができたのは、一九七〇年代までであった。したがってその後の変化については、ほとんど知りえていない。久しぶりにたまたま訪問できたのは、二〇一三年二月だった。先ず驚いたのは、林崎が町内会になっていることであった。これは庄内地方各地で実施されていることだが、鶴岡市行政によっても市内はどこも「町内会」と呼ばれるようになったのである。これは、庄内農村の「都市化」と呼んでいい変化なのであろうか。この時に久しぶりでお会いした阿部茂樹、佐藤勉、佐藤才の話では、この時点で農家戸数は一八戸、入作二三戸、面積で三分の一程にもなる。町内の農家が経営する水田面積は約七二町歩。国の施策でいわれている集落営農はやる気はない。転作は大豆。ダダチャ豆で七町歩以上ある。またナメコ二人、とのことであった[1]。また、翌二〇一四年三月に、かつて親しくして頂いた方の墓参に庄内を訪問した機会に林崎を訪ねた時には、やはり久しぶりの佐藤和彦が、現時点での林崎の概況について、**図表11-15**のような資料を提供してくれた。これで見ると、林崎の町内会メンバーは四三軒であるのに、生産組合員は一八となっており、その差二五軒は町内居住の非農家ということになる。集団栽培形成時の農家戸数(生産組合員)三二に較べてみても、一四戸の減となっている。水田面積も、集団栽培を形成した頃は「この部落の九二町どうやって行くか」という問題意識だったといわれていたが、現在は、七二町になっており、大幅な減少である。そのうち一三町位は、外部の人への売却である。都市近郊で土地を売った人が代替地を求めて買いに

図表 11-15　鶴岡市林崎生産組合員の就労状況（2014 年時点）

世帯番号	水田経営面積（地区内含転作）	世帯主世代				後継者世代				備考
		男性		女性		男性		女性		
		農業専従	農外就労	農業専従	農外就労	農業専従	農外就労	農業専従	農外就労	
	a									
1	500	○ 65 歳以上		○ 65 歳以上		○				
2	450		⊙		◉		◉			
3	510	○			◉		⊙			
4	650	○			◉					
5	390	○ 65 歳以上		○ 65 歳以上			◉		◉	
6	370	○ 65 歳以上					◉		◉	
7	210	○ 65 歳以上					◉			
8	310	○ 65 歳以上		○ 65 歳以上			◉		◉	
9	530	○ 65 歳以上		○ 65 歳以上		○			◉	
10	410		◉		◉		◉			
11	470		⊙ 65 歳以上	○ 65 歳以上			◉		◉	
12	560	○			◉		◉			
13	100		◉		⊙					
14	260		◉		◉		◉		◉	
15	100		⊙ 65 歳以上		⊙ 65 歳以上		◉		⊙	
16	430	○ 65 歳以上		○ 65 以上			◉			
17	270		◉		◉		◉			
18	680	○ 65 歳以上		○ 65 以上			◉			以上生産組合員
19	（畑）3									
20	（畑）3									
21	（畑）1									
	計　7,220									町内会 43 戸

注 1：鶴岡市林崎の佐藤和彦の教示による。
注 2：農業専従○、農外就労⊙（常勤◉）

入って来た。そういう人に売られたのだという。

生産組合員の家、つまり実質的に農業を営んでいる家について、その成員の就労状況を見ると、世帯主世代は農業専従者が一八戸中男子一一人、女子七人と大きな割合を占めているが、しかしその大部分は六五歳以上である。六五歳未満の男子で農業専従者は一八戸中わずかに三名である。後継者世代の農業専従者は、男子で僅か二名であり、女子にはいない。これに対し農外就労者は、世帯主世代の男子で七人、女子で九人であるが、後継世代になると、男子一四名と大部分を占め、しかもその多くは常勤の会社員である。これで見ると、世代が若くなるほど農業専従者は少なくなり、逆に農外就労者、しかも常勤の会社員が多くなっていることが分かる。ただし、全体に農業専従者が少ないのは、機械化によって稲作それ自体が労働力を要しなくなっていることの反映でもあろう。それと女子の農業専従者が少ないのは、この対象地林崎が水田地帯の中にあり、畑は庭畑地の他にはなく、従って畑作がない、あるいはほとんどないこととも関わっていよう。あるのは、転作の大豆である。

なお、佐藤和彦に本人の経営について語ってもらったところ、米の他にナメコをやっており、年間二五トンを出荷するという。販売高はナメコの方が多いが、手取りは米の方がよい。所得としては半々位。しかし労力はナメコの方がかかる。ナメコ七対米三くらい。米は自分が中心、ナメコは自分たち夫婦と息子の三人でやっている。仕事は年中、収穫は元旦だけ休み、という。(2)

(1) 二〇一三年一月時点の筆者の調査ノートによる。
(2) 二〇一四年三月時点の筆者の調査ノートによる。

第一二章　大規模圃場とパイプ灌漑

第一節　川南・京田地区林崎部落の事例

昭和の大区画整理事業

先に第三、四章において、明治期における乾田化と耕地整理の動向について見たが、それは、近代庄内稲作の基礎条件を作ったものであった。戦後の高度成長期以降、労働力流出と稲作機械化の動向の中で庄内稲作を広く覆った集団栽培もまた、そのような耕地条件のもとでの農民的工夫であり、努力であったということができよう。ところがちょうどこの頃、他方において、それまで庄内稲作の基礎条件を形成してきた耕地条件を大きく変革する施策が進行してゆく。大規模圃場整備とパイプ灌漑を内容とする土地基盤整備事業がそれである。まず川南について見ると、一九六四（昭和三九）年に始まる国営赤川農業水利事業、そして一九六八（昭和四三）年に開始された県営大規模圃場整備事業を承けて、各地でこれまでの水利、耕地条件の根本的変革を意味する大事業が行われたのである。この時の事業の狙いを『青龍寺川史』は、次のように説明している。「幹支線用排水路に続く小水路・末端水路の整備に加えて、暗渠排水も実施し、圃場の乾田化をはかると同時に、区画整理を全面的に行い、三〇アール区画を実現しつつ、集団化を推進し、道路の整備をはかろうとする」ものである、と。[1] これはその通りであるが、しかしその計画を承けた各地では、どのように対応したのであろうか。

ここでも先に見た旧西田川郡京田村林崎の事例を取り上げて、この問題に関する農民たちの動向とその結果について見ることにしよう。林崎部落の辺りは、筆者たちが集団栽培の調査に訪問した頃は、既に整然とした一反歩区切りの田地になっていたが、しかし他の地域とは異なって、その耕地整理はかなり遅れ、その時の京田村土地改良区理事長を務めた平京田部落の佐藤多一郎の回顧によると、工事が行われたのは、農地改革後、一九五三（昭和二八）年～一九五五（昭和三〇）年にかけてであったという。林崎の分は二九年で完了して三〇年から新しい圃場で作った。そうだとすると、先に第一一章第三節で見た、林崎のリーダー佐藤正安が長南七右衛門から学んで分施法を取り入れ、「すげ笠会」を結成して農法改善に取り組んだのは、まだ耕地整理前の屈曲した畦畔の、小さな田地だったことになる。旧京田村には一一部落あったが、その各部落単位に一一工区にして工事をしたという。それまでは、とくに水利用の点で著しく劣悪な条件にあり、灌排水が思いのままにならなかった。耕地整理によって、灌排水を良くして増収を狙った。また耕耘機が入り始めた頃で、機械化にロスが多いということだった。当時はまだ自動車は思いもしなかったが、リヤカー程度は入れるようにと考えた。耕耘機導入の開始は一九五〇年、区画整理後に大量に入った。区画整理前に「田の割り直し」といって、自分の所有地の中を畦畔のつけ直しをした。しかし一反歩にはまだ出来ない。一反には四～五枚あって、馬耕時代からすでに不便を感じていた。きっかけは青龍寺川土地改良区からの呼びかけで、京田、大泉、栄……など全体を自分の方でやるということだったが、青龍寺川は大きい組織だし、経費も掛かるだろう、自分たちでやれば安く済むだろうと考えて、京田だけが独自に土地改良区を設立した。結果的にも経費掛からず、償還も早く終わった。ただ、部落ごとの意見入れて部落ごとに便利なように田の取り方、水路の取り方にしたので、京田全体として、とくに農道の点で不便している。当時は良かったが、車を使うようになると、部落間の交通が不便だ。[2]

（1）佐藤誠朗・志村博康『青龍寺川史』青龍寺川土地改良区、一九七四年、九〇八～九三〇ページ。

（2）一九七一年八月時点の筆者の調査ノートによる。

大規模圃場事業への部落の対応

そういう状況にあったところに、右に挙げた国営の赤川の事業、そして県営の大規模圃場事業が進んで来ていた訳である。同じく佐藤多一郎の談によると、農民の要望は、初めは強く、それを踏まえて一九六九年に期成同盟会を作った。国営で郷口・幹線、県営で灌排水路を作るが、末端の圃場整備のための期成同盟会である。ただ大規模圃場になると、一〇アール当たり一五万円位を見る必要。このうち三〇％は自己負担。この新しい圃場整備をすると、畦畔は浮くが道路、水路拡張で減歩するだろう。前の区画整理で縄延びがなくなっているので。現在は用排水未分離、今度こそ用排水分離にしたい。とくにここは、鶴岡の下になっており、汚水が流入するので。今度の事業では、要望として一五％は水田以外に転用するようにといわれている。零細規模農家の不安はある。早晩売るか、請け負いに出すかするのに、経費掛けてもしかたないという考え方が強い[1]。

以上は京田地区の期成同盟会理事長の回顧である。それでは林崎ではどうだったか。先に林崎の集団栽培について話を聞いた佐藤実は、この問題について、一九七五（昭和五〇）年の面接で、次のように語っている。徹夜で議論して、パイプ灌漑ということでとにかくはんこ押すまでにきた。しかし予算獲得問題、計画図面の発表と、この間二、三年の経過があり、気持ちの変化がある。物価上昇などにより、今は約七割の人が反対している。計画図面についての反対とは、今の田は西風で稲が倒伏しても、それほど大きな被害にはならない。それが反対になると、大被害になる。また、条間に日を当てたいのに、向きが違うと困る。村の人の意見では南北に植えた方が良いという。ところが発表図面は、風向き、日照方向に対してナナメの向きになっている。鶴岡から林崎、豊田に至る農免道路[2]に並行した圃場が出来ると良い。そうでなくて三角の田が出来る計画になっている。ところが図面では全部の計画が直線ではない、地形によって少しずつ曲がっていて、それが林崎の辺りで今述べたようになっている。逆にいえば、もう少し日当りや風向きを考えて変えられるはずだ。

今は賛成者もいるが、多くは反対ということになっている。部落としては賛否が分かれている。賛成者は以上のような技術的問題はもっとつっこんで話し合って、永い将来を考えてやるべきだという。今の計画は灌排水分離方式なので、将来はこれが必要だ。また機械が大型になるので、大規模圃場が必要。賛成者は大規模農家に多い(三分の一位)。小規模農家は反対(三分の二位)。この対立はしかし表面化していない。カゲ口の形、しかしいずれ大問題になるかもしれない。そうなるとしかし、反対は林崎だけ、孤立化する恐れ。金の問題は皆感じているが。この対立は、たしかに風向きとか日照とか技術的問題の形を取っているが、基本は、将来のために灌排水分離、大規模圃場を取るか、現在の経費の負担に不安を感じるかという立場の違いであろう。経営規模によって意見分布が違うということは、まさにそのことを物語っている。しかし結局、林崎においても工事は予定通り進んで、一九八〇(昭和五五)年、圃場整備は完成した。三〇アール区画、パイプ灌漑である。(3)

(1) 一九七一年八月時点の筆者の調査ノートによる。
(2)「農林漁業用揮発油税財源身替農道」の略称。農業用等のガソリン税免除の代りに整備された道路。
(3) 一九七五年一〇月時点の筆者の調査ノートによる。

大規模圃場とパイプ灌漑の完成

完成した林崎の圃場整備の状況は、**図表12-1**のようである。あちらこちらに揚水機場が設置され、そこから地下に

図表 12–1　土地基盤整備後の大字林崎の耕地状況

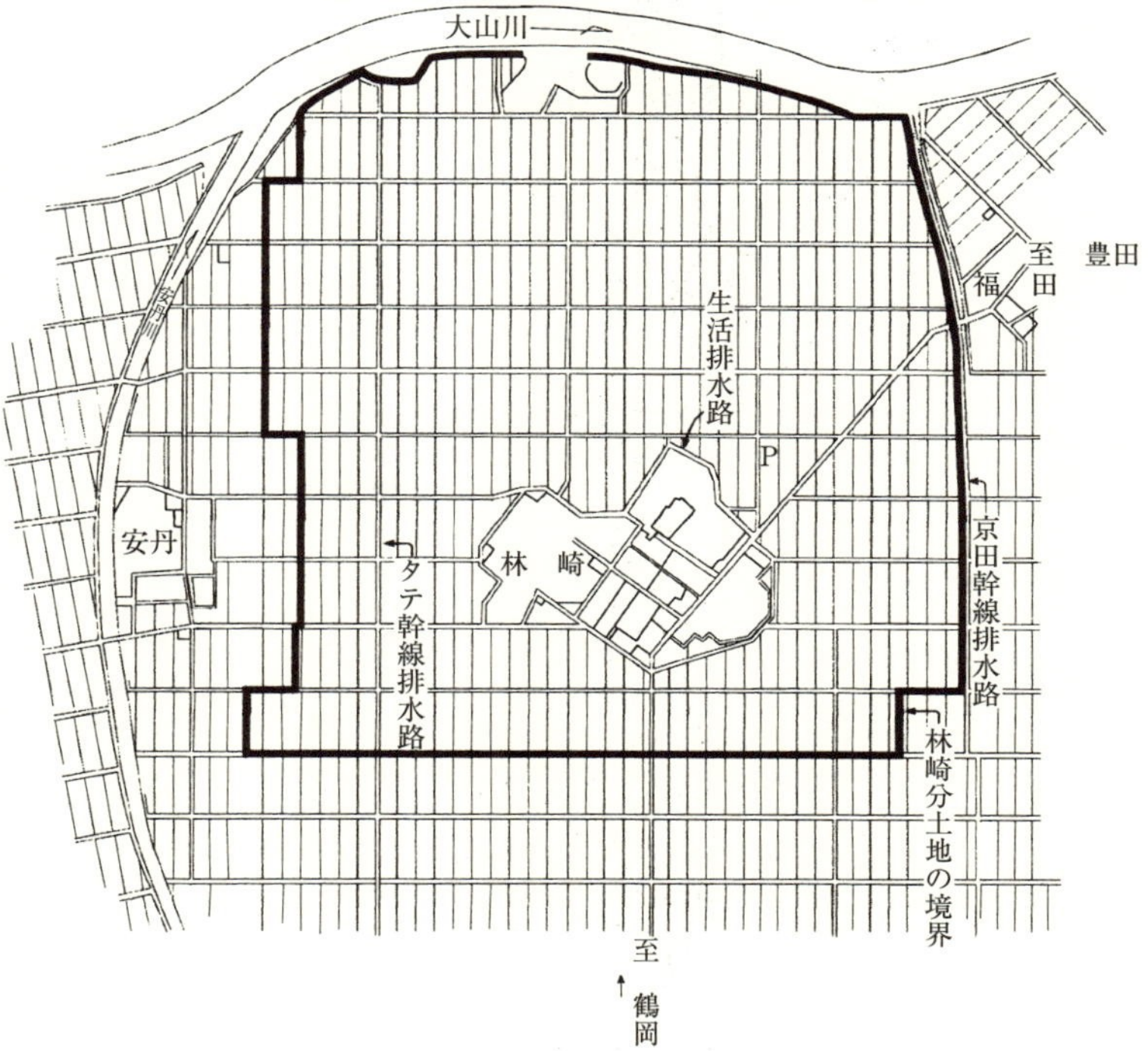

埋設されたパイプによって三〇アール区画の田に配水される。各田地には蛇口が取付けられ、それをひねれば水が出る。それぞれの揚水機場のカバーする範囲はかなり広い。林崎揚水機場の例でいうと、京田地区の林崎、福田、安丹、高田、豊田、西京田の六部落を含んでいる。京田地区では他に安丹と北京田にも揚水機場が置かれている。地表面を流れるのはコンクリートの排水路だけであり、かつて京田地区に水を引いていた四つの堰は姿を消した。そして、京田土地改良区は、もはや無用のものとして解散してしまい、青龍寺川土地改良区に一本化されている。

　こうして、先に第九章第三節で見たような「林崎堰水利協議会」などの旧秩序とは異なって、現在では、それぞれの揚水機場ごとに運営協議会が置かれている。例えば、「林崎揚水機場運営協議会」の場合、関係する林崎、

日程表（昭和 62. 7. 16）

4	5	6	7	8	9	10	11	12	13	14	15	16
D	A	B	C	D	A	B	C	D	A	B	C	D
9/1	2	3	4	5	6	7	8	9	10	11	12	13

C		D	
A.S （林崎） S.K （林崎） S.Y （福田） D.K （豊田）		T.H S.F U.M （林崎） S.D	S.K M.U I.G （林崎）
I.T T.S O.S （福田） S.K	A.C （林崎）	E.K （安丹） S.M O.M A.K （高田） I.T （高田）	I.H （福田） H.K （福田） H.J （福田） S.M
K.S H.N （福田） S.Y （福田） U.T （林崎）		H.J （福田） I.S I.M A.S	S.K S.K S.M A.T
F.K （安丹） H.I （福田） S.S S.N	S.H （林崎） I.S （林崎） S.T （林崎）	K.M （福田） S.Y I.S I.F	E.T （福田） I.S S.J W.M

さい。

ものは入作である。

福田、安丹、高田、豊田、西京田の六部落の生産組合長によって組織されている。一九八七（昭和六二）年九月に、この「林崎揚水機場運営協議会」の協議会長を務めていた佐藤勉に話を伺ったところ、水の配分は、この組織で決める。一日三時間二〇分の四グループ交代で、五〇町歩ずつ。水は大体これで不足ない。四日サイクルで来る。つまり、一日を朝五時から三時間二〇分ずつ四つの時間帯に分け、それぞれの時間帯に四つのグループを配して、四日に一度その時間に給水するという方式である。**図表12-2**を参照頂ければ分かりやすいかもしれない。日割りにしているのは、そうしないとどうしても朝晩に集中して（農外就労の出勤のため）、水圧が落ちる。田植の時はほとんど足りないということはないが、代

図表 12-2　林崎揚水機場

7/20	21	22	23	24	25	26	27	28	29	30	31	8/1	2	3
A	B	C	D	A	B	C	D	A	B	C	D	A	B	C
8/17	18	19	20	21	22	23	24	25	26	27	28	29	30	31

日割 時間割	A		B	
5：00 ～8：20	S.T O.T （福田） S.M （西京田） T.K （安丹）	O.S （安丹） S.T （林崎）	H.G （福田） S.Y （林崎） A.M （林崎） D.H （豊田）	
8：30 ～11：50	I.T （林崎） S.K （林崎） O.T （福田）		I.T （福田） S.K （林崎） A.T （林崎） S.S	
12：00 ～15：20	E.I （安丹） S.T D.S （安丹） I.I （林崎）	S.K （林崎） O.K （福田） I.T （豊田）	S.T （林崎） I.K （林崎） O.N （福田） E.T （福田）	T.Z
15：30 ～18：50	T.N （安丹） I.S S.H A.K （林崎）	I.Y （林崎）	M.Y （安丹） E.K （豊田） H.N （林崎） A.S （林崎）	I.H （林崎）

注意事項　1. 必ず時間内にバルブの開閉を行って下さい。
　　　　　2. 時間内に水が掛らない時は、ポンプ場長に連絡をとって指示を仰いで下

注：ローマ字は耕作者のイニシアル。カッコ内の（林崎）等は部落名。部落名の記載のない

掻きの時は若干調整をする。具体的な個人名のグルーピングは経営規模を考慮しつつ部落で行い、それを運営協議会で承認するという手続きをとる。時間帯については、年ごとにローテーションして不満の出ないようにしている、どうしても水が入り切らない時は、ポンプ場に行って話して認めてもらうことはある。この番水は八月一日から、今年は九月一七日までポンプ場を動かした。ハウスのため。昔は精農の人は、夜起きても水掛けをした。今は、機械的に入れるので、精出す人も横着な人も同じ。水で不作することはない。前は、水の相談で公民館に一晩集まって、順番を決めて、ある人が掛けたら次にその下の人と、順番で水掛けをした。水を掛けて帰ってくると、公民館から出さないでカンヅメ。これは生産組

合の仕事、今はそういう仕事は全くない。

水路管理の仕事は、排水路だけ。一一月二三日まで自分の田の下の配水路を掃除して部落の役員の見回り、点検を受ける。モクビキ（水草取り）が主な仕事、まだ新しいので決壊などはない。共同でやるのは、部落周りの生活排水の下水路と、タテ水路一本（幹線水路）。これは生産組合の仕事。モクビキをそれぞれ半日、他にタテ水路の草刈年二回、朝仕事。京田幹線排水路は、土地改良区で草刈りは業者に頼む。モクビキは地元でやった。しかしこれは土地改良区の仕事で日当貰う。生活排水路は生産組合の仕事だが、非農家も出る。タテ排水路は農家のみ。委託者は出ない。

道路の補修は、将来は色々出てこようが、今は新しいのであまりない。半日くらい市から来る砂利でところどころ補修する、またグレーダーで凸凹直し。これは京田地区の生産組合長会で市に頼んでやって貰う。まだ新しいので道路の部落境が不明確なので、将来はっきりさせる必要がある。

京田地区のポンプ場は、林崎、安丹、北京田と三ヶ所だが、将来はその集中管理が問題となろう。今は一ヶ所に一人ずつ運転手がいる。ポンプ場は、朝五時前に行ってスイッチ入れる。途中、家の仕事をしたりしているが、一応ついていることになっている。夜、七時にスイッチを切る。水は、不足しても夜運転すれば大丈夫。今は夜は捨てているわけ。代掻き時に水が不足して夜緊急に運転することはある。ポンプ場ごとにバラバラだと経費はオープンなので困ることとある。そういう話し合いは、林崎運営協議会で相談して、「京田地区ポンプ場運営協議会」まで上がって決める。そして青龍寺川土地改良区の許可を得る。二回くらい一晩動かしたことある。回転灯を消し電燈消してやったこともある。会費がオープンなので、他からいわれるため。水掛からないという話は生産組合から出て来て、それを受けて運営協議会の話になる。時間が来て蛇口の開け閉めは誰でも出来るので、大体その家の人がやっている。

作溝は今でも大体の家でやっている。若い人には、暗渠したから作溝いらないという人がいるが、暗渠と作耕は違うぜと話している。一枚三反でも多少高いところ、低い所ある。水は四日に一度来る。間断潅水して、掛かったらすぐ払うことも必要だが、しかし低い所は落ちない。払うときは短い時間で払えるように作溝は必要。新しい水来たら、すぐ入れてすぐ払う。秋にはコンバインを、雨降っても乾けばすぐ入れる。ところが作溝ないと、低い所は水が溜まっていてコンバインが泥濘《ぬか》る。

圃場整備前と後では大きく変わった。林崎は反対の立場だった。しかし機械の大型化で、従前の田では無理。コンバインも共同して男の人の仕事の量も二分の一に減った。前は多い人で九ヶ所もあった。今は多くて三ヶ所。他は一〜二ヶ所。換地の際、三ヶ所以内とした。面積少ない人は一ヶ所とした。水の苦労もなくなった。

ただ、工事費が容易でない。五年据え置き、二〇年償還。六工区のプール計算。一九八七（昭和六二）年以降一〇アール当たり二八七、四〇二円、それ以前七九、二九八円、その上に、暗渠工事代掛かる。反当一〇万位。暗渠は穴開きパイプの上にモミ殻を敷く工法。新しい工法なので何時まで効くか不安ある。（1）

（1）一九八七年九月時点の筆者の調査ノートによる。

第二節　川北・北平田地区の事例

農基法後庄内農家経済の低迷

川北でも、一九五九年に始まる最上川から取水する国営事業等による用水の確保を承けて、県営圃場整備事業が実施された。その現場における対応を、これまでも度々紹介してきた旧飽海郡北平田村（現酒田市北平田地区）において見ることにしたい。この点については、一九八二（昭和五七）年五月に、村落社会研究会（現日本村落研究学会）の東北地区研究会において現場でこの問題に取り組んだ酒田市農業委員会会長の阿部順吉が報告しており、その記録が同研究会の『研究通信』第一三三号に掲載されているので[1]、その概要を以下に紹介することにしよう。

阿部は先ず、一九六一（昭和三六）年に農業基本法が成立して以来の庄内農業の状況から語り始めている。

戦後庄内では平均耕作面積を作っていればなんとか生活できると言われていたが、これが農基法以降どうなっただろうか。……一九六五（昭和四〇）年では、約二町ちょっと作れば生活できた。それが一九七〇（昭和四五）年には三町層でやっと充足できる状態で、一九七五年の六二〇キロという豊作の年でさえも三町でやっとである。八一年は、不作のせいもあって四町でやっと充足している……。次にこれをもたらした原因がなんであるかを申し上げてみたい。

第一の原因。一九七〇年当時からプラスアルファ部門の研究がさかんに言われた。その結果、農業構造政策にともなって畜産を主体とした大規模農家が出現してきたのである。これがうまく行けば農業所得と家計費のギャップを埋めることができたのだが、畜産の生産過剰と低価格により、とくに養豚は壊滅的な打撃をこうむった。……。

第二の原因。第一次減反政策が出てきた一九七一年の段階では、庄内にはあまり影響が出ていない。三―五％ぐらいの減反面積は。苗代区域で消化できた。……影響が出て来るのは第二次減反に入ってからであり、……六〇％台の所得率が八一年には五五％しかなくなっている。これは、転作面積が一三％前後の割当になっているし、さらに酒田市を中心に四〇〇―五〇〇町の圃場整備が入ってきて、その結果、農家経済の低迷が続いているのである。

（1）阿部順吉「ムラから見た農政　第一報告」、村落社会研究会『研究通信』第一三三号、一九八三年、一～四ページ。なお、以下に引用する文章の一部に、筆者が当日会場で聴取したメモによる修正を加えてあり、この『研究通信』掲載の記録とは若干異なる点がある。

部落レベルでの話し合い

阿部の話の続き。

……今、私たちは圃場整備事業を土地改良区や県の考え方ではなくて、農家自身の考え方により進めてゆくことができないか、ということに一九七五（昭和五〇）年以来取組んでいる。……飽海郡では、農業総合整備パイロット事業が発足し、これは私の方ではないが、それに従って県営圃場整備事業をやろうという話がもちあがってきた。そこで、私の方では北平田全域の一〇部落から三〜四名の代表を出して調査委員会を結成し、北平田地区ではどうするか話し合った。この話し合いに際して、その時点までに圃場整備事業を終えていた地区が庄内にも相当数あったので、調査にいってみた。様々な人から話を聞いて、圃場整備には多くの問題点のあることを発見した。圃場整備事業を受ける場合には、どの点を改善するべきかを明らかにし、その報告書を作成してみた。全体で三〇数点の問題点を明らかにし、その中の一〇余点を改善している。

ご承知のように、土地改良区が図面を作成し、農家へおろして同意書をとるというのが普通の整備事業である。これに対して、土地改良区が図面を作る前に、自分たちの考え方を入れた図面を作るというのが北平田第一圃場整備事業の発端で、次にこのへんを強調してお話したいと思う……。

まず部落レベルの調査委員は全五〇戸の調査を実施し、問題点を出していった。基礎データとして、各部落の団地数がどのくらいあるか。団地の変形しているのがどのくらいあるか。電柱が何本入っているか、暗渠のきかない面積、現状で水かけが困難になっている面積がどのくらいか、水害面積、泥炭地がどのくらいか、農家一戸当りの団地数がどのくらいか、などを明らかにしていった。これをもとにして現状を検討し、その上で部落座談会に入っていったわけである。その結果として五二年度から圃場整備事業に入っていったわけであるが、その段階でさらに将来のための基礎調査に入っていった。

採択基準の修正

この結果を話しておくと、①三条コンバインと一トントラックが交差できるよう、農道の巾の採択基準四・〇メートルを四・五メートルに変えた。②表土扱いを完全にさせた。③大型機械に危険なため、農道の高さの採択基準四〇センチを三〇センチに変更するよう要求したが、これは不成功。しかし④排水の深さ一・二メートルの基準を九〇センチにし、暗渠を三本から四本に増やした。⑤現在の耕地を一〇〇％確保するため、一・六％の減歩しか認めないよう計画。⑥パイプ灌漑にするが、用水期間外の汚水排水問題に対処のため、生活用水路を引いてきて部落周辺と中を通した。⑦農道の幹線路を少なくして、部落周辺の農道を一回り広く完全に取った。⑧畜産施設、畑を団地化し、畑団地には潅水施設をつける。⑨苗代団地と潅水施設をつける。⑩農村公園の設置、を実現している。これらはみな、県営圃場整備事業の採択基準を修正させたものである。さらに重要なことは、工事前に事前換地を行ったことである。団地は一農家二団地、一町以下は原則として一団地とするようすでに換地をすませている。

以上のことを実現した要因は、自分たちで計画し、県や土地改良区が図面を作成する前に交渉を進めたことが大きいと思う。一九七五（昭和五〇）年から昨年まで各部門の専門委員会をつくり話し合ってきた。その結果、通常では不可能なことが実現できたのである。

以上の北平田地区の圃場整備の記録で重要な点は、県あるいは土地改良区など、いわば上からの計画作成に任せずに、村つまり部落レベルでの話し合いによって自主的に計画を策定しているということ、及び圃場整備ではあるけれども農業面だけからの検討ではなく、生活排水、道路などの生活面の観点から検討が加えられ、計画に盛り込まれている点であろう。これは日本の農業が家族経営であり、その担い手である家と村が生産の場であるとともに生活の場であるという点から不可欠な観点のはずであるが、従来「農業」を論じる際にとかく無視ないし軽視されてきた点なので、注目しておきたい。

「ほ場整備後の水田をどう経営に活かすか」

以上見てきた川北の大規模ほ場整備事業終了後に刊行された『北平田第一・平田地区事業史』という文献がある。これは公的な立場からの報告書であり、詳細な図面、数値、文書などからなっているが、そのなかに一節だけ「ほ場整備後の水田をどう経営に活かすか」というテーマでの農民達の座談会が掲載されている。この表題はこの本の主題からしても関心の持たれるテーマであるが、かなり簡単な内容であり、期待したほどには突っ込んだ議論にはなっていない。しかし、ほ場整備の成果を農民達がどう見ているかを知るために、以下に一部を抜粋して紹介することにしよう。

…（前略）…

ほ場整備事業で一番良くなったのは道路だと言われている。未整備の地区へ行くと道路が狭く、よく交通事故がおきないものだと思うことがある。

我田引水という言葉や、水争いという日常語があった頃から見れば、水管理は楽になったと思う。夜中に懐中電灯をもって、スリッパをはいて、スイッチをねじれば水が出る。

前に農業委員会で、農作業賃金の資料とするために、ほ場整備田の能率調査を三年続けて行ったことがある。一〇アール田と三〇アール田でヨーイドンで、トラクターによる耕耘、代掻、田植、コンバインによる刈取りと。平均して一二％から一四％ほど大型田の方が作業時間が少ない。草刈りや水管理はとくに大きいと思う。

…（中略）…

暗渠排水の問題だが、平田地区から一間のほ場に四本入れることになったが、どうも効果がうすいように思う。モミガラ利用の工法に問題はないのか。

私も同じように思っている。ネギを栽培しているが、雨が降るとまるで海だ。

同じ並んでいるほ場でも、よく排水のとれるほ場とどうしても田面排水の困難なほ場が並んでいる。

工事施工の面で問題はないか。

…（中略）…

最初の説明会では、事業費は反当七二万円位であったが、最終的に九二万円となった（北第一）、物価上昇があったとはいえ、米価は引下げ、減反と農家経済からみれば大きな負担となっている。

…（中略）…

ほ場整備を行った水田では、稲の成育と収量が未だ安定していない。酒田地区の農協青年部で多収穫競技会をやっているが、上位は中平田や西荒瀬地区で、未施行の水田になる。私はまず安定生産に努力したい。

…（中略）…

グループで、大型機械を入れて規模拡大、コストダウンをねらうという考え方もあるが、庄内では未だ現実のものになっていない。

稲作だけだったら一〇haはやれる。いまは減反がくっついて来るから出来ない。

一人で一〇ha、三戸で三〇haという経営形態は考えられないか。

家族皆んなで経営する農業はもどって来ないところまで追いこまれている。今では前と同じ基盤で農業収入は一人分でしかなく、妻が働きに出る兼業となっている。

…（中略）…

最初三〇アールの水田は大きいと思ったが、今ではあたり前となった。遊佐のように、一haほ場が実現している。農業で生活すると言うことであれば、皆んなで知恵を出しあって努力しないと。新しい品種の組合せ、規模を拡大するとか、さっき話合れ《ママ》た一人で出来なければ二～三人で生産組織を考えるとか、とにかく前向きに進まないと。ただ、農業政策をしっかりしてもらわないと、進むに進めないと言うのが現実だ。

…（中略）…

花やその他の作物を取り入れた複合経営と言う考え方は？

ほ場が出来たからその利用をと言う考え方ではなく、自分の決断でやるとすれば、大豆を三年位作って畑状態に、弾丸暗渠を入れ、堆肥を入れれば可能だ。転作面積が大きいので手が出せないでいるが、工夫をこらして努力すれば、複合経営も可能となるのでは。

農業の先ゆきが見えない中では、大変むずかしいと思いますが完成したほ場を活かす努力を皆んなで考えてみたいと思います[1]。


以上、「一番良くなったのは道路」とは、たしかに筆者も整備の終わった地区に入ると、立派になった道路に驚き、かつてお訪ねした部落にどう行ったらいいか分からなくなった経験もある。最近のように自家用車が普及し、とくに日常生活に自動車が必要な農村部で道路が整備されること自体は大切なことだろう。

しかしここでの問題は農業そのものに及ぼした影響である。水管理が楽になった、ほ場が大きくなって機械による作業能率が大幅に向上した、という点は農業そのものに与えた効果ということはできよう。しかし他面、暗渠排水の問題が指摘され、とくに排水不良の田があることで、工事施工の面で問題はないかといわれている。

また大きな問題は、最初の説明よりも大幅に膨らんだ工事費用である。それが、減反の中で、農家経済にとって大きな負担になっていることが指摘されている。

ほ場整備後の収量がまだ安定していないという問題は、今後の各人の工夫と努力で解決されてゆくのであろうが、大型機械を入れてコストダウンといっても、減反政策の下では、もともと規模の大きい庄内でも、そう容易な道ではないのである。しかし他面、複合経営の道も容易ではなく、とくに、「家族みんなで経営する農業はもどって来ないところまで追いこまれている」とは、家と村によっていとなまれてきた日本農業の進路にとって大きな問題といわなければならない。

この報告書を編集、刊行した山形県のねらいとしては、「ほ場整備後の水田をどう経営に活かすか」という座談会のテーマは、ほ場整備後に明るい展望、あるいは少なくとも工夫と努力の目標を描き出して欲しかったのであろうが、農民達の語りはむしろ困難の指摘にほぼ終始している。そのなかでも「大変むずかしいと思いますが完成したほ場を活かす努力を皆んなで考えてみたい」との決意が語られている。しかしそのためには「農業政策をしっかりしてもらわないと」とは、この座談家に出席した全員の思いであろう。

(1) 山形県庄内支庁経済部・最上川右岸土地改良事務所編『北平田第一・平田地区事業誌』一九九一年、一八七～一八九ページ。

第一三章　農協主導の法人化協業組織と都市生協との提携

第一節　遊佐町上小松部落における法人化協業組織

池田源詮農協長の提案

第一〇、一一章で見た「部落ぐるみの集団栽培」とは性格を異にした稲作の共同が、庄内平野の北部旧飽海郡蕨岡村（後遊佐町）で形成された。一言でいえば、これも「部落ぐるみ」の稲作共同組織であるが、それを農事組合法人として法人化した点に一般の集団栽培とは異なる特色があった。しかしかといって、先に見た林崎の集団栽培の一つの班を形成した日農傘下の法人とも基本的に性格を異にしている。筆者が調査することが出来たのは、この旧蕨岡村上小松であったが、この部落は、調査時点で農家数二六戸、初め全戸で法人化したが、その内二戸が一九七〇（昭和四五）年と一九七五（昭和五〇）年に離農。一町歩未満の四戸は法人に委託。二町以上の中大規模農家の内六戸が一九六六（昭和四一）年に脱退していたので、法人参加戸数は一四戸になっていた。時期はやや過去に溯ることになるが、以下、その法人化協業組織の内容と経緯について、法人で中心的役割を果たしていた人々の談話によって見ることにしよう。(1)

蕨岡における法人結成のアイデアは、当時の蕨岡農協長の池田源詮によるとは法人関係者の多くの人が語るところであり、したがって、まずこの人物について知るところから始めることにしよう。池田源詮は、一九六七（昭和四二）年七月の当人への面接によると、七町五反ほどの手作地主の家に生まれ、早稲田大学商科の出身、東京で二〜三年会社勤めをした後、兄が亡くなったので、帰村した。二六、七歳だった。戦時中、農業会の理事、常務を経て、戦後蕨岡農協の組合長となり、これから取り上げる法人化協業組織を主導したが、池田は、東亜連盟の会員であり、みずから「法人のことは石原将軍の考えに基づいて、以前から考えていた」と述べている。法人の形成と運営で池田源詮を助けた上小松部落の法人初代理事長の池田竜吉は、同じ一九六七年時点の面接で「東亜連盟の人は皆理想屋、理屈屋」と評しているが、あるいは池田源詮のそのような性格が、農協長として管内部落の法人化協業組織の結成に取り組んだ背後にあったのかもしれない。しかしこの時の面接で池田竜吉は「上小松部落の法人は直接そこから来ているのではない」として、その動機を「労力不足、過剰投資、農協法改正」と端的に述べている。(2)

池田源詮自身は、後になって、蕨岡村が遊佐町に合併してから遊佐町農協長になる。その段階の一九七一（昭和四六）年三月、遊佐町農協の組合長室で話を聞いたが、その際の話では、管内に九九の集落があり、それぞれ生産組合があるが、従来からの惰性で運営されていて、出稼が増大する中でやり手がなくなり、順番制の役員になっている。それでは活動を強化できない。そこからの脱皮が必要だ、と述べていた。脱皮の方向としては、組織を強化して請負耕作体制を狙う。管内三、〇〇〇町歩を九九の生産組合で経営しているので、一組合約三〇町になる。そのほとんどが中型トラクターを導入しているが、一台一〇町と見る。バインダー、ハーベスター一～二台で一〇町。それに田植機。現在進んでいる中型機械化一貫体系を確立したい。九八％がササニシキ。中型機械化体系、よい品種で勝負だ、とのことであった。今後は請負による規模拡大を狙うが、請負をいきなり農協が引受けるよりも、生産組織を整備して、そこに請負わせ、農協がそれを指導して行く方が、スムーズに行けるだろう。農協が本社、生産組合が分工場というような形で、自分なりのシステム化を考えている。農民からは「何かやれ」という声が強い。それを踏まえ、時代に対応するものとして、講師を呼んで勉強会。中核農家二町歩以上のアンケートを集めたり、理事の意見を一人一人聞くなどしている。

生産組合ごとに部落座談会をしたり、生産組合長、班長を呼んで討論をしたりしている。出稼ぎが多い中でよく集まってくれる。しかしどうも難しいというところもある。耕地整理も出来ていないところもあり、そういうところも難しい。まず生産組織の整備に力を入れる。このような池田の構想はたしかに「理想屋、理屈屋」という面目躍如といってよいが、しかしそれは東亜連盟と関わるのか、あるいは早稲田の商科出という学歴によるのかは分からない(3)。

(1) 以下に紹介する遊佐町大字上小松に法人化協業組織については、筆者はすでに、劉文静・細谷昂「法人化協業組織における個と集団――農事組合法人上小松生産組合の55年――」、日本村落研究学会編『村落社会研究』第九号、一九九八年、農山漁村文化協会、三三〜四四ページ、で紹介したことがある。
(2) 一九六七年七月時点の筆者の調査ノートによる。
(3) 一九七一年三月時点の筆者の調査ノートによる。

蕨岡農協管内の法人化

筆者が調査することができたのは、この池田組合長の居村上小松の法人組織だった。「農事組合法人上小松生産組合」の初代理事長は池田竜吉だったが、そのお宅に泊めて頂いてお話を聞いた。かなり個人的な回顧談に始まるが、歴史的変遷を知る上で興味深いので、そのまま紹介することにする。

池田竜吉の回顧

明治四一年生まれ。この部落は経営規模が大きい。だから奉公人を置いていた。戦時中人手不足になり、交換分合をした。自分の家など一五ヶ所に田があった。昭和一八年から二二年までかかった。その時、こんな小さい田ではだめだ、というので、一反歩区切りにした。設計だけは技術屋に頼んだが、後の作業は自分が大将になって、皆でやった。自分の家は元々商人。自分は農業やっていたが、母や妻は店をやっていた。田は一町五～六反。それでは食べられないので、店をやっていた。しかしへんぴなところで、店やってもだめなので、借金をして田を買って増やした。買ったのは主に戦後昭和三〇年過ぎから、物価がどんどん上がって行く時。今は四町六反ある。六五歳の時、養豚をやった。うんと儲けさせてもらった。七五歳の時までやって、倅に譲った。耕耘機が出てきて、やがてトラクターになった。田植機も出て来た。昭和四〇年頃、一反圃場ではダメだということになってきた。三反圃場を考えた。馬牛がいて堆肥を作っていたのが、金肥になった。機械一、〇〇〇万円にもなって、過剰投資になる。

そこに、五つ下の池田源詮が、兄が死んで早稲田出て商社勤めをしていたのを連れてこられて、農協に入り、組合長をしていた。法人のアイデアは源詮。上小松の法人の理事長は自分竜吉、七年間やった。労賃平等。穫れたものはみな面積で平等に。しかし文句出て、今は各人の田は自分で管理、自分の田の収穫をするようになった。

また耕地整理をして三反歩にしたのも、法人がやった。この時も業者は入れたが、ある程度は自分たちでもやった。一九六八（昭和四三）年秋から翌春まで。四四年など、特長《とくなが》穿いて特長埋まるほどで大変だった。稲刈はハーベスター、一二月まで稲揚、稲揚も特長穿いてやった。この年は苦労した。法人以外の六戸も基盤整備には参加した。三反歩区切りの案は、日向川土地改良区にあった。それを上小松だけやった。源詮とはうまがあった。自分も貧乏な家に生まれ商人をやった。源詮だけではやれなかった。考える人と人を引っ張る人は別。農協法改正になって、農民も法人格を作れるというのに目をつけたのは源詮。岩手県にも勉強に行った。(1)

ここで池田竜吉は岩手のどこに「勉強に行った」のかは述べていない。しかし、池田組合長の一九七一年三月の面接では、「岩手の南都田農協は部落に期待しないが、ここではそれではいけない」と述べている。(2) 池田竜吉のいう「勉強に行った」岩手県とは南都田農協かどうかは分からないが、もしそうだとすれば、南都田農協が所在した胆沢町はいわゆる「散村」で知られるところであり、第一一章で見たような「庄内の部落の特質」とはかなり異なった性格の「部落」であったはずで、[3]農協が期待しなかったのも当然だったのかもしれないと思う。しかし逆にいって、池田源詮をはじめ蕨岡農協、そして遊佐農協が部落に期待をかけたのは、庄内の特質を踏まえた方針として適切だったということができよう。ただこの点に関連して、蕨岡農協の法人係の話によると、管内に一七実行組合があるが、一九六一（昭和三六）、六二（三七）年頃、これを一〇町単位に六〇の組合にしたことがあるという。そのうち三四、五が共同作業をした。農協からはさなぶりの費用をまかなうといって、反別と戸数割で奨励金を出した。この共同作業を足場に法人を発足させたのだが、しかしどうも具合悪くて、一九六四（昭和三九）年に元の一七に戻して六〇の組合を班にした。[4]そして、その元の生産実行組合の単位でここで取り上げている法人協業組織が生まれたのである。

ともあれこのような池田組合長の構想に基づいて蕨岡農協管内には、まず一九六四（昭和三九）年四月に農事組合法人上小松生産組合など三法人が結成され、次いで一九六六年に一法人、一九六七年に二法人、一九六八年に二法人と次々に一〇法人が組織され、また一近代化利用組合も結成されて、これらの組織が、蕨岡農事組合法人協議会を結成して活動していたが、この組織が一九六九（昭和四四）年度の朝日農業賞を受賞した。それを記念して刊行されたパンフレット『蕨岡農事組合法人活動のあらまし』（蕨岡農事組合法人協議会、酒田農業改良普及所）には、「昭和三七年当時は農家の農機具、施設に対する投資が盛んで借入金が増えていた。同時に労働力の流出が多くなり農繁期の労働力不足が目立ちはじめた。この状況は個別農家の営農改善だけでは根本的な解決にはならないので従来の部落単位の一七の生産実行組合を五～一〇戸（一〇～二〇ha）の単位の六〇生産グループに再編成した」と、その出発について書いている。つまり右の池田組合長の談話にあった「システム化」して、「法人化」する狙いを、農協法人係が語っていたように生産実行組合を「一〇町単位に六〇の組合に」再編成することによって、農協を「本社」とする「分工場」に位置づけるという計画だったのである。なぜ一〇町単位かといえば、池田組合長が語っていたように、中型トラクター一台一〇町という判断に基づいていた訳である。しかし部落単位の生産実行組合を分割して「六〇生産グループに再編成」するという方針は、法人係が回顧するように「どうも具合悪くて、一九六四（昭和三九）年に元の一七に戻し」た。右の『蕨岡農事組合法人活動のあらまし』も、この点について、「三八年にはさらに労働力の流出、出稼ぎが増加し、小さな生産グループは労力その他の調整が困難となり、労働力調整機能の強化が望まれたので、再びもとの一七の生産実行組合の組織にもどした」と書いている。[5] 部落単位の生産実行組合を「六〇生産グループ」に再編成して、それらを農協を中心にシステム化するという計画は、池田組合長の「理想屋、理屈屋」ぶりを如実に表しているといえそうだが、いささか考え過ぎだったのではないか。あまりに人為的だったと思う。もとの一七の生産実行組合に戻した理由を、右の『活動のあらまし』は、一層の労働力流出に求めているが、それはたしかにその通りだったのであろうが、しかしそれ以前に、実行組合の基礎になっている村つまり部落は、少なくとも江戸時代以来の協議、契約、共同の組織として、社会学的には「自然村」といわれるような形成史を持つ農家集団であって、それを一定の計画に基づいて適当に区分したり結びつけたりしようとすることは、無理が伴わざるを得なかったのではないか。庄内地方では明治初期の地租改正に当たって、ごく小さな村を統合して新しい「村」を作ったが、これは水系を共にする近隣の村を統合したのであり、このような人為的な分割、結合ではなかったのである。[6]

（1）一九九五年八月時点および一九九七年八月時点の筆者の調査ノートによる。
（2）一九七一年三月時点の筆者の調査ノートによる。
（3）岩手県胆沢郡胆沢町（現奥州市）の辺りの村あるいは部落についての社会学的調査は、管見にして知らない。ただ、同じく岩手県南部の仙台藩領だった江刺郡増沢村に関する及川宏の古典的なモノグラフがあり（及川宏『同族組織と村落生活』未来社、一九六七年）、そこにおいては「村内の生活に於いて最も力強い組織は同族である」といわれている（前掲書、一七ページ）。この特徴づけから見ると、庄内藩領におけるように、一円の土地が「村切り」によって区画され、その土地に住み耕作する村人からなる「村」（あるいは近代以降においては「部落」）が、家々の協議、契約、共同の組織として地縁的に強いまとまりをもっているのではなかったのかもしれない。

（4）一九六七年七月時点の筆者の調査ノートによる。

（5）蕨岡農事組合法人協議会・酒田農業改良普及所『蕨岡農事組合法人活動のあらまし』遊佐町農業協同組合蕨岡支所、一九七〇年（？）、四〜五ページ。

（6）細谷昂『家と村の社会学——東北水稲作地方の事例研究——』御茶の水書房、二〇一二年、五六八〜五八三ページ。

上小松部落の事例

さて上小松部落の法人結成の頃の状況については、二代目理事長土門孝一が語ってくれているので、その談によって見ることにしよう。話を聞いたのは、一九九一（平成三）年と一九九五（平成七）年である。

法人発足の頃

その頃、佐藤繁実や東亜連盟の武田邦太郎がしょっちゅう来ていた。武田はアメリカに負けない農業、一枚三町歩の田を作る。後継者は庄内一〇〇戸に一人という状況なので、もっと魅力ある農業が必要、と力説していた。耕耘機の時代でも三町歩作っていて一年の収入くらい高かった。法人を作って経済しよう、ということだった。狙いとしてはもう一つ税金対策。失業保険も貰った。貰った人には日当払って、残りは法人に出させた。後で計算してみると、微々たる利益しかないので、総会にかけて止めた。一度税務署に入られたが、それは経済連の多収穫競技で二〇万貰った時で、使ってしまってないが後で払いますといって払った。その外には税務署に入られたことはない。当時田を売る場合、近くの人には売らない。田を売ると、あれは「カマケシ」(竈返しの意か?)といって信用されなくなる。法人に入ると、田を売る時法人の総会で許可を得る必要がある。それでほとんど法人内で売っている。これはいいことだ。

法人になる前、昭和三六、七(一九六一、六二)年は、共同作業としては田植、田植時期の共同炊事はやっていた。法人は昭和三九(一九六四)年四月二三日に発足した。各農家は廃業届を出し、土地の使用貸借権を法人に移して、農事組合法人として出発した。その頃理事長は池田竜吉、しかし企画は源詮だった。表は竜吉、陰は源詮。法人は上小松と下小松、それに下大内が同時に発足した。上下小松は全戸、下大内は有志。上小松は五班編成。トラクター、田植、コンバイン。三町以上の二〇代の人が五人いて、ちょうどよかった。全部で三〇町、一班六町位。その人がオペレーターであり、班長だった。初め昭和四六(一九七一)年までは全部共同だった。作業だけでなく、上がりも反別割りで全部共同だった。そうすると矛盾がでてくる。二町以下の人は女の人が出て、男はゼニコ取りをしていた。そうすると大きい農家が損。

トラクターは初め三〇馬力と二〇馬力二台、その後四〇馬力二台にした。そうすると泥濘《ぬか》って大変だった。それでクボタの二八馬力五台にした。各班長が預かっている。ただ、班長五人が田打、代掻、田植と同一人がやると、自分の分だけ早くやって、他人の分は粗雑にやるとか、三度やっても五度やっても一日分の労賃だとか、いろいろ矛盾が出てきた。自分が辞めて次の池田源衛さんが三代目理事長の時、田打、代掻、田植、稲刈など面積一反歩でいくらで支払うというようにした。自分の時は提案したが通らなかった。昭和四一(一九六六)年に、バインダー五台。三条刈。刈取は五班に分けた。この年、コーパレーションセンターを作った。そこに個人用の脱穀機五台入れた。個人でやった頃は一〇何台あったが、それを五台にしたら能率上がらなくてひどい目にあった。米を揚げながら脱穀、調整して、作業手順からして、計算上は五台でちょうど良いはずだったのが、実際は一二月になっても終わらなかった。(1)

やはり、先に第六章第三節で東亜連盟会員だった佐藤東蔵の話に登場していた武田邦太郎が来ていたのである。池田源詮との繋がりだろう。佐藤繁実はそれとは全く別だが、池田が将来の地域の農業像を模索する中で、アドバイスを求めたものと思われる。とくに農業経営・経済の研究者との結びつきを佐藤を介して得ようとしたのかもしれない。法人化が税金対策あるいは失業保険目当てとはよく聞かれることだが、それよりもむしろ田が法人の外に流出しないことがメリットとは重要だと思う。法制上は一つの経営だからである。しかし実態は個別の農家経営だから、完全共同にすると個人利害との関わりで「矛盾」が出てくるという点も、個別経営が基本の農家の共同化の問題点としてしばしば語られている点であり、そこをどう解決するかがここ上小松の法人でも重要な課題になったわけである。その解決の試みが、以下の共同の中での個別化の措置ということになる。その経緯については、土門孝一とともに三代目理事長の池田源衛の回顧を交えて追跡すると、以下のようであった。

個別化の経緯

まず昭和四六（一九七一）年、収量が伸びないので秋の収穫を個別で押さえることにした。ハーベスターで扱《こ》いだ後、個人ごとにモミを量って籾溜に入れることにした。個人に戻す時、抵抗あったが、こういうことは全部春先の総会で決めた。その結果かなり個人差が出た。一俵六〇キロ、あるいは二俵ほども差が出た。一四戸、一番から一四番まで差が出たが、個人ごとに量るようにしたらその差が縮まった。遊佐町の多収穫競技で優勝もしたし、個人よりむしろ上がった。

しかしこの年は、配分はそれによらない。翌四七（一九七二）年、平均よりプラスの収量分を算出して、その八〇％をボーナスとして支払った。ただし、マイナスは減らさない。

昭和四八（一九七三）年も同じ措置を取った。

昭和四九（一九七四）年、コンバイン導入、ササ一本にした。この年から昭和五四、五（一九七九、八〇）年頃まで、平均収量より多かった分について一〇〇％を支払う。平均より下は減らさない。

全部共同の頃は、管理は場所によって管理人を決めた。その頃は田によって水掛けも大変で違いがあった。今のように蛇口なら簡単だが、一反前の田で水の掛けにくい田と掛けいい田とがあった。自分の田でないのをやるので水の掛かりにくい場所など分からない。それでうまく行かない。それまでは全部プールで反別配当なので平等だったが、反別少ない人が働きに出ていて、管理できないので個人にするのに抵抗あった。しかしその後、反収上がって、優勝するようになって、個人にしてよかったという声が上がった。四六年からは農協のライスセンターに入れるようになった。

昭和五六（一九八一）年、種子生産を開始。種子センターに持って行くようになって、個別の数字が出るようになり、完全に個別の計算にした。全部共同にすると収量が落ちる。専業の人が損をする形だった。これらの点に関連して、土門孝一は次のように述懐している。第一世代の人の理想は正しかった。農工一体、田を省力化、そのために企業的感覚でやろう。法人に余裕がつけば、法人自体が農業以外の事業を持とう。しかし当時は田三〇町を共同、法人でやって行くことで精一杯、共同用の機械はトラクターだけ、あとは手労働。それでやったら、収量落ちた。昭和四六（一九七一）年稚苗田植機になってから、個別管理にした。それでも励みないというので、量ってみようとなったわけ。[2]

これまで繰り返し述べてきているように、庄内の稲作はそれぞれの家が相対的に自立化し、その個別経営を相互の協議、契約、共同によって支えあうことによって成り立っているのだった。そのようにして世代を重ねて維持、継承されてきたのが庄内の稲作なのである。だから共同化による合理化といっても、個別経営にとってそれがどのようなメリットがあるか、が問題なのである。耕耘などのトラクター作業だけでなく、「場所によって管理人を決め」るという方法で管理についても共同化したところ、「収量が伸びない」。土門孝一の証言では、とくに水管理の問題だったようである。田の一枚ごとに条件が異なるのに、それを「場所によって」、いわば属地的に担当を決めたので、自分の慣れない田の水掛をしなければならないことになったからである。また小規模経営の家からは農外に就労する人が出てきていて、個別にすると管理できないという抵抗もあった。ということは、全部共同の頃は、規模の大きい、したがって農外就労をしていない人に依存する「協業」だったことになる。そこに種子生産を始めた。そこで種子センターに持ってゆくようになって、個別の数字が出るようになった。こうして秋作業を個人ごとに行うことにして、個人ごとにモミを量ってみたら、始めは二俵ほども「差が出た」が、個人ごとに量るようにしたら「その差が縮まった。遊佐町の多収穫協議で優勝もしたし、個人よりもむしろ上がった」。

この時の面接では土門孝一は法人の経理のことについても語ってくれているので、その概略を次に紹介しよう。

法人の経理

上小松二八・五haの内二〇haは種子、残り八・五haはライスセンターで個別に荷受け。個別の数字を貰って、種子センター、ライスセンターとも売った金は法人に入るので、それを個別の数字で割る。米代金の支払いは複雑なので大変。種子はウルチがササ、ハナノマイ……、モチがデワノモチ……、食糧は一等米、二等米、三等米、○《マル》他米、また、自主流通米、政府米、○《マル》超米……。これらの米の販売代金は法人一本で入る。その種類別（種子、ウルチ、モチ……）の個人別を洗い出して、個人別の売上高が分かる。これが粗収益。経費は法人一本の総額について一〇アール当りを算出（会議費、交際費、労賃、資材、減価償却、日向川負担、土地改良区費などを含む租税公課、役員手当……）、こうして各個人の粗収益から一〇アール当たり経費×面積を引いて、各個人の支払い額を算出する。

支払い形式は、平成二年の例だが、地代一〇アール当たり二万一千円（「土地使用料」、つまり使用賃貸している地代の支払い）、賃貸料（各自の倉庫、車庫への借損料、一〇アール当たりにすると二万円くらい。法人全体で二七〇万円）、運搬費（軽トラックは各自所有なのでその分計上して一台一〇万円位）、「農具費」（動力散粉機、草刈機、カートなどの借損料）を支払い、残り全部を給料として支払う。つまり、各戸の粗収入から各戸の経費を差し引きした額が各人の金額となり、この各人の金額から、あくまで形式だが、その家の地代、賃借料、面積当たりの運搬費と農具費として配分された分を差し引きして、残りの額を給料の名目で配分するわけである。だから給料は全員が違うことになる。このお金は一家一本で入れる。(3)

このように、結局は各家の粗収益から経費を差し引いた分がそれぞれの家の所得としてまとめて配分されるのだが、そこに至る経理はまことに複雑である。法人が始まった頃は、農協の法人係の職員が経理を担当していたが、一九七一年の農協法人係の話では、当時一〇法人あった段階で、法人は経理が大変で、これ以上増えたら農協は面倒見切れない。だから今はあまり薦めていない。完全協業でも法人化せず、任意組合でやって行く方がよい。任意組合の方が法に縛られないでやりよい、と述べていた。[4]この頃になるともう農協の経理担当は行われなくなって、法人メンバーの中で経理を行っていた訳である。

一九九五（平成七）年の面接で、すでに理事長を退いていた土門孝一は、理事長交代について、次のように述べている。次の理事長を誰にするかは難しい。自分は、源衛さん理事長でといって指名して辞めたが、これは選挙できない。選挙は後にしこり残る。あくまで話し合いで決めた方が良い。[5]

（1）一九九一年一月時点および一九九五年八月時点の筆者の調査ノートによる。
（2）筆者の同上調査ノートによる。
（3）筆者の同上調査ノート、および一九九七年八月時点の調査ノートによる。
（4）一九七一年三月時点の筆者の調査ノートによる。
（5）一九九五年八月時点の筆者の調査ノートによる。

基盤整備と法人化

上小松部落の法人化には、右に見てきたような事情と絡んで、基盤整備の問題があったようで、池田源衛は、一九九七（平成九）年八月の面接の際、この点について次のように述べている。

法人のスタートは昭和三九（一九六四）年だが、この時は名義上で、書類の準備をしただけ。それに班単位の共同田植。しかし出役の時間記録、それに法人で費用を集めて、配分した。この時すでに機械導入も視野に入れていた。具体的に機械を入れて共同作業に入ったのは、昭和四一（一九六六）年。これからどうするかという時に、農事組合法人というものがあるというので、各地の視察に行って、会社的なものにして、オペレーターには高い給料払って元気が出るようにしようと考えた。その時農協長の源詮は、そこまで一挙に行くと危ない、そこまで行かなくとも現在ある稲倉を利用して班単位で共同作業したらといっていた。村の集まりでこの話をしたら、村ぐるみでやろうという流れになった。池田竜吉、土門孝一などが中心だった。その理由は、基盤整備が絡んでいたからだ。竜吉は後で買った田で分散していた。孝一の田は水利の便の悪いところ。源詮が水道の蛇口のようにみな平等に田に水をやれるようにしよう、といった。源詮は、大学でいろんなことを学んで来て、平等にしようという考え方の人。源詮と下小松の小松久吾がシナリオを書いた。下小松も水で苦労したところ。法人だけでなく、基盤整備がセットの案だった。戦前は村の人が集まって暗渠をした。また戦時中から戦後にかけて耕地整理と交換分合をした。一〇アールにしたが、段があって一〇アールの間に畔があったりした。基盤整備をして水利を良くしたい、そこに機械を入れてというので、基盤整備の要求が高まった。源詮、竜吉などは家族労働力が少ないこともあった。そういう状況の中に法人という考えが入ってきて、一挙に、となった。この時六軒脱退したわけだが、それは温厚な人、慎重な人。法人推進の意見は新進気鋭の人、それに規模の小さい家の人がくっついた。そこまでやらなくても、と思っていた人が一年で抜けた。しかし、共同からは抜けたが、基盤整備には参加して、一反歩一三万円で出来た。今はとっくに償却すんでいる。基盤整備の工事は昭和四三年~四四年秋、五〇町歩。上小松が主体。用排水分離である。(1)

機械を入れて法人化するに当たっては、「会社的なものにして、オペレーターには高い給料払って元気が出るようにしよう」という狙いだったという。朝日農業賞の受賞に当たって、池田源詮が語ったという言葉によると、「農業法人化は家族習俗社会の農業が、企業的発展をめざして、自己展開をはじめることを意味する。これは現代の管理社会に対する農業の適応形態である」と。(2) これはまさに「理想主義」の組合長の狙いであったのであろう。しかしそこには同時に、上小松の具体的な耕地条件があった。「戦前は村の人が集まって暗渠をした。戦時中から戦後にかけて耕地整理と交換分合をした」とは、先に見た同じ飽海郡の北平田村と同じ動きだが、しかしこの耕地整理は不徹底で、一つの一〇アールの田の中に「段」があったり、水利もなお完全ではなかったようである。そこに機械を入れてというので基盤整備の要求が高まった。その時、池田源詮組合長はむしろ慎重な態度だったが、とくに経営規模が大きく、しかし田地の分散や水利の便などの問題がある家が基盤整備とセットで法人化を推進したもののようである。

（1）一九九七年八月時点の筆者の調査ノートによる。
（2）石川英夫「中央審査委員の現地報告」、『昭和四四年度　朝日農業賞受賞集団の業績』朝日新聞社、一九七〇年、六五ページ。

法人継続の原因と将来の見通し

右に見てきたように上小松の法人化協業が初め試みた完全共同には色々と「矛盾」が出てきて、そこを共同と個別との組み合わせで乗り越えて来たのであるが、三代目理事長の池田源衛は上小松の法人が続いたことの原因について、次のように語っている。

第一に収量が高かったこと。法人内の収量が個人でやっている人よりも高かった。法人の各家の稲を見て、高橋保一、石川長治などの篤農家に教えを乞うて、苗作りなど皆に教えた。何かあると「農村通信」に電話して聞いたものだ。第二に、法人だと数量の結果が見える。一人ずつ六百何十キロと全員名前を入れて秋に配布する。大きい農家は大きい同士、小さい農家は小さい同士競争する。ある人が追肥したというと、他の人も追肥するという具合に。サラリーマンでも手抜きしない。完全共同ではこうはならなかった。自分もうっかりすると三番、四番になる。トラブルはしょっちゅうあった。この村の人はすぐ喧嘩する。しかし逆にそれがよかった。互いに温厚で我慢すると爆発する。しょっちゅうやっていると、なれっこになる。一ヶ月位は根を持つが、翌年春になるとけろっとしている。第三に、種子入れたことが大きい。玄米と較べ、一～〇・五俵位の収益増。法人辞めると、種子辞めることになる。

法人の編成としては、トラクター、田植機、コンバインは五台、五班編成、コンバインだけ都合により六班編成にすることもあるが、基本的には五班でやる。その五人のうち一人が理事長、残り四人が仕事を分担。つまり人事係（賃金計算）、資材係（資材注文等）、機械係（修理、管理はオペレーターだが、その統括）、庶務係・栽培係（栽培技術担当）。班長は自分のスケジュールで動く。どうしても遅れたら、他が手伝う。一〇アールは何時間何分という基準時間が設定してあり、それに面積を掛けて、労働時間を出す。その面積を請け負ったのと同じ。それはここで独自に決めている。協定賃金は関係ない。オペレーター手当も含む。八時間～一〇時間働いたら、一万五、〇〇〇円以上になるように設定してある。

種子については、県の検査が四回、食糧庁のが一回。それを経て種子としてパス。経済連の改良協会で毎年品種ごとの生産量をまとめる。それに将来の見通しを組み込んでまとめる。今年（一九九七年）ハエヌキ五〇％、ササ二五％、ヒトメ一三％、デワノモチが残り。種子センターは農協の運営、職員も一人常駐。利用は種子生産組合だが。使うたびに利用料払う。部落の生産組合には農家個人として入っている。減反などは、法人の分まとめてよこす。法人と法人以外とのわだかまりは今はない。(1)

法人継続の原因として、収量が高かったということが挙げられている点は重要であろう。法人化協業組織が経営面での合理化を目指すのは当然だが、しかし法人化したとはいっても、その基礎にあるのは個別の家の経営なのだから、収量の減はなによりもデメリットということになる。池田源衛は、高校卒業後、普及員の養成所に入って、その資格を取りながら、普及員にはならずに村に戻っていた人であったが、「法人の各家の稲を見て、高橋保一、石川長治などの篤農家に教えを乞うて、苗作りなど皆に教えた。何かあると『農村通信』に電話して聞いたものだ」と述べているが、三代目理事長の池田源衛のリーダーシップの源泉はここにあったと見ることができよう。また、そのために「大きい農家は大きい同士、小さい農家は小さい同士競争する。ある人が追肥したというと、他の人も追肥するという具合に。サラリーマンでも手抜きしない」というように、共同の中に導入した個別の契機が重要な意味をもったのである。さらに「この村の人はすぐ喧嘩する。しかし逆にそれがよかった。互いに温厚で我慢すると爆発する。しょっちゅうやっていると、なれっこになる。一ヶ月位は根を持つが、翌年春になるとけろっとしている」という点も、相対的に自立した庄内の家の経営と村における協議、契約、共同のあり方、その人間関係を示すことばとして注目したい。また種子生産の収益もこの法人の大きなメリットになっているようである。しかし将来の見通しとしては、池田源衛も必ずしも楽観的ではなく、次のように述べている。

法人の将来についていては、加工が考えられるが、多くの構成員は農外就労しているのでそこを引き抜いて給料与えることは難しい。現状維持でお金をかけないでより効率的にということしかない（源衛自身を除いて）。米以外のものをやるというリスクを背負うのは、今のオペレーター層は四〇歳代後半くらいで年齢的に難しい。勤め先でも当てにされていい賃金貰っていて、それが生活設計に入っているので。跡継ぎは誰も農家継ぐ人いそうもない。自分の家はちょっと分からないが。われわれが七〇、八〇代までやるだろう。機械に慣れているし。(2)

（1）一九九七年八月時点の筆者の調査ノートによる。

(2) 筆者の同上調査ノートによる。

第二節　生活クラブ生協との提携(1)

提携開始の頃

昭和四四(一九六九)年、蕨岡農協を含む遊佐町内六農協が合併して遊佐町農協になった。その組合長に池田源詮が選出された。以下は、一九八五(昭和六〇)年時点の池田源衛の回顧である。

遊佐町農協長になった池田源詮は、蕨岡農協時代の経験を踏まえて、一集落一集団の方針を出した。しかし蕨岡以外は、酒田方式のような機械利用組合はできたが法人化せず、機械の更新期にバラバラになった。昭和四七(一九七二)年から米価上昇して、生産意欲上昇、機械も個人で買える。集団は崩れて行って、上下小松だけが残った、という。そこで法人と生協との関係だが、初めは人的つながりの方が強かった。法人側は減反したくない。売りたい。ところが東京はまずい米ばかりと聞く。何とかルートはないかと模索しているところに、農協青年部などから、うちのおいしい米をなんで減反しなければならないか、もっと東京に行って米売ってこい、という声あった。朝日農業賞の審査の時いろんな先生が来た。組合長としては今後の見通しを得たかったのだろう。当時は違法だったたし、正当性についての確信が欲しかったのだろう。東京の先生方に色々話を聞いていた。またいろいろな人を引き連れて東京に行った。池田組合長が佐藤繁実氏としょっちゅう電話して、東京で会う人の手配してもらっていた。大学の先生方は困った時にはいつか知恵を出してくれる。大切にしないといけないといっていた。

当時生活クラブ生協は農協ではなく生産者団体と提携したい。その意味で法人と提携したい。農協を生産者団体と見ていなかった。その頃無農薬で作ってみた。ところが白葉枯病になって困った。そんなこともありまた出荷量、包装などの点で困ったので、遊佐町農協職員がタッチした。遊佐農協としては自分のところから直接に出したい。しかし食管法違反になる。つかまったら誰が監獄に入るかという話もあった位。庄内経済連と大げんか。初め三、〇〇〇俵位の内は、経済連通さないでこっそりやっていた。結局、ペーパーだけは通すことにした。生協も米販売の免許持っていない。生協もいやがったが妥協した。生協もある米穀会社を通すことにした。伝票だけ。(2)

池田農協長は、蕨岡農協の経験を踏まえて、部落ぐるみの集団化とその法人化の方針を打ち出したが成功しなかったわけである。折から「米価上昇して、生産意欲向上、機械も個人で買える」という時期であった。先に見た中野曽根の集団栽培が「減反だから増産を」という意欲の下に、共同が解体していった頃である。しかし減反はしたくない。他面「東京はまずい米」ばかりと聞くが、そこに何とか売れないか、という青年部などの声を背景に、始めは法人としての、またやがては合併遊佐町農協としての模索が行われた。一九六九（昭和四四）年、蕨岡農協時代の農事組合法人組織が「朝日農業賞」を受賞した。その審査に「いろんな先生」が来て、連携が取れるようになった。また池田組合長が、佐藤繁実の仲介で「東京の先生方」としばしば面会した。その中から生まれてきたのが生活クラブとの提携だったようである。しかしこれは当時の食管法違反だった。自主流通米の制度ができる前である。一時は「つかまったら誰が監獄に入るか」とまで覚悟した。庄内経済連とは始め「大げんか」だったが、「ペーパーだけは通す」ことにして、また生協側もある米穀会社を「伝票だけ」通すことにして、何とか形を整えたものである。こうして生活クラブ生協との提携が始まり、それは大きく伸びてゆくのだが、しかしその提携も始めはいろいろと齟齬があった。池田源衛の話の続き。

生活クラブ生協も米と一緒に大きくなって行った。遊佐の米はおいしくて安いというので伸びた。自主流通米になる前。三、〇〇〇俵くらいからあっという間に、今は一五〇、〇〇〇俵になった（一九九五年）。遊佐農協との合併も話としては同時進行。法人としての産直だったが、合併と同時に農協としてタッチ。経済連を通す形をとった。遊佐農協として出すので、出す地域も広がった。

生協との関係は、交流会など付き合いばかり多くてという人もいた。来た人は皆民泊させた。女の人が嫌がる傾向もあった。ハレモノに触るよう。夏の交流会、一〇〇人位。生産現場を見てもらう。頭首工に連れて行き、田に連れて行き……。農協に奥さんたちを集めて、こういうものを食べさせて下さい、農薬ついているものは出さないで下さい……とか、よそ者扱い。その時は防除は止めて下さいとか。先方もだんだん分かってきて、よそ者扱いやめて、さらけ出して付き合おうとなった。

ササが次第に評判落ちてきた頃、生協からササ、コシ信仰はおかしい。品種のための提携ではない。安全な食糧、中間マージンのカットが狙いだ。遊佐ももっと他の品種を研究したらどうか、と教育された。青年部がそれを聞いて、いろいろな品種を作る取り組みをした。品種研究を生活クラブと一緒に始めた。それが共同開発米になる。生協も米消費委員を作って、米を研究した。その委員の人たちが参加して、無農薬でやるとどうなるか、草だらけ、それを手取り、これは大変だ、多少の農薬はやむをえない。今は共同開発米が定着。ササ二割位。おいしい米というだけでなく、遊佐という産地との交流、人との交流。そこに役場も関係、ヨーロッパでいうグリーン・ツーリズムのようなものを検討中。すでに生協との交流をやっていることが認められた(3)。

生協との交流は、「民泊」によって行われたが、始めは「ハレモノに触るよう」。生協側の参加者の中には観念的に

「一粒の農薬もダメ」とするような意識の人もあっただろうから、農協側は組合員に「その時は防除は止めて下さい」などと、たしかに「ハレモノに触るよう」だったであろう。他方、農協側も「ササ、コシ信仰はおかしい」との指摘を受け、「品種のための提携ではない。安全な食糧、中間マージンのカットが狙いだ。遊佐ももっと他の品種を研究したらどうか、と教育された」という。他方の生協側も、「無農薬でやるとどうなるか、草だらけ、それを手取り、これは大変だ、多少の農薬はやむをえない」と学んで、「共同開発米」にまでたどり着いたのであった。

(1) この上小松の法人を含む遊佐町農協と生活クラブ生協との「米産直」と「有機農法」の展開過程については、すでに、劉文静「農業協同組合と有機農業運動——山形県遊佐町の事例研究——」、日本村落研究学会編『年報　村落社会研究　第33集　有機農業運動の展開と地域形成』農山漁村文化協会、一九九八年、一五九〜一八二ページ、がある。参照願いたい。
(2) 一九九五年六月時点の筆者の調査ノートによる。
(3) 筆者の同上調査ノートによる。

遊佐町農協支店での面接

そこで、一九九五（平成七）年六月に遊佐の農協支店（ＪＡ庄内みどり遊佐支店、一九九四年合併）を訪ねて、営農販売課長の佐藤正喜に、農協から見た産直、あるいは生協との提携について話を聞いた。

遊佐町は一九六四（昭和三九）年に、旧遊佐町、吹浦村、高瀬村、稲川村、西遊佐村、蕨岡村が合併して成立した。先ず産直の歴史として、出会いから第一期は一九六八（昭和四三）年〜七一（四六）年。生産者は消費者に直接届けたいという思い。また生産調整への抗議の気持。生協側では、米の流通は複雑で、精米の段階でブレンドされる。何が何だか分からなくなるということへの憤り。そこに両者の目的が一致した。遊佐は昭和三九年以来ササ一色で来て、この頃はササ一〇〇％という状況。一品種オンリーの弊害として、病気への抵抗なくなったとする品種の寿命説もあった。一九八八（昭和六三）年、ポスト・ササ運動始まる。遊佐町青年部の仕事、これが第二期の始まり。第一期の内に一九七一（昭和四六）年に産直スタート。無資格で始めた。勇気ある行動だった。一九七三（昭和四八）年に遊佐農協と生活クラブ生協が全農に「産地指定方式」を認めさせた。つまり消費者が生産者を、生産者が消費者を指定するという方式。経済連を動かし、全農に認めさせた。産直を自主流通米ルートの中に位置づけさせた。画期的な方式だった。

一九七五（昭和五〇）年、農協職員二人が生活クラブ生協に出向して、生協職員と一緒に米の配達、拡大等の仕事をした。一人二年で、今まで二五人。産地の状況が先方にうまく語れる。今はやっていない。合併（一九九四年、JA庄内みどり遊佐支店となった）ちょっと前から職員が減ったので。

第一期の中で第一に産地指定方式、第二に交流会スタート。そして第三に一九七五（昭和五〇）年、農協婦人部が交流会で合成洗剤の危険性を学んだ。そして農協を動かして「石鹼運動」が始まった。一九八〇（昭和五五）年から農協の店舗から合成洗剤を追放、また遊佐の公共施設から追放。一九七七（昭和五二）年から提携がスイカ、メロン、餅等に広がった。一九八一（昭和五六）年、「有機農業研究会」が発足。生協との提携で食の安全性、環境問題などを勉強しようということになった。これを「遊佐型」としたのは、他では個人、グループに止まっていて、特別の人のやること、誰でもやれる農法ではない、となっていた。それを、だれでもやれる、無農薬ではない、少しでも減らそう。という考え方になっていった。生活クラブとの付き合いの中で、一番学んだのは、生産者であると同時に生活者、消費者であるということを知った。そうして見ると、農薬は生産者としては便利だが、消費者としては危険だ。

以上の第二期の中での動きとして、ササは病気に弱い。倒伏する、収量もいまいち、高く売れないという状況。一九八四（昭和五九）年から色々実験した。そして農協青年部で、ポスト・ササは単に品種の問題ではなく、作り方、流通システムも併せて考えることが必要、となった。それを総括して青年部から農協に提起した。一九八八（昭和六三）年のこと、こうして「共同開発米」を農協の事業として始めることになった。品種、栽培法（農薬、堆肥……）、精米方法（単品かブレンドか）、流通の方法、これらを生産者。消費者の両方で研究して行こうとなった。この頃には第二世代が関わっている。

一九九二（平成四）年、「生産者原価方式」、これまで市場価格で来たが、生産者が再生産できるのでなければならないというので、双方で話し合って決めた。その中に農業環境保全費を含めた。一九九三（平成五）年、冷害。生活クラブ生協は収量減（平年六〇〇キロが八～九俵、山間部ゼロも）に対して、支援金一俵一、一〇〇円を出してくれた。使い方は産地任されて、収量の少なかった所を中心に配分した。ここから相互に基金を作る話が出て、「共同開発米基金」を設けて、一定以上減収した場合、その基金から補塡する、新技術の開発について経費助成を行うこととし、一九九四（平成六）年からスタートした。一年に生産者、消費者それぞれ一、〇〇〇万円、合計二、〇〇〇万円、それを五年間積み立てて一億円とする。消費者に入る金ではないが、消費者側も出してくれる。一九九三（平成五）年、公募による「遊《ゆう》・YOU《ゆう》・米《まい》」という新愛称で、提携米の二分の一という目標で面積拡大に努力[1]。

引用が長くなってしまったが、これまで紹介して来た法人の側からの生協との提携についての談話を農協の側から裏付ける話になっていて、興味深い点が多い。農民の側での「生産調整への抗議の気持。生協側では、米の流通は複雑で、精米の段階でブレンドされる。何が何だか分からなくなるということへの憤り」。そこに提携の原点があったのである。農協側としては、ササ一色で来た庄内稲作への反省もあったようである。また「農協職員二人が生活クラブ生協に出向して、生協職員と一緒に米の配達、拡大等の仕事をした」と言う経験も重要だと思う。庄内農民は、米の生産についてはまことに精密な技術をもって、いわばそのプロであったけれども、販売の方は歴史的には米券倉庫、戦後は農協任せで来た。農協もまた食管法に依存して、販売については大きな努力は払わずに来たといわざるをえない。そのような中で、農協職員が消費者のまっただ中に立って、販売の努力をしたことは貴重な経験だったと思う。

(1) 一九九五年六月時点の筆者の調査ノートによる。

交流会による関係の構築

遊佐町農協での話は交流会に移る。

一九七四(昭和四九)年から「交流会」が始まる。初めからうまくは行かなかったが、二〇年の間に、すべて隠さずに交流できるようになった。ほんとうに顔の見える関係が出来た。交流会は今もやっている。この頃は二〇〇人規模。初めは遊佐町農協だけ。それが庄内一円に広がった。平田牧場の豚肉、旧平田農協のニンニク、藤島町のジャガイモ、漬け物、酒田米菓の地元の米を使った煎餅など。

これからは、農業は生産者だけでは支えられない。理解してくれる消費者とスクラムを組む必要。消費者側が安ければよいというのでは、日本の農業は潰れる。持続的に生産を続けるには、継続的に食べて支えてくれる消費者が必要。両者の連携が必要。来年から米価下がる可能性。消費者が納得できる再生産費が大切。コストを下げる努力をきちんと表明してここまではやれる、ここから先は無理とか、コストを下げた分を全部消費者に還元するのか、生産者と半々か、そういうことも含めてきちんと提案すべきだと思う。先日も今年度(一九九五年)の米の価格の話し合いをやった。一日かけてやった。ここ五年間のコスト低減の努力を提案した。つまり機械のコストダウン、長期に保守管理、共有化して利用面積を上げる。労賃、一〇アール当りの労働時間を下げる等々。その結果、六〇キロ当り三〇〇円低下。二二、一一七円で決まった（一九九四年二二、四一七円）。「共同開発米推進会議」は、生産者、農協、庄内経済連、全農、生活クラブ生協、消費者で、年に何回か（昨年六回、今年四回）集まって、価格、作付面積、生産組織（共同化）、新しい栽培技術（直播き、乳苗、微生物を使った減農薬栽培など）の提案、生協側は消費者としての感想、意見（味、その他）を出し合う。開催場所は東京と遊佐の交代で。ここで決めたことは、全農、経済連も認めざるを得ない。

一九九三年の冷害の時、ヤミ米が高く売れた。しかし遊佐の農家は生活クラブ生協に米を届けるために作っているという意識があるので、ヤミに流さずに正規に出した。二二、〇〇〇円しか収入にならないのに。

その他、大型圃場や規模拡大についても話が及んだ。大型圃場が出来ている。一・二ha（二〇〇メートル×六〇メートル）、中に作業用畦畔作って一枚六〇アール。規模拡大はリタイヤする人が出ないと出来ない。しかしそれにも限界ある。しょせん一〇ha。環境を考えると、リタイヤする人が増えると農道、水路管理など、従来農家がやっていたことを行政がやるなどの合意がないといけない。兼業農家があってもよい。きちんとスクラムを組むことが大切。機械は委託しても、管理は自分でやるという方法もあってよい(1)。

始めは「ハレモノに触るよう」だったという「交流会」も、「ほんとうに顔の見える関係」を構築する上で大きな意義を持ったようである。「消費者側が安ければよいというのでは、日本の農業は潰れる」というわけで、米の生産方式や価格も両者の話し合いで決める。「生産者、農協、庄内経済連、全農、生活クラブ生協、消費者で、年に何回か（昨年六回、今年四回）集まって、価格、作付面積、生産組織（共同化）、新しい栽培技術（直播き、乳苗、微生物を使った減農薬栽培など）の提案、生協側は消費者としての感想、意見（味、その他）を出し合う」。開催場所も「東京と遊佐の交代で」行うことで対等な立場を確保している。それから、農協、農民側で、生活面での安全、安心について学ぶことも多かったようである。例えば、「農協婦人部が交流会で合成洗剤の危険性を学んだ」。この認識にもとづいて、「農協を動かして『石鹸運動』が始まった。一九八〇（昭和五五）年から農協の店舗から合成洗剤を追放、また遊佐の公共施設から追放」したのである。また「食の安全性、環境問題など」についても、他の地方で行われている省農薬の努力は「個人、グループに止まっていて、特別の人のやること、誰でもやれる農法ではない、となっていた。それを、だれでもやれる、無農薬ではない、少しでも減らそう。という考え方になっていった」のである。こうして見ると農民が「生活クラブとの付き合いの中で、一番学んだのは、生産者であると同時に生活者、消費者であるということを知った」という点であったように見える。「共同開発米」とは、このようにして生まれたのである。一九九三（平成五）年の冷害の年、ヤミ米で高く売れた時でも、遊佐の組合員は「生活クラブ生協に米を届けるために作っているという意識があるので、ヤミに流さずに正規に出した」という話は、生産者と消費者の提携として感動的ともいえると思う。

農協での話の最後に大規模圃場に関連して、「農道、水路管理など、従来農家がやっていたことを行政がやるなどの合意がないといけない」と言う指摘も考えるべき点であろう。ＴＰＰ交渉などとの関連で、規模拡大だけを至上命題のようにくり返す農政に対する重要な提起ではなかろうか。

（1）一九九五年六月時点の筆者の調査ノートによる。

共同開発米について

その後、一九九七（平成九）年八月にJA庄内みどり遊佐支店を再訪して、生協との交流、特別開発米などについてお話を伺った。その時は、支店長の太田英宣、遊佐営農センター長佐藤正喜、理事で共同開発米のリーダー今野進との集団面接だった。

米は価格安が続いている。今政府米一六、三〇〇〜一六、五〇〇円。昭和五〇年代は二二、〇〇〇円位だった。生産費はむしろアップ。転作二〇％余。共同開発米は続いている。市場価格が下がっているので、毎年話し合って、共同開発米も下げている。一九九七（平成九）年で二〇、一二〇円。六万俵という生協との話し合いがあり、九・七俵反収と見て、それで作付面積を決める。作況がよくてそれをオーバーした分も生協が責任引き取りしてくれる。生協でも一般組合員は安い方に走るので、苦しんでいるようだ。生活クラブ全体二二万俵のうち一四万俵が遊佐。共同開発米は遊佐の六万俵のみ。

共同開発米の防除基準は、二回まで（しかし大体一回で済んでいる）、除草が一回。今年はイモチが出そうで、二回やる人も出るか。どうしても二回を越えるときは、生協と話し合って。肥料は、化学肥料と堆肥の併用。堆肥散布も条件に入っている。成分的にいえば化学肥料の方が多いが、近ごろの堆肥は豚糞などで窒素が多い。単に低農薬、有機米というより、生産の計画から消費者が関わる、という考え方が共同開発米である。そこからさらに一歩進めるにはどうしたらいいかを考えているところ。生協から見ると、生産の中身が分かることが大切という。農薬使ったら、その情報を伝えてほしい、隠し事なくしよう、という考え方。共同開発米は増やしたい。ただし買ってくれる人がどれだけいるかが問題。値段が高い。他方、遊佐の農民全員が堆肥を入れ、農薬一回という制限でやってくれるか、また三〇〇人を越えて、目が届くか。今くらいが限界かなという感じ。共同開発米は一号がヒトメ、二号がドマンナカ、ブレンドする。庄内交流会は今年もやった。七〇余名。

この面接に参加してくれた今野進は、自作三ha、受託二ha、機械は自己完結。全面積共同開発米という。二〇％の転作は大豆。理事として共同開発米のリーダー的役割をしているが、生協との話し合いの中では、米の原価を出すのが難しい。労賃に一番頭を悩ませた。役場、農協では四〇歳という。大工さんいくらなどと調べて、算出した。メンバーの税申告のための資料を出して、農具なども平均的に算出。圃場整備は本来生産費に入らないはずだが、環境保全費という名で、償還金の七～八割の算入を認めてもらった。労力も掛かるし、自主流通米よりちょっと高いところを狙って計算した。機械をもっと共同化して安くしたらと強くいわれている。しかしメンバーが一集落全体でなく、とびとびなので共同は難しい。集落全体は今は難しい。数人の機械の共同利用は多くなっている。池田組合長時代の画一的に部落ごとという方式は失敗した。

九二年から生産者原価方式になったので、自主流通米より少し高くなった。生協側では、これで決めては帰れないわ、といっていた。生協側もよく勉強している。話し合いは一日に三回も休憩したりしても、一日で決めることにしている。最初は、先方で持って帰って、また来て決めるというやりかただった。共同開発米の定例会は一年に四回。遊佐と先方とで。

今のままだと農協経営は厳しい。後継者で農業している人減ったし、多様化して、農協に結集する力が弱まった。農薬や肥料などの資材も量販店で農協に匹敵するところが出てきた。金融も銀行と比較して、利子を考えてどこに貯金するかを考える時代。競争にどう勝ち残るか。しかしそれに走りすぎると農協らしくなくなる。合併は業者との競争力が狙い。しかし農家から離れつつある。職員の現場からは非常に評判悪い。目指すところは、地域農協として福祉関係。今でも婦人部相手にヘルパー養成をやっている。今はボランティア的、それを経営的にやれるようにして行く必要。例えば老人ホームとか。[1]

共同開発米の防除について具体的な規準が示されているので参考になる。すなわち「二回まで（しかし大体一回で済んでいる）、除草が一回。今年はイモチが出そうで、二回やる人も出るか。どうしても二回を越えるときは、生協と話し合って」とのことである。「肥料は、化学肥料と堆肥の併用。堆肥散布も条件に入っている。成分的にいえば化学肥料の方が多いが、近ごろの堆肥は豚糞などで窒素が多い」という。「米の原価を出すのが難しい。労賃に一番頭を悩ませた」というのはよく分かる。消費者側からすれば原価に含まれる労賃が安い方がいいだろうが、生産者側はそれでは困る。重要なことは、この労賃問題も含めて、「単に低農薬、有機米」というだけでなく、「生産の計画から消費者が関わる、という考え方」だという。それが「共同開発米」という意味なのである。しかも「そこからさらに一歩進めるにはどうしたらいいかを考えている」とのことであった。しかし生協の側でも、「一般組合員は安い方に走る」という問題があるようで、この辺り消費者の側での意識改革も必要なようである。

（1）一九九七年八月時点の筆者の調査ノートによる。

遊佐町役場での面接

一九九五年六月に、遊佐農協支店に続いて町役場をも訪ねて関連する諸問題について話を聞いた。町役場の立場での意見である。

産直については、かつては食管からみで問題あると見ていた。しかし今は、農家が直接に消費者に売るのがこれからの行き方と考えている。しかし米価は今後必ず下がる。価格下がった時の対応が問題。全農、全中が一律生産調整するかもしれないが、遊佐は産直の実績持っているので、一律の行き方には疑問。生協も米の生産費を見て価格を決めてきたが、もっとコスト下げられないかとの提案がすでに来ている。大規模圃場化をも含めて。安全でうまいということの上に、コスト低下の要求。今は、付加価値として一つは安全性、環境を守る運動。もう一つは顔の見える流通。交流のある人の作った米ということで安心してもらえる。市場原理では大企業に敵わない。百姓の原点に帰るべきだ。グリーン・ツーリズムは、今検討中。今後グリーン・ツーリズムを遊佐町にどう位置づけるかが問題。施設を作るよりも交流、都市と農村を結びつける。産直を拡大するためにも。グリーン・ツーリズムとの相乗効果を狙うべきだ。町としては生協以外ともという気持ちあるが、農協は生協との関係を大切にしたいだろう。

企業誘致は大分進んで来ている。しかし環境の問題ある。Hアルミが月光川上流に廃品処理の工場を造った。その粉塵がすごかった。知らずに許可してしまった。周りの田が危ないので、立ち退き要求の署名運動。生協も運動に参加。署名運動が進んで、社長も農家出身なので、自分もこれだけ反対されては進出が間違いだった、と移転。しかし法律上は先方に歩。一九九〇年頃、補償費を出して移転させた。農協が中心、町役場も立ち退きを要求。生協もカンパしてくれた。それをきっかけとして月光川の清流を守る条例を作った。

後継者問題は深刻。ある時期ドーンとリタイヤ出たら怖い。やりたい人はいる。地域横断的に同じ年代、同じ考えの青年がまとまる動きはある。庄農同期生の「万石会」(四五歳位)とか、受託グループの「渡会組」(青年団活動のグループ、三〇代半~後半)とか、「稲穂会」(三〇代、若手専業で規模拡大を目指す)とか。(1)

一律生産調整への疑問が語られているがこれは、「米所」庄内の各地で聞かれたことばであった。また産直については、消費者側からは「コスト低下の要求」が来るが、それに対して「付加価値として一つは安全性」を訴えており、それに加えて「環境を守る運動」をしている。町内にあった廃品処理の工場に立ち退き要求の運動をして移転させた。もう一つは「顔の見える流通」である。「交流のある人の作った米ということで安心してもらえる」。しかし「市場原理では大企業に敵わない。百姓の原点に帰るべきだ」としているが、この「百姓の原点」とは何だろうか。続けてグリーンツーリズムを町政にどう位置づけるかが今の問題と語っているが、この辺りに「百姓の原点」を見いだそうとしているのだろうか。その点とも関連して、「後継者問題」が深刻であることが語られている。地域横断的に「同じ考えの青年がまとまる動き」がいろいろあるとのことであり、これまで度々述べて来た庄内農民の得意技「会」の結成が、現在の深刻な「後継者問題」を乗り越える道になりうるのであろうか。

（1）一九九五年六月時点の筆者の調査ノートによる。

環境問題・自然保護への取り組み

遊佐町での調査で印象深かったのは、人々の環境問題、自然保護へ取り組みであった。以上見てきた中に、それが生活クラブ生協との交流によって触発されたとの証言があったが、それが正しいのかもしれない。そのような活動を行っている事例として、筆者は尾形修一郎・なつ夫妻と面談したことがある。尾形修一郎には、「升川鮭捕獲場」を見せて頂き、遡上する鮭を捕獲して採卵する状況を見学した。資源保護のために孵化・放流の仕事に当たっているのである。平成四年に開始。飽海郡さけます増殖組合連合会で、こういう仕事をやってはいたが、ちゃんと保健所の許可を取ってやろうといったが、なかなか動かないので、それとは別に始めた。「升川鮭生産組合」は組合員六人。その六人の妻たちが、尾形なつを代表者とする女性サークル「レディースゆーわ」（出資は八人だが年齢の関係で六人、ただ勤め先の関係で常時働けるのは四人）を作って、鮭の粕漬け、燻製加工の仕事を始めた。「ゆーわ」とは、「環境に優《ゆう》しい生活を目指す。友《ゆう》の和を遊《ゆう》佐から」という意味と聞いた。

またこの「レディースゆーわ」の八人を中心に趣旨に賛同する女性たち五〇人ほどで「シャボン玉・BOX」というサークルを作って、手作り石鹸運動を始めた。学校の調理師さん、看護師さんなどが多いが、募集したら、酒田、鶴岡、余目からも参加している。生活クラブ生協との交流のなかで、洗剤使っているのか、といわれ、石鹸使用を提案されたのが始まり。農協婦人部中心で運動をした。農協理事会で農協店舗から洗剤追放。売り上げは下がったが、生協との提携を大切にして、今でも洗剤は置いてない。平成三年、役場の若い職員がリサイクル石鹸という方法を聞いてきて、婦人部に提案したが、動いてもらえない。その話を聞いて、自分たちが受けて始めた。小中学校、病院、ファミレス、会員の台所の廃油を集めて石鹸作ったのを学校で使ってもらい、またフリーマーケットで売ったりしている。(1)

この尾形夫妻がやっている仕事も、筆者の言葉でいえば、個人の自由意志で加入する「会」ということができよう。先に第六章で、それぞれの自由意志で「会」を作るのは庄内農民の「特技」とのべたが、庄内では近世江戸時代以降、相対的にではあるが個別の家の自立性が強まって、したがって本家地主などの重立《おもだち》の意向に従ってではなく、それぞれの家に属する個人がその家の経営にとって重要あるいは利益になると判断される限りで、相互に結びついて「会」を作り活動してきたのである。それはとくに、近代に入って昭和期頃から目立ち始めるように思う。ただしその内容は、一般に、家の経営にとってプラスになる限りでの、したがって農法研究、普及に関する「会」であった。その点、右に見てきた遊佐地域における「会」は、「農法」に関わるものでは必ずしもない。むしろ生活クラブ生協という消費者との連携を契機として食の安全、自然保護、環境問題へと高度化していることに注目したい。その点では、近ごろ庄内地方でも各地で取り組まれている産地直売も、そのような個人の自由意志によって始められている点で同様な性格のものといえよう。

この点、この本の主題としてこれまで見てきた庄内稲作は、歴史的に収量増への熱意によって彩られていた。近世江戸時代の庄内藩支配の下で、検地帳には分米高がそれぞれの田地について記載され、貢納を村の責任で果すべき義務とされた時代では、それを越えた分が農民取り分になるのだから、農民にとって毎年の豊作こそが願いであり、藩権力側でも年貢米の収取が不足なく行われることが重要事項だったから、当然収穫高こそが第一の関心事だった。その米を藩は商人に託して、庄内藩の場合、一般に日本海航路を経て大阪で商品化された。その時、無論米の価格は問題になるが、そのような米流通はしかし農民からは遠く離れた世界であり、農民の関心はあくまでも米の収穫高にあったと見ることができる。明治以降も日本は米の自給が困難で、朝鮮、台湾などからの移入米が頼りだった。敗戦後、農地改革を経てもしばらくは食管制度の下で、増産が至上命令であった。しかし一九六七（昭和四二）年の「有史以来の大豊作[2]」を契機に、アメリカによる貿易自由化圧力の下、また日本人の消費性向の変化もあって、むしろ「米過剰」の基調となり、生産だけでなく、販売、流通に関心を寄せざるを得なくなったという事情はあろう。しかしそれにしても、一時期、農薬の濫投に象徴されるような生産材の「近代化」が、農民自身の反省を呼び起こし、食の安全、環境問題、自然保護等に関心が向いたことは事実である。これは日本人全体の意識の変化でもあった。

（1）一九九六年八月時点の筆者の調査ノートによる。
（2）『北平田農協だより』一二九号の記事による（昭和四二年一一月二〇日）。

終章　庄内稲作と家、村、そして「会」

第一節　「庄内米づくりの順序」

酒田市立資料館に、これまでも度々その談話を参照してきた酒田市新青渡の阿部順吉が作成した「庄内の米づくりの順序――明治から現代まで――」という文書資料がある。**資料14a、b**に掲げるが、元の文書は史料館での展示の目的で作成されたのであろう、ほぼ縦一メートル、横二メートルにもなろうかという大型の文書資料である。内容は、庄内稲作を「湿田稲作」、「水苗代乾田稲作」、「中型機械化一貫体系の稲作」、「大型機械化体系の稲作」と四段階に分け、それぞれの時代の農作業を一月から一二月まで、記したものである。これまで本書において見てきた庄内稲作の各時代の簡潔な総括になっているし、また本書では触れることが出来なかった現在の状況も示しているので、本書の終章を、この文書資料を参照することから始めたい。

「湿田稲作」の時代

まず、「湿田稲作　明治末期まで」については、「明治の末頃まで。庄内地方の田圃は湿田だった。稲の刈り取り後も一年中湿田状態にしていたので、農作業は足場が悪く能率は上がらず作業はきついものだった。この頃、馬は少なくすべて手作業である」と記されている。

——明治から現代まで——

阿部順吉作成

中型機械化一貫体系の稲作 　戦後の稲作農業はおどろくほど大きく変わった。念願だった自作農の実現と、農業資材（ビニール、農薬）と農業機械の開発によるところが大きいが、さらに稲の栽培技術の進歩も見逃せない。	**大型機械化体系の稲作** 　圃場整備事業で一枚の区画が三アールから一・二 haと大きくなるにともない、農業機械も大型、コンピューター化されて、昔日の手作業の重労働から解放されるようになった。
昭和三十年代から昭和末期まで	**平成初期から現在**
●育苗 　田植機の出現によって苗代造りから箱育苗方式に変わった。育苗箱に培土を入れ、播種機で種をまき、芽出箱で発芽、育苗棚で緑化作業を行ない、保温資材を用いたビニールトンネルの中で育苗を行った。 **●耕耘・代搔き** 　耕耘機が開発され、重労働だった馬耕から解放され、田面の均平化が進み四十年代には中型トラクターの時代と大きく変わった。	**●育苗** 　種籾はすべて採種圃で作られた種籾を購入するようになり、箱育苗用培土は市販の育苗土や育苗培紙を使用するようになった。 　ハト芽出しを行い播種機械で種播きをし、大型ハウスで育苗管理する作業に変わってきた。 **●耕耘・代掻** 　最近では暖房装備のある大型トラクターが導入され、耕耘代搔きは短期間で終える。アタッチメント利用で元肥も同時散布が出来るようになった。
●田植え 　田植えだけは機械化が困難だろうと思っていたが、見事、田植機が実現した。稚苗の箱育苗だが、これまでの早朝からの苗取りも、家族総出の田植え風景も見られなくなり、数日で庄内平野は緑一色に変わった。最初は二条植えの歩行用機械だったが、四条・六条の乗用へ変わった。	**●田植え** 　箱育苗であるため苗運搬や補助作業部分の手作業が残っている唯一の農作業となった。 　田植機械も大型化し、六条・八条植えが主流となり、庄内平野も四〜五日で緑のジュータンと変わっている。 **●防草** 　除草剤も最近では一発処理剤を使用している。

資料 14a　庄内の米づくりの順序

（1～5月）

	湿田稲作	水苗代乾田稲作
	明治の末頃まで。庄内地方の田圃は湿田だった。稲の刈取り後も一年中湿田状態にしていたので、農作業は足場が悪く能率は上がらず作業はきついものだった。この頃、馬は少なくすべて人力の手作業である。 **明治末期まで**	乾田馬耕が始まり、耕地整理事業で一枚一反歩の田圃が出来ると農作業は大きく変わった。 大正から昭和二十年代までは、水苗代での庄内稲作の典型的な作業体系が出来上がっていた。 **大正初期から昭和二十年代まで**
1月 上 中 下	**●米調整** 米調整は旧正月前まで続けられていた。	**●米調整** 米調整は旧正月前まで続けられていた。
2月 上 中 下	**●堆肥運搬** 正月行事も終わり田圃が雪に覆われると、橇を用いて堆肥運搬が始まった。 **●俵編み** 米俵は　冬の間に作っていた。	**●堆肥運搬** 正月行事も終わり田圃が雪に覆われると、馬橇を用いて堆肥運搬が始まった。 **●俵編み** 米俵は冬の間に作っていた。一人十枚がノルマだった。
3月		
4月 上 中 下	**●苗代・播種** この頃、庄内は豪雪地帯だった。まず雪消しからはじまった。通し田代での育苗だった。種籾の芽出し作業は苦労したようである。 **●耕起** 田おこしは、春早く鍬や三本鍬を用いて、まったくの人力で行っていた。男一人で一日一反歩を耕す。この荒打ちの後に長柄の鎌で稲の刈株を切る「鎌切り」を行った。	**●苗代作業** 苗代作業は前年秋に田打ちしてある土を砕く作業。水を入れてガギで荒代。畔ぬりをして代掻きを行った。通し苗代のオアシ踏みは深いのでコツのいる作業だった。 **●播種** 塩水選を行って種つけ場に浸種、種籾の発芽作業は、温度管理がむずかしかった。 朝早く、風の出ないうちに種籾を播くが大変コツのいる作業で、年配の人たちは上手だった。寒い朝など水面が氷り、その上に種を播く事もあった。
5月 上 中 下	**●代かき** 代かきは、苗代、本田とも馬鍬を使い馬で行われていた。湿田時代は耕起には一切牛馬は使用しなかったが、代かきだけは使われたようである。それ以前は人力で行っていた。	**●本田耕起** 当時の馬耕は秋耕と春耕があった。戦時中になると肥料不足のため、ほとんどが春耕になった。雪の上で堆肥を運んでいたので、小分けして散布。馬耕の犂も底に巾広のずり金つけた日和式など庄内型に改良された。 **●荒代・代掻き** 代掻きは、耕地整理前から馬で行っていたようである。用水が不足していたので、水上から順番に水を入れる共同灌漑だった。

――明治から現代まで――

阿部順吉作成

中型機械化一貫体系の稲作 昭和三十年代から昭和末期まで	大型機械化体系の稲作 平成初期から現在
●除草 DDTやBHCなどの除草剤が開発され、「四つばい農業」から解放された。作業的には一番楽になった作業。	
●防除 農薬の開発が進み、イモチ病やウンカなどの虫害が少なくなった。一時、庄内型と云われた「長管多頭口」の液剤による共同防除が行われていたが、粉剤での個人防除へ変わった。	●防除 防除は初期防除として苗箱使用を行い、イモチ病などは、無人ヘリコプターの共同防除が主体となってきた。
●刈り取り バインダーが開発され、刈り取り作業は楽になったが、はさがけ作業は逆に苦労して、コンバイン時代になるまでは、秋作業の農繁期に変わりはなかった。	●稲刈り 栽培品種が少なく、稲の刈り取り適期に合わせた刈り取りをと指導されている。自脱型コンバインは四条刈りが主流となり、共同利用は五条刈りとなった。
●脱穀作業 自走式脱穀機（ハーベスター）で圃場で脱穀作業が行われ、稲揚げ作業がなくなった。籾は袋づめにされてトラックで運ばれた。 ●米調整 早場米制度があったので一番機械化が進んだ作業と思われる。籾タンクを備え、搬送器や自動ハカリなどさながら稲倉は工場化された。包装資材も米俵からカマス、麻袋、紙袋へと変わっていった。	●乾燥・調製 ライスセンター利用と、個人対応があるが籾運搬用として1トン入り籾袋利用も多くなった。

資料 14b　庄内の米づくりの順序

（6〜12 月）

	湿田稲作 明治末期まで	水苗代乾田稲作 大正初期から昭和二十年代まで
6 月 上 中 下	●田植え 朝早くから農家総出で行われていた。田植えは非常に粗植えだったようである。一株は一尺間かく位に開いていた。縄をはって植えるようになったのは明治の末期からで、田植えはかなり遅くまで行われていた。苗運びは、みのを着てモッコを背負って運んだようである。	●田植え 朝早く四時頃から、みんなで苗取りをし、日中は、苗取り班と田植え班に分かれての作業となる。田植え班になると小学校は早引きや田植え休みもあって、子供たちは「小手打ち」をやった。 田んぼに庄内型といわれる田植型を使って型をつける作業も、なれないと腰のきつい作業だった。苗の運搬はモッコを背負い遠い所まで運んだ。二、三軒の農家の共同作業で十人以上も並んで田植えする風景は庄内ならではの風物詩だった。
7 月 上 中 下	●除草 「雁爪」で中耕と除草を兼ねた作業をしていた。その後の除草はもっぱら手取作業で行われ、数回にわたって、かなり遅くまでやっていたようである。	●除草 二条式の回転除草機が考案され、機械で二回、手取りで二回が普通だった。この頃、虫送り、おばこ様、天王様などの行事が行われていた。
8 月		
9 月 上 中 下	●稲刈り 湿田なので足場が悪く、一日当り男が一〇〇束、女は八〇束位が普通で、乾燥は「畦畔立て」の方法で行なっていた。	●稲刈り 早い年だと七月末に出穂し、九月二十三日の彼岸を過ぎると稲刈りが始まった。朝早く五時半頃には朝食をすませ、田んぼに行ったが、まだうす暗かった。一人で一反歩刈りの請負作業だった。昼食は田んぼの畦道で皆んな一緒に食べた楽しい思いでもある。 乾燥は杭掛け乾燥である。「ほにょ」といって一本に（五十把）を掛けた。当時はどこの家でも「稲刈り帳」をつけていた。
10 月 上 中 下	●稲揚げ 馬は束まるきで十六束、馬使いは四束背負う。これを徒荷といった。人はバンドリを用いざく背負い、男は七束五把、女は五束、場所によって回数が決まっていたので走って運搬した。稲は屋根裏に上げられたが、また外に「にほ」を積んだ。	●稲揚げ 十分に乾燥をみきわめて天気の良い日に稲揚げをする。人や馬で家まで運ぶのと、農道まで人手で運び、荷車や馬車で家へ運ぶ方法をとっている。十把を一束にして「つなぎ」でまるき、荷縄やヤセ馬を使って運んだ。 昔は稲倉が小さいので、すぐ倉に入れず、一度外に置いて仕事が終わってから積替えた。「穂にお」にほうり投げる作業は、汗とほこりで大変な仕事だった。
11 月		
12 月 上 中 下	●調製 米の調製は、まず千歯で稲を扱き、杵をもって籾を叩き、ついでふるいにかけて石臼で摺り、唐箕で籾殻と米を選別し、最後に良米と小米とに分けて、俵につめた。この作業は翌年の一月まで続いた。	●米調整 大体が母屋の「にわ」で米調整をしていた。この頃から千歯に替わり「足踏式回転脱穀機」と手動の「岩田式籾摺機」が普及し、作業が楽になり、一人平均一俵が一日の仕事となっている。

注：酒田市立資料館所蔵資料。

庄内平野は大河川の沖積平野で、そこを開田した田地は湿田であって、第三章と第九章で見た佐藤金蔵の著書にもあったように、「本田荒起」は「実際骨の折れたもの」であって、泥が身体にかかって全身「泥人形」のようになる作業であった。地主や規模の大きい家には馬はいたが、代掻に使われる他は、主として草刈りや稲揚げなど運搬に使われていた。阿部によると、田植は「農家総出」の仕事であったが、「非常に粗植え」だったようで、「一株は一尺間かく位に開いていた」。「縄をはって植えるようになったのは明治の末期から」だという。この時代は、一月から一二月まで、ほとんど休みなく何らかの作業が行われており、まさに刻苦精励、すべて人の力による稲作りだったのである。しかし、第三章で見たように、すでに藩政期から農民達の乾田への関心が高く、「遊佐地方」の農民がたまたま「仙台」に行って「乾田耕鋤ノ法遥ニ収穫多キヲ見テ」この法を郷里に伝えたという。その後、大字豊原の「旱田熱心者」が明治二六（一八九三）年に「旱田巡回」をして学んだとの記録もある。施政者の側で、いわゆる「西南農法」としての「乾田馬耕」を導入、普及を図ったのは、明治二〇年代以降であった。しかし、乾田は、それが一般に普及するには灌排水の条件が整う必要があり、第四章で見たように、明治末期に各地で行われた耕地整理がその仕上げの意味を持ったのであろう。

「水苗代乾田稲作」の時代

こうして「大正初期から昭和二十年代まで」の「水苗代乾田稲作」が始まる。この時代について阿部順吉は、以下のように概説している。「乾田馬耕が始まり、耕地整理事業で一枚一反歩の田圃が出来ると農作業は大きく変わった。大正から昭和二十年代までは、水苗代の典型的な作業体系が出来上がっていた」。

たしかに乾田化は庄内稲作を大きく変えた。まず、乾田化するとそれを人力で耕起するのは極めて苛酷な労働になり、

第三章で見た旧北平田村大字牧曽根（後の酒田市牧曽根）の在村地主松沢家の「農耕日誌」にあったように、乾田化とともに年雇者の「休む」記事が続出したりもする。そのため、北平田村でも乾田化に数年遅れて馬耕が導入されている。代掻は前の時代から引き続き馬で行っているが、用水不足のため「水上から順番に水を入れる共同灌漑」が行われていた、という阿部の解説は注目に値すると思う。つまり、後の時代、この本でいくつかの事例によって説明してきた「部落ぐるみの集団栽培」にも似た村の共同が、すでに必要に迫られて行われていたからである。「通し苗代のオアシ踏み」とか「朝早く風の出ないうちに種籾を播く」が「寒い朝など水面が氷り、その上に種をまくこともあった」など、当時の経験による証言として、記憶しておきたい。当時は秋耕と春耕があったが、戦時中「肥料不足」のため「春耕になった」のであろうか。この本第三章では、明治期に、乾田化によって春になると土が固く締まった「堅田打ツ」のは極めて困難なため、むしろ秋耕がおこなわれたと理解した。また今では忘れられそうな記憶として、「馬耕の犂」の「底に巾広のずり金つけた日和式」とか、「朝早く四時頃から、みんなで苗取り」とか、学校の「田植休み」、子供たちの「小手打ち」、あるいは「庄内型といわれる田植型」、「二条式の回転除草機」、「足踏式回転脱穀機」と手動の「岩田式籾摺機」などを挙げておきたい。稲刈りの時昼食を「田んぼの畦道で皆んな一緒に食べた」のも「楽しい思いで」とされている。「穂にお」にほうり投げる作業は「大変な仕事だった」とか、稲束を「荷縄やヤセ馬を使って運んだ」経験を実際にもっている方も今は少ないかもしれない。

「中型機械化一貫体系の稲作」の時代

さらに「昭和三十年代から昭和末期まで」として、「戦後の稲作農業はおどろくほど大きく変わった。念願だった自作農の実現と、農業資材（ビニール、農薬）と農業機械の開発によるところが大きいが、さらに稲の栽培技術の進歩も見逃せない」と阿部は述べているが、この文中でさりげなく一言だけ「念願だった自作農の実現」と書かれている戦後の農地改革については、日本農業を地主制から解放した歴史的な大転換だったというべきであろう。ただし庄内地方の場合は、第七章で見たように、戦時中から交換分合と、それにともなう地主所有地の買い取りが進むという独自の動きがあり、これが農地改革のいわば予兆をなしていたのであるが、しかしやはり農地改革は歴史的な変化であった。

さて、この時代については一、二、三月は空欄になっており、それまで湿田時代から行われてきた冬場の米調整や俵編みの作業、それに堆肥運搬が行われなくなったことを示している。四月に入ると育苗だが、それは育苗箱によって行われるようになって、かつてのような苗代作業は見られなくなった。耕耘・代掻き作業も、耕耘機が登場して機械作業となって「重労働だった馬耕から解放され」、さらに「四十年代には中型トラクターの時代と大きく変わった」のである。そして田植。まず、時期が五月と早まっていることに注意しよう。しかも、「田植だけは機械化が困難だろう」とは当時よく聞かれた言葉であったが、これも「見事、実現」して、「これまでの早朝からの苗取りも、家族総出の田植風景も見られなく」なり、「数日で庄内平野は緑一色」に変わるようになった。稚苗植、成苗植などいろいろの型が試みられたが、結局「稚苗の箱育苗」が普及し、それも「二条植の歩行用機械」から「四条・六条の乗用へ変わった」。

そして六月になると「除草」であるが、これについては「DDTやBHCなどの除草剤が開発され、『四つんばい農業』から解放された。作業的には一番楽になった作業」である。七月から八月にかけては防除。この点でも、「農薬の開発が進み、イモチ病やウンカなどの虫害が少なくなった。一時、庄内型と云われた『長管多頭口』の液剤による共同防除が行われていたが、粉剤での個人防除へ変わった」。ここで、農薬については懸念や批判の意見もあると思う。農薬によって「四つんばい農業」から解放され「作業的には一番楽になった」ことも事実であるが、しかし、その過剰使用については、農民自身からも防除作業をやっていて気分が悪くなったなどの声も聞かれ、省農薬の動きが広まっている。消費者の側の立場から「有機農法」の主張が行われているが、山形県高畠町の事例に即して、「都市消費者への絶え間ない配慮の下での一方的な心身の酷使」に陥ったという問題点の指摘もあり[1]、その具体的なあり方は充分に検討されなければならないのであろう。庄内地方でも第一三章で紹介したように、都市生協との連携による「共同開発米」の運動があった。

九月の秋作業は、「バインダーが開発され、刈り取り作業は楽になった」が、これは刈り取りだけなので、「はさがけ作業は逆に苦労」になり、やがてコンバインが導入されるまでは、「秋作業の農繁期」は続いた。一〇月の脱穀作業には「自走式脱穀機（ハーベスター）」が開発されて、「圃場で脱穀作業が行われ」るようになったので、稲揚げ作業はなくなり、「籾はすぐ袋づめにされてトラックで運ばれ」ることになった。そして米調整では、かつて「早場米制度」があったので、早く調整して出荷するため「一番機械化が進んだ作業」といわれている。籾タンク、搬送機、自動ハカリなど、「さながら稲倉は工場化された」という。包装資材も変わって、かつての米俵は見られなくなり、その後も「カマス、麻袋、紙袋」と変わっている。これで一年の稲作作業は終わり、一一月と一二月は空欄になっている。

（1）青木辰司「転換期の有機農業運動――山形県高畠町の事例から――」、日本村落研究学会編『年報　村落社会研究　第33集　有機農業運動の展開と地域形成』一九九八年、一二八ページ。

「大型機械化体系の稲作」の時代

この段階は、この本ではほとんど触れることができなかった「平成初期から現在」である。「圃場整備事業で一枚の区画が三アールから一・二haと大きくなるにともない、農業機械も大型、コンピューター化されて、昔日の手作業の重労働から解放されるようになった」。

前の時代に引き続き、一月、二月、三月は空欄。四月に入って、「育苗」が始まる。まず種籾が採種圃で作られて「購入」されるようになったこと、さらに「市販の箱育苗用培土や育苗培紙を使用するようになった」ことなど、この段階になると商品経済が稲作の中に深く入りこんでいることが注目される。逆にいえば、それだけ農家の農作業が軽減されたのである。播種も播種機械、ハウスも大型化して作業の能率化が進んでいる。この月、続いて行われる「耕耘・代掻」では、トラクターが大型化するとともに、「暖房装置」がついて作業環境が快適になった。しかしこれは、一般の会社の職場などでは当然のことで、これまで農民の作業環境の悪さが当然のように思われてきたことの方を不思議と思うべきであろう。

そして五月に入って、「田植え」では、「箱育苗であるため、苗運搬や補助作業部分が残っている唯一の農作業となった」。「田植機械も大型化し、六条・八条植えが主流」となって、「庄内平野も四～五日で緑のジュータンと変わ」るようになった。そして「防草」だが、「防草剤も最近では一発処理剤を使用して」おり、著しく省力化されている。六月は空欄。七月から八月にかけて「防除」になるが、「初期防除として苗箱使用を行い、イモチ病などは、無人ヘリコプターの共同防除が主体となってきた」という。九月に入ると「稲刈り」だが、「栽培品種が少なく、稲の刈り取り適期に合わせた刈り取りをと指導されている」。機械も大型化し、「自脱型コンバインは四条刈りが主流となり、共同利用は五条刈りとなった」。一〇月の「乾燥・調整」には、「ライスセンター利用と、個人対応があるが籾運搬用として一トン入り籾袋利用も多くなった」とされている。

右の文章で、「指導」といわれているのはどこの指導か書かれていないが、近年山形県の指導として、『「つや姫」栽培マニュアル』が配布されている。筆者の手許にあるのは、平成二四年三月付のマニュアルであるが、その中で、品種は「つや姫」に定められ、「特別栽培米」として認定されるには「節減対象農薬と化学肥料の両方を県内の慣行的に使

用されているレベル（慣行レベル）の五割以下にしている農産物」であることが指示されている。このマニュアルには、

1基本となる指標
2理想的な成育相
3総合的な土づくり
4適正成育を確保する本田基肥
(1)基肥の標準施肥量
(2)堆肥の施用にともなう減肥
(3)全量基肥栽培
(4)側条施肥栽培
5健苗の育成
6初期成育を安定させる移植
7品質・食味を高める追肥
(1)追肥の標準施用量
(2)七月一〇日の成育診断
(3)成育過剰時の追肥対応
8籾数と品質・食味との関係
9適正な葉色の推移

10登熟期の葉色診断
11生育期間の水管理
12効果的な雑草防除
13効果的な病害防除
14効果的な害虫防除
15特別栽培の防除事例
16登熟の特性
17適期刈取り
18品質・食味を高める乾燥
19品質・食味を高める籾摺り・選別

と、まことに微に入り細に入りの「指導」が行われている。

しかし、ここでとくに気づくのは、「品質・食味」に重点が置かれ、収量についてはほとんど関心が寄せられていないことである。「米あまり」の中で収量よりも、商品としての米の価格の確保、市場におけるシェアの拡大のためのマニュアルなのであろう。そのことは理解できるが、しかし、「田圃は一枚一枚違う」、「子供の顔色を見るように稲の葉の色を見る」などと緻密な技術を伝えてきた庄内の稲作はどうなるのであろうか。むろん圃場整備によって田圃の条件は大きく変わったであろうし、「葉色診断」もマニュアルに含まれているが、これはそもそもマニュアルでそう簡単に身につけられるものなのであろうか。このような上からの画一的な「指導」の下で、庄内稲作の「天狗」達が育ててきた技術はどうなって行くのかが気になるところである[1]。

そこで、近年訪問することができた鶴岡市林崎でこの県の政策についての現地での取り扱いについて聞いたところ、このマニュアルに掲げられている「つやひめ」の栽培規準は、「三ha以上の人という制限がある。農協内部で判定会議があり、安定している家を判定して種子を配布する。栽培規準を厳格に守るという確認書を書かせられる」という。感想としては「これから五年先、十年先も売れるならいいが。そのためならやむを得ないと思っている」とのことであった。「自分は『つやひめ』を五ha中九〇アール作っているが、価格は一～二割よい。しかし収量は一割位減収する。反当にすると三〇キロ位。他にヒトメボレとハエヌキを作っているが、その方が収量はよい」そうである。三ha以上という制限は、農協として組合員の選別になっているわけだが、それでいいのだろうか。これまで、村つまり部落は家の選別の機能は持たなかった。

(1) しかし『農村通信』平成二七（二〇一五）年六月号に掲載されている指導部顧問松浦一宇の記事によると「農村通信社では、現在栽培されている主要品種全ての規準表を備え、葉色診断によるイネづくりの指導に当たっている」とされている。このあたりに、庄内稲作の「天狗」たちの技術が活かされているのだろう。

第二節　庄内稲作と家、村、そして「会」

庄内稲作と家

以上見てきた庄内稲作を担ってきたのは、むろん一人一人の庄内農民であるが、その社会集団としては、なによりも彼らの家と村を挙げなければならない。家はむろん基本的に家族員によって成り立っているが、ただ家族というだけでなく、その家族員による農業経営組織である。だから、家族員だけでは労働力が足りない時には、庄内で「わかぜ」、「めらし」と呼ぶ年雇いの奉公人を置く。この人達も、家の経営にとって不可欠のメンバーだから、先に第九章で佐藤繁実が示した「原基形態」に描かれていたように、家の構成員に含まれる。

したがってまた、家の構成員は、家の経営のためにさまざまに分業している。中心世代の夫が一般にその家の経営の責任者になる。後継者となる男子が、父親の農作業を手伝いながら、馬使い、鍬頭と地位を上昇させながら、やがて父親が亡くなったり高齢に達すると、跡を継いで経営責任者になる。妻は、後継者の妻つまり嫁とともに家事を担当しながら、稲作の手伝い（とくに女性の出番は田植）をしながら、多くの場合、庭畑地などの野菜作を担当する。家事といえば、農家には一般に庭があるから、その庭の植木の手入れなどは男性の仕事である。だから都市の俸給生活者の家庭のように、男は外、女は内というはっきりした区分があるわけではない。しかし、家は単なる消費生活の場としての家庭ではなく、それ自体農業経営体だから、農業に関わる分業は厳密である。それが崩れると家の経営自体が崩壊しかねない。だから、後継者になるような適当な男子がいない場合、女子が後継して、婿を迎えることが、しばしば行われた。筆者の、現在酒田市に属している牧曽根村の文書の検討によれば、江戸時代の末から明治の初めの頃、後継者男子の五二軒中二〇人、つまり三八％が婿となっている。ただしこの中には、男子がありながら婿を迎えている事例もあり、例えば年少、病弱など、当時の人力のみによる厳しい労働に耐えられないと判断された場合には、女子に婿を迎えて跡継ぎにすることもあったのである。(1)

このような家が庄内の農民においていつ成立したかは、これまであまり厳密に研究されてこなかったが、筆者がやはり牧曽根村の検地帳によって検討したところでは、近世江戸時代初期には均等分割継承が多いが、寛文期（一六六九年）以降宝暦期（一七六〇年）に至る間に、家の重要な特徴である一子継承が一般化したと判断された。しかしこの期間はほとんど一〇〇年ある。そこでこの期間をなんとかもっと詰められないかと考えて、後に余目町に属した西野村（現庄内町）の、「伊藤家文書」[2]などによって検討した結果、ほぼ元禄（一六八八～一七〇四年）前後の頃に農法の集約化が達成され、そのことを基盤に一子相続による家が形成され、そしてこの頃同時に、経営規模が大きい庄内稲作に不可欠の労働力であった年雇雇傭が行われるようになった、と判断したのであった。[3]

（1）細谷昂『家と村の社会学――東北水稲作地方の事例研究――』御茶の水書房、二〇一二年、五八五～五八九ページ。
（2）余目町教育委員会編「西野　伊藤家記録」、『余目町史　資料編　第1号（日記・家記類）』、一九七九年、九ページ以下。
（3）細谷昂、前掲書、四九三～四九六ページ。

庄内稲作と村

このように、庄内稲作を担った主体集団は家であり、それは基本的に独立の経営体である。しかし完全に独立して経営を営むことは困難であった。そこに、家を背後から支える村の役割があった。ただし、村そのものは、支配・行政の立場から検地によって設定された区域である。庄内地方の場合、後の時代の村を形成するのに大きな力を持ったのは、酒井氏が庄内に入ってきてから行った検地である。それは、「村切り」によって一円の地域を区画して、村の土地と定め、その土地に住み、耕作する人々を村人として、年貢の貢納義務を負わせた（村請制）[1]。このように、村は支配の単位として設定されたものであったが、庄内地方の場合、水田地帯であり、村切りによって一円の土地を持っていたから、そこに住む村人たちはとくに水利の関係によって結びついていた。水の共同である。また当時の農業生産にとって肥料や家畜の餌にする草は不可欠の資源であったが、その草を刈る草谷地や、あるいは屋根を葺く萱を取る萱場も村の共同管理とされた。また、農民達はその家の経営を成り立たせるために懸命に働かなければならなかったけれども、しかしその個人としての労働力の再生産のためには時に休みも必要だったし、また村人の団結のためには、村の神社の祭りなども必要な行事だった。こうして、休日についての村規制が成立する。とくに家の外から働きに来ている年雇達には、家の必要というだけでは労働の動機としては弱いので、時に「押し休み」つまり「休日定」を破って勝手に休むという行為が行われた。そのためにも、このような村の規制が必要だった。このように、一面では農民が労働すること、しかし他面では労働力の再生産のための休日を確保することは、藩権力によっても重要なことであって、休日の掟はしばしば藩の通達の形でも村に下ろされてきた。こうして水、草、人つまり労働、あるいはその他の生活上の諸課題にかかわる村の申し合わせ、定めは、江戸時代の村に、単なる行政上の区画の意味を越えた村人の結びつきを生み出していった。こうして村は、村寄合による協議、契約、共同の組織となっていったのである。社会学では、このような村のあり方を「自然村」と呼んでいる。[2]

（1）細谷昂『家と村の社会学——東北水稲作地方の事例研究——』御茶の水書房、二〇一二年、五一五～五二九ページ。
（2）細谷昂、前掲書、五五七～五六三ページ。

そして「会」

以上のような「家」と「村」が、庄内稲作を担ってきた基礎集団である。このことは日本農村では、程度の差はあれ、おそらくどこでも当てはまることといえよう。しかし第六章で見たようにとくに昭和期にもなると、庄内地方には、さまざまな稲作研究、普及のための「会」が形成された。それにはさまざまな規模の、さまざまな性格のものがあったが、高橋保一が紹介していたように、まず、村つまり部落単位で農業技術研究の自主的な研究グループが成立していたということに注目したい。それぞれの村つまり部落には、性別・年序別の組織があったが、これはそれぞれの家における立場に即して自動的に所属が決まる集団だった。この本でも紹介した鍬頭協議会などはその一例である。[1] しかし、ここで注目したいのは、そのような家のなかで一定の地位にあれば自動的に参加が認められる集団ではなくて、各人の自由意志で参加する集団である。それが、結果的に部落内の当該家族内地位の全員が参加することになったとしても、各人の自由意志による参加が原則であるような集団であり、その意味で伝統的に村の中に埋め込まれていた性別年序別集団とは異なる。

はじめは部落内の有志集団であったそのような農法研究、普及の団体が、やがて「庄内全体としての流れ」になって行く。その代表例は「松柏会」である。これは庄内独自の「会」ではあるが、農業恐慌が破局的な影響を及ぼし、農民の困窮が迫る中で、全国的な動きとして篤農協会が結成され、そこに参加した長南七右衛門を中心に結成された「会」であった。またその「論語読み」の修養主義に反発したメンバーによる「百姓馬鹿の会」なども興味深い。他方、山居倉庫、本間農場との関わりで結成された「三鍬会」、「天狗会」も有志組織であった。戦後になって、この本でも取り上げた「部落ぐるみの集団栽培」の出発点になったのも、「すげ笠会」など部落単位の稲作研究組織であった。それらは出発点においては趣旨に賛同する個人の有志参加の組織だったが、ただそれが多くの青年たちの賛同を得て結果的に「部落ぐるみ」になったのであり、そこには農外就労の増加による労力不足対策や大農機具の共同購入、利用という、経営にとっての利点の認識が横たわっていた。

このような個人の有志参加の「会」が、庄内において、とくに昭和期に入って簇生するのはなぜか。その根底にあったのは、明治期における乾田化と耕地整理による稲作技術の高度化、そのことによる反収増と安定化、そこにもたらされた家の経営の自立性の強化だったのではなかろうか。同族団が強い支配力をもつ旧南部藩領の村などでは家の経営の自立性は弱く、事情は異なるように思う。[2] 庄内地方では、家の経営の発展にとって桎梏になる地主制への闘いが、先に

第五章において見たように、大正期から昭和初年において小作争議として激発する。他方、いっそうの発展をそれぞれの家が追求しようとするところに、この時期、農業技術の研究普及の自主的組織が次々に結成されたのであろう。各人の自主的な任意参加の「会」ではあるが、その背景には家の経営があり、個人といっても抽象的個人ではなく、家の経営を担うものとしての個人なのである。ということはまた、家の経営が相対的に自立化したがゆえにその家を代表する個人の自由意志による行動が許されるようになったのでもあろう。

個人の有志参加の「会」というならば、第一三章第二節で見た環境問題・自然保護に取り組んでいるサークルなどもその例といえよう。あるいは、近年各地で取り組まれている直売所運営のグループなどもその中に含められよう。このようなサークル、グループは男性だけでなく、むしろ女性の取り組みが目立つ。基礎集団としての家、村における女性の自立化の現れといえよう。あるいは、そのような活動が家、村における女性の自立化を強めていると見ることができる。

筆者のいう「会」とは、欧米社会学の概念でいえば、アソシエーションと表現することができるのかもしれない。しかしそのアソシエーションを形成する個人は、決して真空のなかにある個人ではない。それぞれに家を背負い、村を背景にもつ個人である。しかし、それでも個人の関心に従って、家や村にとらわれずに自分の意志で行動して「会」を作り、自分の関心を追求する。そのような個人が、しかし最大限に村の協議、契約を尊重し共同する。そこに庄内稲作農民の自立性と「民主主義」があるのだと思う。「はじめに」で引用した佐藤繁実の言葉は、「部落の合議制を村落共同体といって否定するのではなく」としながら「民主主義の本来の要素を含むものだ」と述べているのだった(3)。つまり、かつて日本農村について「封建遺制」という観点から特徴づけようとしていた学会動向に対して、庄内農村を踏まえながら放った批判の言葉だったのである。しかしかといって、これらの「会」、あるいはそれらを担っている個人が、家、村に対して対立的な立場にあるわけではない。むしろ家、村に包摂されながら、そこに足場をおいて活動しているのである。かつて多かった農法研究の「会」がそうであったのは当然である。なぜならそこにもたらされる収量増は家、村に取って望ましいことであったからである。直売所も家の所得を増やすという意味で、そういえるであろう。しかし環境問題、自然保護の活動はどうか。それらは、単純に家の収量増、所得増をもたらすとは限らない。しかし、生産者が「安全、安心」な生産物を消費者に送り届けることこそ、生産者としての重要なあり方であるとの認識に立っている。そのような認識を共にすることにおいて、環境問題、自然保護に取り組む「会」もまた、家、村に対立するものではなく、それに足場をおいた活動を展開しているものと見ることができよう。

しかし今日、第一二章第二節で見た大規模「ほ場整備後の水田をどう経営に活かすか」の座談会にあったように、「家族皆んなで経営する農業はもどって来ないところまで追いこまれている」というのが現実なのである。本書も、その座談会の参加者が語っていた「農業政策をしっかりしてもらわないと、進むに進めないと言うのが現実だ」という発言への同感をもって結びとしなければならない。

（1）このような東北地方の村における性別年序別組織については、竹内利美『竹内利美著作集3　ムラと年齢集団』名著出版、一九九一年、に詳しい。

（2）同族団支配の強い岩手県旧南部藩領の事例についての実証研究としては、戦前昭和期の事例ではあるが、有賀喜左衛門『有賀喜左衛門著作集Ⅲ　大家族制度と名子制度』、未来社、一九六七年、がよく知られている。

（3）一九七〇年七月時点の筆者の調査ノートによる。

おわりに

筆者は、一九六一（昭和三六）年以来、繰り返し庄内地方をお訪ねして、その時々のテーマで調査研究をさせて頂いた。農家の出身でもなく、学校で農業技術を学んだわけでもない、その意味では全くの素人の筆者に対して、庄内の皆さんは、いつも親切に筆者の研究テーマに関する貴重なお話をして下さり、しばしば自筆の手記を含む貴重な文書資料を提供して下さった。心から感謝申し上げる次第である。その蓄積が、今筆者の手許には、五〇冊を超える庄内調査ノートとして、またさまざまな文書資料として、保存されている。そろそろ老人という他はない年齢に達して、これらをただ眠らせてしまうのではなく、何とか有効に活用したいというのがこの本を書いた筆者の大きな動機であった。

筆者は、この本に先立って、やはり庄内の皆さんが提供して下さった語りと文書資料によって、『家と村の社会学――東北水稲作地方の事例研究――』という表題で、庄内地方における農家と農村、つまり農民の家と村について著作を刊行した。この本は、庄内稲作の担い手集団である家と村を主題に据えて、その基礎にある稲作そのものについては背景として扱うにとどまった。今回刊行するこの本は、むしろ逆に担い手である家と村を背景におき、稲作そのものを主題に据えて、それを担ってきた人々の工夫と努力、思いと行動を描いている。その意味では、前著の姉妹編ともいうことができよう。

しかし前著では、筆者の調査の相手になって下さった方々のお名前は、イニシアルで記載させて頂いた。これはかえって失礼に当たるのではないかと思いつつ、「個人情報に敏感な最近の日本の社会状況」に配慮して、そのようにしたわけである。が、この本は、庄内稲作を担って来た方々の思いと行動が主題であり、筆者の調査に協力して下さった多くの方々の語り、手記などをできるだけそのまま再現することに努めている。したがって、この本では、お名前は原則として実名で記載させて頂くことにした。しかも、学術書の慣例に従って、敬称略で、氏名をそのまま表記していることをお許し頂きたいと思う。

しかしそれにしても、お話をうかがったときの筆者の理解不十分、聞き間違い、あるいはメモのミスなどによって、語りあるいは手記の趣旨を過って記述してしまったところがあるかもしれない。その意味では、本来ならこの本に手記や語りを引用させて頂いた方々にもう一度お会いして、正誤を確かめてから刊行すべきであろう。しかし、今となってはお会いできなくなってしまった方も多い。また、筆者自身、年齢的に、かつてのように随時庄内各地をお訪ねすることも難しくなっている。誤りがあればそれは筆者の責任ということでお許し頂く他はない。

しかしそれにしても、五〇冊を超える筆者の庄内調査の記録ノートの内容すべてを、この本で取り上げることはできなかった。それぞれの方のお顔や話し振りを思い出しながら、一冊の本で可能な範囲にまとめるために残念な思いで割愛させて頂いた手記や語りも少なくない。いずれ別の機会に公表する機会が得られればよいが、筆者の年齢からして、その願いがどれだけ果せるか心もとない。併せてお許し頂きたいと思う。

終わりに、もう一点、しばらく前から仙台で「村落研究を語る会」という研究会が、年に数回開催されている。「若手」といっても実は現在の大学教授クラスの方々が主催者となり、東北大学出身の「村研」（旧村落社会研究会、現日本村落研究学会）メンバーの「古手」四人が（まだ）元気でいるので、その連中を引っ張り出して報告者に据え、報告させ、議論し合おうという趣旨の研究会である。筆者もその「古手」の一人として、常連の報告者にさせられている。大学という研究機関を引退して、刺激を受ける機会が乏しくなった私に取って、得難い勉強の機会である。本書も、その「語る会」で報告し、討論して頂いた内容が、主要部分を占めている。「語る会」を主催し、また出席して下さって、「古手」になお研究意欲を喚起して下さっている各位にこの場を借りてお礼申し上げたい。

本書で取り上げた庄内地方の調査研究は、ほとんど文部省あるいは日本学術振興会の科学研究費によっている。また、出版は、これまでも度々お世話になった御茶の水書房に、今回も御願いすることになった。この出版事情の困難な時期にこの大部の著書の刊行をお引き受け下さった社長の橋本盛作氏、および編集担当の小堺章夫氏に心から御礼申し上げる次第である。

二〇一六年四月

著者記す

著者紹介

細谷　昂（ほそや　たかし）

1934年　生まれ

1962年　東北大学大学院文学研究科博士課程（単位取得）退学

1962年　東北福祉大学社会福祉学部講師（都市農村問題など担当）

1963年　東北大学川内分校講師（社会学担当）

1966年　東北大学教養部助教授（社会学担当）

1977年　東北大学教養部教授（社会学担当）

1993年　東北大学大学院情報科学研究科教授（社会構造変動論担当）

1998年　東北大学停年退職

1998年　岩手県立大学総合政策学部教授（社会学担当）

2005年　岩手県立大学停年退職

《主要著書》

『稲作農業の展開と村落構造』（菅野正・田原音和と共著）御茶の水書房、1975年

『マルクス社会理論の研究』東京大学出版会、1979年

『東北農民の思想と行動—庄内農村の研究—』（菅野正・田原音和と共著）御茶の水書房、1984年

『農民生活における個と集団』（小林一穂・秋葉節夫・中島信博・伊藤勇と共著）御茶の水書房、1993年

『沸騰する中国農村』（菅野正・中島信博・小林一穂・藤山嘉夫・不破和彦・牛鳳瑞と共著）御茶の水書房、1997年

『現代と日本農村社会学』東北大学出版会、1998年

『再訪・沸騰する中国農村』（吉野英岐・佐藤利明・劉文静・小林一穂・孫世芳・穆興増・劉増玉と共著）御茶の水書房、2005年

『家と村の社会学—東北水稲作地方の事例研究—』御茶の水書房、2012年

庄内稲作《しょうないいなさく》の歴史《れきし》社会学《しゃかいがく》——手記《しゅき》と語《かた》りの記録《きろく》——

2016年９月20日　第１版第１刷発行

著　者　細　谷　　昂

発行者　橋　本　盛　作

〒113-0033 東京都文京区本郷5-30-20

発行所　株式会社 御茶の水書房

電話：03-5684-0751

Printed in Japan　　組版・印刷／製本　シナノ印刷㈱

ISBN 978-4-275-02051-2　C3036